上海社联年鉴

上海社联年鉴

2013

上海市社会科学界联合会　编

上海人民出版社

重大学术活动

上海市社科界学术年会

11月13日，上海市社会科学界第十届学术年会大会在上海展览中心隆重举行。市委宣传部副部长李琪宣读了市委常委、宣传部部长杨振武为年会发来的书面致辞。市社联主席秦绍德致开幕词。市社联党组书记、专职副主席沈国明主持开幕式。市社联党组副书记桑玉成主持大会演讲。本届年会的主题是“改革与创新：中国的发展与中国的未来”

图为年会会场

图为年会会场

图为年会会场

社科普及活动周

11 月 29 日，由市社联主办的第十一届上海市社会科学普及活动周在市群众艺术馆拉开帷幕。市社联主席秦绍德致开幕词，市社联党组书记、专职副主席沈国明主持开幕式，市社联党组副书记桑玉成宣读获奖名单。开幕式上，市社联向 29 家学会颁发了 2010 —2011 年度“上海市社会科学普及活动周学会科普活动组织奖”

11 月 29 日，由市社联主办的第十一届上海市社会科学普及活动周在市群众艺术馆拉开帷幕。市社联主席秦绍德致开幕词，市社联党组书记、专职副主席沈国明主持开幕式，市社联党组副书记桑玉成宣读获奖名单。开幕式上，市社联向 29 家学会颁发了 2010 —2011 年度“上海市社会科学普及活动周学会科普活动组织奖”

上海市邓小平理论研究和宣传优秀成果与哲学社会科学优秀成果评奖

2 月 29 日，上海市第九届邓小平理论研究和宣传优秀成果（2010—2011）、上海市第十一届哲学社会科学优秀成果（2010—2011）评奖申报工作会议在市社联召开

3 月 7 日，市社联召开上海市第九届邓小平理论研究和宣传优秀成果、第十一届哲学社会科学优秀成果评奖培训工作会议，复旦大学、华东师范大学、上海社会科学院等 40 多家主要社科单位科研处相关负责人出席会议

12月25日，上海市第九届邓小平理论研究和宣传优秀成果、第十一届哲学社会科学优秀成果颁奖典礼在上海影城举行。市委常委、宣传部部长杨振武出席典礼，向获奖者表示热烈祝贺，对广大哲学社会科学工作者付出的辛勤劳动和取得的丰硕成果表示诚挚敬意

市领导调研

2月16日，市人大常委会主任刘云耕到市社联调研并指导工作，市人大常委会副主任王培生、市人大常委会秘书长姚明宝等领导参加。市社联主席秦绍德，市社联党组书记、专职副主席沈国明，市社联党组副书记桑玉成以及社联处以上干部出席

6月1日，由市社联、市律师协会主办，黄浦区司法局协办的“回顾历史　展望未来——纪念上海律师公会成立100周年”座谈会在市社联召开。市政协主席冯国勤出席会议并致辞，市政协副主席王新奎出席会议并作主旨演讲，市社联党组书记、专职副主席沈国明主持座谈会。市司法局党委书记郑善和，全国律师协会副会长、市律师协会会长盛雷鸣，市社联党组副书记桑玉成，市社联党组成员、秘书长生键红等出席会议

文化外交

中共上海市委常委、市委宣传部部长杨振武于5月25日会见波兰前总理奥莱克西率领的波兰东欧研究所考察团一行。奥莱克西一行是应中共中央对外联络部当代世界研究中心的邀请于5月24日来沪访问的。中共中央对外联络部副部长于洪君，上海市社联主席秦绍德，上海市委宣传部副部长李琪，上海市社联党组书记、专职副主席沈国明，上海市社联党组成员、秘书长生键红等参加了会见

4月28日，由中共中央对外联络部当代世界研究中心和中共上海市委宣传部联合主办，东方讲坛办公室和上海市美国问题研究所共同承办的东方讲坛暨当代世界讲坛第二场演讲在西郊宾馆举行，讲坛主题为“中美关系：热点聚焦与发展趋势——纪念《上海公报》40周年”。演讲嘉宾有：中美建交亲历者、尼克松总统访华期间首席翻译、美国资深外交官傅立民；曾长期在联合国工作的中国外交官陈健大使；以及全国政协常委、上海市政协副主席、上海公共外交协会副会长周汉民。本次论坛，由中共上海市委宣传部副部长李琪教授主持。中共中央对外联络部当代世界研究中心副主任孔根红研究员致欢迎辞

2月6日下午，由上海国际问题研究院、复旦大学美国研究中心、上海市国际关系学会、上海市美国学会、上海市美国问题研究所共同举办的“纪念《上海公报》发表40周年学术讨论会”在锦江小礼堂举行，市委常委、副市长屠光绍到会并致辞。外交部副部长崔天凯发表主旨演讲。美国前助理国务卿、和平研究所所长理查德·所罗门，美国前助理国务卿、丹佛大学国际关系学院院长克里斯托弗·希尔和上海市美国学会会长黄仁伟也作了演讲。市社联党组书记、专职副主席沈国明会见了理查德·所罗门，就中美两国学者共同关心的问题进行探讨

学术茶座

3 月 4 日，市社联举行学术茶座“四个中心建设系列”首次活动，来自银行、证券、法律、航运等行业的业界精英与相关专家围绕“四个中心建设”的主题进行研讨。上海市现代服务业联合会会长周禹鹏，市社联党组书记、专职副主席沈国明出席茶座并讲话。上海市黄浦区政协主席张华应邀出席

4月15日，市社联举办学术茶座，出席者围绕“四个中心”建设进行了热烈讨论。市人大常委会原副主任任文燕，市政府副秘书长、市商务委主任沙海林，市高级法院副院长盛勇强，市社联党组书记、专职副主席沈国明等30余位专家学者出席

2月17日，市社联举行学术茶座启动仪式暨“推进社会发展与创新社会管理”专题系列学术茶座项目研讨会。本市学术理论界的专家学者和党政部门有关领导出席会议。市社联党组书记、专职副主席沈国明主持会议。市社联党组副书记桑玉成宣读项目支持机构及项目顾问名单。市社联主席秦绍德出席会议并讲话

团结服务社科界

1 月 10 日，市社联召开六届五次主席会议暨常委会会议。市社联主席秦绍德致辞，市社联党组书记、专职副主席沈国明全面回顾了市社联 2011 年主要工作，并介绍了 2012 年重点工作的安排。市社联副主席、常委 20 余人出席会议并讲话。市社联党组副书记桑玉成主持会议

1 月 18 日，市社联举行六届三次委员会（扩大）会议暨 2012 年上海市社科界迎春座谈会，百余位上海社科界专家学者代表济济一堂。社联主席秦绍德、市委宣传部副部长潘世伟出席会议并讲话，社联党组书记、专职副主席沈国明作工作报告，社联党组副书记桑玉成主持会议。社科界专家学者邓伟志、邓正来、陈卫平、沈大勇、张颖等在会上发言。本市著名文艺工作者王汝刚、李九松、王维倩表演了精彩的助兴节目。

全国社科联协作

9 月 12 日，2012 年京津沪渝社科联协作会议在重庆召开。重庆市社科联副主席孟东方主持会议。中共重庆市委宣传部副部长杨清明出席会议并讲话。北京市社联党组副书记刘颖代表与会的北京市社科联党组书记史秋秋，天津市社科联党组书记李家祥，上海市社科联党组书记，专职副主席沈国明，重庆市社科联党组书记颜克亮先后在会上作主题发言。30 余位京津沪渝社科联代表参加了会议交流

12 月 29 日，江苏省南通市社科联党组书记、副主席徐爱民，党组成员、副主席李军等一行 17 人到访我会，与市社联党组书记、专职副主席沈国明及社联有关处室负责人进行了交流探讨

学习型机关建设

2月3日，上海市政府原副秘书长、兰生集团副董事长柴俊勇应邀来到市社联，就“社会管理中的热点问题”为我会职工作专题讲座。市社联党组书记、专职副主席沈国明主持讲座

3月1日，上海市建设与交通委员会研究室主任丁仪应邀来到市社联，以“上海建设和交通事业的发展”为题为我会职工作专题讲座并与大家互动交流。市社联党组书记、专职副主席沈国明主持讲座

5月14日，上海市保密局办公室主任黄晓应邀来到市社联，作“增强保密意识　提高保密能力”专题讲座。市社联党组成员、秘书长生键红主持讲座

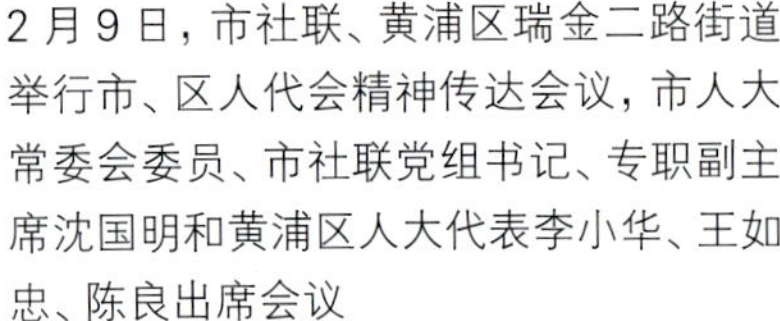

2月9日，市社联、黄浦区瑞金二路街道举行市、区人代会精神传达会议，市人大常委会委员、市社联党组书记、专职副主席沈国明和黄浦区人大代表李小华、王如忠、陈良出席会议

学会学术活动

2月29日，市社联举行2012年度学术团体负责人会议暨党建工作会议。来自社联所属学会及民办社科研究机构200余位负责人参加了会议。市社联党组书记、专职副主席沈国明出席会议并讲话，党组副书记桑玉成主持会议

5月27日，上海金融与法律研究院召开“地方投融资机制与城市发展”学术研讨会

11月10日，上海欧洲学会举办以“欧洲向何处去”为主题的第四届上海欧洲研究青年论坛

10 月 25 日，上海市劳动和社会保障学会举办“上海地区人口老龄化和老年保障发展研究”专题研讨会

11 月 19 日，市房产经济学会主办的“情系民居书法邀请展”在上海图书馆西展厅举行

11 月 3 日，市新四军历史研究会在市社联召开“华中抗日根据地党的建设”学术研讨会

3 月 29 日，上海市基本建设优化研究会与上海立信会计学院投资建设研究中心在上海社会科学会堂联合召开 2012 年会

11 月 17 日，学会学术活动月期间，上海工艺美术学会、上海工艺美术行业协会、上海工艺美术博物馆联合主办的“中国工艺美术玉雕大师刘忠荣艺术学术研讨会”在上海工艺美术博物馆召开

5 月 2 日，《上海集体经济》编委会暨学术咨询顾问颁证会议召开

12 月 7 日，上海市法学会与上海社会科学院法学研究所举办“宪法意识与法治国家建设——纪念现行宪法 30 周年”座谈会

11 月 29 日，市工商行政管理学会和市工商局直销监管处共同主办“抵制传销”宣传进社区活动

12 月 1 日，上海市经济学会与徐汇区凌云街道办事处在市经济管理干部学院联合举办“科学把握趋势，理性投资理财”主题论坛

12 月 2 日，上海市渔业经济研究会与上海海洋大学在五角场社区文化中心联合举办“食品安全进社区　科学饮食助健康”宣传咨询活动

12 月 6 日，上海市终身教育研究会举办第 11 届科普活动周特色活动“手语，特殊的语言”

科普活动周期间，上海市医学伦理学会以“医学伦理普及进社区”为主题，在田林社区文化活动中心举行咨询宣教活动

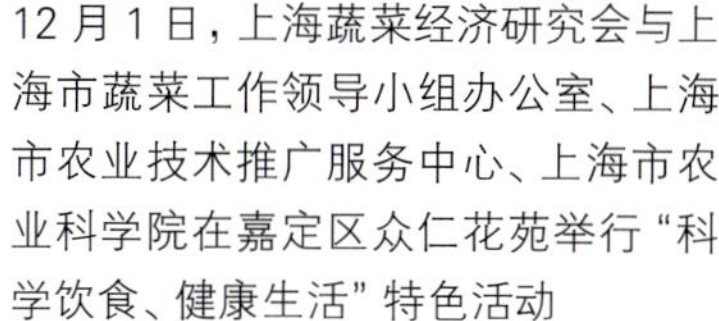

12 月 1 日，上海蔬菜经济研究会与上海市蔬菜工作领导小组办公室、上海市农业技术推广服务中心、上海市农业科学院在嘉定区众仁花苑举行“科学饮食、健康生活”特色活动

12 月 5 日，市伦理学会和上海师范大学党委宣传部共同主办题为《幸福视角解读中国特色社会主义》十八大报告宣讲会

市宋庆龄研究会在 2012 年社科普及活动周期间开展“宋庆龄生平、思想与贡献”大众普及活动，8 天时间共接待 1982 人

市教育学会举办“中小学生如何有效学习”专题咨询活动，组织来自全市各区县的教育教学专家四十余人进行门诊式义务咨询服务

11 月 27 日，市教卫党委、市教委、市演讲与口语传播研究会主办“上海市大学生学习党的十八大精神演讲观摩赛”，参赛大学生来自 28 所高校的大学生

目 录

年度工作盘点

社联重要会议

领导调研 / 13

杨雄副市长在“社联推进上海‘创新驱动、转型发展’座谈会”上强调
上海发展要坚持开放更需要社科界奉献智慧 / 13

殷一璀与社科界专家学者座谈时强调　以人为本调动民力推动社会
建设理论创新 / 15

市人大常委会主任刘云耕到市社联调研时指出　社联为推进理论创新
服务上海经济社会发展发挥了重要作用 / 17

市委宣传部副部长李琪一行到社联调研 / 19

市社联举行“推进上海社会保障工作”座谈会 / 20

迎接和学习贯彻党的十八大 / 22

上海社会科学界高度关注十八大　期盼在政经民生诸领域改革有新突破 / 22

市社联召开六届六次主席会议暨常委会会议　要求凝心聚力以优异成绩
迎接党的十八大召开 / 25

上海社科界举行座谈会　庆祝党的十八大召开 / 27

学者在社联中心组学习会上表示　要以十八大精神为工作主线
努力开创上海社科工作新局面 / 28

抓住机遇　乘势而上　开创上海社科事业新局面
——市社联召开传达贯彻十八大精神工作动员部署大会 / 29

学习贯彻中央和市委重要会议精神 / 30

市社联举行六届三次委员会(扩大)会议暨 2012 年上海社科界迎春座谈会 / 30

市社联黄浦区瑞金二路街道举行市区人代会精神传达会议 / 32

市社联举行中心组专题学习会　认真学习座谈人民日报两篇评论员文章 / 33

市社联召开干部职工会议　传达市第十次党代会精神 / 34
市社联召开传达学习十届市委二次全会精神干部会议　要求强化政治意识
　　使命意识　以优异成绩迎接十八大召开 / 35
市社联举办纪念邓小平南方谈话 20 周年座谈会 / 37
学习领会胡锦涛总书记"7·23"重要讲话精神　市社联举行专家学者座谈会
　　建言社科事业繁荣发展 / 39
以学习领会胡锦涛总书记"7·23"重要讲话精神为契机　召开 2012 年年中
　　工作务虚会 / 41
社科界专家学者热议五年发展成就　期盼中共上海市第十次党代会召开 / 42

科研组织与决策咨询平台

推进改革与创新　共谋中国未来发展
　　——上海市社会科学界第十届学术年会大会综述 / 47
要办一份有海派特色的年度学术报告
　　——市社联举办"上海学术报告 2011"编写座谈会 / 49

学术茶座 / 51
上海部分学者把脉文化发展的困境与难题　强调亟需重构新时代的
　　民族文化复兴价值 / 51
市郊农村经济社会发展迅速　社会管理风险频生挑战严峻 / 53
社联举办"星期五学术茶座——思想政治教育专题"研讨活动 / 55
上海专家学者对老龄化社会建设的几点建议
　　——市社联"上海老龄化社会面临的主要问题与对策"
　　　专题学术茶座观点汇总 / 57
完善基层群众自治制度　提升社会自我解决问题能力
　　——市社联召开"探索与完善社区共治与居民自治"专题学术茶座 / 60
市社联举办"星期五学术茶座——妇女与性别研究"研讨会 / 62
市社联举办"星期五学术茶座——微博政治与互联网治理"研讨会 / 64
市社联举行"学术茶座——四个中心建设系列"首次活动 / 66

学术成果发布和评价平台

上海市第九届邓小平理论研究和宣传优秀成果、上海市第十一届哲学
　　社会科学优秀成果评奖获奖成果发布 / 71
《学术月刊》、《光明日报》、中国人民大学书报资料中心评选出 2011 年度
　　中国十大学术热点 / 72

《学术月刊》所发文章被转摘量实现“六连冠”首家连续 6 年在 4 000 余种期刊报纸排名中位居第一的期刊 / 74
《探索与争鸣》等举办“后发展时代的城市文化矛盾”研讨会 / 75

社科普及平台

“高举伟大旗帜，全面建成小康社会”
——第 11 届上海市社会科学普及活动周开幕 / 79
东方讲坛 2012 年度数据统计总表 / 80
东方讲坛学术讲座特别版 / 82
东方讲坛积极开展学习贯彻党的十七届六中全会精神、九届市委十六次全会精神群众性宣传教育主题活动成效显著
——举办讲座 500 余场　宣讲覆盖全市 17 个区县所有街镇直接听众近九万人次 / 94
摩洛哥推进发展转型　走出“阿拉伯之春”的经验和启示
——东方讲坛举办“当代世界讲坛”开幕式暨首场讲座 / 96
“种桃种李种春风”
——东方讲坛：讲给百姓听 / 98
“东方讲坛在郊区”系列讲座 / 101
“中美关系：热点聚焦与发展趋势”
——东方讲坛举办“当代世界讲坛”　纪念《上海公报》40 周年 / 103
上海市社会科学普及读物系列 / 105
让社科普及走上信息高速公路
——市社联在新浪微博平台开通科普微博 / 106

学会服务平台

发挥学术团体功能　繁荣社会科学事业
——市社联第六届学会学术活动月举行开幕式暨学术报告会 / 111
市社联举行 2012 年度学术团体负责人会议暨党建工作会议 / 114
市社联主席秦绍德深入部分学会调研学术团体工作 / 115

学会学术交流

哲学・史学 / 119
上海市新四军研究会召开华中抗日根据地军民反扫荡、反清乡斗争学术研讨会 / 119
上海市新四军历史研究会召开“华中抗日根据地党的建设”学术研讨会 / 121

市地方史志学会方志理论专业委员会在上海社会科学会堂召开第 16 次学术研讨会 / 124
市档案学会举办“档案馆科学建设与发展”研讨会 / 125

政治·法律·社会·行政 / 126
市工人运动研究会召开 2012 年年会暨“当前上海职工群体特点”研讨会 / 126
“第三方评价外部董事、外派监事研讨会”综述 / 128
上海知识产权研究所举办“公司商标战略管理与法律实务高层论坛” / 131
充分发挥“社会协同”和“公众参与”作用　促进妇女工作社会化转型
——“参与社会协同　推进社会化转型”2012 年上海市妇女工作理论研讨会综述 / 133
“创意·创新·创业——上海女性人才发展研讨会”综述 / 137
“性别文化与妇女发展”理论研讨会综述 / 139
转型发展“她”驱动
——2012 年中国上海妇女发展国际论坛综述 / 141
2012 上海航运法治论坛综述 / 145
政府信息公开难点和制度完善
——上海市法学会第 32 次青年法学沙龙综述 / 154

理论经济·综合经济·产业经济 / 160
上海市价格学会(协会)发起召开长三角价格形势研讨会 / 160
上海市场价格学会(协会)召开“价格诚信建设”研讨会 / 165
提高履职效能　服务经济发展
——沪苏浙工商行政管理学会举办论坛 / 167
上海地区人口老龄化和老年保障发展研究
——上海市劳动和社会保障学会举办专题研讨会 / 170
探索非居住物业管理法制化
——市房产经济学会等召开“非居住用房物业管理法律问题”研讨会 / 173
巩固调控成果　创新住房保障
——市房产经济学会等召开第八届苏浙沪房地产经济论坛综述 / 176
上海市基本建设优化研究会召开 2012 年会 / 180
上海市固定资产投资建设研究会举办《转型发展中的投资与管理》学术研讨会 / 181

金融财税·会计·审计·其他经济 / 184
“2012 中国金融稳定发展的内生性与外生性因素国际研讨会”综述 / 184

"地方金融困局的破解与创新"学术讨论会综述 / 189
"第四届航运金融服务国际会议 2012"综述 / 191
"《预算法修正案(草案二次审议稿)》征求意见研讨会"综述 / 193
"地方投融资机制与城市发展"学术研讨会综述 / 195
"中国工艺美术大师刘忠荣艺术学术研讨会"综述 / 198

语文·教育·文化·新闻 / 200
大学校长与大学文化传承创新
——上海市高等教育学会第七届大学校长沙龙会议综述 / 200
上海市辞书学会举办"汉外学习词典编纂与对外汉语教学研讨会" / 203
上海市辞书学会举办"词典编纂系统研发与语料库建设学术研讨会" / 205
上海炎黄文化研究会汉字书同文研究专业委员会举行第一次工作会议 / 206

国际问题·港澳台问题 / 208
欧洲债务危机:不同视角与观点
——上海欧洲学会第五次会员大会暨 2012 年学术年会综述 / 208
欧债危机的发展及其对中国和亚洲的影响 / 212
深化互信　和平发展　推进两岸关系新发展
——市台研会等举办纪念"九二共识"20 周年学术研讨会 / 216
"第三届两岸关系和平发展学术研讨会"综述 / 218
本市多家学术社团共同举办"首届上海文化资源保护与利用论坛"
纪念"非遗法"颁布一周年 / 221

大事记
1 月 / 225
2 月 / 227
3 月 / 232
4 月 / 237
5 月 / 243
6 月 / 247
7 月 / 253
8 月 / 257
9 月 / 261
10 月 / 266
11 月 / 275

12 月 / 287

京津渝社科联 2012 年主要工作 / 297

北京市社科联 2012 年工作总结 / 299

天津市社科联 2012 年工作总结 / 305

重庆市社科联 2012 年主要工作总结 / 312

附录

《学术月刊》2012 年分类总目录 / 321

《探索与争鸣》2012 年总目录 / 331

上海市社联所属学会一览表 / 342

上海市社联主管的民办社科机构一览表 / 351

上海市第九届邓小平理论研究和宣传优秀成果获奖名单 / 352

上海市第十一届哲学社会科学优秀成果获奖名单 / 355

年度工作盘点

NIAN DU GONG ZUO PAN DIAN

2012年,上海市社会科学界联合会在中共上海市委、市委宣传部领导下,坚持以邓小平理论、“三个代表”重要思想和科学发展观为指导,以迎接、学习、宣传、贯彻党的十八大为工作主线,紧紧围绕上海建设“四个中心”、推进“四个率先”和“创新驱动、转型发展”大局,团结依靠上海社科界“五路大军”,着力深化社联五大平台建设,探索创新社科繁荣发展新路径,为建设上海国际文化大都市作出了新贡献。

一、发挥社联职能,在社科界掀起迎接学习宣传贯彻党的十八大热潮

社联紧扣迎接、学习、宣传、贯彻十八大年度工作主线,发挥党和政府联系社科界专家学者的桥梁纽带职能,认真谋划、精心组织、着力推进系列活动,在上海社科界掀起了学习贯彻十八大精神的热潮。

一是组织开展“学习贯彻党的十八大精神”系列活动。社联围绕十八大提出的推进中国特色社会主义事业“五位一体”总体布局,举办“中国特色社会主义道路、理论体系与制度”、“十八大精神与政治建设”、“经济建设”、“文化建设”、“社会建设”、“生态文明建设”、“党的建设”等7场专题研讨会,形成会议综述,并特约部分专家撰写论文,在《解放日报》专版发表。社联在锦江小礼堂召开“上海市社科界学习贯彻十八大精神理论研讨会”,交流系列专题研究成果。

二是组织编撰“全面建成小康社会重大课题”系列研究报告。社联结合十八大精神拟定15项参考研究选题,向社科界公开征集研究力量参与竞标,全部课题任务计划一年内形成系列专著,并由上海人民出版社出版。

三是学术社团开展专题系列学习研讨活动。年初,社联对学会开展学习贯彻十八大专题学术活动进行动员、部署和协调。十八大即将召开之际,社联举行会议,着手对重点学科学会进行动员、部署和协调。十八大胜利闭幕之后,社联所属各学会积极行动,开展了30余项内容丰富、形式多样的学习、宣传、研究、贯彻十八大精神专题活动。社联及时进行相关活动并给予经费资助,在社科界营造了浓厚的学习贯彻十八大精神的热潮。

四是发挥东方讲坛阵地作用,积极做好党的十八大精神主题宣传教育活动。社联与上海各委办局、区县合作,组织东方讲坛特聘讲师和基层群众宣讲员相结合的宣讲队伍,进社区、进企业、进机关、进校园,截至年底,共举行了5批千余场十八大精神主题宣讲报告会。

二、把握社会发展热点,创新学术研究和交流形态举办学术盛事

2012年,社联从年度特点出发,坚持理论联系实际,坚持学术面向大众,坚持工作服务学者,不断健全工作机制,完善工作载体,激发创新活力,繁荣发展上海学术文化。

1. 举办第十届学术年会。社联召开学术年会组织机构筹备会议,围绕迎接党的十八大主题,确定年会工作方案,明确年会系列主题活动承办单位。本届年会坚持在传承基础上创新,保持原有6个学科专场和1个主题专场,新设立“思想政治教育”学科专场。社联向全市逾3 000名专家、近500个高校院系发出年会征文公告,对重点专家进行组稿,评审876篇应征论文,编撰出版6卷本220余万字的年会文集。本届学术年会举办学科专

场、主题专场和大会共 20 场活动，220 余位专家作主旨报告，80 余位专家作专题评论，100 多个单位和机构、2 000 多位专家学者和青年学生参加了年会。

2. 举办“马克思主义研究论坛”。社联成立论坛组织委员会和学术委员会，联合本市社科界有关单位，以“当代中国马克思主义研究·新挑战新课题”、“理论前沿、当下挑战与未来前景”、“马克思主义与中国特色社会主义道路”为主题，举办了三次马克思主义研究季度论坛，“马克思主义与文化新自觉”年度论坛与学术年会马克思主义研究学科专场一并召开。社联与马克思主义研究会合作，积极筹办马克思主义研究青年论坛，编撰出版《上海市马克思主义理论研究 2011 年度报告》。

3. 搭建党政领导与专家交流互动新平台。社联结合当下经济社会运行中人们普遍关注的经济发展走势、民生保障、法制建设等重大课题，组织相关专家学者举行专题座谈会，邀请市领导杨雄、刘云耕、殷一璀、沙海林、姜平出席，与沪上学者进行深度交流研讨。市政协主席冯国勤出席了社联主办的“纪念上海律师公会成立 100 周年”座谈会并讲话。社联举办这些活动，延伸扩展了学术研究交流平台，党政领导与专家面对面交流互动的机制进一步完善。

4. 推进学术研究和交流重点项目。社联组织开展“中国特色社会主义理论体系与科学发展”主题征文活动，共有 47 个学会积极响应，推荐论文 615 篇；经专家评选，90 篇征文从应征论文中脱颖而出，由《探索与争鸣》增刊全文收录。社联组织召开了社科界“中国特色社会主义理论体系与科学发展”理论研讨会，相关研究成果在会上作交流，并对在本次活动中表现优异的学会和单位进行了表彰。社联与复旦大学高等研究院合作，编撰出版《上海学术报告(2011)》。

5. 拓宽决策咨询新领域。社联通过《上海思想界》、《社联专报》向党和政府提供决策咨询服务。为拓宽决策咨询研究成果的来源，在注重各学术会议成果的同时，创办了全新的应用研究成果交流平台“学术茶座”。茶座设立三个专题系列：一是“推进社会发展与创新社会管理”系列，重点探讨公共服务、社区自治、城市管理、基层维稳等领域的课题，已举办“上海老龄化社会面临的主要矛盾与对策”、“探索与完善社区共治与居民自治”、“社会发展与农村建设”等三场专题研讨会。二是上海建设“四个中心”系列，旨在针对上海“四个中心”建设中面临的一系列瓶颈问题，寻求对策，为深度交流疏通渠道，提供平台，已举办了两次专题研讨活动。三是策划并举办“沪上学人思想”系列研讨活动。社联创设了“上海社联·星期五学术茶座”，努力扩大“学术茶座”的品牌效应。社联开办“老专家学术沙龙”，邀请资深社科工作者对当前重大时政热点进行专业评析。社联主办的《上海思想界》追踪热点问题，组织相关研讨活动，提供了上海学者服务党和政府决策的新渠道。

6. 加强同全国社科联的工作交流。社联既热情接待好来访的各地社科联工作考察团，又积极参加全国社科联系统的工作交流会议。社联派团参加了在河南郑州举行的全国社科联系统网站建设暨信息工作交流会、在天津召开的全国社科联协作会议、在重庆召开的京津沪渝社科联协作会议、在广州召开的全国社科普及工作交流会议，与全国同行进行广泛深入的学习交流，介绍上海社科联工作，提升了上海学术界在全国的影响力。社联还与京津同行在杭州发起首届部分省市社科联办公室工作交流协作会议，以使社科联办公室同行共享彼此经验，进一步推进各自工作。

三、把握社团需求，以提供服务为工作抓手强化学会学术功能

2012年，社联认真做好学术社团基础工作，改进社团管理方法，着力提高学会学术研讨活动质量，以需求为导向，开展跨学科学会学术活动，社团管理工作呈现新活力。

1. 引领所属学术社团注重政治思想建设，把握正确发展方向。社联召开学术团体负责人会议暨党建工作研讨会，总结、交流、部署工作，对学会内部管理提出规范化要求，从制度入手推进学会建设。召开学术社团青年人才工作会议，交流探讨学会青年人才培养工作。完成173个学术社团的网上年报审核工作，大力探索新的管理路径和工作机制，为活跃社团活动增添动力。开展"达标学会"年度考核，共有136个学会申报"达标学会"，通过达标考核127个。开展新一轮"三优一特一品牌"评选活动，评选出37个优秀学会、3个优秀民办社科研究机构、158位优秀学会工作者、40项学会特色活动、10项学会品牌活动。召开第八次上海市哲学社会科学学术社团工作会议，总结、交流三年来学术团体培育管理工作成效和经验，制定今后三年社团建设发展的目标和举措。社联推选上海市哲学学会、上海市妇女学学会、上海市经济学会、上海市会计学会以及上海华夏社会发展研究院等5个所属学会和民办社科研究机构参评上海市先进社会组织。

2. 加强日常管理，推进所属学术社团规范化建设。社联举办2012年度学会换届培训暨学会工作交流会议。协助各学会提升日常管理规范化水平，全年新成立学会5个，筹建学会1个，报审批学会1个，批准学会换届31个，延期换届学会12个，批准学会调整党工组30个，批准成立学会专业委员会6个，调整学会负责人11个，设立民办社科研究机构1个，批准民办社科研究机构各类变更4个，批准民办社科研究机构领导人调整2个、党工组调整2个。社联开展学会走访调研工作，参加所属社团组织的各类活动260余次，以更加扎实有效的工作举措，认真履行学术社团业务主管单位职能。

3. 开展项目资助，提升学术社团自我发展能力。社联继续实施基础学科学会学术活动、社科热点"一月一会"、学会青年学者论坛、学会学术活动特别资助等经费扶助项目。社联聚焦年度重大纪念日，与国际关系学会、美国学会共同举办了"纪念《上海公报》发表40周年学术讨论会"，与日本学会合作举办了"纪念中日邦交正常化40周年国际学术研讨会"，专项资助了中共党史学会的"纪念《在延安文艺座谈会上的讲话》发表70周年"青年学者论坛、上海金融与法律研究院的"英格兰住房保障政策及新近的发展"国际研讨会、科学社会主义学会的"新媒体时代下的社会生态"时代论坛、国际商务法律研究会的"中德公司法比较研究"学术研讨项目等，并通过新闻媒体、《社联通讯》、社联网站等，及时发布这些研讨活动的创新成果，取得热烈反响。

4. 围绕理论创新和经济社会发展热点、难点问题，组织所属学术社团举办大量主题多样、成效显著的学术研讨活动。比如，经济学会关于宏观经济形势分析研讨会，人民政协理论研究会关于"拓展协商民主，促进创新转型"理论研讨会，市场学会主办的"国际化进程中企业营销创新"论坛，台湾研究会主办的上海台湾研究青年论坛，语言文字工作者协会主办的"上海市第三届魅力汉语比赛颁奖晚会"，等等。社联举办第六届学会学术活

动月，所属学会举办学术年会、学术研讨会、学术论坛等各类学术研讨活动 170 场。社联大力推介并及时汇总、评价学术活动月活动，评选出有较高质量的学会学术活动，给予经费资助并进行表彰。

5. 发挥自身优势，努力创新学会学术交流与互动形式，联合多个学会举办了 6 次参与面广、影响力大的跨学会学术活动。比如，法治研究会、社会学学会、社会心理学学会、行政管理学会共同举办"社会管理创新多元思考"研讨会，政协理论研究会、统战理论研究会、法学会、政治学会、社会学学会联合召开"拓展协商民主，促进创新转型"系列研讨会，农村经济学会、经济学会、土地学会共同举办"城市化进程中的三农问题"研讨会，伦理学会、宗教学会、哲学学会携手举办"当代中国社会信仰困境和价值追求"研讨会。这些研讨活动，着眼于服务上海经济社会发展实践，形成了一批决策咨询研究成果。以"首届上海文化资源保护与利用论坛暨纪念'非遗法'颁布一周年"学术研讨会为例，民俗文化学会、炎黄文化研究会、工艺美术学会积极为上海文化资源的保护和文化产业健康发展献计献策，专家意见和建议送市有关部门，得到了好评。在"统一战线与党的领导力"研讨会活动中，统战理论研究会、领导科学学会、政治学会等三个学会的专家学者，集思广益、群策群力，深入研讨，进一步深化了专题研究的成果。

四、 探索面向基层群众的社会化宣教和社科知识普及新路径

2012 年，社联坚持以社会大众需求为导向，贴近城市发展和社会生活实际，宣传理论创新成果，普及社科知识，东方讲坛共举办讲座 2 241 场，直接听众 35 万人次，播出广播版讲座近 80 场，二次传播受众超过 2 500 万人次。

1. 围绕党和政府中心工作，开展专题系列宣讲活动。东方讲坛认真完成党的十七届六中全会、九届市委十六次全会精神主题宣讲活动 47 场，举办市第十次党代会精神主题宣讲讲座 22 场、市廉政文化系列讲座 30 场。东方讲坛配合市政府首次将"帮助成功创业一万人"列入政府实事项目的举措实施，推出新一批"开业生涯系列讲座"和"职业生涯系列讲座"。这些讲座普及中国特色社会主义理论创新成果，宣传党的路线方针政策，唱响了时代主旋律。

2. 针对基层需求，普及社科知识。东方讲坛以广大市民的文化需求为导向，深入社区、郊区、企事业单位以及高校等基层单位举办讲座。比如，组织专家学者深入郊区农村，举办"东方讲坛在郊区"系列讲座 193 场，直接受众 3 万多人次，对促进郊区公共文化建设起到积极作用。与市法宣办合作举办"东方讲坛·六五普法法制故事社区互动巡讲"136 场，普及法律知识。举办"2012 年国际茶文化节系列讲座"、"2012 年上海科技活动周特别讲座"、"法制教育进校园"、"心理健康进企业"、"公共安全科普宣传"等专题系列讲座。这些讲座受到基层群众的欢迎和好评。为优化、完善工作运行机制，东方讲坛开展区县举办点重新登记、增设工作，新增社区举办点 39 个，实现了区县街道乡镇全覆盖，东方讲坛基层讲座比重达到 82%。东方讲坛及时更新讲座题库，新增"家庭教育"和"心理健康"两部分内容，更新率达到 60.3%。

3. 学术讲座助力民间外交，打造国际化人文学术交流新平台。东方讲坛围绕国际热

点问题，邀请中外政治家和学者登坛演讲。在中联部当代世界研究中心和市委宣传部的指导下，举办三场"当代世界讲坛"系列演讲活动，摩洛哥皇家战略研究院院长陶菲克·穆利内、美国前助理国务卿傅立民、联合国前副秘书长陈健、波兰前总理奥莱克西等国际政要和专家应邀作有关阿拉伯世界转型、摩洛哥智库建设、纪念《上海公报》发表40周年和中美关系展望、中欧国家关系等内容的演讲，为推动国际学术交流活动进行探索，得到中联部和市委领导的肯定。

4. 举办学术普及讲座，促进学术成果社会化。东方讲坛在复旦大学、华东师大、上海大学、上海师大等高校举办71场学术特别版讲座，邀请名家大师，向大学师生深入浅出宣讲学术成果和科研动向。演讲内容摘要在《文汇报》"学人版"和《学术月刊》刊登后，进一步扩大了社会传播面，提升了东方讲坛的传播力。社联与上海文化发展基金会合作，共同举办"东方讲坛·发展沙龙"，举办9期高端讲座，王小鲁、李杰、许善达、盛松成、赵鼎新、郑秉文、张蕴岭、黄洁林、季卫东等国内外专家和业界翘楚与会演讲，解读时事热点和前沿话题，建言上海经济社会发展。

5. 举办第11届上海市社科普及活动周。本届科普周以"高举伟大旗帜、全面建成小康社会"为主题，由市级活动、学会特色活动、区域宣传活动、社科普及社会调查、新媒体互动、社科普及系列读物漂流等6大板块共300余项活动组成，共有50个学会举办70项特色科普活动，同比增长40%，创历史新高。本届活动周直接受众人数约20万人次。社联通过新闻媒体广泛宣传科普周活动成果，光明网、解放网、中国新闻社上海新闻网、《中国社会科学报》、《解放日报》、《文汇报》、《新民晚报》等10多家主流新闻媒体报道了本届科普周，有的还制作专题节目，营造了良好的舆论氛围。

6. 积极开辟社科普及新渠道。社联开展第二批上海市社会科学普及读本系列出版资助工作，推出5本社科普及读物，由上海人民出版社出版。在第14届上海读书节期间，推出"东方讲坛在郊区读书讲座"、"送社科普及读物进工地"两大示范引领项目。以"读书的力量、知识的力量、思想的力量——这就是我们的正能量"为主题，开展社科普及系列读物漂流活动，覆盖全市所有区县图书馆。在新浪网开设社科普及官方微博"社科视窗"，平均每天发布微博5至7条，"粉丝"数量超过5 400个，该项工作在全国社科联系统尚属首创。社联组织开展"上海市局处级干部人文社科知识和素养调研"，由市领导科学学会和市委党校承办项目，拟于近期向社会公布调研报告。

五、 提升学术成果发布评价平台影响力

2012年，社联强化导向意识，发挥协调作用，开展新一届社科优秀成果评奖，学术期刊牢固树立精品意识，凸显自身特色，巩固提高刊物在学界的地位和影响，新推出了一批反映时代要求、体现学界水准、具有上海特色的研究成果和学术新人。

社联认真做好第九届邓小平理论研究和宣传、第十一届哲学社会科学优秀成果评奖，组织召开专题会议，审定评奖文件，发布评奖信息，收到申报成果逾2 800项。社联组织江浙沪近200位学者以及70多位中国社科院、清华大学、北京大学、中国人民大学等在京单位的知名专家学者参与初审和复审，对入围成果进行政治审读。社联承办本届社科评

奖终审工作会议，汇总整理各方意见，并通过媒体向全社会公示。本届评奖最终遴选优秀成果 388 项。举办了俭朴隆重的社科优秀成果电视颁奖典礼。

社联所属刊物《学术月刊》、《探索与争鸣》均获得国家社科基金资助，在全国社科联系统较为罕见。《学术月刊》瞄准国际学术前沿，在刊发文章年度转载、摘要量连续六年蝉联全国第一的基础上，大力实施"精品工程"建设。以创刊 55 周年为契机，结集出版"纪念号"，组织国内知名学者撰文。杂志策划举办一系列刊庆研讨活动，主要有：与复旦大学合作举办"传播视野下的中国研究"国际学术研讨会，与厦门大学共同举办"区域·族群·国家：历史人类学的视野、方法和论述"学术研讨会，与《中国人民大学学报》共同举办"马克思主义与正义"学术研讨会，与杭州师范大学合作举办"2012 年度中国十大学术热点研讨会"，召开有全国 40 余家一流学术期刊参加的"首届滨河海学术期刊创新论坛暨《学术月刊》55 周年纪念会"，联合《光明日报》理论部、中国人民大学书报资料中心共同举办年度"中国十大学术热点"评选活动。这些活动拓展了杂志的办刊思路，增进了杂志与兄弟期刊的友谊，扩大了杂志在学术界的影响力。据不完全统计，2012 年所刊发文章被《人大复印资料》、《新华文摘》等全国各学术传媒转载、摘要 209 篇，有望实现转载量全国排名"七连冠"。

《探索与争鸣》关注社会现实，追踪学术前沿，倡导不同学术观点交锋和争鸣，获得良好的社会反响。为迎接党的十八大召开，杂志组织知名专家撰写特稿，有力地回击否定改革开放的错误论调，以马克思主义立场、观点分析社会思潮、弘扬马克思主义中国化时代化大众化的主旋律，助力上海弘扬"包容、公正、责任、诚信"价值理念。杂志立足转型中国的现实呼唤，着力打造"圆桌会议"品牌栏目，开展"现实语境下建立和谐医患关系"、"群体事件频发与改变维稳方式"、"当下中国的三农问题"、"动拆迁与上访的关系及对策"、"公正与平等的历史思考"、"大众文化与精英文化"、"中国特色社会主义道路"等重大实践和理论问题的研讨，形成了具有问题意识和决策咨询价值的成果。杂志坚持办刊宗旨和特色，召开了"纪念邓小平南方谈话 20 周年"、"后金正日时代的朝鲜"、"重庆现象"、"中国现代化之路"等重大时政热点问题研讨活动，形成的研讨成果在《上海思想界》、《社联专报》刊发，及时反映学界舆情。杂志取得了新闻出版局考核优秀，《光明日报》排名第 9、中南财大评估中心排名第 14，连续五次蝉联华东地区优秀期刊的成绩。

六、 优化干部队伍建设，提高服务保障能力

2012 年，社联以"强组织、增活力，创先争优迎十八大"为主题，以开展"基层组织建设年"活动为抓手，深化党员先进性、纯洁性教育，营造良好机关文化氛围，切实增强干部队伍的凝聚力、创造力和服务保障力。

1. 深入开展"创先争优"，加强党员队伍建设。认真对社联"创先争优"工作进行阶段性总结，树立先进典型，总结工作经验，建立长效机制，动员机关全体党员作"创先争优"公开承诺，巩固创先争优活动成果。围绕纪念建党 91 周年，举行了"保持党员纯洁性"座谈会，组织干部职工赴长春、延吉等地开展社会考察系列活动，体验社会民情。围绕迎接党的十八大召开，举办党务工作研讨班，开展"寄语十八大"、"我看十八大"系列主题活动。

组织党员干部学习市第十次党代会精神，推选党的十八大与市第十次党代会代表，完成换届改选和基层党组织分类定级，推进支部建设，夯实创先争优活动的组织基础。

2. 加强纪检工作，推进党风廉政建设。传达和学习《宣传系统党风廉政建设工作实施意见》，深化“讲党性、重品行、作表率”主题教育，召开党风廉政专项会议。运用党风廉政案例对党员干部进行警示提醒，开展廉政风险隐患自查及防控工作，完成自查报告。加强廉政责任制建设，进一步落实各级干部的责任分工。对社联党务公开工作进行“回头看”自查，积极推进党务公开工作，增强党员广泛参与和民主监督意识。

3. 完善岗位管理，夯实队伍基础。开展新一轮机关岗位聘任，理顺各部门事权分工，将岗位、职责进一步明确到人。做好岗位聘任后续工作，对考核办法进行改进，制定《社联机关和刊业中心考核办法(修订稿)》，加强考核工作的针对性，激励干部的工作积极性和创造性。完成党组领导班子和局级党组成员的考核和年度基层评议市级机关工作。做好干部调研工作。根据岗位设置和聘任情况，启动公务员选调，充实岗位力量。接受市委组织部、宣传部对社联干部任用工作的检查。选调干部参加多种形式培训，提升干部的能力和素养。推进事业单位编制清理和转制改革，开展 2012 年上海市机构编制核查和事业单位公开招聘专项检查，规范事业单位退休职工津贴和补贴。每月开展退休老干部活动，关心机关干部和离退休干部的生活和工作。

4. 塑造特色文化，提升干部素养。办好青年党员马克思主义理论读书班，邀请知名学者到社联授课。举办机关文化系列讲座，邀请领导干部和社会知名人士到会作文化讲座。党组领导就学习、贯彻市人大十三届五次会议、市十届党代会、胡锦涛总书记“7·23”重要讲话、党的十八大报告等讲党课，作专题报告。这些活动对干部职工开阔视界和胸襟、提升素质和能力起到一定的作用。上海社科界合唱团参加上海市党政领导干部迎春团拜会演出，与复旦大学、上海师范大学和台湾地区相关团体举办交流活动，社会知名度不断提高。社联继续做好结对帮困工作，推进共建项目，在重要时间节点开展帮困慰问活动。开展学雷锋志愿服务行动、青年志愿者“净滩”环保、“我为社联做贡献”演讲比赛、“为十八大建言献策”、与卢湾辅读学校师生交流，社联 Logo 设计等活动，对建设“视野开阔，境界高尚，大气谦和，行胜于言”的社联机关文化，产生了积极作用。

5. 规范内部管理，加强自身建设。根据社联机关工作特点，着手制定关于废旧物品、固定资产、民防工程、机动车辆、业务接待与会议物品的管理办法，确保国资管理与后勤工作有章可循。开展保密、消防专题培训，加强机关干部的保密意识、安全意识。配合宣传部、财政局做好社联机关和所属单位的财务审计，制定并落实 2012 年度经济责任审计工作计划，全力抓好社联预算执行进度，定期在办公例会通报预算执行情况，确保全年预算执行率。优化社联信息化网络建设，编制新的网络版面，增加社联网站的信息容量，新辟社联电子显示屏，将一周及当日的社联工作信息广而告之，增强了社联信息的时效性。完成办公楼改造工程，落实社联地下民防工程清理、改建工作，辟建新的档案室、办公物品专用仓库、社联图书室和健身用房，为社科界专家学者开展学术活动提供了优雅舒适的环境。

社联重要会议

SHE LIAN ZHONG YAO HUI YI

领导调研

杨雄副市长在“社联推进上海‘创新驱动、转型发展’座谈会”上强调 上海发展要坚持开放更需要社科界奉献智慧

2012年9月6日，常务副市长杨雄到市社联调研，并就如何以“创新驱动、转型发展”，进一步推动本市“四个中心”建设与社科工作者座谈。社联党组书记、专职副主席沈国明主持座谈会，社联党组副书记桑玉成，社科界专家学者左学金、袁志刚、潘英丽、杨建文、费方域、沈开艳、王振、周建明、洪民荣等以及社联所属部分学会代表出席座谈会。

杨雄首先听取与会专家学者的发言，并就如何准确分析研判当前的国际国内形势提出要求。他指出，30多年来上海发展的最大优势就是开放。今后上海“创新驱动、转型发展”很重要的一条就是坚持开放，通过开放倒逼改革。当前世界经济格局正经历根本性变革，未来2至3年内新格局将会形成，这个格局将仍然以美国为主，而且必然会对我国有所限制和挤压。分析、预判世界经济新格局的基本结构、主要特征和实际影响，以及上海经济社会发展的外部环境及其基本态势，是坚持改革、扩大开放的重要条件，这需要上海社科界专家学者贡献智慧。

在分析上海建设“四个中心”面临的机遇和挑战时，杨雄指出，过去30年上海改革开放走的是传统市场经济的路子，今后上海要更加适应信息经济、知识经济条件下的市场经济，迎接“第三次工业革命”。要看到今后农业技术、工业技术最后的发展都要依靠云计算、大数据处理来支撑，如果把互联网、IT技术和新能源结合以后，会产生更大的威力。上海需要创造相应的物质和制度基础，学界要提供更深刻、更清晰的理论剖析。在谈到上海金融中心建设时，杨雄认为，上海发展总部经济，前提条件是国家的金融管制有所松动、税收政策有相应的配套。要在政策上争取更大的空间，离不开从中央政府到地方上社会各界的支持和帮助。从美国纽约、英国伦敦以及香港、新加坡等地建设世界性或者地区性、专业性金融中心的历史来看，上海金融中心建设一定要以人民币成为世界主要货币为条件，要以整个国家经济总量达到相当的规模为基础，这肯定是一个长达数十年的过程，需要我们作出不懈的努力。

关于上海制造业发展，杨雄认为，上海传统的重化工业、机械工业已经达到相当的水平，今后要重点发展精密制造业。现在搞新兴产业、建立成套装备技术，重在开发相关的

核心技术，包括操作系统、核心芯片 CPU 等，这关系到国家的经济安全和整个经济发展战略的实现。这方面的竞争说到底是人才的竞争，上海要创新人才工作理念，坚持以项目引进人才的做法，同时要把工作业绩、实际贡献与人才的待遇挂钩。

杨雄认为，上海的现代服务业跟国外相比差距还很大，根本的途径还是深化改革、扩大开放。上海城市化推进及相应的城市空间布局、社会管理、交通管理、城市管理、人口管理等方面遇到各种问题和挑战，也要通过推进改革，并通过精准把握政策界限，兼顾不同群体利益、短期利益和长远利益、局部利益和整体利益来实现，需要学界提供高质量的决策咨询研究成果。最后，杨雄还就市政府正在推进的临港开发、虹桥枢纽建设、浦东前滩开发、高端医疗服务等重要工作，向与会专家通报了情况。

座谈会上，与会专家学者就如何进一步完善上海商务环境、转变上海的政府职能，为创新企业提供更大的空间；如何认识上海发展面临的国际国内周期环境，在城市布局和金融创新方面做相应的调整和准备；如何加大政府的扶持力度和政策引导，推进制造业产业升级；如何转变工业化带动城市化的旧观念，妥善应对工业化和城市化过程中的“三农”问题；如何抓住知识经济、信息经济的历史机遇，加快建设上海平台经济等问题，发表了观点和意见。

殷一璀与社科界专家学者座谈时强调 以人为本调动民力推动社会建设理论创新

2012年10月22日，市委副书记殷一璀赴市社联调研并主持“加强党的领导与多元社会治理结构”座谈会，市委副秘书长姚海同、刘卫国，市委宣传部副部长李琪，市社会工作党委书记崔明华，市社联党组书记、专职副主席沈国明，市社联党组副书记桑玉成，市社联党组成员、秘书长生键红出席会议。上海大学党委副书记、副校长李友梅教授，上海社科院社会学研究所所长周建明研究员，华东理工大学社会与公共管理学院曹锦清教授，华东师范大学政治学系主任齐卫平教授，复旦大学思想史研究中心吴新文研究员，上海大学社会学系黄晓春副教授，复旦大学国际关系与公共事务学院郑长忠博士，市社联科研处处长、社区研究会副会长徐中振在座谈会上发了言。

市委副书记殷一璀听取了与会专家学者的意见和建议，并就如何深入推进党领导下的多元社会有效治理，特别是如何进一步发挥社科界思想库智囊团作用，服务上海社会建设提出了要求。

殷一璀指出，党和政府高度重视社会建设，加强社会建设和社会管理是新时期党的重大战略规划和部署。我们要看到，相对于政治建设、经济建设、文化建设，社会建设在实际运作上相对滞后，理论上还不够清晰。加强社会管理及其相关问题的研究和探索，具有非常重大的理论重要性和实践必要性。

殷一璀强调，社会建设是中国特色社会主义道路和理论体系的重要组成部分。在探索中国道路、中国模式、中国经验过程中，必须始终坚持中国共产党的领导，这是当下我们进行社会治理、社会管理和社区自治，必须坚持的首要原则、基本要求和正确方向。她进一步指出，党在社会领域的领导地位不是孤悬半空的，有其历史方位和现实环境。理论工作者要深入研究、着力思考、准确回应。

殷一璀指出，当下深化社会建设和社会管理，要始终坚持“以人为本”的理念，有些问题特别重要：一是要不断增强核心价值体系的引领和主导作用。无论是一个国家、一个民族抑或每个公民，其生存发展需要共同的价值取向支撑。多元社会条件下坚持党的领导，需要主流意识形态强有力的引导，需要凝聚多元共识。二是有效应对和组织极度流动的人。随着社会主义市场经济体系的建立和深化，每个人具有多重属性，社会结构的变动性不断加剧，不同利益主体的需求显著分化，人的个体流动性增强，社会有序运转面临的挑战愈益凸显。我们需要准确把握社会建设的客观条件和现实环境，进一步思考把流动的人有效组织起来的路径、渠道和方式。改革开放 30 多年基本经验告诉我们，社会管理和建设需要有序，更需要形成各种活力竞相迸发的生动局面，为经济建设、政治建设、党的建设创造有利的条件和氛围。这些都需要学术界贡献智慧和力量。三是要重视调动民力、集聚民智，吸引社会力量参与社会管理。

殷一璀最后强调，社会科学是服务经济社会发展大局的重要组成，社会科学工作者是实现理论创新、实践创新、制度创新、文化创新的重要力量。在社科工作者中也要提倡“走转改”，深入社会管理一线，联系上海社会建设实践，对社会建设和社会管理创新要加强实证研究，在实践中寻找解决问题的办法。通过深入实际，社科界应该可以推出更多具有针对性、操作性和决策咨询价值的研究成果，为促进上海经济社会发展和城市和谐，作出新的更大的贡献。

市人大常委会主任刘云耕到市社联调研时指出社联为推进理论创新　服务上海经济社会发展发挥了重要作用

2012年2月16日，市人大常委会主任刘云耕到社联调研并指导工作，市人大常委会副主任王培生、市人大常委会秘书长姚明宝等领导参加。市社联主席秦绍德，社联党组书记、专职副主席沈国明，社联党组副书记桑玉成以及社联处以上干部出席。

市人大常委会主任刘云耕指出，长期以来，上海社联坚持正确政治方向，充分发挥党、政府和社会工作者之间的桥梁纽带作用，成为市委、市政府的重要智囊团，以及传播先进文化的重要阵地和普及社会科学知识的重要平台。社联对于推进理论创新，繁荣发展上海哲学社会科学事业发挥了非常重要的作用。

刘云耕指出，当前，党中央作出加强和改进社会管理重大战略决策，为社联工作开辟了广阔的空间。社联要充分认识社会科学作为社会改革和社会管理创新理论先导的重要作用，围绕两新组织的社会服务和社会管理、信息网络的服务管理、新闻宣传的法制化建设等等重大理论和实践问题，带领社会科学工作者从理论上积极回应、深入研究并妥善解决。这不仅关系到和谐社会建设，更关系到经济建设、民主政治建设，社联的责任重大，空间广阔。中央对于新闻界提出了“走、转、改”的要求，上海社会科学界的人大代表和学术团体在参加社会建设和管理过程中，可以借鉴这种做法。社联要引领、推动上海广大专家学者“走、转、改”，进一步走入社会、走进群众，转变作风、改进文风，用理论创新的实际成果服务社会。

刘云耕强调，人大是联系人民群众和社会各界的代议机关，既要充分准确反映社科界人大代表的意见，维护他们的合法权益，又要注意结合人大代表的专业特点，让他们多参与人大常委会各项工作，不断提高人大工作的科学化水平。希望社联对人大制度的完善、国家民主法治进步，提供更多智力支持。

会上，市社联主席秦绍德代表市社联，向市人大常委会领导光临社联、指导工作表示热烈欢迎，向市人大对社联工作的大力支持表示衷心感谢。秦绍德表示，江泽民同志十多年前给社联题词时，确定了社联工作的宗旨，就是做好服务工作，促进社会科学繁荣，社联将一如既往搭建平台，为社会科学各学术团体开展活动提供优质服务。

社联党组书记沈国明在讲话中介绍了上海社联的基本情况，并就学术研究和交流、学会建设和管理、决策咨询服务、社会化宣传教育和社科知识普及、学术成果发布和评价等公共平台建设情况，汇报了社联近年来的主要工作。沈国明指出，今后社联要团结上海社科界广大专家学者，发挥上海社科界顾大局、讲团结、相互尊重、不走极端的传统，组织广大专家学者围绕国家和上海经济社会发展的实际，开展学术研讨和交流活动，不断推出优秀研究成果。今年，社联要抓住迎接十八大这条主线，着力推进理论创新，鼓励广大学者进一步走进社会，接触实际，为国家和上海的改革开放和现代化建设事业出谋划策。社联要加大对各类学术活动的组织和支持，鼓励学者多出精品力作和传世之作。社联要更加深入参与所在社区的建设，为社区建设发展发挥应有的作用。

市委宣传部副部长李琪一行到社联调研

2012年6月4日上午，市委宣传部副部长李琪以及市委宣传部理论处、规划办相关同志一行到市社联调研，社联党组书记、专职副主席沈国明，社联党组副书记桑玉成，社联党组成员、秘书长生键红，社联各处室和相关部门负责同志参加调研。

社联党组书记沈国明首先介绍社联基本情况，并就社联在市委、市委宣传部领导下，着力推进决策咨询服务、学术研究和交流、社会化宣传教育和社科知识普及、学术社团建设和管理、学术成果发布和评价等五个公共平台建设，加强信息化建设和干部队伍建设等方面情况向市委宣传部领导做汇报。

市委宣传部副部长李琪在听取社联党组及部分处室负责同志的工作汇报后指出，近年来社联在党组班子带领下，团结、凝聚上海社科界广大专家学者，繁荣发展上海哲学社会科学事业，做了大量富有成效的工作，取得的成绩有目共睹。李琪就如何推进社联各项工作提出要求：一是要围绕学习贯彻市十次党代会精神、迎接党的十八大这项中心任务，牢牢把握实事求是这条红线，不断加强理论队伍、理论自觉、理论自信建设，为马克思主义中国化时代化大众化作出贡献。二是要围绕凝练、实践社会主义核心价值体系，增强广大社科工作者的时代感、紧迫感、责任感，特别要结合中央有关“和平发展、民主进步、文明友善”国家形象的最新概括，组织开展有针对性、实效性的学术研究和交流活动，催生优秀成果，培育学术新人，服从、服务上海创新驱动、转型发展的大局。三是要围绕理论创新的系统工程，研究和探索复杂外部环境下创新理论、繁荣学术的规律，求真务实，开拓进取，努力实现“扎根社会科学、引领社会科学、繁荣社会科学、弘扬社会科学”的宗旨和要求。

市社联举行“推进上海社会保障工作”座谈会

2012 年 7 月 4 日，市社联举行“推进上海社会保障工作”座谈会，副市长姜平出席会议并讲话，社联主席秦绍德出席会议并致辞，社联党组书记、专职副主席沈国明主持会议。会上，上海大学邓伟志教授、华东师范大学吴铎教授、上海财经大学郭士征教授、华东师范大学公共管理学院副院长钟仁耀教授、上海市老龄科学研究中心副主任殷志刚、上海社科院人口与发展研究所常务副所长周海旺、上海社会科学院人口与发展研究所胡苏云研究员、上海市总工会保障部王正园等本市社科界专家学者围绕主题发表了观点和建议。

有专家指出，上海社会救助日益完善的同时，也遇到一些突出问题，比如“能说会道”、“能吵会闹”的得到社会救助特别多，有的人符合救助标准却被遗漏。这要求我们准确掌握信息、严格比照标准，把救助覆盖到全部困难户。

有专家指出，上海面临城市老龄化巨大压力，要多措并举，积极应对。一是要从概念上严格区别退休年龄与领取养老金年龄；二是要在政策层面研究如何适当增加养老金缴费年限；三是要利益导向上加强政策设计，为延长退休年龄创造条件；四是要探索完善生育政策，改变城市低生育率水平的现状，改变结构人口失衡的状况。

有专家建议，上海在养老服务方面要形成两个体系：一是老年照顾基本保障体系，在资金、人力、政策、管理等方面对于老年照顾提供保障；二是老年照顾基本服务体系，在内容、方式、手段、质量方面为老年人提供更好的服务。

有专家指出，仅仅依靠政府投入远远不够，要强调养老金积累，积极探索投资，扩大养老金收益的来源。政府要进一步树立“大保障”的理念，尝试吸引民间资本投入社会领域，加快制定引导民间资本投入养老服务业的实施办法和操作细则。要在制度上增加个人在养老方面的责任，鼓励大家在职的时候、年轻的时候，不仅参加社会公共保险，还要参加商业保险，这也是很多国家的做法和经验。

有专家认为，政府应该增加投入，加强养老机构标准化建设，提高养老院的服务质量和水平。在养老机构的建设当中，深入研究发挥政府和民间两个方面的积极性的途径和载体。

有专家指出，社会保障涉及养老、医疗、养老服务，分别由不同的政府部门作为主管，需要各个部门打破部门界限，在政策层面更多地联合思考、联合行动、联合设计。

会上，还有学者就如何构建一个合理适度动态的社会保障机制、如何进一步规范事业单位退休人员养老金、如何贯彻《社会保险法》以及完善上海医疗保险制度等做了发言。

副市长姜平听取了专家学者的发言并发表了讲话。他指出，多年来上海致力于打造责任政府、服务政府、法治政府，历届政府都高度重视专家学者们的真知灼见，在制定政策过程中聆听、吸纳专家意见。做好社会保障工作，是贯彻落实科学发展观的必然要求，是建设社会主义和谐社会的重要内容。上海的社会保障工作既取得了一定的成绩，也面临着一系列问题和挑战。我们要调动社科界专家学者的智慧和力量，立足当前实际，着眼长远发展，加强对相关问题的研究探索和政策的顶层设计，努力形成与国家规范相一致、与上海市情相符合、与发展要求相衔接、与市民要求相匹配的政策体系和服务体系。姜平结合上海社会保障工作的实际，运用大量生动、详实的案例和数据，对与会专家学者关心的话题进行解答和回应，得到与会专家学者的肯定。

迎接和学习贯彻党的十八大

上海社会科学界高度关注十八大 期盼在政经民生诸领域改革有新突破

党的十八大召开后，上海社科界专家学者结合各自的工作研究，畅谈了感想。现综述如下：

一、 高度肯定、积极评价十年来我国经济社会发展

上海社科界专家非常关心党的十八大召开的相关情况，认为这次会议是改革发展稳定面临新机遇新挑战的时期召开的一次重要会议，是全党政治生活中的一件大事。受访专家认为在这十年里，中国共产党坚持改革开放，在经济发展、民生工作等方面都取得了显著成绩，特别是成功举办 2008 年北京奥运会、2010 年上海世博会。这两个盛会不仅圆了中国人的梦想，更向世界展示了中国的综合国力。

二、 社科界高度关注党的十八大相关议题，关心其对中国未来发展战略的影响

1.中国改革的深化，是否从社会改革切入，以更好地推进中国特色社会现代化；2.未来 5—10 年有关社会建设和社会管理的战略定位、制度构建，以及社会建设评价及其绩效考评，这是将社会建设目标任务落到基层的保障；3.中国文化发展能否作为国家战略，在做大做强中国文化产业、发展公共文化事业的过程中，一定要注重中国特色文化精神、社会主义核心价值体系的渗透、培育和弘扬；4.以可持续城市化（城镇化）和现代化建设发展为重点和载体，转变发展方式，破解当今中国经济与社会发展中的种种问题。

三、 对十八大在政治、经济、民生和文化制度建设上多有期盼

1. 政治体制改革

政治体制改革要有新的起步。2002 年，胡锦涛在纪念宪法施行 20 周年大会上的讲话中指出，全国各族人民、一切国家机关和武装力量、各政党和各社会团体、各企业事业组织，都必须以宪法为根本的活动准则。联系往年陈希同案件到陈良宇落马，再到 2013 年

的薄熙来事件，其中反映出来的大多是制度上的不足和缺陷，警示我们推进政治体制改革的重要性和紧迫性，希望十八大在政治体制改革方面有更大的进展，尤其在党的高级干部的管理和用人制度方面。如果我们的政治体制改革继续滞后，对党和国家的命运都会有不堪设想的后果。

2. 经济体制改革

经济体制改革要继续完善在法制基础上的市场经济，转变发展模式要有实质性的动作。苏联解体的原因之一是发展方式没有成功转型，要引起我们的警醒。

3. 文化发展

一是要合力建构一个文化发展的良好生态，不要人为设置很多障碍，特别是要激发各种社会力量参与文化建设的积极性，在社会资本参与文化建设方面给予更多合理的优惠政策；二是要重视基层文化建设，群众参与文化的积极性很高，要把更多的精力放在基层文化建设上，不要只盯着面子上好看的大设施、大制作、大活动；三是文化产业的发展要走出过度产业化的误区，不要把一切文化形式都推向市场、交给资本，对演艺文化事业不能一刀切搞企业化，要因艺术种类的不同而制定不同的政策；四是要加强传统文化在教育中的比重，重视我们自身的文化身份建设，要在当下的生活世界中有意识地恢复一些地方文化传统，尽力避免全球流行文化所带来的文化同质化和单一化。

4. 户籍改革

推动户籍改革是我国城市化和实现城乡统筹的一个攻坚战。在人口流动性增强和城市化推进的发展背景下，户籍制度作为二元结构社会的载体性制度，其落后性和不适应性逐步突出，需要以户籍制度改革为杠杆，实现城乡制度框架的重构。户籍改革的探索需要从一个城市内部扩展到类似长三角地区、珠三角和京津冀地区等区域性移民比较活跃的地区，应该以大城市户籍改革为动力推动区域一体化的探索实践，并在国家层面、区域层面和大都市层面户籍改革的整体联动中，推动中国户籍改革的完成。

5. 社会管理

十八大在社会建设和社会管理方面要进一步解放思想，开拓创新，和现代国家的社会进步形态相衔接。建议如同党的十四大把经济体制改革的方向确立为建立一个社会主义市场经济制度，十八大是否能够明确社会体制改革的方向是建立社会主义的公民社会。着力培育社会主义新时代的公民和公民社会，形成党领导下的政府与社会共建、共治、共管的新格局。

6. 人口政策

到本世纪中叶中国老龄人口的总量和比重将持续增长，即使印度会在2030年前后成为世界上人口最多的国家，中国在21世纪始终是老年人口最多的国家。我国劳动年龄人口总量在未来几年还会增加，但到2015年左右达到峰值以后，会持平一段时间，然后开始下降。如果现在就说劳动力供求已经处在拐点，劳动力已经出现短缺，是不对的。但是，少儿人口的快速下降预示着我们已经接近拐点，未来的劳动年龄人口无论是总量还是比重都必然会趋于减少。中国的人口政策必须及时调整，同时还要整合公共政策体系来应对未来的人口与社会挑战，通过政府、社会、市场等多方面的共同努力，才能把我国的人口风险降到最低,收益调到最高。

四、 对十八大系列宣传报道的建议

这次迎接党的十八大报道着重开展宏观重大题材宣传,同时新闻媒体深入开展"走基层、转作风、改文风"活动,报道中的一些看似小事,但以小见大又贴近百姓生活,很感动人。比如连续刊登的十八大代表的报道事例,生动、鲜活,很有特色。在报道方式上,除了传统媒体外,以"北京发布"、"上海发布"为代表的政务微博,从另一个宣传侧面坚实地构筑起网络宣传的新平台,既利用了新的宣传方式,又抓住了新的宣传阵地,从目前效果来看,微博在信息传递的及时性和互动性方面优势明显,令人耳目一新,并期待新的突破。建议:要拓宽各种宣传途径,积极运用新的宣传手段吸引青年人关心十八大、关心党和国家的发展;坚持正面报道的同时,不回避存在的问题。可以组织一些有经验的领导、专家策划一些深度报道,既提出问题又提出克服困难、解决问题的建议、办法。

市社联召开六届六次主席会议暨常委会会议要求凝心聚力以优异成绩迎接党的十八大召开

2012年8月10日，市社联召开六届六次主席会议暨常委会会议，社联主席秦绍德、市委宣传部副部长、社联副主席李琪出席会议并讲话，社联党组书记、专职副主席沈国明做社联2012年上半年主要工作与2012年下半年工作安排的报告，社联党组副书记桑玉成主持会议。社联副主席谈敏、李友梅、吕贵，社联常委张幼文、吴友富、熊月之、俞新天、张云、张颖、丁钢、许纪霖，社联党组成员、秘书长生键红出席会议，社联处以上干部列席会议。

社联主席秦绍德在讲话中指出，胡锦涛"7·23"重要讲话，系统阐述了当前和今后一个时期党和国家全局的若干重大问题，对于进一步统一全党思想具有重要的指导意义，对于哲学社会科学工作繁荣发展提出了新的要求。社联要根据市委的要求和部署，组织社科界学习好、贯彻好胡锦涛重要讲话精神，把大家的思想统一到中央对形势的认识和判断上来，为经济发展、为中国特色社会主义理论体系建设作出贡献。社联要不断丰富工作内涵、创新工作载体，进一步加强五大平台建设，以优异成绩迎接党的十八大召开。

市委宣传部副部长李琪在讲话中指出，今年上半年社联工作主线突出、举措扎实、推进有力、成效显著，呈现出新的气象，展现了蓬勃向上的局面和活力。他对进一步做好社联工作提出两点要求：一是围绕十八大召开这一主题，结合学习领会胡锦涛总书记"7·23"重要讲话精神，做好学术界沟通联络、平台交流，组织专版讨论。一方面要为广大社科界专家学者领会、把握党和政府的工作和要求搭建学习平台；另一方面组织强有力的研究队伍，围绕如何更好结合社会主义与市场经济、上层建筑与经济基础、意识形态与资源配置主体，如何在发展的重要战略机遇期、矛盾凸显期、改革攻坚期体现辩证思维、辩证思考等重大理论和实践问题，在方法论层面为丰富和完善中国特色社会主义理论体系作贡献搭建研究平台。二是围绕社会管理和社会建设、文化繁荣发展、人的全面发展、经济转型发展和新时期党建等领域重大举措的酝酿和出台，开展具有实效性、前瞻性和操作性的研究，多做创新创造、凝聚共识的工作。

社联党组书记沈国明在讲话中指出，2012年上半年，市社联在市委、市委宣传部的领导下，以迎接党的十八大、学习贯彻市十次党代会精神为主线，服务上海"创新驱动、转型发展"大局，着力做好年度各项重点工作：一是以迎接党的十八大为主题，统筹谋划、着力举办第十届学术年会、第九届邓小平理论研究和宣传、第十一届哲学社会科学优秀成果评选活动、马克思主义研究论坛、“中国特色社会主义理论体系与科学发展”主题征文活动、学术茶座系列专题研讨等年度学术活动。二是加强学术社团建设管理工作，召开学术团体负责人会议暨党建工作会议、推动相关学会举办跨学科学术交流与互动活动、对社团学术活动开展专项资助。三是东方讲坛深入基层一线，贴近受众需求，举办专题系列宣讲活动，构建国际人文学术交流平台。社科普及工作适应现代传播方式变化，开辟互联网“社科视窗”官方微博。四是打造精品学术期刊，《学术月刊》保持国内领先地位，《探索与争鸣》影响力持续提升，刊物的学术影响力得到加强。五是开展“创先争优”活动，开展党员先进性、纯洁性教育，优化机关内部管理。

沈国明指出，2012 年下半年，社联要继续以迎接、学习、贯彻党的十八大为主线，围绕上海经济社会发展全局，积极开展富有针对性和实效性的决策咨询研究，认真做好学术社团管理、建设工作，着力思考社联事业发展中的重要问题，将年度工作任务中关于责任分解和时间节点的要求逐一落到实处，促使上海社会科学事业实现新发展。

与会专家学者审议了社联上半年工作总结和下半年工作安排的报告，并就发挥社联优势，开展迎接、学习、宣传、贯彻党的十八大专题系列活动；开展舆情动态分析研判，进一步加强对社会思潮的把握和引领；形成工作合力，加强对上海城市历史资料梳理和研究；针对社会热点问题，开展上海社会科学民生动态调查研究中心；以预算编制和执行为抓手，促进上海高校和研究结构协同创新活动；立足国际化大都市建设的基础和优势，开展多学科、多领域、多侧面的专题国别比较研究；以更为宽广的视野和更为严格的学术标准，提升学术年会的办会质量和学术界影响力；加强对学会的指导和帮助，为社联事业创新发展提供动力和支持等提出了意见和建议。

上海社科界举行座谈会　庆祝党的十八大召开

2012年11月8日，上海市社联组织本市社科界部分专家学者收看党的十八大开幕式的实况转播，并举行上海市社会科学界学习党的十八大报告座谈会。中共上海市委宣传部副部长李琪主持会议并讲话。奚洁人、熊月之、刘世军、刘宗洪、张幼文、杨建文、周建明、权衡、干春晖、陈锡喜、孙力、李国娟、董玉来、徐蓉等二十余位专家学者代表出席会议并发言。

胡锦涛总书记所做的十八大报告，令大家群情振奋，备受鼓舞。与会者一致认为，整个报告高屋建瓴、总揽全局、思想深刻，处处体现了与时俱进、不断开拓的创新精神，是我们党团结带领全国各族人民坚定不移走中国特色社会主义道路、在新的历史起点上继续发展中国特色社会主义的政治宣言和行动纲领。特别是把科学发展观与邓小平理论、“三个代表”重要思想并列作为指导思想，对我们党和国家未来的发展有着十分重要的意义。大家认为，党的十八大提出的重大理论思想、重大战略部署为我们党更好地肩负起时代赋予的崇高使命，带领人民继续全面建设小康社会、加快推进社会主义现代化，进一步指明了方向。

专家学者发言一致认为，报告提出了一系列重要观点、重要论断需要深刻学习思考领会，如坚持中国特色社会主义道路、理论和制度“三个自信”；继续体现中国特色社会主义理论、实践、民族、时代“四个特色”；推进中国特色社会主义政治、经济、文化、社会、生态“五位一体”建设布局；增强党的意识、政治意识、危机意识、责任意识“四个意识”；推进党建科学化，建设学习型、服务型、创新型马克思主义政党；开展群众路线教育实践活动；始终高举和平发展、合作共赢的旗帜；2021年实现全面小康、2049年建成社会主义现代化强国的“两个目标”等。大家表示要通过深入学习和认真领会党的十八大报告，把思想和行动统一到十八大精神上来，不断增强政治责任感和历史使命感，发挥各自学术专长，深入研究经济社会发展中的理论和实践问题。

市社联表示，除了组织研讨会、座谈会学习领会十八大精神、深入研究中国特色社会主义理论外，还将积极组建宣讲队伍，向广大党员群众扎实做好十八大精神的宣传等工作，推动党的十八大精神更好地深入基层、指导实践。

学者在社联中心组学习会上表示　要以十八大精神为工作主线　努力开创上海社科工作新局面

11月，市社联举行中心组专题学习会，传达并深入领会胡锦涛同志在党的十八大开幕作报告。社联党组书记、专职副主席沈国明主持会议，党组副书记桑玉成以及社联各部门负责同志出席会议。与会者围绕十八大报告的重要地位、主要内容和重大战略部署展开交流和讨论。

与会者认为，十八大报告高举中国特色社会主义伟大旗帜，勾画了中国特色社会主义伟大事业的宏伟蓝图，高屋建瓴，统揽全局，实事求是，是一篇马克思主义的纲领性文献。报告系统阐述了党的理论创新成果，实现了党的思想理论建设与时俱进。

与会者认为，十八大报告把科学发展观与毛泽东思想、邓小平理论、“三个代表”重要思想一道，作为我们党始终坚持的指导思想，开辟了中国特色社会主义理论发展的新境界。我们要紧密联系改革开放大局和哲学社会科学事业发展的实际，加深领会、深入研究科学发展观，并切实贯彻落实到各项工作中去。

与会专家对十八大报告有关建设法治国家的论述展开讨论。专家指出，十八大报告关于社会管理体制改革方面，在重申“党委领导、政府负责、社会协同、公众参与”的同时，增加了“法治保障”的要求。关于培育社会主义核心价值观，报告提出要“倡导自由、平等、公正、法治”，这些都是建设法治国家的最新战略部署。我们要逐字逐句认真研读，理解和把握其中的精神实质。在推进和谐社会建设进程中，要广泛借鉴先进经验和成果，比如更加重视发挥文化人的作用和影响力，让他们有参与社会建设和管理、调解民间纠纷的渠道和途径。

报告对党建形势做出新判断，体现以改革创新精神加强党的建设。与会者认为，报告明确提出把执政能力和先进性、纯洁性建设作为党的建设主线贯彻始终，提出建设“学习型、服务型、创新型”政党，加强党的“自我净化、自我完善、自我革新、自我提高”以及“干部清正、政府清廉、政治清明”新要求，这些是党建理论创新的最新成果。

党的十八大是在我国步入全面建设小康社会的关键时期召开的十分重要的会议，大会肩负 8 000 多万党员的重托，承载亿万人民的期待。与会者认为，十八大站在未来十年中国发展的战略高度，把握时代的要求和人民的愿望，体现出不懈进取的精神和改革创新的勇气。报告对于我们党更好地统一思想、凝聚意志、形成共识，把握重大战略机遇期，沉着应对国际国内不确定性因素，继往开来，奋力开创中国特色社会主义事业新局面具有重要的意义。社联要以学习宣传贯彻十八大精神为契机，进一步做好 2012 年收尾和 2013 年开局工作，努力推动社联事业实现新发展。

抓住机遇　乘势而上　开创上海社科事业新局面

——市社联召开传达贯彻十八大精神工作动员部署大会

11月19日，市社联召开全体干部大会，集中学习党的十八大会议精神。市社联党组书记、专职副主席沈国明传达了党的十八大及市委领导在常委会和全市党员负责干部会议上的讲话精神，就社联如何开展党的十八大精神宣传工作进行了动员部署。市社联党组成员、秘书长生键红主持会议。

沈国明指出，认真学习、深刻领会党的十八大精神，是上海社科理论界当前和今后一个时期的中心工作和头等大事。社联要牢牢把握党的十八大报告主题，深刻领会中国特色社会主义事业五位一体的重大部署，以高度的道路自信、理论自信和制度自信，掀开上海哲学社会科学事业发展的新篇章；要把学习贯彻十八大精神与贯彻落实中央对上海工作的要求紧密结合起来，切实用党的十八大精神统一思想、凝聚力量，进一步发挥好团结动员上海社科界五路大军的重要职能，着力为上海推进"四个率先"、加快建设"四个中心"和社会主义现代化国际大都市事业提供思想保证、智力支撑和文化环境。

沈国明强调，社联要严格按照市委部署，扎实推进学习宣传贯彻十八代精神有关工作：一是围绕干部群众提出的难点问题，加强对党的十八大精神的理论研究，开展"七加一"专题研讨活动，设立七个主题专场，并举办一场两百人规模的大型学术论坛，为帮助干部群众全面准确理解党的十八大精神，要先行一步做好宣传贯彻工作；二是以即将揭幕的"社科普及活动周"为契机，积极动员上海学术社团力量，充分发挥"东方讲坛"作用，为广大市民精心组织一系列主题宣讲活动，力争以富有感染力与吸引力的宣讲报告，在全市范围掀起一股学习党的十八大精神的热潮。三是社联广大干部职工从上海的实际出发，围绕上海社科事业发展大局，切实增强责任感、使命感，群策群力，步调一致，以学习宣传贯彻十八大精神为契机，推动社联机关文化建设实现新跨越，圆满完成今年年终收尾和明年开局各项工作，努力推动社联事业繁荣发展。

学习贯彻中央和市委重要会议精神

市社联举行六届三次委员会(扩大)会议暨 2012 年上海社科界迎春座谈会

2012 年 1 月 8 日,市社联办公楼七楼多功能厅内高朋满座,欢声笑语,2012 年上海市社科界迎春座谈会在这里举行。市社联委员、本市社科界代表、有关方面领导等百余位嘉宾齐聚一堂,喜迎新春。社联主席秦绍德出席座谈会,并向上海广大社科工作者致新春贺辞。市委宣传部副部长潘世伟出席会议并讲话。社联党组书记、专职副主席沈国明出席会议,并就市社联 2011 年主要工作情况和 2012 年工作要点讲话。社联党组副书记桑玉成主持会议。

市委宣传部副部长潘世伟首先代表市委常委宣传部长杨振武、代表市委宣传部向与会者和社联系统的同志们致以新春的问候。他充分肯定了社联在过去一年中取得的成绩,以及社联在整个社科界的枢纽性、引领性、代表性作用,希望新的一年社联各项工作要坚持学习、宣传、贯彻、落实党的十八大精神这条主线,做到 6 个有:一是有氛围。要发挥学术界、社科界集体的力量,排除各种社会思潮、学术思潮对发展实践、指导思想、主流意识形态的干扰,保持上海学术界、意识形态领域健康、积极、向上的氛围。二是有思想。要在中国特色社会主义理论体系研究、中国发展道路,各类制度构建形成完善研究等方面下功夫,对中国的实践、素材、经验、成就进行理论提炼,形成具有竞争力的思想,承担起解释实践、论证成就的学术使命。三是有对策。要就上海创新驱动、转型发展中的重大问题,比如:如何实现人的全面发展,如何实现民生突破、如何推进社会管理、如何维护城市安全运行、如何加强党的建设、如何深化国际化大都市文化繁荣发展等等,提出社科界的对策建议,贡献专家学者的智慧。四是有传播。要推动社科界知识分子走出书斋、深入生活,贴近群众,让社科知识、让主流声音为更多人民群众理解、接收、认同,进一步满足人民群众不断增长的知识、文化和精神需求。五是有成果。要做好两年一次的哲学社会科学优秀成果评选工作,评选、推介标志性成果,引领上海这座城市学术发展的方向,构建上海在全国学术领域的影响力和先行地位。六是有载体。要进一步发挥学术年会、东方讲坛、学术社团规范健全发育的措施、学术成果发布平台等载体的作用,在原有经验的基础上,结合形势需要推动这些载体和平台健康发育,以优异的工作成绩迎接党的十八大召开。

部分与会专家学者在会上发言,就 2012 年上海社科界发展形势进行展望,并对社联的功能定位和职能作用提出了意见和建议。邓伟志认为，上海社科界要努力在理论创新上下功夫，要从本本和教条中解放出来的，社科工作者理论创新的胆子要更大一点，各方面要为学术研究创造宽松、宽容、宽厚的环境和氛围。邓正来谈到，2012 年，社联、复旦大学社会科学高等研究院要继续合作，创新科研组织方式，编撰、出版《上海学术报告(2011)》，以学术的方式记载上海学术界的人、事、机构、业绩，让国内、国外的学术同仁在评议中关注沪上学术发展。陈卫平认为，社联要进一步在“联”上下功夫，既要加强与市有关领导和部门的沟通联系，反映哲学社会科学工作者的心声、愿望、要求，又要推动社科工作者联系人民群众，直面广大听众迫切需要了解的问题。沈大勇认为，面临上海文化大繁荣大发展的新形势新要求，社联要进一步发挥普及、传播文化的功能，加强东方讲坛平台建设，推动讲座文化走进社区、贴近受众，更好地满足广大市民群众的精神、文化需求，为城市的精神成长作贡献。张颖认为，社联要进一步加强对学会的指导和帮助，把握时代脉动，推动理论和实践更加紧密结合，充分发挥学术社团在繁荣先进文化、建设和谐社会中的作用。

座谈会上，上海著名文艺工作者王汝刚、李久松、王维倩应邀为与会专家学者表演了精彩的助兴节目，上海社科界合唱团也参加了助兴表演。

市社联黄浦区瑞金二路街道举行市区人代会精神传达会议

2月9日，市社联、黄浦区瑞金二路街道举行市、区人代会精神传达会议，市人大常委会委员、社联党组书记、专职副主席沈国明和黄浦区人大代表李小华、王如忠、陈亮出席会议，并向瑞金二路街道的社区居民传达了市、区人代会的主要精神，瑞金二路街道办事处副主任陈理主持会议。

沈国明以"加快建设'四个中心'和社会主义现代化国际大都市"为题做报告，以通俗易懂的话语和生动的案例，介绍了上海2011年经济社会发展概况及2012年的形势和任务。2011年上海经济在受到国际经融危机的严重影响下，仍保持了平稳健康的发展，实现了8%的增长，地方财政收入增加近20%，着实不易；上海"调结构、促转型"措施有力，取得实效。报告着重介绍了当前上海"四个中心"建设有关情况。报告还对市民关心的"涨工资"问题进行了解释，并就城市旧区改造中市民的责任同社区居民一起分享自己的研究体会。

李小华、王如忠、陈亮代表在传达区人代会精神中指出，2012年黄浦区人代会报告十分全面、务实，同时也有很多创新，报告中新增关于改善政府作风、提升政府效率的章节，体现了新一届黄浦区区委、区政府更加重视自身建设。报告中与百姓切身利益相关的内容与以前相比更多，真正在工作中把民生放到了首位。

会后，与会社区居民纷纷表示，这次报告会及时向选民传达了市、区人代会的精神，便于大家更准确、更深入地了解政府的工作成绩和准备做的事情，尤其是沈国明代表的报告深入浅出。街道和居委干部说，从会场秩序上也能反映出来，大家觉得很"解渴"，并希望今后能够举办更多、更好的讲座。

社联坐落于瑞金二路街道。近年来，社联一直着力于服务群众、回报社会。2011年，社联通过报告会为人大代表与社区选民的互动交流构建了一条渠道，也为人大代表服务社区搭建了平台，拉近了社区内的单位与社区居民之间的距离。在街道、社区和广大居民的支持下，社联将推动讲座活动更加机制化、规范化，为社区文明建设和文化发展发挥积极作用。

市社联举行中心组专题学习会　认真学习座谈人民日报两篇评论员文章

4月5日，市社联召开中心组学习会，社联党组书记、专职副主席沈国明主持会议，社联党组副书记桑玉成以及社联处以上干部出席会议。会议认真组织学习《人民日报》评论员文章《集中精力把两会精神贯彻好》、《牢牢把握稳中求进的总基调》，并结合工作实际，围绕如何按照中央和市委要求，以深入学习贯彻两会精神为契机，把握工作总基调，推进当前各项工作，以优异成绩迎接党的十八大展开讨论。

与会者认为，统一思想是做好工作的基础和保证。只有统一思想才能行动一致，只有坚定信心才能明确方向，大到国家、小到单位都是这样。当前面对复杂多变的国际国内形势，需要我们集中精力，凝聚共识，明确方向，坚定信心，更加紧密地团结在以胡锦涛为总书记的党中央周围，不动摇、不懈怠、不折腾。

与会者指出，2012年是党的十八大召开之年，社会思潮比较活跃，意识形态工作面对新的考验。特别是互联网普及的时代，一些噪音、杂音无孔不入，这对于广大社会科学工作者坚定立场，辨别是非，不断增强政治敏锐性、鉴别力，不断提高工作主动性、有效性都提出了更高的要求。我们要多做解疑释惑、凝聚共识、团结鼓劲、增强信心的工作，最大限度调动广大社科工作者的力量和智慧，以优异的工作迎接党的十八大和市第十次党代会。

与会者认为，在经济社会转型期，社会矛盾比较多，人们容易出现焦虑情绪。要实现“政策稳”、“增长稳”、“物价稳”、“社会稳”，首先应当思想上坚定有力，去除两极化思维，全面辩证看问题，同时要提升社会包容度，确保各项改革发展稳中有进。

与会者认为，统一思想需要中央的声音及时、准确传递到基层，只要中央的声音为干部、群众了解，谣言就会不攻自破。凝聚共识需要一系列政策的及时跟进和有力引导，切实消除人们思想上的歧见和误解，促使大家在理解的基础上达成共识。

会议指出，要把《人民日报》评论员文章学习、领会好，在思想上与党中央的决策部署保持一致，按照“稳中求进”工作总基调，服从服务上海改革开放和现代化建设事业大局，认真举办“两会”精神专题系列讲座，积极组织开展社科优秀成果评奖，推进学术社团规范化建设和管理，更好地发挥社联的组织协调和桥梁纽带作用，为上海“十二五”规划开局和“创新驱动、转型发展”工作战略的推进做出贡献。

市社联召开干部职工会议　传达市第十次党代会精神

5月22日下午，市社联召开全体干部职工会议，传达学习市十次党代会精神。市第十次党代会代表、社联党组书记、专职副主席沈国明传达市十次党代会精神，社联党员成员、秘书长生键红主持会议，社联党组副书记桑玉成，社联机关、刊业中心干部职工参加会议。

沈国明在讲话中指出，市第十次党代会是在上海创新驱动、转型发展的攻坚阶段和关键时期召开的一次十分重要的会议，具有承前启后、继往开来的深远意义，是一次振奋精神、团结鼓劲的大会，是一次发扬民主、集思广益的大会，是一次求真务实、开拓奋进的大会。大会完成了各项议程，取得圆满成功，必将对上海未来五年发展产生重要而深远的影响。

沈国明指出，俞正声代表九届市委所做的报告，以邓小平理论和"三个代表"重要思想为指导，深入贯彻落实科学发展观，突出了创新驱动、转型发展的主题，充分体现了以胡锦涛为总书记的党中央对上海工作的要求，充分体现了市委站在党的事业和上海长远发展的高度谋划创新转型的新思考、新举措，充分体现了上海广大党员、干部和群众的期盼和意愿，是指导上海未来五年发展的纲领性文件。报告总结回顾了过去五年工作，强调了世博会举办实现成功、精彩、难忘，经济发展方式转变迈出实质性步伐，"四个中心"建设取得重要突破等八个方面成绩，归纳提炼"六个必须坚持"，这些对上海今后的工作都具有重要指导意义。

沈国明指出，社联党员干部要认真学习、深入领会、扎实贯彻市第十次党代会精神，把思想和行动统一到大会精神和部署上来，在今后工作中要更加注重"创新驱动、转型发展"的主题，紧密围绕"四个中心"、"四个率先"的大局，深入经济、社会发展的实际，学习新闻界，提倡"走转改"，使上海社会科学的研究更好地"接地气"，为上海改革开放和经济社会发展出谋划策、奉献心力。

沈国明指出，市第十次党代会通过九届市纪委向市第十次党代表大会的工作报告，体现了对反腐倡廉新形势新任务的清醒认识和准确把握，是今后五年全市加强党风廉政建设和反腐败斗争的指导性文件。贯彻落实党风廉政建设，要在总结过去经验基础上加强防腐、反腐，推广和运用"制度加科技"的经验和理念，防范腐败发生。

沈国明指出，社联广大党员干部要进一步增强责任感、使命感、紧迫感，以只争朝夕、奋发有为的精神状态和求真务实的工作作风，在市委领导班子带领下，为实现市第十次党代会提出的各项目标团结奋进，作出新的贡献。

市社联召开传达学习十届市委二次全会精神干部会议　要求强化政治意识使命意识　以优异成绩迎接十八大召开

7月16日上午，市社联召开办公会议，学习传达十届市委二次全会精神。社联党组书记、专职副主席沈国明主持会议，社联党组成员、秘书长生键红，以及社联各处室负责同志出席会议。

沈国明传达了十届市委二次会议上，中共中央政治局委员、市委书记俞正声的讲话，市委副书记、市长韩正关于上海上半年经济社会发展情况和下半年工作安排的报告等全会主要内容。沈国明指出，2012年上半年全市上下共同努力之下，经济社会发展取得了显著成绩。同时我们必须清醒地看到，今后一个时期，面临国际金融危机深度演化，上海发展外部环境的不确定性和严峻性在增长。我们一定要根据市委领导的要求，以全会精神为指导，认清形势，明确目标，鼓舞信心，坚定不移走“创新驱动、转型发展”之路，为上海经济平稳健康发展，为上海建设“四个中心”、实现“四个率先”多做工作。一是要紧扣主线。社联要以迎接党的十八大，宣传、贯彻党的十八大精神这一总要求，发挥党和政府联系社科界的桥梁纽带作用，邀请党的十八大代表与社科界专家学者座谈，组织所属学会、民办社科研究机构举行第六届“学会学术活动月”、“学术社团党建工作研讨会”、“中国特色社会主义理论体系与科学发展”专题征文研讨等活动，为党的十八大营造良好氛围。二是要围绕大局。社联要围绕推动现代服务业加快发展，积极推进制造业转型升级，做好社会保障、改善民生工作，国家重大政策落实，加强城市管理，保障城市安全，深入推进重点领域、关键环节改革等全局性重点工作，调动社科界专家学者的积极性，以举办学术茶座、专家座谈会、专题报告会等多种形式，积极开展富有针对性和实效性的决策咨询研究，形成具有一定质量的研究成果，为上海经济平稳较快增长出谋划策，贡献智慧。三是要突出重点。社联要更加突出建设五大公共平台，提升社联核心竞争力这一重点，认真做好三年一度的学术社团工作会议、“优秀学会、优秀民办社科研究机构、优秀学会工作者、学会特色活动、学会品牌活动”评选工作、两年一度的优秀社科成果评选和表彰，以及新一届学术年会、新社科会堂选址和项目落地等重点工作，为推进上海理论创新，繁荣发展上海学术文化做贡献。四是要结合实际。社联要结合自身特点和社科界实际，在2012年度时间过半、第六届社联委员会任期过半之际，通过举办“社科界专家学者代表座谈会”，“社联年中工作务虚会”等，广开言路，敞开思想，深入谋划，着力思考“如何在改善硬件环境的同时加强‘软实力’建设，进一步扩大社联对外影响”、“如何培养青年干部，进一步提升社联干部队伍整体素质”、“如何推动学术社团‘走转改’、进一步促进上海社会科学繁荣”、“如何参与社会建设，进一步服务上海经济社会发展全局”等社联事业发展中的重点问题，进一步理清工作思路，为开创社联工作新局面做更加充分的思想准备、政策准备。五是要明确责任。社联干部职工要强化政治意识、使命意识、岗位意识、责任意识、预算意识，按照社联年度工作任务责任分解和时间节点的要求，把各项工作分解到部门和责任人，推进项目，落实任务，务求成效，以优异的成绩迎接党的十八大召开。

市社联举办纪念邓小平南方谈话20周年座谈会

2012年是邓小平南方谈话20周年。1月8日，市社联举行“纪念邓小平南方谈话20周年座谈会”，来自上海社科院、华东师范大学、上海市委党校、解放军南京政治学院等本市高校、党校、科研机构的专家学者周瑞金、邓伟志、夏禹龙、周锦尉、赵修义、许明、吴其良、王国平、熊月之、张幼文，以及《解放日报》、《文汇报》等媒体代表出席研讨会。市委宣传部理论处处长刘世军出席会议。社联党组书记、专职副主席沈国明主持会议。

专家学者认为，20年前邓小平南方谈话，迎来了中国改革开放大业的又一个春天，其重大意义随着时间的流逝愈益显著。周瑞金指出，南方谈话启动了一场伟大的思想解放运动，使人们从“凡事要问一问姓社姓资”的束缚中解放出来，是推进市场化改革的进军令。夏禹龙认为，南方谈话对于中国的现代化道路具有重大转折点意义，为社会主义市场经济在中国的确立奠定了思想和政策基础。张幼文认为，南方谈话构筑了中国市场经济模式的基本架构，为发展中国家发展提供新的理论。王国平认为，邓小平南方谈话突破了传统上关于社会主义与市场经济的关系，实现了马克思主义理论发展史上质的飞跃，开创了20年中国经济快速发展的世界奇迹。熊月之指出，邓小平南方谈话在中国政治制度发展上实现了空前的巨大进步，实现了国家最高权力的正常交接，对于探索社会主义国家政治文明发展道路作出重要贡献。吴其良认为，南方谈话是党的建设的新的历史坐标，开辟了党的建设的新境界。

专家学者认为，1992年，邓小平南方谈话在内外面临严峻考验的重大关头，发挥了拨云见日、把握航向的重要历史作用。当下国际形势发生深刻变化、国内发展任务艰巨，学习邓小平南方讲话，对于我们把握新机遇、迎接新挑战仍然具有现实指导意义。沈国明指出，要着重发扬贯穿讲话通篇的改革精神、创新勇气、务实理念，唤回20世纪90年代浦东开发、开放时各级干部身上洋溢的激情，直面改革发展中遇到的真问题，更加精细化地研究、破解前进道路中遇到的各种难题。周瑞金认为，南方谈话指出改革必须大胆地试、大胆地闯，要有一点闯的精神。我们今天学习南方谈话，就是要在新形势下凝聚改革共识，重振改革勇气，再造改革动力。刘世军等指出，南方谈话中有关“发展是硬道理”、“基本路线要管一百年，动摇不得”、“左和右都可能葬送社会主义”、“中国长治久安要靠基本路线”、“马克思主义不深奥，反对本本主义、形式主义、教条主义”等论断，今天仍然具有其独特的理论价值。

专家学者们认为，纪念邓小平南方谈话，重在引领社科工作者深入思考当前改革开放和经济社会发展中面临的重大理论和实践问题，提出具有前瞻性、统筹性、操作性的行动方案。有的专家着重围绕破解经济发展瓶颈提出意见。夏禹龙认为，社会主义市场经济应较之资本主义市场经济更能够发展资本的文明化趋势、遏制野蛮化趋势，我们必须推动政企真正分开，防止企业利益与部门利益紧密结合，有效发挥公有制经济的主导作用，让社会主义市场经济冲破各种障碍，走出一条中国特色的现代化康庄大道。周锦尉认为，发展要凸显协调性，就是扭住经济建设中心任务的前提下，注意经济与其他领域的协调、经济结构的协调、区域发展的协调、城乡发展的协调、生产消费的协调、国内和国际的协调。有专家认为，我国已经进入以社会体制改革为重点的新阶段。周瑞金指出，当前社会领域矛盾突出：贫富差距拉大，社会事业滞后、民生问题凸显，发展方式粗放、生态环境污染，权力和社会腐败趋势严重。“何以解忧，唯有改革”。当前，我们急需深化社会体制改革，承担深化、完善经济体制改革的任务，同时为政治体制改革创造条件和环境。邓伟志指出，当前加强社会建设，要警惕走入社会管理代替社会服务和社会建设的误区，切实发挥社会组织在社会管理全局中的作用。有的专家认为，学习邓小平南方谈话，当务之急是更加重视文化事业的改革发展，努力开辟社会主义市场经济新路径和新阶段。许明认为，今天思考社会主义条件下的经济体制改革，发展与社会主义原则两者都不能偏差，要深入探讨在市场经济条件下，如何把理性原则贯彻到社会生活各个领域。赵修义认为，回答如何在市场经济条件下实现共同富裕、如何坚持社会主义的文化发展方向，建立一个维系社会的道德纽带，探索、实现社会主义和改革开放有机统一的相关问题，为之提供学理支撑，是社科工作者的责任。

学习领会胡锦涛总书记"7·23"重要讲话精神 市社联举行专家学者座谈会建言社科事业繁荣发展

7月26日，市社联举行上海社科界专家学者座谈会。社联党组书记、专职副主席沈国明主持会议，上海社科界专家学者邓伟志、张云、夏军、熊月之、俞新天、张幼文、陈金鑫、赵修义、刘建军、朱贻庭、陈锡喜、张丽丽、邢继祖、陈卫平，社联各处室负责人出席会议。与会专家学者围绕学习领会胡锦涛总书记"7·23"重要讲话精神，进一步推动社联各项工作，繁荣发展上海哲学社会科学事业发表了观点和意见。

沈国明指出，胡锦涛总书记"7·23"重要讲话是新时期统一全党思想的纲领性文件，上海社科界要认真学习、深刻领会、贯彻落实讲话精神。一是要坚持正确方向。高举中国特色社会主义伟大旗帜，坚定不移走中国特色社会主义道路，是我们始终不渝的正确方向。贯彻落实科学发展观，是一项长期艰巨的任务。当前，广大社科工作者既要围绕完善中国特色社会主义理论体系，又要围绕深入分析、研判前进道路上极具挑战性的矛盾问题，充分发挥社会科学创新理论、资政育人的重要作用。二是要坚持改革创新。学习"7·23"讲话让我们更加深刻体会到，我国30多年经验归根结底就是改革开放，高扬改革创新精神是事业取得新胜利的根本途径。我们要按照改革创新的要求，繁荣社会科学事业，加强社会组织建设。三是要坚持落到实处。习近平在中央党校作讲话，要求广大党员干部"不提不切实际的口号，不提超越阶段的目标，不做不切实际的事情"。日前，韩正市长在市人大常委会有关会议上指出，上海各项工作要"落实、落实、再落实"。上海社科界要发扬联系和服务实践的优良传统，分析和把握上海哲学社科事业的形势和任务，突破社联事业发展面临的挑战和瓶颈，明确工作思路和举措，努力为繁荣发展上海哲学社会科学事业做出新贡献。

与会专家指出，近两年多来，社联为上海社会科学的发展做了大量工作。社联为社科工作者服务的意识有了明显的增强和提高。社联作为"社科工作者之家"，日益成为广大社科工作者的共识。上海社科工作呈现出新的生机。

与会专家在充分肯定社联工作的同时，围绕如何进一步做好社联工作畅所欲言。有专家建议，社联每年选择若干热点议题，组织社科界专家学者开展多学科、跨学会专题研究，充分借助各类媒体的作用，特别要在各方面支持和发挥在中国学界具有引领地位的《学术月刊》、《探索与争鸣》杂志的重要作用，不断增强社联对学界、社会、政府的影响力。

社联要加强与兄弟省市社科界的交流和互动，为学界创立“上海学派”搭桥铺路。

有专家认为，社联要敢于创新，善于创新，要着力以人才培育工作为抓手，特别要加强对青年理论研究人才、学术社团工作新人的发掘和培养，让上海社会科学事业薪火相传、后继有人。

有专家认为，社联要更加牢固树立“学术为中心、学会为基础、学者为依托”的理念，把“服务”贯穿工作的始终。

有专家指出，社联工作要在“联”字上做大文章，下力气促进学会之间的信息互通和联合互动，推动学会之间的经验交流和资源互补，切实增强社联和学会对广大会员的吸引力和凝聚力。社联要搭建、完善社联与学者之间、各相关学会之间、学会与广大受众之间的沟通平台，举办更多具有高品位思想、学术价值和决策咨询价值的研讨交流活动，使社联工作更好地服务会员、服务社会、服务党和政府的决策工作。

会上，与会专家还围绕如何以改革创新的思路办好上海社科界学术年会、推动上海学术“走出去”、更好地完善上海社联委员会的组织架构以及坚持以需求为导向满足不同群体的需要、准确了解上海学术生态进而完善学术评估和激励机制等，发表了很好的意见和建议。

以学习领会胡锦涛总书记“7·23”重要讲话精神为契机　召开2012年年中工作务虚会

7月28日，市社联举行2012年年中工作务虚会。社联党组书记、专职副主席沈国明主持会议，社联主席秦绍德、党组副书记桑玉成、处以上干部出席会议。会议以学习领会胡锦涛总书记“7·23”重要讲话精神为契机，围绕搭建学术研究和交流平台、加强社联内部管理、建设社科工作者队伍、提升社联影响力等工作进行研讨。

会议指出，胡锦涛同志“7·23”重要讲话内涵丰富、思想深刻，是一篇马克思主义的纲领性文献。社联党员干部通过认真学习讲话，体会到只有改革开放才能发展中国、发展中国特色社会主义、发展马克思主义；发展是硬道理，发展的本质要求是科学发展，发展是解决我国所有问题的关键。社联干部职工要学习好“7·23”讲话，以繁荣发展上海社科事业为己任，增强责任感、使命感。

会议指出，社联作为党和政府联系社科工作者的桥梁和纽带，要进一步明确自身肩负的重要职责，充分发挥自身优势，为服务广大社科工作者履职尽责、倾心尽力。社联要更加积极主动地融入上海发展全局，针对当前上海经济社会发展面临的极具挑战性的矛盾和问题，组织社科界专家学者开展相关的分析研判和决策咨询研究，为上海经济社会发展做贡献。

会议总结分析了上半年社联以迎接党的十八大召开为主线，各项工作开展情况，并对做好下半年度工作提出了新要求。会议认为，社联要更加强调自身建设。社联机关要形成规范高效的工作机制，广大干部职工要和衷共济，着力营造事业为重、互助合作、和谐融洽、行胜于言的机关氛围，不断提升社联的核心竞争力、社会影响力、学界吸引力、组织凝聚力。

会议认为，一支富有创造力、战斗力的干部队伍是社联事业的基础和保障。社联队伍建设要以青年社科工作者为重点，以培育思想政治素养为中心，以提升业务能力素质为目标，为社联事业发展提供蓬勃的生机和不竭的动力。

会议强调，社联要以时不我待的紧迫感、改革创新的精神、求真务实的作风，不断完善五大公共平台建设，特别在学术年会举办模式上有新举措、新突破，创设举办“两课”教师沙龙，着力加强社联办公硬件维护和软件更新工作，严格财经纪律和财务制度的执行，推进预算执行均衡化和编制科学化，推动社科会堂新项目尽早落地，全力实现社联工作新跨越，以优异成绩迎接党的十八大召开。

社科界专家学者热议五年发展成就　期盼中共上海市第十次党代会召开

5月，在市第十次党代会即将召开之际，市社联根据市委宣传部的安排和部署，就部分热点问题连线本市部分社科界专家学者，听取他们对五年来上海发展成就的评价，以及对市十次党代会期盼。

一、 对上海五年来发展成就的评价

专家学者认为，五年来上海市委市政府各项工作都围绕中央部署，准确把握基调，坚持改革开放，推动科学发展，大局观强，工作踏实，作风稳健，"四个中心"建设成就有目共睹：一是着力推动"创新驱动、转型发展"，推进产业结构升级，促进经济发展方式转变，新的经济增长点发育。在房地产、股市等因素逆向作用下，现代服务业增加比例从原来的51%左右上升到目前的57%，成绩来之不易；生产型服务产业中，设计、创意、研发、品牌、高端装备等方面含量增加，高端制造业发展较快，大型船舶曲轴、ARJ21、C919等商用飞机订单数量可观；引进高端人才、金融机构、外资企业等成效明显，人民币结算中心、迪士尼乐园等一批项目落地；国际航运中心综合实力得到增强，世界排名逐年靠前，等等。中央媒体对上海的成就和经验进行连续、深入地报道，反映国家对上海率先转型发展的重视和肯定。二是2010年世博会成功、精彩、难忘，中国人的百年世博梦想成真，在极大提升上海和国家的国际地位、国际影响力的同时，办博期间一些行之有效的工作经验及时得到总结并加以推广应用，留下又一笔弥足珍贵的财富。三是基础设施建设跃上新台阶，十余条地铁线路投入运行，轨道交通网络成形并赶超世界先进水平，市民出行更加便捷。四是妥善处理改革发展稳定的关系，加强社会治安综合治理，社会总体保持稳定，百姓安居乐业。五是大力改善民生，保障房建设力度不断加大，社区服务中心、文化中心、老人食堂和托老所、医疗中心实现全覆盖，社会建设水平在长三角地区、甚至全国领先。六是文化建设既确保硬件投入，又强调作品创作，涌现出一批在国内外均产生影响、反映上海特点、时代特征的精品力作。

二、对第十次党代会的期盼和建议

专家学者认为，第十次党代会是上海改革发展关键时期召开的一次十分重要会议，是广大党员干部政治生活中的一件大事，关系到未来五年甚至更长时期上海的发展前景，提出建议如下：

一是城市运行的社会化要进一步增强。上海在城市管理中要发挥公民社会建设群众基础牢固的优势，为群众参与城市管理搭建平台、疏通渠道、形成机制，通过鼓励“公众参与”，降低政府运行成本，促进社会稳定。面临外来人口增长压力持续加大的形势，怎样增强其归属意识和责任意识，同步推进文明文化教育，提升其文明程度，还需要下更大的功夫。

二是城市开放的国际化要进一步增强。上海历来是一座高度国际化的城市，今后发展要继续坚持改革开放，拓宽与海外接轨的渠道。比如市长咨询会议在邀请各国大企业家的同时，可考虑增设社会、文化、教育等领域的系列，从而把咨询视野扩展到社会发展领域。上海要加快国际投资咨询、跨国并购投行服务和国际法律服务等现代服务业发展，为推进中国的资本输出和人民币国际化做贡献。

三是城市管理的民主化要进一步增强。上海作为中国最为发达的城市，政治体制改革条件比较成熟。在扩大党内民主方面，上海似可提出“党内民主与人大民主对接”的理念，探索党委在决定拟推荐的本级国家机关领导成员人选时，征求人大中党员代表，或党员常委会成员的意见，既尊重人大依法行使职权的同时，又使党委推荐的人选顺利通过。在财政民主化改革方面，建议市委、市政府提高财政决策的民主化、财政预算的透明度，提升地方政府的公信力，为上海引入市场机制发行市政债券，发展地方政府债券市场创造环境。

四是城市发展的创新力要进一步增强。可以尝试政府推动、高校参与、市民为主的模式，让高校中与创意生产有关的师资、系科深入社区、工厂、乡镇等城市各个角落，创建各种“创意工坊”，打造城市“创意之心”，让全民参与创造，让各种阶层得以发声并呈现自己的文化“心”貌，让市民经验系统得到支撑而呈现张扬，从而培育上海城市文化内核，为上海城市文化创造提供源源不断的动力支撑。

五是城市发展的亲民化要进一步增强。这些年上海按照中央“四个率先”的总要求，各项工作都站在全国、长三角地区的前列。可是工资已经连续 5 年停涨，公务员的收入水平与周边地区相比不适应、与物价上涨的情况不适应。上海的发展成果应当让广大干部群众有更加切身的体会，工资水平应当与经济社会发展保持同步。

科研组织与决策咨询平台

KE YAN ZU ZHI YU JUE CE ZI XUN PING TAI

推进改革与创新　共谋中国未来发展
——上海市社会科学界第十届学术年会大会综述

11月13日，上海市社会科学界第十届学术年会大会在上海展览中心隆重举行，会议主题是"改革与创新：中国的发展与中国的未来"。来自上海各高校、党校、社科院、部队院校、党政研究部门、学术社团的400余位代表与会，中共上海市委宣传部副部长李琪出席开幕式并讲话。市社联主席秦绍德致开幕词。市社联党组书记、专职副主席沈国明、党组副书记桑玉成出席会议，上海社科界专家学者冯俊、乔依德、干春晖、王德峰、詹丹、朱德米、李维森、罗峰、程金华、肖瑛应邀与会演讲。

有学者就充分体现时代精神，推进哲学社会科学创新发展指出，哲学社会科学创新植根于时代，体现了时代的精神。中国的发展需要哲学社会科学创新，要在马克思主义指导下，研究中国国情，聚焦中国特色社会主义伟大实践，继承中国传统文化中的优秀元素，形成自己的话语体系，体现中国特色、中国风格、中国气派。哲学社会科学创新应尊重自身的特有规律。不做急就章，少做献礼文，不以搞工程技术的方式搞哲学社会科学研究。不讲大话空话套话，避免宏大叙事；提倡厚积薄发，提倡深入实际，提倡小题深挖。在新的历史条件下，哲学社会科学创新成果应该服务于中国的科学发展、中华民族复兴和世界和平和谐等重大现实问题。

有学者指出我国开放战略面临重大转型：由单一的"对外开放"变为"对外开放"与"向外开放"并重，由"出口导向"变为开拓内外市场并重，由招商引资重数量变为更重视质量。我国开放战略的转型对上海"四个中心"的建设，特别是国际金融中心建设有着重要的意义。人民币国际化将是开放新战略的核心部分，它既是国际货币体系改革不可或缺的一个环节，也是上海真正成为国际金融中心的必要条件。需尽快落实人民币跨境清算中心的建立，花大力气促成金融机构的集聚。

有学者就地方政府与企业环境治理合作关系指出，政府对企业环境行为的监管面临三个挑战：由于信息不对称带来的交易成本过高，企业的环境成本与收益不确定，监管方成为被监管方的"俘虏"。在环境危机的压力下，地方政府采取了运动式的环境治理方式，企业面临着不确定的环境管制，地方政府与企业之间往往形成了"同谋"和"零和"关系。在目前中国环境管理制度框架下，地方政府与企业之间要形成合作关系，需积极探索可能的路径和政策选择。

有学者指出，新一轮工业革命已经悄悄降临，我国目前制造业产值虽然超过了美国，但我国的制造业总体水平还停留在工业化初中期状态。能不能抓住新的工业革命这一历史机遇，甚至在这个过程中实现赶超，是我国与上海制造业转型升级并迎头赶上的关键。上海在新型产业体系构建、战略性先进制造业选择发展、先进制造业与现代服务业匹配模式设计、知识产权保护、高端人才造就、服务创新推动、市场环境打造等方面要大胆探索，积极响应即将到来的“第三次工业革命”。

有学者认为当代中国的文化自觉，需要以树立中国价值为前提。当代中国文化精神有待自觉的根本困难，不在于中国制度建设的不健全和不合理，而在于人们往往不自觉地追随和采取西方的文化精神来指导行动。回顾西方世界的近代化、现代化历史，西方文化精神与中国文化精神存在着明显差异，无法照搬照抄。西方文化可以促进中国的现代化进程，却无法在精神价值领域指导当代中国。

中国未来发展的社会建设问题是大会集中探讨的主要问题。有学者提出，应当重点完善公共治理，促进社会整合。在各种观点纷呈、利益分化和矛盾凸显的多元社会，完善公共治理结构，推进社会整合，这是避免社会解体的重要举措，也是和谐社会构建的应有之义。中国式治理既要从“治理”、“善治”、“网络治理”和“整体性治理”等概念中汲取理论养分，又要注意其中所蕴含的“社会中心主义”在本土的适用条件，从而彰显出执政党和政府在“元治理”和社会整合中的意义和价值。

有学者着重分析了转型中国的社会分层与法律发展。最近30年市场转型的最重要社会后果之一，是当代中国的社会阶层出现了分化与重组，而且后者势必对进展中的法治建设产生重大影响。因此，在这关乎现代法治能否在中国生根的关键性历史时刻，中国社会科学界有必要把阶级重新纳入法治建设的讨论中来，并系统地、科学地以及具体地研究法律与阶级这两个制度因素相互影响的机制，等等。

本届学术年会由年会大会、学科专场、主题专场活动组成。社联与中共上海市委党校、上海市邓小平理论和“三个代表”重要思想研究中心联合主办马克思主义研究学科专场暨上海市马克思主义研究年度论坛，主题为“马克思主义与文化新自觉”；与中国浦东干部学院联合主办哲学·历史·文学学科专场，主题为“文化复兴：人文学科的前沿思考”；与复旦大学联合主办政治·法律·社会学科专场，主题为“国家治理：民主法治与公平正义”；与上海财经大学联合主办经济·管理学科专场，主题为“转型·创新·改革”；与上海外国语大学联合主办世界经济·国际政治·国际关系学科专场，主题为“全球治理：新认识与新实践”；与东方青年学社、上海师范大学联合主办青年学者专场，主题为“中国哲学社会科学：自主创新”；与上海市教育委员会、上海市学生德育发展中心联合主办思想政治教育学科专场，主题为“当代青年学生与社会主义核心价值体系教育”；与华东师范大学联合主办“中国哲学的现代变革与当代新方向”等11场主题专场系列活动。

年会共收到应征论文876篇，评出优秀论文92篇，出版优秀论文集6卷，百余位专家做了主题发言。参与年会的专家学者和青年学生超过2 000人。

要办一份有海派特色的年度学术报告

——市社联举办“上海学术报告 2011”编写座谈会

9 月 4 日，市社联举办“上海学术报告 2011”编写座谈会，来自复旦大学、华东师范大学、上海社会科学院、上海师范大学、上海大学等高校科研机构的 10 余位专家学者对该报告提出改进建议，主要观点如下：

一、既要有引领性，也要体现海派特色

既然是学术报告，要力求全面、客观、权威、实用。年度报告既要有一年来学术研究的总结，也要对学者今后的研究方向起到引领作用。通过报告，读者可以对本学科的发展情况有所了解，而其他学科的研究情况也能对其有所启示。

既然是上海学术报告，更要体现上海学术研究的海派特色。上海学者关注哪些问题，与北京、广东等其他地区的学者有何不同，都应该成为报告思考的方向。

学术报告同时也应该有深刻的社会关怀。比如，对教育、医疗、住房等社会现实问题的研究成果要有所关注。

二、既要照顾面上，也要突出重点

报告的内容比较丰富，既有学术评议，也有学人推介；既有理论文章，也有会议报道；既有学术数据分析，也有机构研究概况介绍，但是在内容选择上，也要有重心。

其一，无论是文章还是评论，入选标准应该是看对学术研究是否有促进作用，达不到这种标准的则不应入选。

其二，要体现研究的年度特点。比如，2011 年是中国共产党成立 90 周年，关于这一主题的研讨会议、征文、著作等活动，应该有所报道。

其三，要关心上海学术界每年发生了哪些在全国乃至国际上有影响的讨论活动，包括发表的论文、会议等。

其四，除了学术期刊上的文章以外，也要关注一些著名学术网站上发表的文章。网络上文章资源非常丰富，也很活跃，可以留心搜索和上海有关的和国计民生有关的内容。

其五，“会议报道”部分的内容要更加规范，需要注意三个问题：一是对于什么样规格的会议可以入选，要有标准；二是会议内容的选择上，要对学术研究有推进或对现实社会有影响；三是会议报道的重点是内容而非形式，因此，着墨点应该是会议讨论了哪些问题，

学者发表了哪些看法，哪些方面有理论创新，哪些地方有观点争锋等。

其六，报告对作为问题和实证的学术，尚反映不够。

其七，可以增加一个栏目：一年推荐一本书、一篇论文。

三、既要体现权威性，也要生动活泼

目前，该报告有沪上、沪外、国外著名学者以及沪上著名学术期刊及出版社总编辑评议上海学术四个评论栏目，这些评估主要是对上海某学科研究概况的介绍与分析，相对具有权威性，但除此以外，评估方式上可以更加多样化：

一是针对某个学术问题，请多位学者集中讨论，包括正反方发表不同意见，形成观点荟萃与争鸣；

二是针对某个观点或某篇文章专题评论，形成更加深刻的理论评述；

三是写各学科的综述，对学科研究概况形成较为全面的了解。

四、既要反映各学科，也要兼顾校际平衡

学术报告应该比较全面地反映上海各学科以及各高校科研机构的研究情况。但就目前来说，报告在学科及校际之间的分布不是很均衡。比如，该报告政治学科方面的内容较多，而文史类、语言类、经济学等方面的文章反映不够。再比如，对复旦、华师大等高校科研机构的报道较多，而对党校等科研机构的关注较少。如果能够做到各方兼顾，对上海学术研究情况的反映会更加全面。

学术茶座

上海部分学者把脉文化发展的困境与难题 强调亟需重构新时代的民族文化复兴价值

9月，市社联“星期五学术茶座”邀请复旦大学、华东师范大学、上海大学的青年学者就中国文艺复兴的困境与难题展开研讨，与会学者发表了各自的观点和建议。

警惕当前文化建设的空心化陷阱。有学者认为，今天的文化发展存在空心化陷阱。第一，忽视文化产品的特殊性，以规划经济建设的方式搞文化建设。第二，缺乏对文化治理的更高认识。在制度转型期的当下中国，社会各界大小矛盾层出不穷甚至有时还很尖锐，在这种情况下，应通过文化建设所弘扬的文化精神适时引导社会精神向度，同时行之有效且润物无声地化解各种矛盾。第三，文化现实与国家倡导的文化理想存在巨大反差。中国当下更核心的问题，不是文化的问题，而是跟文化有关的整个体制、机制、管理模式的问题。要让文化真正能够获得发展，就必须正视政治、社会体制领域存在的问题。

当下亟需寻找和凝聚中国民族复兴的价值表述。有学者指出，中国当前的文化乱象，根本在于日常生活中缺乏一个全民共同认同的主导价值。和以往相比，今天的文化内涵和外延有了很大变化，我们切不可刻舟求剑，不能总是抱着传统文化的那一摊子不放，以为四书五经才是文化，眼下的文化产品是垃圾。这种厚古薄今的心态不好，对今天的文化繁荣危害很大。我们亟需寻找和凝聚有利于中华民族复兴的价值表述。我们要寻找的主导价值，应该是把个人的努力与民族的追求结合在一起的价值。能够被全社会认同的价值观，应该属于大众集体创造、由大众享受，被精英分子概括和提炼，并被国家意识形态整合，能折射出时代精神和民族个性，最后以核心观念形式弥散在生活的角角落落的价值观。

对“海派文化”要重新评价和定位。有学者认为，所谓“海派文化”就是国际学术界一致公认的一个文化学派。然而，过去在提到“海派文化”时，经常容易使人们想到有华而不实、缺乏自己的民族认同之嫌。而在今天的全球化大潮中，我们再来对“海派文化”进行重新回顾和研究，就会发现它游刃于民族主义与世界主义之间，实际上在某种程度上是全球本土化实践的一个产物，它没有历史的重负，不带有传统的阴影，因而最容易走出国门，进而成为一个具有世界性影响的文化学派。我们身在上海，应该对“海派文化”作出新的理解和定位。

应当重视国家文化安全。有学者指出，上海的文化开放和建设应该重视国家文化安全问题。所谓文化安全，已经不再是他国文化对本国传统文化的侵袭、替代，更重要的是对于本国青年亚文化的重新改写，即青年“心灵的城邦”的改写。一旦中国的青年文化被异族文化占领，这将从根本上动摇国家未来的政治秩序和价值观念。以上海文化建设中潜在的未来青年文化走向为例，迪斯尼和梦工厂先后落户浦东和徐汇，在这两个项目的建设运营，对青年人的影响最大，迪斯尼和梦工厂生产的文化产品，应避免麦当劳化和迪斯尼化，避免发生中国青年文化与主流文化的脱节，避免西方文化对本土文化的强势侵袭。

市郊农村经济社会发展迅速　社会管理风险频生挑战严峻

9月6日，市社联召开“乡村发展与社会建设”专题学术茶座，结合市委组织部根据俞正声同志要求，牵头开展以经济发展较快农村地区党群干群关系和基层基础管理为重点的农村工作专题调研，邀请市委组织部、市农委等党政机关领导与复旦大学、上海大学等高校的专家学者，进一步就当前上海郊区镇村经济社会发展的特点和趋势进行深入研讨。

与会者认为，上海虽然农业产值占全市GDP的比重不足1%，农业户籍人口占全市人口总数的比重也不到1%，但是郊区面积占全市总面积的90%，农业耕地占全市总面积的30%，全市近2 400万常住人口的25%生活在农村，近1 000万的外来常住人口中的30%生活在农村。其人口与承载的土地面积倒挂明显，且伴随快速发展的农村经济社会变化，市郊农村基层管理和党群关系等社会领域存在的问题随之凸显。

一是农民“以房养人”现象普遍，生活危机感较强，对未来生活的期望值较低。许多村民的工资收入仅仅达到上海最低工资标准，远不能维持日常开销，家庭主要经济来源是私房或老宅出租收入，这部分收入存在较大的不确定性和不稳定性。相对于城市居民来说，农民缺乏相对健全和完善的社会保障体系，青年群体则“啃老”现象普遍，基层干部对推动村民自我发展的动力和举措均不足，抗风险能力较低，如果家庭成员有大病等情况发生，必然导致家庭陷入入不敷出的境地。专家调研发现，许多村民在医疗、教育等方面都表现出十分强烈的生活危机感。

二是村集体经济组织的资金、资产、资源管理制度缺位，干群之间缺乏信任。首先，资产量化缺乏统一性政策，以村为单位，各村的量化标准差异较大，邻近村的群众在相互的比较过程中产生较强的不公平感；其次，关于集体资产在镇、村、群众间1.5∶1.5∶7的分配比例规定在实际执行中存在一定偏差，村民利益容易受损；再次，集体资产量化方案及分配形式应该由全体村民审议通过，而在具体的实施中，具体的流程及最终的决策由村委会或村民代表决定，很容易导致在量化过程中出现贪污受贿、分配不公等问题。

三是外来人口数量增速迅猛，同业同乡集聚现象明显，管理难度日益加大，治安隐患日益增多。在市郊农村，外来人口超过本地人口的现象已甚为普遍。在全市1 600多个村中，有200多个村外地来沪人员超过6 000人，有23个村外地来沪人员超过1.3万人，最多的一个村外来人员超过5万人。由于外来人员大幅增长且集聚度高，而社会管理基本靠本地人员且力量有限，所以郊区农村广泛存在外地人经营商店、菜场、饭店、诊所、网吧、黑车等服务外地人的现象,这些经营行为很难按现有的政府规章制度得到经营许可,基本都处于“灰色”地带。值得注意的是,外来人员大多存在同业、同乡集聚及帮派倾向,治安隐患增多,且容易出现“围观”执法、暴力抗法等情况,管理难度日益加大。

四是随着经济适用房、动迁安置房、廉租房等大型居住区在城郊结合部的不断建立,郊区公共服务需求激增与供给不足之间的矛盾日趋明显,基于集体经济的农村公共服务供给模式正在受到挑战。近年来,经济适用房、廉租房和动迁房等大型居住区在城郊不断建立,从城市动迁到农村居住的城市居民,他们希望在农村也能够得到像在城市社区一样的服务水平,显然这种需求在现阶段很难得到满足。与此同时,不断激增的外地来沪人员,他们也希望在就业、就医、就学等方面能够融入当地,取得与本地人基本相同的待遇。由市区导入的城市居民和由外地导入的流动人口,都在向郊区农村管理者提出日益激增的公共服务需求,然而目前郊区农村的公共服务供给主要依赖镇村集体经济,这种模式的可持续性和合理性正在受到挑战。

社联举办“星期五学术茶座——思想政治教育专题”研讨活动

9月15日，市社联举办“星期五学术茶座——思想政治教育专题”研讨活动，复旦大学高国希教授、同济大学邵龙宝教授、上海社科院青少年研究所副所长孙抱弘研究员、《探索与争鸣》杂志主编秦维宪编审、华东师范大学许瑞芳副教授、复旦大学张奇峰博士参加研讨，就思想政治教育的内涵、方法、途径、传承与创新等进行了交流。高国希教授主持茶座。

孙抱弘研究员指出，公民公共素质的整体提升是中国现代化进程的关键。当下中国公民素质发展不平衡，公民的公共意识和公共理性缺失。他提出“三分法”，在传统的公民生活“两分法”——“物质生活”与“价值生活”之间，加入“伦理生活”，强调其客观存在性及对社会良性运转的重要作用。他提出“四看与四重”的建议：向下看——重建生活，向内看——重塑人格，向外看——重现他者，向前看——重振理想。

邵龙宝教授认为，中国人目前正处在由“臣民”向公民蜕变的过程中，一方面行为上仍残存一些“臣民”的特征，如集体无意识、双重人格等，一方面公共精神增强，公益性活动、社区志愿服务等大量开展。由此提出，思想政治教育应当围绕公民意识教育这个核心，把实现人的现代化作为目标，帮助人们实现从中国传统价值观向现代价值观的转型、从传统人向现代人的转型。

许瑞芳副教授指出，要关注思想政治教育的时代诉求，培养“积极公民”，这是对传统思想政治教育培养“合格公民”要求的提升。“积极公民”概念的核心是“责任公民”，即公民不仅要被动地履行义务，还要主动地承担责任，积极地参与各种社会事务；公民不仅要表达自己的主张，还要尊重他人，包容他人。这是当前思想政治教育需要凸显的方面。

张奇峰博士把思想政治教育分为两个部分：一是权利、义务教育；二是品格教育，又分为公民素质教育和德性教育。我国思想政治教育要承担两种责任：一是政治责任，二是社会责任，要在教育实践中把两者有机结合起来。

秦维宪编审指出，近年来社会上频繁出现的道德缺失事件，映射出当前思想政治教育中的突出问题：虽然标准高、要求严，但在实施过程中仍存在“一句空话、一纸空文”的现象，针对性不强，实效不明显。他认为，公民没有健康的人格，就不可能成为优秀的人才。在思想政治教育中，要杜绝不切实际的口号，从基础做起，具体落实到做人的标准，塑造公民健康的人格。

高国希教授针对思想政治教育过程中制度与观念的关系发表看法，认为制度与观念相辅相成，制度为观念提供保障，观念是制度的心理支撑。制度不仅要有外在强制力，还要有内在说服力，一定要有公民认同，前提是真正符合人民的利益。他指出，思想政治教育一定要着眼于人的全面发展，把个人、家庭、社会、国家密切联结起来，让国家成为个人的自觉认同，才能取得实效。

上海专家学者对老龄化社会建设的几点建议

——市社联"上海老龄化社会面临的主要问题与对策"专题学术茶座观点汇总

3月28日，市社联召开"上海老龄化社会面临的主要问题与对策"专题学术茶座，上海市老年基金会理事长胡炜、副理事长朱匡宇，市社联党组书记、专职副主席沈国明等30余位专家学者和公益服务组织代表出席会议，围绕构建多层次的养老保障体系，创新适应社情民意的养老服务模式等问题展开了热烈讨论。

一

一是"421"家庭模式是中国社会的现实，回归家庭养老必须加强制度和政策体系的设计，以支持家庭完成养老功能。与会专家指出，由于"421"家庭模式的普遍化，当前家庭养老的功能正在急剧弱化，50%的上海年轻人都不愿和父母一起居住。家庭养老的功能与能力在下降，但并没有完全消失，政府和个人应当凝聚共识，社会和家庭必须共同承担养老的责任，尤其在长期护理和心理关怀方面应尽量发挥家庭养老的作用。

专家认为，在家庭结构变化和年轻人观念变化不可逆的情况下，政府必须去回应这一人口结构变化的现实，加强养老服务的政策、制度安排。如探索创新以家庭为单位的征税机制，即家庭若承担养老功能，可获得退税和养老保险补贴。

二是应创导养老服务产业的规范化和多元化发展模式。专家认为，上海将养老服务机构分为营利性和非营利性，采取截然不同的政策。对此，政府可以考虑对营利性和非营利性的养老服务机构都给予一定的政策优惠。在未来10至20年里，我国的老年人主要是1950—1960年代出生的人，他们具有一定资产积累，有多样化的个体养老需求，我们需要通过借鉴国内外成功经验，完善公共政策，促进政府与市场、公益服务组织的合作。吸引社会力量和民间资金进入养老服务领域，培育政府、市场和公益服务组织相兼容的差异化、个性化的产品，形成多元化养老服务格局。

三是上海养老公益服务组织面临发展困境，应建立公益服务合理的行业标准。与会公益服务组织代表认为，社工更需要具备老年服务的专业技能。因此，专业机构必不可少。然而，上海机构养老有萎缩趋势，公益服务组织的养老服务项目也面临发展困境，其中的主要原因就是购买公益服务的定价偏低。政府在购买服务时往往会剔除"人头费"的开支。许多项目除去必需的办公经费、活动费用、运行管理经费等，用于支付社工及督导人员的工作经费所剩无几，使得社工机构人员缺乏稳定性，日常基本运营面临严峻挑战。

专家建议，政府应当大力创新养老服务的运作机制，政府应大力扶持职业化、专业化的为老服务类公益组织。建议尝试以发放老年服务券的方式，直接补贴养老机构和养老床位。通过老年服务券购买服务，推进养老服务机构之间的竞争，进而推动养老服务产业的发展。

二

一是养老机构的床位供给已与上海快速老龄化社会的养老需求不相适应，需尽快变被动应对为主动调整。据专家调研预测，“十二五”期间，上海人口老龄化进程主要特征有两个，一是老龄化人口呈加速发展态势，即平均每年增加 20 万老年人。到 2020 年，上海 60 岁及以上人口预计将达到 500 万，届时将超过人口比重的 33%；二是老年人口的结构将发生变化，上海 80 岁及以上的高龄老人预计将从 2011 年的 60 万增加到 2030 年的 127 万。目前上海共有 625 家养老机构，提供近 10 万张养老床位，服务对象仅占老年人口总数的 3%（世界平均标准为 5%）。

专家指出，未来 10 年对养老服务业而言既是挑战也是机遇。因此在这一关键时期，要尽快转变思路，变被动增加床位为主动应对养老需求。一方面要尽快建立并完善为老服务的体制机制、政策法规和服务格局，在 10 年内为上海社会进入高龄化阶段做好充足准备；另一方面要转变观念，建立一个更加开放和包容的劳动力市场，把未来 10 年新增的低龄老年人作为一种老年劳动力资源，这些低龄老人可以继续工作，甚至可以将其纳入照顾高龄老年人的工作群体，最大限度地减少社会负担。

二是养老服务的体制不顺造成各类养老服务资源的碎片化、低效化，上海应率先探索体制设计的突破口，建议设“老年事务管理局”。上海缺少一个全市统一的为老管理服务登记体系。目前 330 万上海老人的养老问题却仅由老龄委下属的老龄工作处分管，民政、计划生育等部门都涉及老年事业，体制上“谁都在管、谁都管不了”的现状，客观上造成了养老服务资源的碎片化。以老年人教育为例，市级的老年大学就有 4 所，分别是市教委分管的老年大学、市直机关分管的老龄大学、市老干部局分管的老干部大学和退管会分管的退休职工大学，4 所老年大学的教育资源没有得到有效整合和功能细分，造成了资源的浪费。

上海可以率先突破，先行先试，成立为老服务事务管理的专职机构，比如设“老年事务管理局”，同时，老龄化也是整个中国面临的问题，急需国家层面的顶层设计。专家建议，从大部制改革的思路来考虑，国家计生委整合相关机构职能，设立“人口与家庭服务部”。

三是中心城区养老“一床难求”，郊区养老床位却“无人问津”，上海急需对城市社区养老空间进行总体规划和有效再造。专家提出，当前养老机构的设置存在区域结构的不合理，这体现在养老床位集中在交通不便的市郊，市中心的养老床位却很少；市郊的床位多有空置，无人问津，市中心却常常一床难求；市管养老服务机构的条件很好，民办机构却设施简陋，服务质量参差不齐。实际上，上海市区内仍有许多空间资源等待再造。如随着上海制造业的升级改造，形成了一批闲置厂房，可以通过合理规划和政策引导，转型服务于老年事业。

专家认为，养老服务机构的空间规划还应当与城市社区规划相结合。国外养老机构大都距离社区很近，这既便于家属探望和照顾，又便于老人融入社区日常生活。今后应当将社区养老服务设施与社区中小学教育、医疗卫生等一并纳入社区规划或再规划的配套实施。社区可以在规划中预留出土地建设日托中心，白天为需要帮助的老人提供服务，晚上他们可以回到自己家中，促进居家养老和社会养老更加紧密的结合。

完善基层群众自治制度　提升社会自我解决问题能力

——市社联召开“探索与完善社区共治与居民自治”专题学术茶座

4月18日，上海市社会科学联合会、中国浦东干部学院、上海市民政局、上海市社区发展研究会合作举办“探索与完善社区共治与居民自治”专题学术茶座，主要观点如下：

基层社会的自治水平与社会稳定有很强的正相关性。如果国家化程度高，资源化和社会化程度低，容易造成公共产品的极度匮乏；如果社会化程度高，国家化和资源化程度低，往往会通过自治起到一定弥补作用；如果国家化、社会化和资源嵌入程度均低，基层社会容易出现类似于台湾地区的“黑社会化”，直接影响社会的秩序和稳定。在推进基层自治的过程中，要着力避免出现“国家化低、社会化低”的“双低”状态。

同样的制度在不同的社会基础上运行，会出现事半功倍、事倍功半、无功而返，甚至适得其反的不同绩效，好的制度必须有好的社会配合机制。社区共治的重要功能就在于协调社区内行政职能部门间关系、党政组织与驻区单位间关系，以及与各类社会组织间关系，最终为各项制度运行提供社会配合机制。社区共治作为国家机制与市场机制之外治理公共事务的一种社会机制，依靠的是共识、信任、合作。有共识，才会形成认同，没有共识和认同，共治是无本之木；有信任，才会有聚合，才会形成共治体系；有协作，才会有互惠互动和相互依赖，才会积累社会资本，形成社会治理机制。社区共治应该经由“共识建设”开始分阶段推进，具体思路有：借鉴商业组织“议题营销”的做法，把基层社会管理创新的议题推介到社区共治各主体；采用增量改革的思路，探索性小步走，在不牵动全局的情况下渐进改革；通过项目带动，解决市场机制和国家机制传统上容易失灵的问题，逐步提升社区共治的社会声誉，推进共识建设。

居民自治存在合作式、嵌入式和双轨式三种模式。合作式自治是指居委会能够协调处理好与业委会等社会组织的关系，共同推进基层居民自治；嵌入式自治是指一些社会组织发展较慢的居民区，主要依靠外部资源（主要是行政资源）嵌入到社区中推进居民自治；双轨式自治就是居委会和其他社会组织相互独立地推进居民自治，没有形成一个合作的平台，甚至会有冲突。嵌入式是过渡状态，双轨式是需要避免的状态，合作式应成为推进基层居民自治的工作目标。

社区共治与居民自治的核心目标是提升社会自我解决问题的能力。在动员基层社会自治的过程中，不仅需要居委、业委、物业“三驾马车”的拉动，更需要每个主体的参与和推动。基层社区正在形成有别于传统的居委会楼组长、积极分子之外的新的自治资源，包括各类社会组织和群团骨干等。推动居民自治和创新社会管理必须研究如何开发、配置各种自治资源。首先是以内生性的视角吸纳、链接、开发这些资源，发挥其积极作用；其次是通过行政流程的再造，优化配置新的自治资源；第三是让基层党组织成为发挥这些资源积极作用的“第一驱动力”。

市社联举办“星期五学术茶座——妇女与性别研究”研讨会

11月16日，社联举办“星期五学术茶座——妇女与性别研究”研讨会，上海大学闵冬潮教授，华东师范大学姜进教授，上海师范大学程郁教授，复旦大学陈雁副教授，华东师范大学王燕、贾菁菁讲师，上海社科院赵婧助理研究员，俄勒冈大学文棣(Wendy Larson)教授和世纪出版集团资深编辑张玉贞等专家学者参加研讨。华东师范大学王燕讲师主持茶座。本次研讨会的主要观点如下：

一是妇女与性别研究在国际上是一门显学。拿到美国两项博士研究基金的华东师范大学姜进教授介绍，性别平等和公正是世界潮流，妇女与性别研究在国际上是一门显学。亚洲妇女史和性别研究在美国学术界正从边缘走向主流，其一大标志，就是2012年初美国亚洲研究学会主席贺萧的致辞，以及同年颁给费侠莉的一个大奖，等于是承认了性别史在亚洲研究中的地位。

有学者认为，随着中国因素、中国影响在世界的凸显，有关亚洲问题，尤其是中国问题将是欧美学界关注的热点。

在英国获得“妇女研究”专业博士学位的闵冬潮教授反映：一些欧盟的合作研究项目对世界所有社科领域的学者开放，只要在欧洲的学术机构有一位合作者，就可以申请社科研究项目，妇女和性别研究是其中一个很重要的课题项目；一旦课题研究项目申请获得通过，所提供的辅助资金都比较充裕，足够保障项目研究所需经费。对此，有学者指出，要结合上海学术走出去的战略，有关方面要积极为上海学者到海外争取项目合作研究资金给予便利。

二是中国学界从事妇女史和妇女口述史研究的力量亟待加强。复旦大学妇女史研究副教授陈雁说，复旦这些年一直在开设妇女史、口述史的课程，而且还开设“社会性别”博士课程班，已经连续办了三年。为此，编有7本教材并正在三联书店出版。陈雁副教授最新的一项课题“性别与战争：上海1932—1945”已经结项。她还希望从男性研究的角度去看蒋介石，并计划撰写一本与众不同的“蒋介石传”。

从事中国蓄妾制度研究的上海师范大学人文与传播学院程郁教授谈起在日本和韩国做学术交流时，有感于这两个国家妇女研究的兴盛，深感国内这方面的研究基础组织力量不够，难以与日韩同行开展组织间的学界交流。尽管在她的努力下创设了上海师大妇女研究中心，但是妇女口述史研究工作力量单薄，一些社会舆论对口述史评价也有待更多的正面褒扬。

三是上海应该为妇女史和妇女口述史规划立项，要努力创建上海妇女史研究学派与会学者建议，上海妇女史与性别研究领域的学者要加强交流，促进思想的碰撞和信息的沟通。上海更要为该学科的发展规划立项，集中上海妇女与性别研究力量，申请国家重大课题和上海市的社科课题，以口述史研究为基础，把此项工作做成一个系列，为建立有上海特色、上海风格的妇女史与性别研究学派提供良好的发展条件，推动上海乃至中国的妇女和性别研究学科发展。

市社联举办“星期五学术茶座——微博政治与互联网治理”研讨会

9月28日，上海市社联召开“微博政治与互联网治理”星期五学术茶座，来自复旦大学、上海外国语大学、华东政法大学、上海社会科学院等单位的相关学者围绕茶座主题进行了讨论。主要观点如下：

一、“微博政治与互联网治理”东西方呈一热一冷

“微博政治与互联网建设”在西方并未成为社会热点问题和学界研究热门，反倒是在发展中国家引起巨大反响，这其中有一系列原因，而其中最根本的是发达国家的高政治参与度与顺畅的民意表达渠道。相对于发达国家，中国民众的政治参与度低，政治意见表达呈现碎片化特点，民意表达渠道不够通畅，社会各阶层的表达空间都不够大，表达成本都比较高，在这种种前提下，微博这种原子化、低成本、聚合性强的表达方式得到大众的普遍青睐也就不足为奇了。

二、微博对现实政治生活的影响日益显现

网络社会改变了基层，给当下的熟人社会带来了全新的沟通方式；一定程度上打破了许多政治人物和政治事件的神秘感；对整个社会的组织方式产生了重大影响，改变了社会联合方式，加大了社会泛政治化现象，对小规模群体性事件有推波助澜的作用；很大程度上改变了城市的生活方式，为城市民主生活提供了一种新的契机和可能。

三、互联网治理应将管控和利用相济

对于互联网治理，一是要充分认识到微博在中国的意义远远超出社交网站，其兼具言论表达功能和政治传播功能，并可以进行社会动员；二是要充分认识到微博是一个意见领袖群集地，尤其聚集了众多媒体从业人员，已在某种程度上成为国内其他论坛甚至传统媒体的引领者，取得这些意见领袖的理解和支持，对于政府的健康运行和获取公众信任有很大好处；三是要充分认识到微博上的声音是多元的，且其中并不乏尖锐的批评或调侃。

对此，政府应着力把网络上碎片化的问题表述形成意见，同步上达政府相关管理部门，作为工作参考。与此同时，各级政府管理部门应该结合本部门的工作情况，适时通过

微博与网民沟通意见，既及时疏导舆情，又可借助微博改进政府工作，完善政府管理。此外，政协委员、人大代表也可开通微博，积极运用微博媒体与网民对话，并对网络舆论进行分析综合，将第一手的信息传递给政府，进而使微博成为民意上传的良性管道，政府实施有效管理和为民服务的利器。

市社联举行“学术茶座——四个中心建设系列”首次活动

3 月 4 日，上海市社联举行学术茶座“四个中心建设系列”首次活动，来自金融、航运、贸易、经济等界的业界精英与专家学者参加讨论，主要观点如下：

一、 没有金融业支持，航运业将进一步陷入困境

中远集团原副总裁雷海提出，近 30 年来我国航运事业取得飞速发展，目前已成为仅次于希腊和日本的世界第三大船队国家(以登记总吨位计算)，上海港集装箱吞吐量已连续 6 年世界第一。但眼下我们航运界尤其是中小航运企业正面临着巨大的困难，具体而言有“二高二低”，即航运成本高、融资成本高、运费低、船价低。主要原因是国际航运价格处于历史低点，业界普遍负利润，中小航运企业融资困难。2008 年 4 月 BDI 指数(波罗的海干散货指数，国际航运业的经济指标)为 11 731 点，2012 年 2 月跌到 581 点，跌幅高达 95%。经营管理良好的航运企业在 1 600 点指数附近可以实现盈亏平衡，我国浙江、福建等地大量的中小航运企业因为缺少自有的船员等原因，运营成本较高，需要在 2 000 点指数附近才能实现盈亏平衡。国家大的航运企业资金紧张时会得到国家支持，而民营中小航运企业往往只能依靠民间短期借贷融资，遇到危机时只能是老板走人躲债。船舶融资成本太高、渠道太窄，是当前我国航运业发展面临的一大问题，需要金融业提供解决方案。

二、 上海发展 OTC 市场必须吃透国家政策精神

上海证券同业公会会长、申银万国证券公司原总裁冯国荣认为，关于包括航运在内的中小企业融资问题，在国际上最简单最有效的解决办法就是通过 OTC(场外交易市场)。因为中小企业需要占用长期资金，而企业资产状况往往达不到银行的贷款要求，银行出于风险控制等考虑，不愿意贷款给中小企业。这反过来也说明 OTC 现在十分迫切需要打开市场。我国目前的 OTC 市场，业务准则混乱、政策理论准备不充分、效益低下，远远起不到应有的作用。

上海的 OTC 市场，一共有两次正式设立。第一次在 2011 年 1 月 30 日，上海股权托管交易中心成立，然后在 2012 年 2 月 16 日，又成立了上海股权托管交易市场，虽然牌子变了，东西还是一个。全国目前还有全国代办股份转让系统、天津股权交易所、各地股权转让中心，这些组织名称不统一、交易规则不统一、交易清淡。上海市政府 2011 年 12 月

28日出台的"99号文件"(《上海市人民政府关于本市推进股权托管交易市场建设的若干意见》沪府发〔2011〕99号)似对国家政策没有吃透。上海作为国际金融中心在这个问题上需要顶层设计。顶层设计就是高层要重视这个问题,要进行跨学科、跨部门、跨地区的统一研究。顶层设计必须考虑五个方面:(1)必须从国家核心利益出发,调整现有利益格局;(2)必须健全法律法规,以推进OTC市场健康发展;(3)必须制定统一的确权、登记、托管、交易、清算的专业标准;(4)必须加快做市商、再融资、转板等金融创新,降低交易成本,活跃OTC市场;(5)必须以柜台交易为基础,加快建立统一监管的场外交易市场。全球金融创新都是首先在场外交易市场完成,加快完善场外市场具有重要的意义。

三、 金融市场监管需放松,变事前监管为事后监管

国联安基金管理公司产品总监李关峥认为,探讨市场体系建设,首先应形成一些原则,也就是说,要明确一个多层次的金融市场应该具备哪些要素,其中有三点非常重要:第一要有非常丰富的金融产品去满足消费者的需求;第二要监管适度,照目前状况看,可以放松监管,也就是要"多监少管",即使是监督,也应尽量减少事前监督,而改成事后监督,即出了问题就去管。应当用"无罪推定"的态度对待整个市场。事先监督等于给这个市场做了"背书",政府自己抱上一个"烫山芋",一旦出了问题,投资者理所当然来找政府的麻烦。已经有这样的教训,例如,监管机构对权证市场事前管得太多,结果市场出了问题,投资者就要去证监会门口拉条幅、请愿。真正自由的市场,应该是权责自负,如果投资者自己没有搞清这个产品是什么就参与,是要自己承担相应责任和损失的。第三就是应该有健全的法律法规,并要严格的执法,而不是每发生一件事再出一个专门的法规去管。

四、 金融衍生品过少导致金融市场乱象

上海市高级人民法院副院长盛勇强认为,从近期审理的很多案件中反映出,金融对实体经济的发展确实起了很大的作用,例如助学贷款对人力资本开发的支撑作用,中小企业孵化器优惠贷款对于中小企业创新的助推作用。而从非法集资、地下黄金交易、非法进口等刑事案件中,可以反映出实际上市场上资金很多,而我们现有市场体系对需求和资金之间的市场化配置程度是很低的,市场上的资金在寻找出路。很多同志认为金融衍生品过多对实体经济不是福,但我们从法院审判活动中发现,恰恰是由于我们目前各种金融衍生品太少,导致银行不愿意给中小企业贷款。如果鼓励银行用市场化方式解决中小企业贷款问题,则需要更多的CDS这样对冲风险的产品,帮助银行在提供中小企业贷款高风险产品的时候,把风险分散出去,不能因为次贷危机就对金融衍生品产生偏见。当然,需要同时建立风险管控与风险对冲机制,在这方面,英国伦敦有一些制度值得我们借鉴。

学术成果发布和评价平台

XUE SHU CHENG GUO FA BU HE PING JIA PING TAI

上海市第九届邓小平理论研究和宣传优秀成果、上海市第十一届哲学社会科学优秀成果评奖获奖成果发布

2012年8月6日，经上海市邓小平理论研究基金理事会和上海市哲学社会科学优秀成果评奖委员会评审通过，57项申报成果获上海市第九届邓小平理论研究和宣传优秀成果奖；333项申报成果获上海市第十一届哲学社会科学优秀成果奖，其中3项为学术贡献奖，274项为著作、论文一等奖、二等奖、三等奖，网络理论宣传优秀成果奖15项，内部探讨优秀成果奖41项。（详见附录）

《学术月刊》、《光明日报》、中国人民大学书报资料中心评选出 2011 年度中国十大学术热点

由《学术月刊》编辑部、《光明日报》理论部和中国人民大学书报资料中心在规范程序、不断提高评选活动权威性的基础上，经过读者调查、学者推荐、专家评议、投票确定等程序，评选出 2011 年度中国十大学术热点。

1. 社会主义核心价值观的凝练

入选主要理由：社会主义核心价值观是社会主义核心价值体系的集中体现，如何对其加以提炼和概括，是加强社会主义核心价值体系建设必须解决的重大课题，也是近年来学术界讨论和关注的热点。

2. 经济社会转型下的文化自觉、自信与自强

入选主要理由：伴随着 2011 年初公布的 2010 年中国国内生产总值(GDP)已超过日本成为世界第二大经济体，新一轮“文化热”又开始在中国出现。这次“文化热”所体现出的“文化自信”与基于综合国力的“经济自信”密切相关，“文化自觉”在很大程度上是对经济社会转型的一种自觉，而“文化自强”则是推动经济社会转型的重要途径。

3. 社会建设与社会管理创新

入选主要理由：着力改善民生，加强社会建设，创新社会管理，全面提升国民的幸福指数，已成为政府和社会的共同选择。

4. 二元社会结构背景下的城乡统筹发展研究

入选主要理由：“十二五”时期被认为是城乡社会保障统筹发展的关键时期。

5. “十二五”规划下的经济结构调整与收入分配

入选主要理由：“十二五”规划的出台，标志着中国经济和社会发展进入了一个新阶段，而加快转变经济发展方式成为了“十二五”规划的主线。2011 年作为“十二五”的开局之年，不仅是中国全面建设小康社会的关键期，更是加快转变经济发展方式的攻坚期。

6. 刑事法治中的民生保护与人权保障

入选主要理由：2011 年，刑事法领域两大支柱先后进行大规模修正——《刑法修正案》(八)已出台，《刑事诉讼法修正案》(草案)正在征求意见。这不仅是近年来中国政治法律制度宝贵经验的总结，也是对近年来法治实践中诸多问题的正面回应。两法从制度变革到理念转换，根本目的是实现民生保护与人权保障的平衡。

7. 历史唯物主义与中国问题

入选主要理由:立足于当代中国社会发展问题,通过研究视角和理论范式的转换来深化对历史唯物主义的理解,这是2011年中国哲学界的重要学术关注点。

8. 公平、质量与教育创新

入选主要理由:2011年是贯彻落实《国家中长期教育改革和发展规划纲要》的开局之年。提高教育质量、促进教育公平是未来十年的核心任务;这一任务的完成,需要教育自身持续不断地改革与创新。

9. 新媒体及其社会影响

入选主要理由:随着互联网和手机在内的新媒体持续迅猛发展并向社会纵深渗透,它已成为触发全球社会变革的社会化媒体。鉴于新媒体作为信息的承载体改变着信息的生产方式,作为信息的传播体则改变着信息的接受与消费方式,进而深刻影响、改变世界和人的生活方式。

10. 百年之际的辛亥革命史

入选主要理由:2011年,时值辛亥革命100周年,辛亥革命史研究再次成为学术界的热点。

《学术月刊》所发文章被转摘量实现“六连冠”首家连续 6 年在 4 000 余种期刊报纸排名中位居第一的期刊

根据中南财经政法大学图书馆期刊信息检索中心 2012 年统计发布的《信息检索报告》，2011 年，上海市社联主办的《学术月刊》所发文章，被国内各主要媒体转载、摘要 200 篇(次)，位居全国两千余种期刊之首。这是《学术月刊》继 2006、2007、2008、2009、2010 年度连续五年夺得全国第一之后，第六次位居第一；也是中南财经政法大学图书馆期刊信息检索中心公布年度《信息检索报告》“排序”的二十年来，唯一一家连续六年排名第一的期刊。据该中心介绍，此《报告》通过 138 条检索途径，涉及 2 402 种期刊，共计转载、摘要文章 28 132 篇(次)。

2012 年 3 月 27 日，中国人民大学人文社会科学学术成果评价研究中心、中国人民大学书报资料中心在《光明日报》、《中国新闻出版报》公布了“2011 年度《复印报刊资料》转载学术论文指数排名”(该排名根据中国人民大学《复印报刊资料》100 多种学术系列期刊在 2011 年度转载的学术论文数据，对中国人文社科学术期刊和教学科研机构进行了统计排名)。2011 年，《学术月刊》以被转载 85 篇荣登综合性期刊〔高等院校、社科院(联)、党政干部院校三大系统主办的期刊〕榜首，实现了自 2006 年以来的“六连冠”。根据发布的数据显示，这是中国人民大学书报资料中心公布年度“全文转载量排名”的 12 年来，唯一一家连续 6 年在 4 000 余种期刊、报纸排名中位居第一的期刊。

《探索与争鸣》等举办“后发展时代的城市文化矛盾”研讨会

伴随中国经济社会加速发展，城市成为各种文化矛盾的焦点和冲突集中爆发区域，城市治理难度因而显著增加。10 月 21 日，由上海市社联主办的《探索与争鸣》杂志与上海大学文学院就上述问题举办专题研讨，邀请中国社科院农村发展研究所于建嵘研究员、中国人民大学文学院金元浦教授、北京大学中文系李杨教授、复旦大学新闻学院孟建教授、上海大学文学院曾军教授等 30 多位国内一流专家学者，围绕“后发展时代的城市文化矛盾”展开了热烈讨论。

文化因素是城市品牌的重要指标。有专家指出，文化产业、创意经济现已成为驱动城市发展的重要支柱产业，文化因素在全球城市测评体系中已占据日益重要的地位。以巴黎为例，之所以这一国际都会广受青睐，其文化多样性与宽容和谐的城市氛围功不可没。2008 年以后，文化指标被越来越多地用作世界城市排名依据，完善城市文化形象、提高市民人文素养，已成为世界上各大城市获取最佳品牌效应的重要指标。

精英移民与地域族群成为城市发展和冲突的双刃剑。有专家认为，中国现行的异地为官制度产生了大批以“流官”形式存在的政治精英移民。这些精英移民主导城市的文化发展，占据城市的中心资源，并致使原住民边缘化的现象趋于严重。该专家主张，这些问题如果处理不好，有可能演变成一个重要的社会问题。

有专家着重分析了具有一定特殊性的上海案例。他强调，上海作为移民城市，虽然外来的政治精英在经济政治上逐渐占据了支配地位，但是上海一百多年来形成的固有文化依然享有主导权。

有专家认为，文化冲突是处在“后发展”向“发展后”过渡阶段的中国城市文化最典型的特征，其具体表现即为地域族群文化之间的激烈冲突。以广东增城事件为例，起因只是不同籍贯的员工之间的职场矛盾，之所以演变成涉及万人的大规模地域族群文化冲突，主要原因还是现阶段中国城市生产力和生产关系的不平等，导致了资源配置不平等和部分族群的强烈剥夺感。

文化产业与消费需求有待转型开发。有专家从马克思主义政治经济学角度切入，认为文化产业的发展有赖于将更多剩余价值从实体经济转移到文化产业。如果文化产业得不到有效发展，将制约实体经济的增长。文化产业应从投资拉动型转变为内需拉动型，而实现这一转型的最直接有效的方法就是上调薪资。我国目前的现状是实体产业顺差大而文化产业逆差大，我国人民对文化的内需还有待开发。

有专家从马克思主义文化生产理论出发，结合当前金融危机影响持续深远的情况，反思中国社会的基本矛盾是否已逐渐演变成为"人民日益萎缩的物质文化需要和过剩的社会生产之间的矛盾"。他认为物质生产和精神生产的矛盾已成为文化产业的内部矛盾，而内需的不足并非真正文化消费的萎缩，而是消费需求满足不了文化扩大再生产的需要。

（上海大学文学院教授曾军）

社科普及平台

SHE KE PU JI PING TAI

“高举伟大旗帜，全面建成小康社会”

——第11届上海市社会科学普及活动周开幕

11月29日，由上海市社联主办的第11届上海市社会科学普及活动周在市群众艺术馆拉开帷幕。市社联主席秦绍德致开幕词。市社联党组书记、专职副主席沈国明主持开幕式。社联党组副书记桑玉成、社联副主席彭希哲、社联常委张幼文以及社联所属学会工作者、社区居民近700人出席开幕式。开幕式上，市社联向29家学会颁发了2010—2011年度“上海市社会科学普及活动周学会科普活动组织奖”。

本届社科普及活动周以“高举伟大旗帜，全面建成小康社会”为主题，是市社联学习宣传贯彻党的十八大精神系列活动的重点工作之一。活动周期间，市社联将组织东方讲坛宣讲队伍进企业、进农村、进社区、进机关、进校园，紧密结合实际和干部群众所思所想，用群众喜闻乐见的形式和语言，举办千场宣讲活动。市社联所属学会也准备了一系列宣传普及活动，帮助广大市民准确全面领会十八大精神，如：市中共党史学会举办的“青少年党史知识擂台赛”和“十八大党建理论创新知识竞赛”，市演讲与口语传播研究会举办的上海市大学生学习十八大精神演讲观摩赛，市伦理学会举办的“幸福视角解读中国特色社会主义”主题报告会，市形势政策教育研究会举办的“学习宣传贯彻党的十八大精神，进一步深化形势政策教育”主题报告会，市宋庆龄研究会举办的“跟着共产党走”专题系列讲座，市社会科学普及研究会举办的《中国特色社会主义道路探究》书评会和“旗帜引领新航程”主题论坛等。

社会科学普及活动周是市社联为提高市民科学素质、提升城市文明而打造的一个品牌项目，已经成功举办10届。本届活动周由6大板块300项活动组成，为广大市民奉上一道道“科普大餐”。其中如：市法治研究会举办的“六五”普法法治故事社区互动巡讲和“法律援助在行动”微访谈，市蔬菜经济研究会举办的“科学饮食、健康生活”咨询服务活动，市渔业经济研究会举办的“食品安全进社区”宣传咨询活动，市民防协会举办的民众防护常识宣传咨询活动，市教育学会举办的“中小学生如何有效学习”专题咨询活动，市钱币学会举办的钱币收藏品义务鉴定活动，市财务学会举办的“当家理财奔小康”咨询服务活动等。市社联和市振兴中华读书活动办公室还联合举办了以“读书的力量、知识的力量、思想的力量——这就是我们的正能量”为主题的社科普及系列读物漂流活动，正在全市各区县图书馆展开。

东方讲坛 2012 年度数据统计总表

举办单位分类及场次	区、县“讲坛”	1 717
	高校“讲坛”	177
	其他“讲坛”	265
	对社会听众开放的场次	1 992
	合计	2 159
系列讲座	文化与人生	220
	形势与热点	285
	东方讲坛·经典艺术系列讲座	3
	东方讲坛·四季养生系列讲座	15
	东方讲坛·院士风采系列讲座	6
	东方讲坛·学术特别版	69
	东方讲坛在郊区	193
	东方讲坛·学习贯彻党的十八大精神群众性主题宣传教育活动	1 009
	东方讲坛·学习贯彻党的十七届六中全会、九届市委十六次全会精神主题群众性宣传教育活动	47
	东方讲坛·学习贯彻市第十次党代会全会精神群众性主题宣传教育活动	18
	考古中国——东方讲坛·文博暑期系列讲座	17
	东方讲坛·“上海美术大课堂艺术讲座”系列	6
	东方讲坛·2012 开业生涯系列讲座	13
	东方讲坛·2012 职业生涯系列讲座	5
	东方讲坛·“六五”法治故事社区互动巡讲	136
	2012 年上海市廉政文化系列讲座	30
	东方讲坛·公共安全科普宣传系列讲座	2
	与海洋文明的对话——东方讲坛·2012 中国航海日系列讲座	8

（续表）

系列讲座	竹镂文心——东方讲坛·竹刻艺术系列讲座			5
	东方讲坛进军营			10
	东方讲坛·2012年国际茶文化节系列讲座			6
	东方讲坛·浦东新区“法制教育进校园”主题宣讲活动			50
	东方讲坛·松江区“心理健康进企业”系列讲座			6
	合计			294
讲师人次	高级职称			826
	社会职务			1 332
	境外人士			1
	合计			2 159
选题分类	世情、国情、市情	33		1 203
	形势政策和社会热点	129		66
	人生发展和道德成长	29		16
	教育与心理	42		27
	历史文化	43	诜题分类（2012版）6月启用	208
	经济金融	25		18
	法律知识	22		31
	国防知识	13		77
	健康养生	31		36
	艺术鉴赏	23		51
	其他	25		11
	合计			2 159
2012年度总计	本年度已举办场次			2 241
	本年度听众人次人数（约）			352 680
	本年度二次传播受众人次			24 600 000
东方讲坛总计	已设立举办点			347
	讲师（不重复统计）总人数			1 291
	总举办场次			17 751
	听众总人次			4 982 720
	二次传播受众总人次			261 650 000

东方讲坛学术讲座特别版

东方讲坛·上海交通大学学术特别版(2012 年 6 月 19 日—7 月 12 日)

本刊讯 作为东方讲坛学术讲座特别版之一,由上海交通大学主办的以"当代中国外交热点议题分析"为主题的系列讲座分别于 2012 年 6 月 19 日—7 月 12 日在上海交通大学闵行校区举行,杨洁勉、秦亚青、朱威烈、伍贻康、倪世雄、张曙光、王逸舟、冯绍雷等学者作演讲。

演 讲 人:杨洁勉(上海国际问题研究院院长、研究员)

演讲题目:当代中国外交战略和思想精髓

演讲时间:2012 年 6 月 19 日

演讲摘要:中国特色外交理论源于四个方面:(1)中国化的马克思主义,特别是其中蕴涵的党的三代领导集体和以胡锦涛为总书记的中央领导集体的外交思想,这是中国共产党经过多年外交实践所取得的宝贵财富。(2)中国优秀传统思想在当代的再创造,包括管仲的"以人为本"、老子的"天人合一"、孔子的"和合思想"、孙子的"战略谋略"、墨子的"兼爱非攻",以及其他一些忠臣贤士的"精忠报国"理念。(3)汲取世界优秀思想、理论和文明,包括世界三大宗教文明的优秀思想,以苏格拉底、亚里士多德、霍布斯、康德、甘地、胡志明等为代表的东西方优秀政治学家的政治学思想,以及中国国际问题研究前辈的学术思想。(4)丰富的中外外交实践经验,包括现当代优秀革命家和外交家的外交战略和策略,如苏加诺、纳赛尔、曼德拉、基辛格、卡斯特罗等。中国特色外交理论体系可以分为三个方面:由时代观、体系观、发展观、安全观、利益观、民本观等要素组成的"总体思想";由全球战略、地区战略、国别战略和领域战略等要素组成的"战略思想";以原则思想、变通思想、谋略思想和务实思想等要素组成的"政策思想"。

演 讲 人:秦亚青(外交学院党委书记、常务副院长)

演讲题目:中国、美国和东亚进程

演讲时间:2012 年 6 月 21 日

演讲摘要:当今世界权力运行发生了两种大的变化:一是"一超多强"格局虽然没有根本改变,但"一超走弱,多强易位"已经十分明显,中国的发展尤其引人瞩目;二是随着美国全球战略的再调整,世界权力重心也逐渐向亚太地区转移,并且是一次权力的结构性转移。东亚的国际政治由此呈现四个新特征:美国战略调整使得传统安全再度成为关注重点:权力的结构性转移使得大国关系再度成为关注重点;中国的迅速发展使得中国成为世界关注的重点；中美关系的日趋复杂使得中美矛盾及其协调成为关注重点。东亚地区存在经济、安全两个进程。前者的核心内容是“经济合作”，并且中国起到主要推动作用。经过15年的努力，东亚地区经济一体化程度逐渐加深，区内生产链、贸易网络互联互通和金融机制均取得重要进展。东亚地区安全进程是近两年才明显活跃起来，美国重返亚太战略发挥了主要推动作用，表现出“传统安全倍受关注，冲突取向相对明显”的特点。目前，安全进程不可能完全压倒经济进程，经济进程不可能完全排解安全进程。两个进程同时存在的状态会持续一个时期。地区国家在经济上依赖中国、安全上依赖美国的二元格局，即是这一态势的一种表现形式。美国战略东移的目的是在亚太和东亚地区建立一种以美国为主导的地区秩序，但是，任何地区秩序没有中国都是难以形成的。中美双方有着重要的共同利益，相互之间必然冲突的可能性依然很低，中美协调才能真正在东亚地区建立稳定的秩序。因此，中美双方的战略判断、战略选择和战略协调是决定未来东亚秩序的关键因素。

演 讲 人：朱威烈（上海外国语大学中东研究所名誉所长、教授）

演讲题目：中东剧变和中国的中东政策

演讲时间：2012年6月26日

演讲摘要：目前中东发生的革命对地区格局的演变具有深远影响。叙利亚危机的走向将直接决定地区伊斯兰教派政治力量的消长。如果阿拉维派不能维持国内主导权，则将对黎巴嫩真主党、伊朗什叶派势力造成冲击，引发反击；对于埃及，则要审视新总统能否遵循自己“世俗、民主、宪治”承诺；土耳其虽积极介入中东事务，但有可能会与埃及、沙特等阿拉伯地区大国产生矛盾或冲突；伊朗目前的地区影响力不容小觑，它的拥核和快速发展军力的政策，已对美以的地区利益形成严重威胁，这种对抗性矛盾是否将导致一场地区战争，已成为各方关注的焦点。中东地区历史上一直是中国遭遇战略困境期时，打开国际局面的“战略迂回地与屏障”。随着全球化的深入推进，国际体系的转型以及多极化的加快发展，中东虽不可能成为“一极”，但仍是一个不能忽视的“战略板块”。中东剧变是中国参与全球治理的战略机遇，中国应在坚持“冷静观察、趋利避害、顺势而为、妥善应对”政策的同时，更加重视“治理的行为方式”和“治理效果”，强调治理的合法性和有效性。当前深化与阿拉伯国家的传统友谊，巩固与拓展中阿双边合作的领域和内涵，已事关延长中国的战略机遇期；要发挥主观能动性，重视机会成本的准备，如在中阿合作论坛框架下设立“共同发展基金”、促进互利共赢、积极推动人文外交、交流改革经验等，都是题中应有之义。

演 讲 人：伍贻康（上海社会科学院世界经济研究所研究员）

演讲题目：危机中的欧洲与中欧关系

演讲时间：2012年6月28日

演讲摘要：欧盟仍存在“扩大”与“深化”的矛盾，“高于国家但未取消国家”，“多元但实行区域共同治理”。实行单一货币而各国预算与财政政策各自为政便是该矛盾的集中体现，这也是引发当前欧洲主权债务危机的导火索。此次“欧债危机”是一次系统性、综合性，涉及政治、经济、社会的大危机，是欧洲有史以来最大的一次危机，表明欧元区仍不是最优货币区。当前欧洲主权债务危机有从小到大、从一国到多国蔓延、恶化的趋势，考验公众对欧洲一体化的“三信（信心、信任、信用）”。“欧债危机”对中国港台地区的冲击要远远甚于大陆，不过由于欧盟是中国大陆最大的出口市场，此次危机对大陆出口贸易的冲击不容小觑。值得一提的是，欧洲债务危机是中国企业实行“走出去”战略，在欧洲进行并购的良好机遇，所导致的对欧出口总额的减少也是中国进行经济结构调整的有利时机。自第二次世界大战结束以来，具有划时代意义的两件大事分别为欧洲一体化与中国崛起，欧洲对于中国非常重要，曾经是中国发展中美关系的“战略平衡者和缓冲者”，双方虽然存在意识形态和价值观差异，但是并无直接利害冲突，所以中欧全面战略伙伴关系将进一步深化，中国同欧盟各国的类似关系也将再上新台阶。

东方讲坛·上海市经济学会学术特别版（2012 年 4 月 25 日—5 月 4 日）

本刊讯 作为东方讲坛学术讲座特别版之一，由上海市经济学会主办的系列讲座分别于 2012 年 4 月 25、27 日，5 月 4 日举行，上海社会科学院经济研究所研究员沈开艳、权衡，上海财经大学教授干春晖作演讲。

演 讲 人：沈开艳（上海社会科学院经济研究所副所长、研究员）

演讲题目：印度经济社会现状与中印经济发展模式比较

演讲时间：2012 年 4 月 25 日

演讲地点：上海市漕溪北路 41 号上海社科会堂报告厅

演讲摘要：中印经济发展模式的不同特点在于：从产业结构看，三次产业发展的次序不同。中国遵循的是传统的工业化发展模式，印度走了一条从农业社会直接转向服务经济为基础的经济增长道路。从需求结构看，中国的经济增长以投资拉动为主，印度则以内需消费拉动为主。从消费结构看，中国经济增长过分依赖投资，私人消费的拉动作用有限，印度则主要依靠居民消费来推动经济增长。从主导产业看，中国经济发展主要依靠制造业，印度是依托服务业特别是软件外包的发展来推动经济增长。从对外直接投资（FDI）与外贸依存度看，中国吸引了大量的外国工业资本，对外直接投资数额很高。中国拥有巨额贸易顺差，在世界贸易中占有优势地位。印度的外资、外贸规模占整个经济比重不高，国际贸易每年都出现逆差。比较和评价中印两国经济发展模式的孰优孰劣，主要看这种模式是否适应本国的国情。中国经济改革与发展的模式主要通过高储蓄、高投资（包括大量国际资本的流入）、高出口，大力发展基础设施建设，以强大的制造业推动工业化进程，是一种适合中国国情的兼顾内需和外向的发展模式。而印度发展模式的特征是通过建立完善的资本市场和银行系统解决投资来源，通过扩大内需和国内投资拉动经济，增加本国国民收入，走的是一条扩大内需和鼓励发展高科技产业的道路，同样取得了显著的经济成绩。

演 讲 人:权衡(上海社会科学院经济研究所副所长、研究员)

演讲题目:中国经济发展模式:劳资关系的政治经济学分析

演讲时间:2012 年 4 月 27 日

演讲地点:上海市淮海中路 622 弄 7 号上海社科院 101 会议室

演讲摘要:围绕"劳动—资本关系"分析中国经济,不仅符合马克思主义"劳动—资本分析框架"的逻辑,也有助于动态地研究中国经济发展历史、现状以及未来的新型发展。中国经济高增长离不开市场化配置劳动力要素及其流动资源配置效率的提高;中国制造业的迅速崛起同样取决于中国劳动力成本优势以及资本高回报引致的高投资推动的快速工业化;中国城市化同样也离不开城乡二元结构及其廉价的劳动力流动导致的廉价的城市化。中国当下的劳动—资本关系因为刘易斯拐点的出现、劳资分配关系变化、新劳动法修改、劳动力供求格局变化、政府理念改变等影响而发生深刻变迁。这些变迁,从微观基础上决定并推动着中国经济增长模式的转型和创新发展。

演 讲 人:干春晖(上海财经大学教授)

演讲题目:中国经济转型与产业升级

演讲时间:2012 年 5 月 4 日

演讲地点:上海市淮海中路 622 弄 7 号上海社科院 101 会议室

演讲摘要:长期以来,中国作为"世界工厂"被锁定于全球价值链的低端,在全球分工中仅获得极为微薄的利润。同时,近年来,劳动力、能源、原材料、土地等要素价格不可逆转的上升使得"中国制造"长期以来赖以生存的低成本优势逐步丧失。随着中国崛起,中国传统的经济发展模式也带来了诸多问题,如贸易摩擦不断加剧、在国际谈判中严重缺乏话语权、"中国威胁论"应运而生,以及国内群体性事件愈演愈烈、环境污染严重、能源需求引致安全事故频繁发生等。基于此,推动中国经济转型与产业升级变得日趋迫切和重要。为了推动中国经济转型与产业升级,可以采取六大基本战略:开放国内市场战略;产业结构转型战略;发展服务业战略;价值链升级战略;发展战略性新兴产业战略;区域产业布局调整战略。当然,这些都需要制度、法律、军事和文化作保障。具体地说,可从如下三方面入手:一是积极稳妥地推进现有政治体制下适当经济分权的宪政制度改革;二是鼓励舆论披露企业的真实信息,解决买卖双方信息不对称的问题,优化资源配置;三是放松一些产业领域的市场进入管制,增强市场竞争,以激发经济活力。

东方讲坛·上海政法学院学术特别版(2012 年 11 月 6—28 日)

2012 年 11 月 6—28 日,上海政法学院举办了十场"东方讲坛·学术特别版"讲座,吴晓明、何勤华、汪青松、马贵翔、蒋传光、贺小勇、龚正伟、牟逍媛等专家学者应邀作演讲。

演 讲 人:吴晓明(复旦大学教授)

演讲题目:当代中国文化建设的使命

演讲时间:2012 年 11 月 6 日

演讲地点:上海政法学院庸夫楼

演讲摘要:随着近年来经济的快速发展,中国正在积累起日益巨大的物质力量。这一方面是举世公认的伟大成就,另一方面也提出了日益紧迫的文化建设任务。当代中国文化建设的现实基础是中国自近代以来的历史性实践。这一实践主要有两个基本定向:其一是一百多年来的现代化任务,其二是这一现代化进程是在非常独特的文化传统和民情国情的基础上展开的。这两种定向的具体综合,构成了当代中国文化建设的基础。把握了当代中国文化建设的实践基础,我们就能从现实方面(而不是单纯从主观方面)来谈论这一文化建设的使命。那么,当代中国文化建设的使命是什么呢?当代中国文化建设的基本使命是在现代化过程中重建"民族精神",并且这一重建将成为中华民族伟大复兴事业的一部分,成为其最具重要性的核心部分。

演 讲 人:何勤华(华东政法大学教授)

演讲题目:论法律至上

演讲时间:2012 年 11 月 8 日

演讲地点:上海政法学院庸夫楼

演讲摘要:法律属于上层建筑,是人类进入社会发展的文明阶段才产生和存在的社会现象。法治的思想源远流长。实行法治,是人类社会共同追求的理想。古希腊的亚里士多德就提出过依法治国的思想,他不同意他的老师柏拉图所主张的"贤人政治",在回答"由最好的一个人或由最好的法律统治哪一方面较为有利"这个问题时,认为"法治应当优于一人之治"。"法律至上",就是一切人的规矩,一切人守规矩,一切人监督规矩的遵守。法律至上是人类文明发展的最高成就,其核心价值在于追求绝大多数人的最大幸福、实现社会的公平正义以及达到社会秩序的最大安宁。

演 讲 人:汪青松(上海师范大学教授)

演讲题目:科学发展观与中国发展道路

演讲时间:2012 年 11 月 8 日

演讲地点:上海政法学院求实楼

演讲摘要:中国特色社会主义道路的内容即是指在中国共产党领导下,立足基本国情,以经济建设为中心,坚持四项基本原则,坚持改革开放,解放和发展社会生产力,巩固和完善社会主义制度,建设社会主义市场经济、社会主义民主政治、社会主义先进文化、社会主义和谐社会,建设富强、民主、文明、和谐的社会主义现代化国家。科学发展观的核心是"以人为本",并不否定"一个中心",而是明确其目的:科学发展观的核心是"以人为本",体现了改革开放的意义。科学发展观与中国特色社会主义道路的关系在于:一是科学发展观丰富了中国特色社会主义道路的内涵;二是科学发展观提升了中国特色社会主义道路的境界;三是科学发展观保证了中国特色社会主义道路的实现。

演 讲 人：马贵翔（复旦大学教授）

演讲题目：通过程序实现正义——《刑事诉讼法》修改内容解析

演讲时间：2012 年 11 月 15 日

演讲地点：上海政法学院庸夫楼

演讲摘要：当下中国正处于社会转型期，社会各方面利益冲突复杂多变，作为《刑事诉讼法》修改面临的两难困境：是选择崇尚程序正义？还是追求实体正义？法律本身所要追求的是秩序，一方面我们不否认法官有自由裁量权，另一方面我们也不能舍弃实体正义只追求程序正义，这样势必会造成法律秩序的混乱。因此，达成以控辩平等和法官中立为核心的程序正义才是实现中国刑事司法公正的基本选择，即达成控辩审三方构成“等腰三角结构”的诉讼程序的理想形态。

东方讲坛·同济大学学术特别版（2012 年 5 月 11—13 日）

本刊讯 2012 年 5 月 11—13 日，作为东方讲坛学术特别版之一，由同济大学主办的第十届公共管理硕士（MPA）“五月”系列讲座在同济大学逸夫楼一楼报告厅举行。其中，复旦大学教授林尚立、同济大学教授诸大建分别作了题为“创造自给自足：政府的使命及其对中国的意义”和“中国转型发展的三个关键问题和政策思考”的学术报告。

演 讲 人：诸大建（同济大学教授）

演讲题目：中国转型发展的三个关键问题和政策思考

演讲时间：2012 年 5 月 11 日

演讲摘要：中国当前转型发展的三个关键性问题是：（1）经济增长与社会发展的关系。传统的经济增长理论一般认为，个人收入的绝对增长可以提高福利水平。但是，由于生活满意度依赖于相对收入的比较，收入增长对福利的贡献存在门槛，超过这个门槛单纯的经济增长不再导致福利提高。因此，从对策上需要从提高低端人口收入、提高隐性财富收入和处理拥有与欲望的关系着手，实现国富向民富的转型。（2）经济增长与生态容量的关系。经济增长受到资源输入和污染输出的两头约束。一般认为，以效率改进为特征的经济增长能降低自然的压力。但是，由于效率改进被规模扩张的反弹效应所抵消，因此，经济增长导致资源能源压力增大而不是减少，而持续的经济增长使资源能源消耗超出了生态门槛。要实现用较少的生态足迹达到较好的人类发展，可以采用从外推战略到回溯战略、从效率改进到系统创新、从消耗自然到使用劳动的政策。（3）政府支出与福利增长的关系。一般认为，提高公共服务需要扩大政府支出。但是，由于福利提高依赖于政府支出结构与效率，政府支出对福利的增长存在门槛，因此，可以采用控制公共财政规模、优化公共支出结构、提高公共财政绩效的对策，实现取之于民、用之于民的改革目标。福利门槛、生态门槛与治理门槛与创新、转型、改革之间的关系密切。福利门槛与转型发展，意味着发展从国富导向转向民富导向；生态门槛与创新驱动，意味着从要素投入转向提高要素生产率；治理门槛与深化改革，意味着从经济建设型政府转向公共服务型政府。从 2010 到 2020 年的下一个十年,中国转型发展需要实现从工业驱动到服务驱动的经济目标,从收入差距到包容发展的社会目标,从环境退化到环境友好的环境目标。

演 讲 人:林尚立(复旦大学副校长、教授)

演讲题目:创造自给自足:政府的使命及其对中国的意义

演讲时间:2012 年 5 月 11 日

演讲摘要:政府是政治共同体使命的承载者,创造自给自足是政府的基本使命。自给自足是人生存与发展的最根本原则。为了自给自足,人类创造了社会与国家。现代化的本质是人的解放,使命是超越自然。在现代化过程中,自给自足系统的变化的逻辑是:自然与社会系统的统一——社会与政府系统的再造——社会与政府系统的统一。在现代化过程中会产生自给自足体系的危机,如资本对传统自给自足体系的破坏——脱离生产资料;城市化对传统自给自足体系的破坏——脱离大家庭;工业化对传统自给自足体系的破坏——脱离自然法则。现代的福利国家因此应允而生,用一种新的自治自足体系取代传统的自给自足体系。政府创造的自给自足体系包括个体自给、社会保险、社会救助和社会福利。同时,政府在再造社会的过程中再造了自己。随着福利国家的困境出现,需要重新定位政府、市场与社会的关系,并重组政府、市场与社会的权力,通过新战略、新契约来创造自给自足。改革开放以来,中国政府的改革进程经历了以机构为核心的基于效率规范的改革、以职能为核心的基于市场机制的改革、以职责为核心的基于社会建设的改革和以职能、机构和责任为核心的政府改革新境界。中国政府经历了从家产政府转向税收政府,从管制政府转型服务政府的两次转型。中国社会建设目标是学有所教、劳有所得、病有所医、老有所养、住有所居的“五有”社会,所以,应该明确社会建设的取向,创造一个多元的自给自足体系,再造一个负责任的、有效的政府。

东方讲坛·复旦大学学术特别版(2012 年 10 月 30 日—11 月 29 日)

2012 年 10 月 30 日—11 月 29 日,复旦大学举办了七场“东方讲坛·学术特别版”讲座,姜义华、彭希哲、沈丁立、郝模、石磊、肖云、钟扬等专家学者应邀作演讲。

演 讲 人:姜义华(复旦大学教授)

演讲题目:中华文明的根柢

演讲时间:10 月 30 日

演讲摘要:中华文明的根柢有三个,分别是政治上大一统的国家,此为观察中国以及中华民族的基本出发点;以“修身、齐家、治国、平天下”为原则的家国共同体建构,此为凝聚中国的根本所在;以天下为己任的社会责任感,此为中华文明的本质。中华文明的复兴除三大根柢外,还有四大核心价值,分别是:“民惟邦本,本固邦宁”的政治伦理、“以义制利,以道制欲”的经济伦理、“中者大本,和者达道”的社会伦理以及“德道普施,天下文明”的中国传统天下观。

演 讲 人:彭希哲(复旦大学教授)

演讲题目:中国人口与社会发展

演讲时间:11 月 6 日

演讲摘要:现阶段我国人口问题比较复杂,主要体现在持续低增长、长期稳定的低生育水平、持续的城市化进程、巨大的人口流动、加速的老龄化趋势、劳动力供求关系变化、性别比失衡等方面。未来劳动力总量减少是必然趋势,这将对经济增长带来很多问题,年轻人创新能力减弱,在传统产业结构模式下,会造成劳动生产率的下降,如果没有重大的社会保障体系的变革,将面临巨大挑战。人口发展和社会发展的矛盾需要社会保障体系来解决,当前的社会保障体系亟待完善。

演 讲 人:沈丁立(复旦大学教授)

演讲题目:中国的和平崛起与大国外交

演讲时间:11 月 8 日

演讲摘要:中国崛起的方式应当是和平的,中国的外交应当是坚持正义与原则的外交。对比中美两国的形势以及中华民族百年崛起新阶段的两个时期,可以得出:中国不仅要崛起,还要做到经济公平、经济平等、消除剥削、高度发展、公平公正。中国的外交就是保护中国的利益及中国公民在海外的利益,一个崛起的中国不能为富不仁,要有原则,要有强大的价值观,不侵略,不扩张,不插手别国内政,不重复美国的错误。我们在处理同国际社会的关系时,要做一个仁义之国,要让世界人民尊重。

东方讲坛·华东师范大学学术特别版(2012 年 9 月 28 日—11 月 1 日)

本刊讯　2012 年 9 月 28 日—11 月 1 日,东方讲坛华东师范大学学术特别版在华东师范大学闵行校区和中山北路校区举行,杨国荣、丁钢、黄泽民、周尚意、宁越敏、王家范作演讲。

演 讲 人:杨国荣(华东师范大学教授)

演讲题目:论实践哲学

时　　间:2012 年 9 月 28 日

演讲摘要:哲学既涉及对外部世界的理解,也和对人自身的理解相联系。当我们把关注之点指向人对自身的理解时,行动、实践便构成了我们无法忽视的方面。人因“行”而在,同时又与“行”同在。人的形成,以人自身作用于对象为前提;通过不同的“做”、“行”,人也从多样的方面确证了自己的存在。历史地看,在中西、古今之间对行的理解有其继承和发展。亚里士多德区分实践、制作和理论,实践主要与政治、伦理相联系。康德区分理论理性和实践理性,实践理性主要涉及广义上的道德。黑格尔把实践和善的理念联系在一起,并提出了行动推理的观念。马克思首先地把实践同生产劳动联系在一起,以后者作为实践的主要内容之一。在此意义上,实践不再是理念推演，而是表现为人的现实的感性活动。在中国，儒家作为哲学的主流，主要把行和成己成物的过程相联系。成己是成就人自身的过程，成物和广义意义上的对对象世界的作用过程相联系。20 世纪以来，分析哲学的行动理论，注重语言的逻辑分析，考察实践的语言、概念内涵。现象学则注重人的生存过程，重视意识的分析，把行动过程与个人心理的内在体验联系在一起。法兰克福学派从反思马克思的实践观出发，认为人的实践不仅需要超越主体性哲学，也要超出人与物之间的关系。

演 讲 人：丁钢（华东师范大学教授）

演讲题目：一份博士名单的教育追忆：哥伦比亚大学师范学院的中国留学生（1910—1950）

时　　间：2012 年 10 月 10 日

演讲摘要：从 1914 年郭秉文成为中国第一位留美学教育的博士（也是哥伦比亚大学第一位获得博士学位的中国人）开始，到 1950 年傅统先、朱启贤等人一同毕业，共有 48 位中国留学生在哥伦比亚大学师范学院完成博士学位论文并获得博士学位。从 48 位在哥伦比亚大学师范学院获得博士学位的中国留学生中来看，其中男性 43 位，女性 5 位。从籍贯来源地分布来看，以东中部为多。从他们留学归国后情况看，其中有 5 位当过高等院校校长，1 位当过教育部长，22 位为大学教授。这些学成归国的学生后来大多进入中国的政界、文化教育界工作，并成为诸多领域的开创者和奠基人。据统计，仅 20 世纪上半叶，便有约 1 000 余名中国留学生曾在该师院学习，是当时全美名校中接受中国留学生最多的大学，其中教育学获得博士学位者便达 48 名之多，还有大批获得学士或硕士学位日后成为中国近代杰出教育家和知名人士的，如陶行知、陈鹤琴、朱经农、欧元怀、俞庆棠、唐庆诒、王文培、郑晓沧、姜琦、汪懋祖、程时奎、程湘帆、罗廷光、常道直（导之）、萧承慎、陈东原、凌冰、齐壁亭、方永蒸。更有一批非学教育专业而叱咤近代中国教育界的风云人物如胡适、马寅初、张伯苓、任鸿隽、陈裕光、罗家伦、金岳霖、冯友兰等。

演 讲 人：黄泽民（华东师范大学教授）

演讲题目：人民币国际化对国际货币体系的影响

时　　间：2012 年 10 月 12 日

演讲摘要：2009 年，中国开始推进经常项目用人民币清算，从而拉开了人民币国际化的大幕。短短三年，人民币在国际交易中使用金额迅速增加。尽管人民币国际化的前提条件之一是金融与资本项目的开放，人民币能否最终成为国际货币根本取决于中国经济结构的合理化，它将是一个漫长的过程，但是，人民币国际化对国际货币体系的演变将产生重大影响。未来并不存在一个以超主权货币为核心的国际货币体系，现存的“特别提款权”（SDR）也表明，所谓超主权货币可以是一个想象，但无法取代作为主权货币的美元。美元本位制的缺陷是明显的。美国无视本国国际收支的平衡，肆意利用美元的霸主地位，获取巨大的经济利益。现行国际货币体系不具有自发调节主要国家之间国际收支平衡的机制。但是,国际货币体系的演变最终将通过国际货币竞争来实现,美国不负责任的货币政策的行为也只有通过货币竞争而受到约束。未来,人民币将成为国际货币体系中的重要一极,因此,重新认识 SDR 的作用,检讨我国对待国际货币体系改革的政策是非常重要的。

东方讲坛·上海大学学术特别版(2012 年 4 月 20 日—5 月 18 日)

本刊讯 作为东方讲坛学术讲座特别版之一,由上海大学主办的"哲学魅力"系列讲座分别于 2012 年 4 月 20 日、27 日,5 月 4 日、11 日、18 日在上海大学新校区举行,陈波、韩庆祥、邹诗鹏、陈卫平、杨国荣作演讲。

演 讲 人:陈波(北京大学哲学系教授)

演讲题目:悖论:思维的魔方

演讲时间:2012 年 4 月 20 日

演讲摘要:"悖论"已成为某种形式的思维魔方,构成智力的挑战,激发理智的兴趣,养成思考的习惯,锻炼思维的智慧。悖论的类型有:"国王悖论"、"石头悖论"、"伊壁鸠鲁悖论"及"帕斯卡赌注"等。悖论以触目惊心的形式向我们展示了看似合理有效的"共识"、"前提"、"推理规则"在某些地方出现了问题,我们思维的最基本的概念、原理、原则在某些地方潜藏着风险,从悖论的不断发现和解决的角度去审视科学史和哲学史,不失为一种独特的视角。对各种已发现和新发现的悖论的思考,可以激发我们去创造新的科学和哲学理论,由此推进科学的繁荣和进步。通过对悖论的关注和研究,我们可以养成一种温和,健康的怀疑主义态度,从而避免教条主义和独断论。而这种健康的怀疑主义态度有益于科学、社会和人生。

演 讲 人:韩庆祥(中共中央党校教授)

演讲题目:社会层级结构与当代中国发展

演讲时间:2012 年 4 月 27 日

演讲摘要:马克思关注民众事实,本人主张面向中国问题解读马克思。人学的目的就是人要成为主体性的人,这就要求在道德与能力两方面都有所建树。道德方面,中国传统的儒家文化就一直提倡,集中体现为"仁、义、礼、智、信、温、良、恭、俭、让",而能力方面我们却有所忽视甚至排斥。通常勤干事的人得到的资源少于会来事的人。对这种现象进行阻力机制研究,就挖掘出了其阻力——中国的权力结构方式。中国社会权力结构的样态为政治权力过大,经济权力和社会权力相对较小。这种权力结构必然会产生中国权力运作方式:权力至上、自上而下、逐级管制、缺乏制约。这种权力结构和权力运作模式的优势是可以集中力量办大事,但弊端也很明显。要进行体制性的改革就必须深化到结构性改革里,即权力结构的战略性调整,现实中的政企分开、政社分开、政府职能转变等都基于此。

演 讲 人:邹诗鹏(复旦大学哲学学院教授)

演讲题目:在场的现代性——空间转向及其意义

演讲时间:2012 年 5 月 4 日

演讲摘要:对“在场的现代性”研究的空间转向是 20 世纪 60 年代法国人对德国以海德格尔为代表的形而上学的一种反抗。空间有许多种类型,自然物理空间、精神文化空间、社会空间和网络虚拟空间,空间转向就是要给现在日益复杂、相互交织并内涵丰富的空间世界一个说法和一套理路。“空间转向”包括:从先验的抽象的空间到感性的社会性的空间、从器具与工具和被动的空间到扩张性的和生产性的空间、从环境的空间到政治经济学的空间、从亲身性空间到虚拟空间。法国著名思想家列斐伏尔和福柯等在“空间转向”方面的主张,说明了研究“在场的现代性”的“空间转向”产生的背景、影响及其理论效应。这种“空间转向”开辟了对“空间生产”这一新的研究领域。空间实际上呈现了城市生活形式化的方面,这个形式化的方面通常是单调化的,先前的一种存在主义的焦虑并没有被克服,而是被遗落了,被掩盖了,但是不可能根除的。因此,空间问题在 21 世纪将是我们社会面对的主要问题。

演 讲 人:陈卫平(上海师范大学哲学学院院长、教授)

演讲题目:当代中国如何普及儒学

演讲时间:2012 年 5 月 11 日

演讲摘要:(1)“为什么于丹那么红?”21 世纪孔子“走红”这个问题的出现跟我们如何评价改革开放的思潮——传统的社会主义思潮、新儒家保守主义思潮、自由主义思潮有关,因此,于丹的走红并非偶然现象,是社会思潮的表现。(2)“普及儒学应该采用什么渠道? 是大众传媒还是学校教育?”在儒学的普及过程中学校毫无疑问应该成为主渠道。我们的学校应该设立礼仪教育,大学应该成为传承文明的场所。(3)“普及儒学的价值取向是什么?”知(道德认识)行(道德实践)合一应该体现在我们的日常生活中,这样才有现实意义。(4)“普及儒学价值是走思想性的道路还是娱乐化? 是通俗化还是深刻化?”普及儒学价值是娱乐化还是深刻化两者不是对立的,是完全可以统一的,不能为了通俗性而抛弃了深刻性。(5)“对儒学文本的解读过程中是‘我注六经’还是‘六经注我’?”对论语儒学经典做详细的考证是毫无疑问的,要还原到当时的语境,这样才能更好地解注六经,得到正确的理解。(6)“怎么能够使儒学在社会现实中得以落实?”这既要有对义理的阐释,更需要在制度的层面加以落实,最终使我国的优秀传统思想文明得以传承。

演 讲 人:杨国荣(华东师范大学思勉人文高等研究院院长、教授)

演讲题目:谈实践智慧

演讲时间:2012 年 5 月 18 日

演讲摘要:哲学与智慧是有差异的,而智慧、实践、实践智慧等概念之间存在内在的关联。智慧是一种内在于每一个体生命之中而非抽象存在的德性,是知识经验与人性间的融合统一,并且在个体的实践中展开,从而体现为一种实践智慧。实践智慧使个体在实践过程中化解“合目的性”与“合法则性”之间的张力，从而实现内在的统一；化解“正当性”与“有效性”之间的张力，从而在现实中实现“目的”与“手段”的真正统一；化解“一级原则”与“体情境”之间的张力，从而实现“理论”与“现实”自觉的统一；化解“理论性知识”与“实践性知识”之间的张力，从而真正实现由知识向智慧的转化。也正是在以上这些层面上，实践智慧沟通了“说明世界”与“改变世界”这两大问题，而这两个问题同时也是人类的共同追求。目的与手段需诉诸实践智慧，实践智慧的特点在于扬弃教条、克服经验主义。

东方讲坛积极开展学习贯彻党的十七届六中全会精神、九届市委十六次全会精神群众性宣传教育主题活动成效显著

——举办讲座 500 余场　宣讲覆盖全市 17 个区县所有街镇直接听众近九万人次

根据市委、市政府的统一部署，从 2011 年 11 月 16 日开始至今年 2 月上旬，东方讲坛积极开展“学习贯彻党的十七届六中全会精神、九届市委十六次全会精神主题群众性宣传教育活动”。活动实现全市 17 个区县所有街镇全覆盖，有关委办局、企业、社区文化活动中心、图书馆、学校、医院等单位踊跃参与，直接听众近九万人次。

一、不断提高群众参与热情，大力推进结构多元的宣讲队伍建设

东方讲坛深入贯彻中共中央关于“发挥人民群众文化创造积极性”的要求，努力探索“讲坛搭台，各方组织，群众讲、群众听”的运行模式，深入挖掘宣讲资源，迅速动员各方力量。如宝山区有效运用“三级网络，分层推进”的方式，通过组织市级宣讲员培训区级宣讲员，再由区级宣讲员为街道宣讲员授课，在短时间内组建起规模可观、实力过硬的宣讲队伍，切实提高了活动的影响力和辐射面，宣讲场次居全市之冠。

东方讲坛在各区县组建了一批主要以退休教师、老党员为主力的群众性宣讲团。以普陀区年届 78 岁高龄的施关福老人为例，作为一名来自社区的基层宣讲员，他不畏严寒为社区居民讲解会议精神，以朴实的话语和结合社区实际的生动事例赢得了社区居民的一致好评。

同样让人欣喜的是，2012 年不少年轻人也加入东方讲坛的宣讲队伍，为党的宣传工作带来新的活力，如：宝山区罗店镇组织大学生宣讲团从镇域文化入手，向基层群众宣讲罗店龙船文化的传承和发展，受到当地社区群众热烈欢迎；松江区的 80 后宣讲员队伍凭借活跃的思维、开阔的思路，结合前沿科学文化知识开展主题宣讲，令人耳目一新。

二、从各地方实际需要出发，着力健全宣讲内容配送体系

东方讲坛各举办单位围绕进一步加大宣传普及力度的目标，充分结合区县特色，采取了诸多行之有效的措施，推动宣讲内容“入耳”、“入脑”、“入心”。

虹口区将现代传播体系融入宣讲活动，其下属嘉兴街道除采用传统宣传途径外，还利

用街道协同网与微博等新媒体平台报道理论学习小组的学习心得、分享居民听取辅导报告的感想、展示宣讲交流的生动画面，获得了良好的社会反响。

杨浦区从本区“高校多、部队多、企业多、园区多”的特点出发，实现了宣讲活动的“社区、校区、营区、园区、商区”五区覆盖、五区同讲。该区开展的高校教授送宣讲进营区活动得到部队大力支持，某驻区部队领导班子专程从外区赶来集中听讲，并与高校达成合作意向，共同推进宣讲工作经常化、持续化、纵深化。

长宁区做到讲座“进机关、进社区、进企业、进军营、进学校、进市场、进家庭”，使有关群众性主题教育横向到边，纵向到底，进一步提高了宣讲活动的综合效益。

三、 紧密结合区情社情，开展群众喜闻乐见的宣传教育活动

东方讲坛各举办单位在吃透中央、市委精神的基础上，深入了解宣传教育对象的需求和关注，有针对性地开展宣讲活动。

浦东新区从本区百姓对民生文化的迫切需求等内容入手，注重回应社区群众关注的课题、双向互动，既讲“普通话”、又讲“浦东话”，论坛的效应在干部群众中产生广泛共鸣。

黄浦区在宣讲中理论联系实际，着重突出黄浦的文化特色，生动诠释了文化强国的战略意义。

奉贤区紧紧围绕“怎样传承和弘扬‘贤文化’”、“农民需要什么样的文化产品、社区文化活动最缺什么”等话题进行专题宣讲，有效增强了广大群众对文化改革发展的信心。

松江区针对侨、台眷群体积极开展特色宣讲活动，通过他们将六中全会的有关精神传播到了海外华人中间。

本次宣讲活动通过组建新队伍、搭建新平台、挖掘新热点，向广大基层群众全面准确地宣传了中央全会、市委全会的精神，对新形势下文化改革发展的重大意义进行了深入浅出的解读，有利于引导上海广大干部群众树立高度的文化自觉和文化自信，形成开创文化建设新局面的合力。

摩洛哥推进发展转型 走出“阿拉伯之春”的经验和启示

——东方讲坛举办“当代世界讲坛”开幕式暨首场讲座

2012 年 3 月 9 日，“东方讲坛·当代世界讲坛”开幕式暨首场讲座在本市西郊宾馆举行。中共上海市委常委、宣传部长杨振武出席开幕式并致辞，中共中央联络部副部长、当代世界研究中心主任于洪君出席并发表主旨演讲，市委宣传部副部长潘世伟主持，社联党组书记、专职副主席沈国明，社联党组副书记桑玉成，市外办副主任傅继红等有关领导出席。摩洛哥王国皇家战略研究院陶菲克·穆利内院长以“阿拉伯世界转型:摩洛哥模式的关键经验”为题演讲，并与听众互动。演讲内容涉及三个方面：

一、“阿拉伯之春”的外在表现各不相同、深层次根源具有共性

2010 年末、2011 年初以来，一股“革命”浪潮席卷中东、北非的阿拉伯世界，包括埃及、利比亚、也门、叙利亚、阿尔及利亚、约旦等多个国家，这种情况又被称为“阿拉伯之春”。虽然民众抗议当中都打出了反对现政权的旗帜，动荡在有关国家的具体表现不尽相同。就其现实诱因而言，有的体现为一些国家的阶层矛盾，有的体现为一些国家的不同教派、民族和部族冲突，有的体现为地区性强国、全球性大国对局势的干预。就其直接后果而言，有的政权已经更迭，有的罹患战火蹂躏，有的遭遇骚乱困扰，有的至今泥潭深陷。就其演化前景而言，埃及的国家前途取决于军队起什么作用，以及军队是否准备给予执政党更多的权利；利比亚的国家前途取决于各个民族、派别的作用；叙利亚民族之间、宗教派别之间矛盾复杂，被掩盖的冲突能否及时、有效化解具有决定意义。

有关国家没有稳妥解决发展带来的问题，成为引发这场动荡的带有共性的深层次根源。长期实行家族式的统治，利益集团盘根错节掌控政权，腐败问题日积月累，社会矛盾比较尖锐，各民族、宗教之间缺乏必要的包容和理解，人民生活水平低下、贫富差距较大以及宗教、部族、民族等问题显著。以突尼斯为例，公民社会长期被压制，女性受歧视现象愈演愈烈，很多突尼斯妇女被要求佩戴黑纱，长期集聚的社会内部压力得不到释放。经济宏观状况不顺的情况下，社会整体就业水平低、年轻人的失业率居高不下、互联网普及等问题接踵而至，重压之下，形势演化变得不可收拾，动荡难以避免。

二、 摩洛哥推进发展转型应对“阿拉伯之春”，经验和启示值得借鉴

摩洛哥王国对革命示威的处理方式开辟了中东、北非国家成功转型的道路，成为“阿拉伯之春”浪潮的一个特例。该国的经验主要是：政治架构上，摩洛哥是拥有一千多年君主制历史的古国，国家元首既是政府首脑，又是宗教领袖，现政府对国家政治民主化推动有力，国民参与民主政治的热情高涨，为社会政治动荡提供一定的回旋余地和张力。经济发展上，摩洛哥从20世纪80年代初启动改革，宏观经济增长率保持在5%左右，通货膨胀率控制在2%以下，2008年国际金融危机以来外贸保持顺差。社会建设上，摩洛哥强调保护人权和培养公民社会，2009年开始采取措施加强社会治理，消除地区差异，改善农村经济的基础设施，减少社会不平等，逐步扭转地区之间失衡。法治进步上，摩洛哥通过修改宪法，维系民族间关系和谐、建立经济特区、推行政治体制改革。文化观念上，摩洛哥崇尚温和、宽容而不失原则的文化观，既坚持对外开放，与西方国家建立新型合作关系，又保持自身传统，坚守穆斯林国家一贯立场。

三、 摩洛哥皇家战略研究院工作的重点和规划

摩洛哥皇家战略研究院的研究活动主要着眼于政府特定部门无力独自解决的横向课题，方式是召集专家、学者，组成各类课题攻关小组，召开内部研讨会，邀请政党、大学、公民社会的有识之士，以及政府工作人员和国家高级行政人员，以交叉、立体的视角分析、研讨。这些研讨活动通常不向媒体开放，与会人士可以畅所欲言、深度交流、献计献策，最后形成三页纸的咨询报告，供国家元首决策参考。该院研究关注的重点涉及国家发展战略层面的三方面问题：一是国家竞争力问题，关注整个国家的社会、经济、环境、机构竞争力提升；二是气候变化问题，与各个大学合作围绕科学含量较高的环境问题开展研究；三是社会和谐问题，涉及国家公民特别是年轻人的社会身份认同，以及文化冲突、宗教冲突、反腐败等。

“东方讲坛·当代世界讲坛”由中联部当代世界研究中心、中共上海市委宣传部、市社联共同创设，以宣传中国外交战略以及党的对外工作为抓手，以举办专题讲座和论坛等形式，为推进上海国际文化大都市建设提供智力支持，为增强上海城市文化软实力和国际影响力发挥作用。

“种桃种李种春风”

——东方讲坛：讲给百姓听

在上海加快公共文化服务体系建设的进程中，2004 年 6 月，上海市委宣传部和市社联共同创办了东方讲坛。8 年来，讲坛累计举办各类讲座 15 000 多场，直接听众达 460 多万人次，二次传播受众超过 2 亿人次。8 年来，东方讲坛经过春风化雨般的辛勤耕耘，成为了上海覆盖面最广、参加人数最多、规模最大的公益性讲座。“听讲座”，俨然成了许多上海市民文化生活中的一项内容。

把讲坛办到百姓家门口

作为一个面向基层、服务大众的宣传思想文化工作新阵地，“接地气”，是东方讲坛的生存之道。

东方讲坛现有举办点 335 个，其中 72%设在街道乡镇、社区文化活动中心和社区学校。在浦东、宝山、杨浦、徐汇、长宁、闸北、虹口、普陀、闵行、松江、嘉定、奉贤、青浦、金山、崇明等区县，还实现了每个街道乡镇设点的全覆盖。据统计，2011 年，东方讲坛 70%的讲座都在基层举办，其中，有 636 场在郊区举办，占全年区县讲座总场次的 59%，大大便利了社区市民的听讲。已经退休的浦东新区北蔡中心小学校长丁富贵，是东方讲坛的老听众。他深有体会地说：“过去听一次讲座很费劲，一是要坐长途车到市区去听；二是还要有资格，一般像我们这样的学校，只有校长才轮得到。现在好了，在家门口就能听到了。”

这个面向百姓的公益性、社会化教育大平台，拆掉了学校与社会之间的篱笆，让市民共享学校的教育资源，又引进了社会科学领域各学科的专家资源。正如区县宣传部门的同志说的那样：过去请一位大学教授来郊区做讲座，难得不得了。东方讲坛开办以后，一年就有几十位专家学者来讲课，这对区县的公共文化建设起到了很大推动作用。

讲坛跟着百姓需求跑，于是，又出现了这样的风景：百姓跟着讲坛跑。一天跑几个地方，听几场讲座的听众不是少数。75 岁的蒋珏老太太，是东方讲坛闵行古美社区市民讲师团成员，自从听了东方讲坛第一课后，就成了它的“迷”。哪里有东方讲坛讲座，她就跟到哪里。从东方讲坛的忠实听众，到东方讲坛的市民讲师，蒋珏老太太无比自豪。她说：“东方讲坛的讲座，贴近老百姓生活，很多话说到老百姓心里去。一些困难群体，常常能从这里获得知识、获得力量。”

8 年来，东方讲坛听众爆满的场景常常出现。在现场，这边晚到的阿姨，从包里拿出折叠小板凳，从从容容坐下；那边匆匆赶来的母女，干脆席地而坐；过道上挤着加座，贴墙壁站满了人……

把知识送到百姓心坎上

“不是我不明白，这世界变得快。”用这句话形容当下知识更新之快，很是贴切。“你说这CPI和PPI有啥关系？”“你说我们天天吃的东西里头，哪几种藏着反式脂肪酸？”“我家孩子想创业，你说行不行？也不知要具备点什么条件……”看看，闲话家常也会带进那么多新名词、新概念。如今，不仅每个人脑子里打着转的问号多，而且大家在意的问号各不相同——试图帮百姓解疑释惑的东方讲坛，想要办好难度确实不小。

但东方讲坛没有给难住，工作人员付出更多努力“以多对多”：每年，他们交给各举办点以供挑选的讲座“菜单”上总有近千个话题，涵盖“形势热点”、“人生发展”、“家庭教育”、“心理健康”、“法律知识”、“经济金融”、“国防知识”、“历史文化”、“艺术鉴赏”、“养生之道”等10个大类，尽量做到百姓想听什么，专家就讲什么。如上海世博会前后，东方讲坛的“迎世博天天讲”系列讲座，在全市各处讲了千余场，许多上海市民得以从中了解和理解世博文化。又如2008年汶川大地震后，东方讲坛举办了“地震灾难后的心灵创伤与心理救助”、“灾害事件中媒体与社会民间组织作用”、“国内外综合减灾和应急管理的现状和发展趋势”等相关讲座，引导人们对城市安全、危机应对、心理救助、社会服务等问题进行理性思考。

“心理健康与美好生活”、“健康的职场心理”、“亲子互动与学生心理动机”……在上海，东方讲坛的每一场心理知识讲座，听众都会爆满。遍布全市的东方讲坛举办点，每年都开设心理知识讲座，传播和普及心理健康常识，已成为提供心理服务的品牌。

东方讲坛的大受欢迎，是近年来上海坚持以人为本、不断创新群众工作方式方法的一个缩影。在“提供贴心服务，化解百姓心忧，打开百姓心结，敞亮百姓心灵”的探索中，一系列行之有效的做法和经验正在逐渐形成。

把品牌建设机制化

“桃红李白皆是景”。东方讲坛坚持年年讲，月月讲，天天讲，8年来，不断创新工作机制，逐步形成了一套行之有效的工作模式：

一是讲坛管理网络化，听众组织社会化。东方讲坛积极吸纳社会各界的参与，做到重心下移、贴近群众、立足社区、强化服务。无论是各区县、高校党委宣传部，还是市、区的图书馆、博物馆、美术馆、档案馆、文化馆，都积极承担起东方讲坛的举办功能，凸显了覆盖面广、群众性强、社会影响大等特点。

二是讲座选题菜单化，师资选聘签约化。东方讲坛办公室承担了主题策划、内容开发、师资签约、讲座配送等日常工作，依靠社会科学界“五路大军”的大力支持，形成了近2 000人的特聘讲师队伍。基层举办点对“题目任我选，专家尽我挑，讲座层次高，演讲内容好”感到十分满意。

三是内容设计主题化，系列组合模块化。东方讲坛在更新和充实讲座内容的同时，不断探索以模块集成为抓手的运作方式，通过不同内容的模块组合，彰显了整合能力强、内容更新快的特点。8 年来，东方讲坛开发了近百个主题系列讲座。“走近大师”、“院士风采”、“青年创业”、“感悟职场”、“四季养生”……东方讲坛，仿佛一块磁石，将不同年龄、不同职业的市民牢牢吸引在周围。

四是品牌形象标识化、宣传推介传媒化。为了树立品牌形象，东方讲坛专门设计制作了 logo，并为各举办点配发了统一制作的铜牌。讲坛开办以来，与新闻传媒建立起了良好的合作关系，开发了电视版、广播版、网络版、报刊版和图书版，使广大市民乃至长三角地区的听众，足不出户，就能听到东方讲坛，成为沪上公共文化服务的一道亮丽风景线。

从讲座日均 3 场，到如今的日均 6 场；从讲师几百名，到如今的 2 000 多名；从举办点分布不均的 48 个，到如今遍布全市的 300 多个；从百姓眼里的新生事物，到如今家喻户晓的讲座品牌……当新闻传播着信息，影视为观众圆梦，综艺娱乐着大众时，东方讲坛犹如启迪民智的春风，催人奋进的时雨，用讲座塑造心灵，引领着核心价值观。

——节选自《上海文化样本选》

“东方讲坛在郊区”系列讲座

作为2012年上海市文化科技卫生“三下乡”常下乡项目之一，从年初起，东方讲坛办公室推出了“东方讲坛在郊区”系列讲座项目。讲坛办公室组织社科界专家学者深入市郊九区一县，举办公共文化讲座1 100场，占全年讲座场次的一半，直接听众达20多万人次。该项目被评为2012年度上海市群众文化奖励基金“群众文化优秀项目”。

一、 下基层、把服务延伸到郊区群众家门口

郊区地域广、市民居住分散，出行不便。以前，常出现郊区听众辗转几十站公交到市区来听讲座的情况。现在，东方讲坛工作重心下移，把服务延伸到郊区，把更多资源向农村倾斜，让郊区群众在家门口就能享受到公共文化服务内容配送。

东方讲坛现有347个举办点，其中173个设在郊区乡镇、社区文化活动中心和社区学校。只要郊区有需求，东方讲坛就在第一时间送讲座上门。一位基层宣传部门同志这样评价：过去请大学教授来郊区做讲座，难得不得了，东方讲坛开办后，一年就有几十位专家学者来讲课，对区县的公共文化建设起到了很大推动作用。

二、 接地气、把知识送到郊区百姓心坎上

作为上海公共文化服务体系中的品牌项目，“接地气”是东方讲坛的生存之道。

东方讲坛的郊区举办点多数设在城乡结合部和偏远地区，听众既有本地居民，也有外来务工人员。讲坛办公室为不同受众人群量身定制了《东方讲坛选题(社区版)》，涵盖“形势热点”、“人生发展”、“家庭教育”、“心理健康”、“法律知识”、“经济金融”、“国防知识”、“历史文化”、“艺术鉴赏”、“养生之道”10大类，尽量做到百姓想听什么，专家就讲什么。

讲坛讲师还在讲课技巧上下足功夫。有的专家特地准备了上海方言的讲课教案，有的学者为了贴近基层实际，专程提前去做调研。用百姓话讲百姓关心的事，东方讲坛把人文社科知识润物细无声地普及到了广大郊区，送到了干部群众的心坎上。

三、 讲奉献、把群众满意放在第一位

走基层、转作风是理论界面临的一个重大任务。“东方讲坛在郊区”开展一年以来，用心做好每个细节，始终坚持把“让听众满意”放在第一位。

8月，宝山区月浦镇的一场讲座举办前上海突降暴雨，出行易发危险，讲坛迅即推迟

讲座安排，工作人员连夜通知相关单位和听众，确保了群众安全。松江区石湖荡镇距离市区 50 多公里，交通十分不便，东方讲坛送讲座到各个村居委会，有的讲座还应听众要求安排在周末上午，老师一大早就出门赶赴讲座地点。

东方讲坛多年来致力于“以人为本，服务大众，传播知识，提升文明”，让公共文化服务更多地惠及人民群众。

“中美关系:热点聚焦与发展趋势

——东方讲坛举办“当代世界讲坛” 纪念《上海公报》40 周年

2012 年 4 月 28 日,东方讲坛暨当代世界讲坛以“中美关系:热点聚焦与发展趋势——纪念《上海公报》40 周年”为题,在西郊宾馆举行第二场演讲。中共中央对外联络部当代世界研究中心副主任孔根红致欢迎辞,前联合国副秘书长陈健,全国政协常委、上海市政协副主席周汉民,美国前国防部助理部长傅立民出席论坛并发表主旨演讲,市委宣传部副部长李琪主持。本次活动由中共中央对外联络部当代世界研究中心和中共上海市委宣传部联合主办,东方讲坛办公室和上海市美国问题研究所共同承办,200 多位各界人士聆听了演讲。新华社、《人民日报》、《光明日报》、《解放日报》等主流媒体对本次活动进行了广泛报道。

孔根红指出,中美关系正常化是在上海迈出震惊世界的第一步,今年是标志中美关系开端的《上海公报》发表 40 周年,东方讲坛举办这次活动,在上海重温美好的历史场景,对于推动中美关系不断向前发展具有重要意义。当前,国际金融危机影响远未消除,各种地区热点问题此起彼伏,中美两国有责任、有义务承担起加强合作、共迎挑战的重任,努力推进中美共同走出一条新型大国关系之路,发展健康稳定、蓬勃发展、具有创新动力的中美关系。

美国资深外交官傅立民(Chas W.Freeman, Jr.)是中美建交的亲历者,尼克松总统访华时任美方首席翻译。他指出,中美经济文化交流 40 年间飞速发展,政治上始终遵行和平共处五项原则,但中美对话机制仍不够牢固和有效,军事合作差强人意。他认为美国人应充分了解并尊重中国的核心利益,正确看待台湾、西藏、新疆事务,与中国一道,早日将台湾问题、亚太中心争议问题和南海问题列入议事日程。关于台湾问题,傅立民高度评价中国的“两手”策略和“一国两制”理念,认为中国的成功之处在于,通过鼓励两岸经济、文化良性互动,逐渐弥合了大陆与台湾的界限与分歧。他认为两岸关系的发展犹如海面下迅速生长的珊瑚,一旦退潮,这边的人便能直接踏着联系两岸的珊瑚礁走到另一边去。关于当前各方关注的南海问题,傅立民认为,美国和菲律宾联合军演是按照早前的计划进行,并不意味着美国支持菲律宾的诉求。美国所要做的,应当是给菲律宾的期待泼点冷水,防止该地区有关国家针对中国采取过激行为。华盛顿应对中国澄清美国政策,继续发扬《上海公报》求同存异的精神,防止两个大国被小国卷入不必要的对抗中。

陈健大使曾长期在联合国工作,见证了中美关系历史性的发展进程。他指出,由于中国的迅速崛起和美国国内设定战略对手的倾向，中美关系将在21世纪第二个十年面临十字路口，如果不能展开深入的对话与合作，就会走向摩擦和对抗。中美扩大合作的前提，就是照顾彼此的核心利益。陈健认为，中国的核心利益是公开的，而其中最关切中美关系的便是台湾问题。只要美国在台湾问题上充分尊重中国的立场，中美之间的合作在中方而言就已经有了很好的基础。但美国历届政府虽然一方面在台湾问题上均表示反对“台独”，另一方面又没有减少对台资助的实际行动，从而围绕对台军售制造了种种风波。当前南海问题的国际化趋势也是美国言行不一的表现之一。在中国与菲律宾就黄岩岛捕鱼事件发生对峙的情况下，美国和菲律宾进行联合军演，最近又借朝鲜卫星发射的机会提出要在亚洲部署反导系统，无法不令人质疑其所谓“重返亚洲”的动机。他强调，当前最紧迫的问题，就是美国的行动被菲律宾视为对他们的支持，不管美国本意如何，助长菲律宾和日本的叫板，美国就要作出解释。陈健指出，如果美国的核心利益是全球的领导地位，中国对此绝不会造成威胁。因为中国即使有朝一日GDP总量超过美国，综合国力也仍远远落后美国，没有能力也没有意图挑战美国的地位。当前中美之间特别紧要的是在现有的对话渠道基础上，完善对话形式，充实对话内容，落实对话成果，提升对话效能。中美两国应该把各自关切的主要问题，比如明确所谓中国欢迎美国发挥建设性作用是一个什么样的作用，怎么样做超出建设性的范围了，所谓美国尊重中国在亚太地区的合法利益指的是哪些内容，作为现有的渠道对话的内容，澄清疑虑，增进互信，将共识体现到文字上，落实在行动当中。

周汉民教授是美国参展上海世博会的见证人。他指出，奥巴马总统在其开局之年作出的参与上海世博会的决定，既是树立与世界为伍的形象，表达促进世界和平的决心，也是对中美两国同为亚太国家，将对周边国家关系造成直接影响的事实的认同。美国参展上海世博会，不仅展现了美国的商业和技术实力以及文化和价值理念，而且再次增进中美两国人民之间的友谊。他强调，只有增进中美民间交流和相互理解，并实现两国友好合作，世界才会有未来。

上海市社会科学普及读物系列

2012年,上海社联资助出版"上海市社会科学普及读物系列"(共12种)

序号	书　　名
1	哲学慧眼识究竟
2	日常生活中的美学问题
3	现代人的法律生活
4	保险:为你插上隐形的翅膀
5	经济学大师的诺贝尔奖之路(1991—2000)
6	常用汉字读本
7	中国传统教师文化趣探
8	让孩子爱上阅读
9	中国格言漫话
10	了解一点西方经济学
11	经济学乱炖
12	上海会馆公所史话

让社科普及走上信息高速公路

——市社联在新浪微博平台开通科普微博

“这是上海市社会科学界联合会科普处、东方讲坛官方微博。在这里,我们及时提供各类社科普及活动的最新资讯;在这里,我们分享实用有趣的人文社科知识;在这里,我们共建滋润心灵、陶冶情操的精神家园。”2012 年 2 月 16 日,上海市社联科普处、东方讲坛官方微博“社科视窗”正式上线。它以“一扇服务大众的社会科学之窗,一个社会化教育的公益性讲坛,一座传播先进文化的交流平台”为目标定位,经过半年多的努力,粉丝超过 5 000,一条条不足 140 字的微博,吸引了众多网友的关注和参与。

一、 从打开“一扇窗”到走进“一片天”

党的十七届六中全会指出:“加强网上思想文化阵地建设,是社会主义文化建设的迫切任务。”“社科视窗”的上线,是上海市社科联积极贯彻落实十七届六中全会精神的重要举措之一。它甫一亮相,立刻受到 10 多家中央和上海新闻媒体的关注,新华网以《运用新媒体向大众传播社会科学知识——“社科视窗”微博上线》为题,首发新闻报道。中国上海门户网在“上海要闻”栏目也作了相关报道。

如何运用新媒体技术手段,向大众传播普及社会科学知识,以人文关怀营造人们共有的精神家园?这是广大社科普及工作者亟须探索的新课题。

据有关统计资料反映,到 2011 年底,我国微博用户已超过 3.3 亿,每天产生约 1.5 亿条微博客,这对科普工作而言,无疑是一个庞大的“人口红利”。我国第八次公民科学素养调查结果显示,2010 年,我国公民获取科学信息的渠道,在互联网选项上达 26.6%,与 2005 年的 6.4%相比,提高了 20.2 个百分点。2011 年,上海市社科联发布的《上海市民人文社会科学知识与素养调查报告》也显示,在人文社会科学知识传播途径与效果的选项上,73%的受访者把互联网(包括手机)作为自己获得人文社科信息的三大途径之一(其中,电视为 82%、书刊杂志为 62%)。由此可见,转变社科普及的理念和方式已成为当务之急。

科普怎样吸引公众?在“民间舆论场”和政务微博“井喷式”态势下,创新科普工作的有效载体是互联网,而微博更适宜社科知识的传播,社科普及新媒体可以大有作为。社科普及一方面要积极地宣传党和政府的方针政策,传播社会主义核心价值观;另一方面也承担着主动设置议题,引导网络舆论的职能。因此,上海“社科视窗”科普微博以“宣传科学理论、提供社科资讯、回应社会关切、提高科普效应”为责任和使命，走进了社会科学普及工作的新天地。

二、 从传统科普到网上科普

上海“社科视窗”科普微博，将思想性、知识性和大众化、通俗化有机统一，坚持以社会主义核心价值观统领微博内容，以唱响网上思想文化主旋律为己任，以提供百姓需要的社科资讯为特色，以营造精神家园、传播“正能量”为努力方向。它将上海社科联科普处承担的工作项目融入其中，欢迎广大网友“稀饭”、“吐槽”、“拍砖”和“互粉”，大大提高了社科普及工作的传播力和吸引力。

现在，它开设了七个栏目，分别是：“东方讲坛”、“科普资讯”、“理论时空”、“学林漫步·微观点”、“书海拾贝”、“心灵之约”和“雅趣时光”。其中：“东方讲坛”发布讲座信息和动态；“科普资讯”介绍社科普及相关的各类信息；“理论时空”聚焦时政热点、传播主流舆论、回应社会关切；“学林漫步·微观点”普及上海社科界各类学术讲座中专家学者的主要学术观点；“书海拾贝”向读者推介社科普及读物中的知识看点和“书香上海”每周“好书榜”；“心灵之约”摘录古今中外名人名言、张扬心灵哲学中的人文精神、让核心价值观抵达网友们的心灵；“雅趣时光”则将“文化上海”精彩纷呈的群文活动与网友们共享。

近期，我们在微博上又发起了“东方讲坛：百姓身边的课堂”征稿活动和“上海市社会科学普及读物漂流活动”，动员网友记录下聆听东方讲坛后，带给自己的快乐、感动和启发，留下一段与东方讲坛共同成长的回忆。图书漂流活动则将上海社科联资助出版的社科普及读物系列，放漂至13个区县图书馆，方便网友到就近的漂流点免费取阅科普读物。

三、 从建设学习型团队到打造新平台

上海社科联党组近年来十分重视通过开展“创先争优”活动，在机关内部形成强大的向心力和健康的组织文化。以项目带队伍，给青年干部压担子，着力营造事业为重、互相合作、和谐融洽、行胜于言的机关氛围。

科普处是一个以“80后”青年干部为主体的年轻团队，“社科视窗”微博平台的搭建，给每个年轻人提供了一座施展才华的舞台，激活了大家的工作热情。这项工作在策划酝酿之初，处室负责人和党支部委员就将它作为建设学习型团队的抓手，力求通过这项工作，培养大家的创新精神和协作攻关精神。现在，我们处室已建立由处长任主编的“三审制”，每个成员都有分工负责的栏目，每周处务会上增加网络舆情分析内容，全处共同把脉，互相出主意、提建议、报选题，前台执行编辑还向大家通报微博的运行状况，包括粉丝数量的变化、转发数、评论数，以及与粉丝的互动情况等。半年下来，科普处的年轻人，习惯了每天根据分工编织几条“围脖”，将各自工作融入新媒体平台，大家的理论素养和业务能力也在实践中得到锻炼和提高。

“一滴水可以变成大海”。社科普及新媒体平台的开发和搭建，正方兴未艾。我们怀着共同的信念：今天只是迈出了探索性的一小步，我们将踏踏实实走好今后的每一步！

学会服务平台

XUE HUI FU WU PING TAI

发挥学术团体功能　繁荣社会科学事业

——市社联第六届学会学术活动月举行开幕式暨学术报告会

10月20日，上海市社联举行第6届学会学术活动月开幕式暨学术报告会。市社联党组书记、专职副主席沈国明致开幕词，市社联党组副书记桑玉成主持开幕式和随后举行的学术报告会。市社联所属各学会的负责人和专家学者200多人参加会议。本届“学会学术活动月”各项活动举办时间为10月20日至11月20日。其间，市社联所属的多家学会、研究会将联合有关高校、科研机构及党政机关等单位共同举办学术研讨会、座谈会、报告会和论坛等各类学术交流活动170项。

沈国明在致辞中对各学会积极参与学会学术活动月开幕式表示感谢，并对“学会学术活动月”系列活动作了回顾。“学会学术活动月”是上海市社联主办的品牌学术交流活动，自2007年创办以来，迄今已是第6届，6年来，共举办学术活动700余场；2012年，有超过100个学会参与，占到学会总数的66%；是以学会为单位，以学者为主体，借助社会力量和社会资源，展示上海社科界学术研究和学术活动面貌，议题广泛、形式多样的集体活动。6年来，上海市社联对“学会学术活动月”精心培育、着力引导，每年下发正式文件布置工作，要求学会填写项目申报表，并在活动结束后立刻填写“情况反馈表”和相关会议材料一起上报，市社联最后根据会议规模、学术水平、社会影响、规范程度等进行两轮评审，评出优秀组织奖和组织奖，分别给予奖励。截至2011年，共奖励各类学术活动400余项。

沈国明谈到了当前学会工作面临的主要形势，一是经济社会发展，国际形势变化，提出了很多新的问题，对于这些新问题的解答，社会对社科界提出了巨大需求，怎样满足这些巨大需求，需要社科界共同努力。要通过说明事实，揭示规律，加以回答。二是从学术队伍的现状来看，领军人物年轻化，大师、大家缺乏。学会固有的凝聚力、号召力面临挑战。在大师缺乏的情况下，如何依靠群体的力量来弥补不足，相互提携、共同进步，就显得更为重要。沈国明还强调了学会该如何应对当前形势。一是应有高度的自觉。学会应当组织会员广泛深入地开展各种学术活动，发挥学术引领的作用，推进理论创新，推进学科建设，积极开展学术评价活动。二是应该通过学术活动，增强对学者的凝聚力和向心力。要以好的题目吸引人，以好的形式吸引人，以勤勉的态度感动人，以好的结果鼓励人，做好成果的转化工作，争取让学者们的成果进入决策层的视野，甚至成为新的政策。三是推动学术梯队的建设。要为青年人的培养、冒尖提供条件，创建平台。最后，学会要加强自身建设，按章办事，依法实现自主活动，自我发展，自律管理。学会的领导班子，要有做好学会工作的自觉性，增强责任感和使命感，建立行之有效的内部管理结构和运行机制。

桑玉成宣读了上海市社联主席秦绍德的贺信。秦绍德希望广大哲学社会科学工作者、专家学者、青年才俊以及各学会会员，在学会学术活动月的舞台上，展现自身的风采，在思想的碰撞中，产生出智慧的火花。弘扬主旋律，提倡多元化，不断推动上海哲学社会科学事业的繁荣发展，以优秀的学术成果迎接党的十八大的胜利召开。

学术报告会上，上海市经济学会副会长、中共上海市委党校常务副校长王国平，上海市国际关系学会会长、上海国际战略问题研究会会长、上海国际问题研究院院长杨洁勉，上海市哲学学会顾问、复旦大学学术委员会副主任、复旦大学现代哲学研究所所长俞吾金，上海市社联副主席、上海市政治学会副会长、上海交通大学国际与公共事务学院院长胡伟，上海市社会学学会副会长、华东理工大学社会与公共管理学院院长徐永祥分别以"产业升级规律与中国特色的产业升级道路"、"中国外交理论创新的三重历史使命"、"'文化自觉'之我见"、"中国政治发展道路前瞻"、"社会主义社会建设理念创新的当代意义与路径选择"为题作了学术报告。

王国平认为，转变发展方式的根本途径是产业升级，研究具有中国特色的产业升级道路，既有益于对改革开放以来"中国经验"的科学总结，也为今后我国产业的科学发展提供思路。首先，产业链升级是一国产业升级的根本，我国将促进产业链升级的决定性因素——自主创新表述为三种形式：原始创新、二次创新和集成创新。这三种创新的关系是：要以二次创新为基础，避免单纯引进或盲目追求原创而减缓创新进程；同时决不放弃任何一次原始创新机会；并且在原始创新过程中，立足于优势，努力争取"人无我有"，高度关注集成创新，在特色项目中，力求取得集成创新的历史性突破。其次，新型工业化和制造业服务化可成为发展中国家推动产业升级的两个轮子，要在新型工业化过程中，实现制造业服务化。新型工业化体现在功能新型、质量新型、结构新型、布局新型、目标新型；制造业服务化主要体现为需求服务化、功能服务化、组织服务化和环境服务化。再次，需要构筑"三位一体"的新型产业体系，将产业升级融入结构、组织、业态优化的过程之中。具体来说，主要包括以下方面：通过培育市场机制，强化法制执行力，在提高产业集中度过程中促进产业升级；在业态创新中促进产业升级；通过持续实施"三位一体"战略，在产业体系完善中实现产业升级。

杨洁勉认为，中国特色外交理论是中国特色社会主义理论体系的重要组成部分，在中国外交理论创新进入历史新阶段之际，主要面临凝聚中国特色、强化指导作用和增加世界意义的三重历史使命。凝聚中国特色就是要在高度提炼丰富外交实践基础上加强中国特色外交理论建设，重点在中国理念、中国原则、中国文化、中国经验、中国机制等方面。中国正在以总体思想、战略思想和政策思想为三大基本框架，不断发展中国特色外交理论体系，以此深化对中国外交的全面、系统和符合逻辑的理性和整体性的认识。强化指导作用首先要加强外交的"理论自觉"，充分发挥已有的理论指导作用；其次是加强"理论自信"，坚定对中国特色外交理论的信念，坚持独立自主的和平外交，坚持和平发展道路和互利共赢。增加世界意义就是要增强外交理论的国际普遍意义。杨洁勉认为，中国外交理论创新三重历史使命的第一阶段任务简言之就是：用中国语言总结中国外交理论，用中国实践提炼中国外交理论,用中国思想丰富中国外交理论。中国外交理论在“走出去”的漫长历史进程中,将不断淡化中国的“特色”和不断增加世界的“共性”,同时中国外交理论的要素还将在各国外交理论中互相借鉴和融合,从而达到“中国特色”和“世界意义”的有机统一。

俞吾金认为,文化自觉就是自觉地意识到文化这个概念的局限性和文化起作用的有限性,拒绝对它进行滥用。通过回溯 19 世纪下半叶以来的历史,俞吾金提出,“从科学技术到体制改革、从体制改革再到文化运动”几乎构成思维定势,但全民文化运动非但不可能使我们从目前在政治、外交、经济和社会中遭遇到的一系列重大问题中摆脱出来,而且还遮蔽了这些问题,甚至使我们丧失了居安思危的警惕性。俞吾金对文化自觉的含义作出了如下阐释:第一,文化是在背景中起作用的因素。文化之于人,确实不可或缺。但也必须充分意识到,文化不过是背景性的因素不值得加以夸大。在谈论当代中国的深度改革时,没有必要把文化作为最重要的、涵盖一切的问题加以讨论。第二,文化起作用的方式是间接的、潜移默化的。把它解释为一种直接的、当下就能起作用的因素是不切合文化的本性的。事实上,这种解释方式也不符合文化自身发展的规律。第三,言必称文化并不可能解决我们面对的任何具体问题。应该理性面对文化概念,并像毛泽东在《新民主主义论》中所说的那样,只在狭义的范围内使用文化概念,以便清醒地意识到我们在政治、经济、社会领域里面临的一系列重大的问题,并逐一加以解决。

胡伟主要围绕三个方面阐释了对于中国政治发展道路的前瞻。首先,对于中国特色的社会主义政治发展道路,需要讨论的不是走或不走,而是怎么去走。政治发展、政治改革是躲不过、绕不开的关键问题,包括目前广泛谈论的“软实力”,其根本不是所谓的文化问题,而是政治价值观、政治制度和外交战略等,离开这些核心内容就不可能真正有软实力。所以,今后中国发展的瓶颈,已经不是社会问题、经济问题和文化问题,而是政治问题。其次,中国所走的政治发展道路,必须是民主政治之路,是中国特色的民主政治。如果撇开民主政治去讲政治发展、讲政治改革,将是一条死胡同。当前中国在思想文化领域面临着强大的、前所未有的反民主思潮,值得认真反思。第三,中国的民主政治发展之路究竟应该如何走?胡伟认为应该有顶层设计,拿出中国民主发展或政治改革的议程,路线图和时间表,更不能只是抽象地讲中国特色的政治发展道路。为此,要弄清民主政治发展的普遍性跟特殊性的关系,要讲特色,但是更要提升中国民主政治的普遍意义。目前在这方面存在很多认识误区,其中最为重要的是要理清选举民主与非选举民主的关系、自上而下民主化和自下而上民主化的关系、代议民主和直接民主的关系。

徐永祥认为,改革开放以来,随着经济体制改革的深入、市场经济的推进和单位制的加速解体,单位所具有的政治动员、社会福利、社会支持及预防和解决社会问题的功能也日趋衰减和消失。如何构建“党委领导、政府负责、社会协同、公众参与”的社会管理新格局,如何构建党和社会、政府与社会关系的新平台,已成为一项紧迫性战略课题。

市社联举行 2012 年度学术团体负责人会议暨党建工作会议

2 月 29 日，上海市社联举行 2012 年度学术团体负责人会议暨党建工作会议。来自社联所属学会及民办社科研究机构的 200 余位负责人参加会议。市社联党组书记、专职副主席沈国明出席会议并讲话。沈国明向与会者传达了全国宣传部长会议精神和上海宣传思想文化工作要点，通报了 2011 年社联开展的工作及 2012 年市社联的主要工作安排，回顾了 2011 年学术团体管理取得的成绩，并就新一年上海哲学社会科学学术团体的工作进行了部署。

市社联党组副书记桑玉成主持会议，市社联党组成员、秘书长生键红宣读获得上海市社联 2011 年度第五届"学会学术活动月"优秀组织奖和组织奖的学会名单，以及获得 2011 年度《社联通讯》"十佳"学术活动综述和积极投稿的学会名单。市社联学会处处长王克梅布置了本年度学术团体的各项具体工作。

市社联主席秦绍德深入部分学会调研学术团体工作

2011年11月起，上海市社联主席秦绍德先后对市社联所属国际关系学会、哲学学会、经济学会、金融学会、新四军历史研究会、高等教育学会等二十余家学会，以及党建文化研究中心、华夏社会发展研究院两家民办社科研究机构进行了座谈和走访。各学术团体负责同志详细介绍了本单位的历史沿革、基本情况、工作特色，并就从事学术性社团工作的经验体会进行了深入交流，对社联工作提出了意见建议。

调研中，各学术团体普遍认为，近年来，各学会和民办社科研究机构的工作蓬勃开展，在推动理论创新、服务决策咨询方面作出了贡献，也积累了一定的经验。概括起来，有以下几个特点：

一是坚持以学术为本。学术性社团的根基在学术。尽管因学科性质各异，各学术团体特点不同，但学术立会是一个基本前提，学术团体的各项工作都应着眼于促进学术的繁荣和学术水平的提升。

二是服务国家和上海经济社会发展。这是时代的要求，也是学术团体义不容辞的责任。很多单位表示，社会科学的研究只有和改革开放的伟大实践联系起来，才能获得更大的发展。如上海市国际关系学会及时组织专家学者围绕国际热点开展研讨，为中央和市委决策提供参考；上海市经济学会受市政府发展研究中心、上汽集团等多家单位委托开展决策咨询研究；上海党建文化研究中心围绕党建领域重大问题撰写的内参多次得到中央领导批示；上海华夏文化发展研究院在中央文明委的支持下研究设计了《全国文明城市测评体系》，并在实际工作中被广泛应用。

三是着力建设一个有责任心的领导班子。很多学会认为，一个热心、有责任心、有权威性的会长对学会发展至关重要。好的会长不仅能理解学术社团的特点，而且能理顺学会内外关系，提出明确的发展思路。不少同志提出，一位肯干事、能干事的秘书长对学会发展也非常重要。

四是活动丰富多彩，形成品牌。调研中，大部分学会坚持每年发布一批研究课题；每年举办一次学术年会，对本学科领域的研究成果进行评述；还有不少学会坚持定期举办沙龙、研讨会、学术报告会等。很多学会负责同志表示，学会活动一定要保证数量，提高质量，坚持不懈，通过活动团结人、凝聚人，促进学者的交流，碰撞思想的火花。

五是重视和关心青年学者成长。青年学者是学术的未来。很多负责同志表示，学会要给青年学者搭建平台，创造机会，营造宽松的氛围，帮助他们尽快成长。很多学会坚持每年举办面向青年学者的论坛、征文、沙龙等活动。如国际关系学会的“上海国研杯”征文;会计学会的"潘序伦奖"论文评审;医学伦理学会推荐优秀青年骨干赴海外交流学习等。

六是紧密依靠挂靠单位和会员单位。学术性社团作为非营利性社会组织,经费筹措是一个难题,基础学科的几个学会面临的困难更大。调研中有学会表示,积极争取挂靠单位理解和支持是一个行之有效的办法。还有不少学会创新工作机制,充分发挥团体会员的作用。如上海市经济学会每年由一位副会长担任轮值常务副会长,协助会长解决学会运作方面的难题;上海市金融学会与会员单位合办国际学术研讨会,既解决了资金问题,又扩大了社会影响。

调研中,各学术团体负责人也谈到了当前工作中遇到的困难与对社联的建议。有的学会提到,应打破当前各单位各自为战的局面,整合上海社会科学界的力量,社联应在"联"字上下功夫;有的学会认为,在加强和创新社会管理的背景下,应进一步发挥学术性社团的作用;有的学会提出,应进一步加大对基础学科学会的扶持力度;还有同志提出,可以定期举办专门针对学会秘书长的培训交流,加强学会间的合作,建好社联图书馆和网站等等。

秦绍德认真倾听了各单位的情况介绍,对各学术团体近年来所取得的成绩给予充分肯定。他表示,157 个学会、16 个民办社科研究机构是社联工作的重要基础,学术团体建设得越好,社联的社会影响就越大。他希望各学术团体进一步团结广大学者,拓展视野,紧密联系我国改革发展的实践,努力营造一个包容、活跃、健康的学术氛围,把工作做得更好。秦绍德同志指出,社联是党和政府联系社会科学工作者的桥梁和纽带,它的工作宗旨简单概括就是"做好服务工作,促进社会科学繁荣"。本次调研的目的,正是为了更好地走近学会,了解学会,服务学会,促进学会发展。2012 年学术团体调研工作将继续深入推进,社联将对调研过程中各学会反映的困难以及民办社科研究机构发展中遇到的瓶颈问题等进行专题研究,争取早日找到解决办法,共同推动上海人文社会科学的发展和繁荣。

学会学术交流

XUE HUI XUE SHU JIAO LIU

哲学·史学

上海市新四军研究会召开华中抗日根据地军民反扫荡、反清乡斗争学术研讨会

根据上海社联第六届学会学术活动月安排,上海市新四军研究会于 2012 年 10 月 25 日上午在社联六楼会议室,召开华中抗日根据地军民反“扫荡”、反“清乡”斗争学术研讨会,会长王春瑞,名誉会长阮武昌,顾问陈华锋,阎道彰、马国斌,副会长张云、陈挥,当年参加新四军的老将军、老战士,以及专家和会员代表 39 人出席了会议。副会长兼秘书长颜宁主持了会议。

会长王春瑞首先发言,指出:我们今天召开的学术研讨会,是对新四军和华中抗日根据地在抗日战争中的斗争历史,来一次认真的梳理;是对新四军在抗日战争中锤炼出来的战斗精神和形成的优良作风,来一次认真的弘扬和继承;是对新四军在抗日战争中总结出来的历史经验和斗争规律,来一次重新的审视和认真的考量。华中抗日根据地反清乡斗争的历史实践证明:中国共产党领导的新四军是华中地区抗日救国的中流砥柱。没有中国共产党的领导,没有党领导的新四军,就没有华中抗日根据地的建立、巩固和发展,就不可能取得华中抗日战争的最后胜利。中国共产党领导的新四军,是一支英勇善战的军队,是一支攻无不克、战无不胜的铁军,抗战烽火中培育的爱国主义为主线的铁军精神是永垂不朽的。新四军与华中抗日根据地人民的鱼水之情、新四军官兵之间的战友之情,是人民军队的优良传统和克敌制胜的一大法宝。全心全意为人民服务是我军唯一的宗旨。人民离不开军队,军队更离不开人民。正是由于我军与广大人民群众结成了鱼水深情和血肉联系,才使我军拥有取之不竭的力量源泉,成为一支不可战胜的力量。

在迎接党的十八大的喜庆日子里,我们召开这个研讨会,就是要从历史中总结经验,吸取智慧,弘扬传统,为中华民族伟大复兴作出自己的贡献。

接着,92 岁高龄顾问范征夫在《我所经历的苏南反“清乡”斗争》(范老委托儿子范卫平宣读)的发言中指出:侵华日军叫嚣“三个月灭亡中国”,但是由于我国军民奋起抗战,到了 1941 年 7 月,打了四年之久,也没有能灭亡中国,反而损兵折将,日、伪军伤亡达 100 多万人,不能自拔。尤其在京沪杭三角地区日伪心腹地带,到处是新四军的游击根据地,抗日烽火越烧越旺。为了消灭此“心腹大患”,日、伪军曾数十次集中兵力,对新四军建立的抗日根据地进行疯狂扫荡,但每一次都以惨败告终,在走投无路的情况下为挽救失败的命

运，他们就抓住一根救命稻草——“清乡”。苏南地区的“清乡”也在我军民的共同抗击下归于失败。

浙东浙南分会常务副会长陈晓光在《新四军上海浦东反“清乡”斗争》中说，我党领导的上海浦东抗日武装力量在1941年初，按照华中局制定的“坚持原地斗争”的反“清乡”总方针，开展了积极的反“清乡”斗争。他们广泛开展政治动员，周密组织准备，适时调整军事部署，正确执行党的统战政策，灵活制定各项政策与策略。打击了日伪的嚣张气焰，使浦东地区我党的反“清乡”斗争取得胜利。

副会长、学术委员会主任张云作了《苏中区反“清乡”斗争史略》的发言。苏中抗日根据地与日伪的政治经济中心南京、上海隔江相望，苏中抗日民主政权在长江北岸14个县，公开打出了共产党的旗号，成立了抗日民主政府。这时整个苏中根据地总面积为23 000平方公里，人口800万，已初具规模。

苏中军民的反“清乡”斗争，自1943年4月至1944年10月，历经1年零7个月，用鲜血和生命写下了艰苦卓绝而又英勇悲壮的一页。苏中四分区反“清乡”斗争的场面最为典型，据粟裕回忆：从1943年4月1日开始，经过6个月的反“第一期清乡”(“军事清乡”、“政治清乡”)和3个月的反“延期清乡”，又经过反“高度清乡”，仅4月至12月的9个月中，第四分区党政军民共作战2 100余次，毙伤敌伪军、镇压“清乡”人员2 400余名，并争取1 700余名伪军、伪人员向我自首投诚。我军民也付出巨大的代价，据不完全统计，群众死难上万人；县、区、乡干部牺牲104人，部队指战员伤亡近1 000人。敌人在我军民顽强斗争下累遭惨重失败。我们终于度过最严重困难的局面，坚持了第四分区原有阵地，并且还有新的发展。陈丕显评价苏中区反“清乡”斗争“是一部可歌可泣的史诗，是一曲民族斗争的壮歌”！

顾问阎道彰、马国斌、陈华锋等新四军老战士、老将军作即兴发言。他们少年时亲眼目睹了日军灭绝人性的残暴罪行，十四五岁就参加新四军，在革命斗争中锻炼成长为我军优秀高级指挥员，他们以自己亲身经历从各个地区和层面反映了新四军和人民群众克服重重困难坚持华中抗日根据地的武装斗争，开展反扫荡反清乡艰苦卓绝的斗争，最终战胜日本侵略者的光辉历程。

最后名誉会长阮武昌作了《以史为鉴，警惕日本军国主义回潮》讲话，他说现在有不少反映抗日战争体裁的文艺作品，其中唯独没有反映新四军和华中抗日根据地反“清乡”斗争的作品。日军从1941年至1944年对华中根据地和新四军进行最残酷的清剿，对中国人民犯下滔天罪行；华中抗日根据地军民和残暴的日军进行了艰苦卓绝的反清乡斗争，其时间之长、规模之大、斗争之残酷、情况之复杂，是全国抗战历史上少有的。这一段历史不能被遗忘。尤其是当前日本政府导演了购岛闹剧，企图霸占中国领土钓鱼岛，面对日本军国主义势力复活的严峻局面，我们更应好好重温这段历史，以史为鉴，继承和发扬新四军铁军精神，为维护中国的领土完整和世界和平作出贡献。

上海市新四军历史研究会召开“华中抗日根据地党的建设”学术研讨会

11月3日下午，上海市新四军暨华中抗日根据地历史研究会主办的2012年上海社科界学术年会学会专场“华中抗日根据地党的建设”学术研讨会在社联六楼会议室举行。上海新四军历史研究会常务理事、原海军舟山基地政委刘苏闽将军致辞并主持会议，50余人参加了研讨会。

专家学者在深入研究的基础上，就党在华中抗日根据地的反腐倡廉建设和执政的经验展开探讨。大家认为，华中抗日根据地通过加强党的建设，充分利用政治、经济、文化等各种资源为加强党在根据地执政能力服务，扩大党执政的阶级基础，巩固抗日民族统一战线，提高增强拒腐防变、抵御风险的能力，同时也加大了党在根据地的影响，为党最终实现全国执政奠定了基础。

会议主要观点如下：

一、关于华中抗日根据地廉政建设的实践与启示

上海市新四军历史研究会副会长陈挥教授指出，由于历史环境的特殊，抗日民主政权建立之初所要面对的廉政建设任务是十分艰巨的，主要表现在“个人享乐主义、自我牟利思想、腐化堕落现象”、“贪污及谋求小团体利益行为”、“五花八门的以权谋私现象”和“浪费公款、携款潜逃”等方面，因此，建立廉洁政府成为根据地建设的核心问题。他以淮北根据地的廉政建设实践为样本，详细论述了其具体的运作过程，总结了经验，并归纳出华中抗日根据地廉政建设的五个主要方面：“加强党员干部的思想政治教育”、“建立健全各种规章制度”、“严肃党纪、政纪和军纪，严惩贪污腐化分子”、“取消薪俸制，实行津贴制”、“健全、充实党员的组织生活”。在此基础上，他进一步指出华中抗日根据地廉政建设的当代启示：第一，建立健全各种规章制度是搞好廉政建设的保证；第二，加强思想教育是搞好廉政建设的基础；第三，领导干部的表率作用是搞好廉政建设的关键；第四，坚决惩处严重的腐败分子，是搞好廉政建设的重要措施。

上海交通大学医学院党校教师宋霁在梳理相关研究文献的基础上，提出“民主执政”和“群众路线”是贯穿华中抗日根据地廉政建设的内在逻辑。在对中共、国民党顽固派、日伪三方在华中地区的政策进行横向比较之后，他指出只有中共的根据地政权建设理念和举措是符合民主政权基本要求的。他指出：民主执政为廉洁政权的建立提供了制度保障，

体现的是政权建设的外延逻辑；而群众路线为廉洁政权的建立提供了作风保证，体现的是形式逻辑背后的更基础、更本质的内涵逻辑。批判性地汲取历史遗产中的宝贵经验和智慧，能够为我们更好地思考现实问题、探索破解难题的途径提供有益的帮助。

二、关于华中抗日根据地群众工作的社会生态与历史方位

华东师范大学曹景文副教授从社会环境、具体方法和途径以及历史贡献等三个方面，对华中抗日根据地的群众工作进行了全面阐述。他认为，华中抗日根据地初创时期的社会环境对新四军群众工作的开展既有机遇，又有挑战，主要表现在三个方面：第一，国民党顽固派的反动宣传在群众中造成了极为恶劣的影响；第二，部分群众对新四军能否真正抗日心存疑虑；第三，华中地区的很多人民群众自动拿起武器进行抗日斗争。针对这些情况，华中抗日根据地采取多管齐下的基本策略，从实际出发，创造出许多生动有效的群众工作方法，包括：形式多样的群众教育活动，引导群众建立各种抗日团体，采取措施促进经济发展，保护人民群众的参政权利，积极开展医疗卫生工作，净化社会环境，团结、帮助、改造地方武装等。在这些行之有效的工作方法的引导下，根据地的群众工作不仅得到了很好的发展，而且对革命斗争的发展也作出了重要贡献。他指出，新四军和华中抗日根据地在群众工作方面取得了巨大的成绩，积累了宝贵的经验，对抗日战争的最后胜利起了十分重要的作用，其工作理念、工作方式对我们今天密切党群关系、提升党的执政能力有着十分重要的启示。

三、关于华中抗日根据地民主建设的理念与举措

上海公安高等专科学校副教授陆俊青以"华中抗日根据地民主执政面临的环境及挑战"为切入点，分析了抗日民主政权建设面对的主要问题，如：对根据地政权建设重要性认识不充分的问题；"三三制"在实践中得不到有效贯彻的问题；政权的群众基础较为薄弱的问题；对巩固与发展民主政权意见分歧的问题；根据地基础不稳固的问题；军需供给严重不足的问题等。进而，他指出，中共在解决这些问题的过程中，处处体现出了民主执政的新理念，主要表现在：建立切合实际的民主制度，协商与选举产生政权，保障人民的表达权和参政权，注重民主执政形式与内容的统一，重视抗日民族统一战线工作，建立形式多样的抗日政权以及根据地基层党组织建设等七个方面。

四、关于华中抗日根据地执政能力的建设与经验

上海师范大学徐剑雄副教授从加强执政合法性、创新执政方式和挖掘执政资源三个方面探讨了党在华中抗日根据地的执政能力建设问题。他认为，中共通过"各阶级联合专政，创新政权结构"、"发展经济，改善民生为本"、"建立廉洁的人民政府"和"实行最广泛民主，保障人权"四项有力的举措，巩固和加强了自身的执政合法性。在执政方式方面，中共也结合实际情况进行了探索，包括强调和非党势力的联合，对政权机关实行切实的民主领导，形成政权机关间的民主制衡，以经济改革和调整阶级关系为切入点的乡村治理新模式等。他指出，中共通过挖掘执政资源、加强对新四军的绝对领导、加强执政党的建设、加强

对统一战线的领导，进一步巩固了在华中抗日根据地的执政地位。

上海师范大学研究生方雯认为，中共在华中抗日根据地的执政经验主要有以下四点：党、军队、统一战线是中国共产党实现和巩固执政基础的重要法宝；民主政治建设是争取执政合法性的首要途径；政治宣传和思想教育工作是获得政治资源的重要武器；发展根据地经济、改善民生是增强执政群众基础的最佳选择。这些历史经验的现实启示是：要进一步加强民主政治建设，增强党的执政合法性；要把最广大人民的根本利益放在首位，巩固党的执政基础；要树立科学发展观，把发展作为执政兴国的第一要务；要始终保持党的先进性，增强拒腐防变和抵御风险的能力。

五、 有待进一步研究的问题

针对大会交流发言，南京政治学院吴其良教授、上海政法学院王蔚教授分别作了点评，上海市中共党史学会会长、新四军历史研究会副会长、南京政治学院教授张云作了总结。三位专家就有待进一步研究的问题发表了真知灼见。

吴其良教授指出，对华中抗日根据地党的建设的研究，既要立足于历史事实，更要有现实关怀，唯有将二者有机地融合起来，才能更好地体现研究的价值。他还指出，对"三三制"这一重要的、具有鲜明中国特色的制度、原则、理念应该要有更深入的研究和更全面的把握。

王蔚教授指出，华中抗日根据地的政权建设是20世纪40年代中国民主政治建设的一次重要探索，对这一重要历史问题的研究应该要综合运用定性和定量相结合的方法，还要特别注重个案研究，以此来更全面、更立体的展现出历史的全貌。

张云教授指出，从比较研究的观点来看，对华中抗日根据地党的建设的研究无论是在与陕甘宁边区等的横向比较研究方面，还是在基于自身历史发展线索的纵向研究方面，都还有进一步深入的空间和有待挖掘的内容。更有现实意义的命题是，对根据地的局部执政与新中国成立后的完全执政进行比较研究，深入探讨两者之间的承续关系。

市地方史志学会方志理论专业委员会在上海社会科学会堂召开第16次学术研讨会

2012年12月26日上午，上海市地方史志学会方志理论专业委员会在上海社会科学会堂召开第16次学术研讨会。市地方史志学会会长朱敏彦，秘书长黄晓明，副秘书长李洪珍和方志理论专业委员会成员近20人参加研讨会。会议由方志理论专业委员会负责人范洪涛主持。会议共收到10余篇论文，沈永清就提高地方志书附录的质量、褚半农就县志中土地证记载的错误问题做交流发言。朱敏彦充分肯定方志理论专业委员会成立8年来取得的成绩，特别是围绕本市第二轮地方志书编纂工作开展了很多有意义的研讨活动，撰写了不少颇有见地的方志理论学术论文，探讨了有较强前瞻性的方志理论研究课题，为市地方志办公室科学决策提供了理论支撑和智力支持，有力推动了上海第二轮地方志书编纂工作的全面启动。朱敏彦希望新一届方志理论专业委员会能继承并光大这一优良传统，为上海第二轮地方志书编纂工作做出新的更大的贡献。黄晓明代表市地方史志学会宣布了新一届方志理论专业委员会领导人选，松江区地方志办公室原主任何惠明担任方志理论专业委员会主任，奉贤区地方志办公室主任丁惠义、宝钢集团史志办公室原主任孙词雄担任副主任。

市档案学会举办"档案馆科学建设与发展"研讨会

11月21日至22日,市档案学会举办"档案馆科学建设与发展"研讨会。与会代表围绕"档案馆科学建设与发展"主题开展交流研讨,分别从不同角度阐述了环保节能的档案馆库设计思想、相关成果应用以及档案实体和数据安全保护的最新理念。市档案局副局长、市档案学会常务副理事长朱金铃出席会议并讲话,市档案局副局长刘志成主持会议,市档案局和档案馆有关部门负责人、各区县档案局馆、专门部门档案馆分管领导以及从事档案保护的专家学者60余人参加会议。

政治・法律・社会・行政

市工人运动研究会召开 2012 年年会暨“当前上海职工群体特点”研讨会

11 月 9 日，上海市工人运动研究会召开 2012 年年会暨“当前上海职工群体特点”研讨会。来自上海工会系统、政府机关和理论研究单位的工运研究会会员、理事和顾问、专家委员共 160 余人参加会议。作为上海市社联第六届学会学术活动月活动项目之一，会议围绕“当前上海职工群体特点”这一主题进行了研讨，其中，市金融工会工运研究会围绕“上海金融职工队伍基本状况及主要特点”作了交流，提出：金融职工队伍规模由 2007 年的 15.2 万发展为 2011 年底的 23.19 万，五年增加约 52.63%。从队伍结构上看，本科及以上学历达到 52.49%；从业人员平均年龄 37 岁；党员 7 万余人，占总数的 30%。职工队伍呈现进一步年轻化、专业化，人才配置进一步市场化，队伍结构进一步趋向国际化等主要特点。杨浦区总工会工运研究会围绕“上海家政服务从业人员现状及面临的问题”作了交流，建议：针对当前上海家政服务从业人员的现状建议：一要在明确其法定劳动者身份、出台参加社会保险的办法、切实保障其合法权益等方面，完善相关的法律法规体系；二要通过发展行业协会、加大政府支持力度、加强市场监管等方法，推动行业发展和监管；三要通过加强职业技能培训、深化职业道德建设、提升社会认可度等途径，切实提升家政服务从业人员的技能素质和整体水平。上海社科院工会理论研究会围绕“上海文化创意产业园区从业人员的主要特点与诉求”作了交流，提出：文化创意园区从业人员主要由一批较高学历的年轻人组成，组成结构多元、内部差异明显，具有创新创业意识强、艺术时尚特性鲜明、组织化程度和社会融入程度不够高等特点，在创意创业的保护扶持、公共服务的完善配套、交流交往平台的提供、生活成本的降低减负等方面有着较高的诉求。女职工问题研究学科委员会围绕“上海市传统制造业、商业女职工队伍状况特点”作了交流，提出：上海市制造业和商业女职工队伍稳定，劳资关系较为和谐，基本权利得到维护，发展前景较为乐观。但是，在产业升级的过程中，传统制造业逐步萎缩，商业行业竞争日益激烈，身处一线的部分女职工对企业的发展和自身的前途较为茫然，她们收入偏低、职业能力较弱、自信心缺乏，与男职工比较，呈现“五低一高”现象，亟须引起关注和关心。宝山区总工会工运研究会围绕“90 后新生代外来务工人员的特点与诉求”作了交流，提出：90 后新生代已成为外来务工人员中日益重要的组成部分，针对他们的特点与诉求，建议进一步加强顶层设计，完善相关制度机制，更好地维护他们的权益；各级工会要继续在组织入会、权益维护、教育培训、服务管理、困难帮扶等方面开展针对性工作，积极促进外来务工人员更好地建设上海、服务上海、融入上海。市总工会副主席肖堃涛在总结发言中指出，做好工运研究工作必须认清当前面临的形势和任务，把握经济社会发展的新形势，把握职工队伍和劳动关系建设的新情况，把握工会工作推进中的新课题，增强调研工作的现实性、针对性和实效性。当前和今后一个阶段，上海工运研究要以党的十八大精神为指导，深入研究工会的政治使命、社会职能和基本职责，继续深化并用好上海职工队伍状况调查成果，重视研究经济转型期工会组织的功能与作用，不断探索突破工会工作的难题与瓶颈，进一步发挥好工会理论研究和调研工作在党的群众工作和工会全局工作中的重要作用。

“第三方评价外部董事、外派监事研讨会”综述

上海党建文化研究中心与上海市经济管理干部学院的一项研究报告指出：上海国资系统探索外部董事与外派监事已有多年，但对其考核仍停留在“德、能、勤、绩、廉”等传统指标上，容易出现“走过场”的结果，不能真正避免外部董事、外派监事不作为，以及真正解决企业“内部人控制”问题。因此，需要引入第三方评价系统。报告还对第三方评价的意义、评价机构组成的原则与存在形态，第三方评价的原则、内容与方法，作了探索性的阐述。

就这个问题，上海市委组织部、市国资委、企业集团人力资源部相关专家及上海的资深董事监事共同展开研讨。

一、 关于第三方评价的必要性

与会专家认为，提出这个命题很及时很有必要，具有前瞻性，这几年来上海的公司治理已经发生变化，外部董事、外派监事已经有了一个资格认定委员会，现在借助市场，运用社会资源再引入第三方评价，恰是发展现代服务业的需要。而且外部董事与企业利益不直接相关，更愿意接受第三方的客观评价。

专家认为，第三方评价的本质特点是市场化、独立化和专业化，机构与人员应当充分依靠市场资源，由市场提供指标体系和评价结果。目前，需要借鉴国际评价机构的成熟经验。

有专家提出不同意见，认为目前有国资委、组织部的考核，以及资格认定委员会的认定就可以了，不需要再加“第三方”，考核的人这么多，外部董事太难做了。但也有与会者指出，目前的三方都是体制内的，还是解决不了“内部人控制”的问题，第三方介入，效果会更好。严格意义上讲，第三方是给予评价，不等于出资人的考核。问题是要有一套合理的专业的评价工具。

当然，第三方评价不能代替出资人的考核，而是为出资人提供依据，把监事会的评价、董事会的记录与企业经营业绩进行综合分析。这种分析不是定性的，而是定性定量结合，以定量分级为主。

二、 外部董事、外派监事的责任取向

专家认为，外部董事、外派监事主要是履行出资人委托的责任，包括独立的价值判断、决策意见，以及专业能力对决策的影响。问题是究竟是确保决策的规范性以规避风险，还

是让企业取得更好的绩效。有时候,重大决策的效果三五年后才显现出来,外部董事任期三年,怎么评价。

外部董事的责任与能力还表现在弃权与投否决票上,香港的外部董事在董事会上弃权或持反对意见,会在报上发表。我们不是鼓励外部董事故意持反对意见,但这反映了外部董事的独立性与责任意识。

三、 关于第三方评价的机构

专家说,现在有外部董事、外派监事自己的履职评价,又有出资人的评价,第三方评价应当是市场评价,就是通过市场购买服务,不是体制内再组建一个机构。国外有一个发育比较完善的第三方评价市场,评价结果比较客观、公正。今天在国内市场发育不完善的情况下,如何建设第三方评价机构?它一定是一个独立的机构,不能是有政府背景而组建起来的专家委员会,其中专家应是多方面的,应让第三方评价机构单独评价,而且主要是专业化的评价,不要去干扰企业,也不要弄得像干部考核一样。

外部董事的管理不是单纯干部管理,其中应该有市场化的社会化的机制,要根据聘用合同的内容进行评价。但监事是国资委派出的干部,还是采用干部管理体制。

四、 关于第三方评价的内容

专家认为,现在我们对外部董事、外派监事的评价结果,是采用优秀、胜任或者不胜任,这不是太适宜的方法。因为,国资委选派的外部董事监事都是比较优秀的,问题是在企业的匹配、专业的匹配和时间的匹配上,所以,如果用“匹配度”、“适配度”可能更合适。

具体的评价可以有三个部分:一是履职过程,评价其责任心与投入度;二是履职能力,评价其战略思考、专业影响、独立判断与影响董事会的能力;三是履职成果,评价其在议事决策与监管上的成果,以及重要建议被采纳和实施的效果。

有专家提出,除了这三项,还应考虑外部董事、外派监事的履职环境,董事会是否有一个自由发表个人意见、能够真正投弃权或反对票的环境,这很重要。

也有专家提出,要进一步研究评价中的指标体系,特别是配置两级权重,以及评价要点的梯度分段标准;进一步研究职责差异,细分履职方式,以及由此而带来的评价要求、评分标准差异;进一步研究评价流程,特别是衔接好自评、互评、企业评、第三方评、出资人评的各个环节;进一步研究评价工具,特别是多指标的综合评价法。当然,初级阶段的评价要简单一点,抓住几个要害就可以了。

还有专家认为,如身份独立、利益独立、专业资格及政治素质等,在资格认定与任职管理中就已经解决了,不应再列入第三方评价的内容。

五、 第三方评价的实现过程

专家认为,第三方评价一要分类:外部董事与内部董事,外部董事与外派监事有共性,但履职要求是不一样的,还有企业也要分类,有生产类的、投资类的、金融类的、科研类的,指标不同,要分开评价。二要分层,有三个层面:第一自我评价,第二企业评价,第三市场评价，最后形成出资人评价。三要分步：第一步还是要用过渡办法，以体制内为主，但要建一个比较合理的评价机构；第二步培育市场，如咨询公司与审计所等，争取客观公正的评价。体制外的，经过培育的一些专业机构，做几年就成熟了。

也有专家提出，第三方评价要重视听取履行出资人职责的机构的评价和董事履职的自我评价。不同的人，评价的权重也应不同。有的外部董事很少到企业调研，但在董事会发言水平很高；有的外部董事与企业的专业对口，他的专业分值就高。

与会的专家们都坦率、充分地阐述了自己的观点。

上海党建文化研究中心主任、本课题负责人周鹤龄最后指出，第三方评价这个课题具有理论和实践的双重意义：其一，有助于国企法人治理结构的完善，按照公司法，董事会是一个集体决策机构，但至今不理想，如要改变，设外部董事很重要，但评价机制要跟上；其二，有助于落实中央的要求，国资委应回归出资人的职责，而不越位，它应当代表股东的利益和履行股东的职责，而不是替代董事会进行经营决策；其三，现在要立即引入第三方评价，为时过早，需要创造条件，但我们的研究提供了思路，为今后试点做咨询和决策的储备。

上海知识产权研究所举办“公司商标战略管理与法律实务高层论坛”

由上海知识产权研究所、中国知识产权杂志主办的“公司商标战略管理与法律实务高层论坛”于2012年5月17日至18日在上海顺利举行，上海市协力律师事务所、上海金盛协力知识产权代理有限公司和思博知识产权论坛作为协办单位参加论坛，优智博企业知识产权论坛全程报道论坛的举行情况。论坛的举办具有很强的现实和针对意义，获得与会人员的一致好评。

论坛的演讲嘉宾包括从事法学研究的教授、学者，具体审理知识产权案件的法官，在企业从事知识产权管理实务的管理人员，以及提供知识产权专业法律服务的专业律师；与会人员包括从事知识产权研究的学者、知识产权律师、商标代理人员、企业知识产权管理人员以及行业知识产权保护协会等。论坛的内容分为五个专题，专题一为我国商标法第三次修改进程与热点问题，专题二为商标确权行政审判疑难案件分析，专题三为商标打假的策略应对与资源整合，专题四为中国商标诉讼的最新进展，专题五为公司战略下的商标业务构建。

西南政法大学知识产权研究中心教授邓宏光就专题一发表主题演讲，他的演讲主要围绕三个议题：第一，《商标法》第三次修改的历程将近十年，这十年它是怎样变化的；第二，对国务院法制办公开征求的意见里的主要问题进行相应的解读；第三，《商标法》如果年底顺利通过将对商标事务产生哪些影响。他介绍道，2001年《商标法》修改是为了应对入世的需要，只要《商标法》满足了要求就可以，因此，在2003年国务院法制办就确定了《商标法》要改，要将《商标法》改成与世界接轨或者更符合我们国内实际需要的一部法律，一开始的修改幅度很大，对原来的条款保留的非常少，但是，这个草案并没有得到支持，又做了很大的变动，修改内容大为减少。这次商标法的修改主要受到三方面力量的推动：第一个重要的力量就是国家商标局，他们认为《商标法》应该解决他们工作之中所遇到的真正的问题。而学术界认为，除了要解决这些实践之中的问题之外，作为法律应该达到科学性与现代性，但目前的《商标法》并不能反映出这方面的要求。产业界需要解决的是这个法律对产业有什么样的影响，他们认为，目前《商标法》至少在修法期间存在两个问题：一是商标申请注册周期太长，很多企业并不能坚持到那么长的时间，二是商标的抢注现象非常严重，商标维权过程中成本很大，效果不好。邓宏光教授从这三方的角度审视了这次商标法修改的情况，认为虽然存在缺陷，但还是有很多亮点的。

北京市第一中级人民法院知识产权庭芮松艳法官就专题二作主题发言，她从一些典型的案例入手，详细讲解法院在案件审理过程中，对商标近似、商品或服务类似、不良影响、显著性、驰名商标、恶意抢注、在先权利、三年不使用等具体问题的法律适用作了深刻的分析，分析了法院在商标确权行政案件中与商标局在商标注册申请审理过程中对事实认定和法律适用理解的不一致性；此外，她还提到了定牌加工的商标法律问题，这不仅仅是一个法律问题，更是一个政策导向问题，法院在审理过程中非常慎重。

专题三是“商标打假的策略应对与资源整合”，是商标权人在日常经营中不得不面临的实际问题。强生公司全球安保部中国副总监、品保委（QBPC）副主席陈小东先生就“如何发挥知识产权行业组织在商标打假中的作用”作了主题演讲，对品保委宗旨、品保委组织性质、品保委组织架构、品保委开展的主要活动、品保委得到的认可和肯定、品保委未来之路等方面介绍了品保委在商标打假、保护优质品牌中所起到的重要作用。上海市协力律师事务所主任、首届上海十大“东方大律师”游闽键律师就“商标侵权诉讼方案制定与策略指引”作主题发言，具体从起诉地的选择、诉讼时间、目标和方式的选择、商标侵权的类型、诉讼证据的收集、诉前措施和诉讼请求等方面介绍权利人在通过司法途径寻求救济过程中应当注意的问题。上海市第一中级人民法院知识产权庭副庭长刘军华法官则从司法角度介绍网络交易平台打假的案件审理，为权利人在司法诉讼中提供详细、具体的指导。

专题四是“中国商标诉讼的最新进展”。斯凯孚（中国）有限公司品牌保护经理、品保委（QBPC）法律委员会副主席于帮清做“公司商标打假方案制定与操作策略”的主题发言，他的演讲内容包括品牌保护策略制定的必要性、如何制定品牌保护策略、品牌保护策略的主要内容。上海市第二中级人民法院知识产权庭庭长芮文彪法官就“中国商标审判最新进展”作主题演讲，详细介绍近期两起具有重大国际影响的商标案件、商标权与其他权利冲突案件、驰名商标认定案例、我国商标领域最新司法政策等内容。上海知识产权研究所常务副所长、上海大学知识产权学院副院长袁真富则对商标注册的整体考虑及其风险控制、核心商标注册的策略规划与风险控制、商标使用商品指定策略与风险控制做了精彩的演讲，演讲内容包含了丰富的实际案例和具体的做法经验。

专题五是“公司战略下的商标业务构建”。上海申迪（集团）有限公司法务部副总经理邱一川就“商标的许可利用与合同控制”作主题演讲，演讲的内容主要包括两大部分——知识产权许可的商业运用和知识产权许可合同的条款设计，为企业在商标多元化利用过程中实现最大的效用提供专业的法律意见。腾讯公司总法律顾问助理王小夏则从“公司上市、并购与许可业务的商标问题”角度阐述了企业在日常经营活动中应注意的问题，并就腾讯公司自身遇到问题时所采取的方法做了详细的讲解，为其他企业在日常经营过程中遇到问题寻求解决办法提供了有益的参考。海航集团易食股份集团知识产权总监王瑜作为压轴演讲嘉宾，他的演讲题目是“如何构建公司的商标管理体系”，他详细介绍了企业在日常经营中商标的创造体系、运用体系、保护体系、管理体系的系统构建，为企业创造、运用、保护和管理自己的品牌提供了详细的参考和指导。

充分发挥“社会协同”和“公众参与”作用 促进妇女工作社会化转型

——“参与社会协同 推进社会化转型”2012年上海市妇女工作理论研讨会综述

为学习贯彻党的十八大精神和中央、市委关于加强和创新社会管理的要求，进一步增强妇联参与社会管理创新的能力，促进妇女工作社会化转型，11月16日，由市妇女学学会、市婚姻家庭研究会和市妇联联合主办的“参与社会协同 推进社会化转型——2012年上海妇女工作理论研讨会”成功举办。妇女理论和婚姻家庭研究领域的专家学者、妇女干部及热心妇女事业和妇女工作发展的社会人士等近120人出席会议。

研讨会共收到来自专家学者、妇女干部的研究成果24份，调研内容涵盖社会性别、女性群体利益诉求、妇女工作发展现状等研究，涉及法律、政策、体制、机制等层面。会议特邀市妇联主席张丽丽、市人大常委会法制工作委员会副主任施凯、华东师范大学党委副书记罗国振、市社会科学界联合会科研处处长徐中振、华东理工大学社会工作系系主任范斌、华东政法大学社会发展学院讲师童潇作主题发言，共同围绕会议主题，选取不同视角，就妇联参与社会管理创新的路径、方法和能力等方面进行深入探讨。

一、 理性思考，进一步明确妇联参与社会管理创新的定位和功能

与会者表示，当前中国经济社会结构发生深刻变化，党中央作出加强和创新社会管理的重大决策部署，提出建立“党委领导、政府负责、社会协同、公众参与、法治保障”的新型社会体制，既符合现代社会管理特征，又明确了党委、政府、社会和公众在中国社会管理体系中的不同地位、角色和权能，是我国社会管理工作的重大理论创新，为妇联参与社会管理创新指明了方向，探索妇联在参与社会管理中的新路径，对于推进社会管理创新及社会主义和谐社会建设具有重要意义。

与会者认为，第一，妇联具有党的群众组织的独特性质。妇联作为党和政府联系妇女群众的桥梁纽带和国家政权的重要社会支柱的群团组织性质，具有党和政府赋予的政治优势；作为可以同国内外非政府组织平等对话的性别组织性质，具有与广大妇女和女性社团的天然亲和的社会优势。由此，呈现出中国特色社会主义妇联组织的双重优势，它既不同于一般的非政府组织，也不同于工会、共青团等群团，可以定位是更契合参与社会管理的枢纽组织。第二，妇联具有参与社会协同的主体地位。社会管理涉及政府、市场、社会

三大部门关系。在切实加强党的领导,强化政府服务型管理职能的同时,十分重要而突出的任务是有效地实现政府主导与多方参与相结合,把“社会协同”、“公众参与”落到实处。而妇联正是多方参与中十分重要的一方,在调节社会关系、参与社会服务、维护社会稳定中具有政府和市场难以具备的作用,是党加强和创新社会管理、做好新时期群众工作的重要帮手、重要渠道、重要资源。第三,妇联具有引领公众参与的重要功能。社会管理本质上是对人的管理,说到底是做群众工作,社会管理创新就是群众工作创新。妇女占人口的一半,妇女工作是党的群众工作的重要组成部分。引导妇女合理有序地表达利益诉求,依法维护妇女儿童合法权益,都是妇联做好党的妇女群众工作的基本内容和要求,是社会管理基础性、经常性、根本性的工作,也是巩固和扩大党执政的群众基础的重要途径。

二、 实践探索,妇联参与社会管理创新的有效举措

与会者提到,自党的十七大要求工青妇等人民团体参与社会管理和公共服务以来,全市各级妇联把握机遇,聚焦社会管理,凝聚社会资源和女性社团,积极探索服务妇女儿童和家庭的新的工作理念、新的动员机制、新的服务载体和新的组织形态,在实践中形成了参与社会管理创新的主要路径,并取得一定成效。一是主动争取党政资源服务妇女民生需求。党和政府是社会管理的领导和责任主体,市妇联主动根据上海发展规划和妇女民生需求,设计惠及妇女的具体项目,争取党和政府资源实施“百万家庭学礼仪”、“为 30 万名退休和生活困难妇女进行妇科病、乳腺病筛查”、“为 25 万户家庭提供应急逃生培训和发放急救包”、“百万家庭低碳行、垃圾分类要先行”等政府实事项目,争取市教委支持联合创办上海女子教育联盟(开放大学上海女子学院),构建上海女性终身教育体系,面向社会推出 100 多项课程,促进各级妇联增强服务能力。二是精心培育和凝聚女性社团参与社会服务。近五年来,培育了上海市农村女带头人协会、上海市女设计师沙龙、上海市女书法家联谊会等市级女性社团和上海市女企业家协会、上海市三八红旗手协会的区县级分会和一批活跃在社区的公益性女性社团,开展女性社团负责人培训,健全会长沙龙制度,创建“一会一品”活动,推出公益项目招投标,促进各女性社团形成服务会员、服务社会的理念和行动。三是积极引导妇女和家庭成员参与社会管理。社会管理是一项宏大的工程,需要全民参与。妇联注重引导妇女、带动家庭参与到社会管理中。为帮助四川灾区孤儿,动员妇女捐款 1 296 万元;为落实妇联援疆项目,联合慈善机构募集善款 2 200 万元。在世博会期间推出“上海巾帼世博建功行动”和“百万家庭世博志愿行动”,数百万妇女参与清洁环境、维护秩序、当好东道主,展示了上海妇女的风采。创建在社区的“社区家庭文明建设指导服务中心”和“妇女之家”,凝聚了家庭志愿者参与实施“关爱一生”项目,回应妇女和家庭需求。培育“知心大嫂”、“老舅妈工作站”等妇女维权自组织,在社区第一线化解纠纷和矛盾。

此外,与会者还表示,服务妇女、儿童和家庭是妇联的重要职能,妇联要树立在服务中实现社会协同的理念。首先,要根据广大妇女的实际需求,通过多方参与、协同解决的方式提供社会服务与产品;同时,要促进妇联牵头的各服务提供主体间的通力合作,进一步提高服务质量和水平,完善社会福利体系。与会者认为,现行的党和国家制度安排,有利

于妇联组织进行“争取体制存量，拓展社会增量”的积极探索，发挥党和政府代替不了、一般社会组织发挥不了的重要作用。

三、 建言献策，积极谋划妇联参与社会管理的创新思路

与会者建议，为了充分发挥妇联参与“社会协同”和引领“公众参与”的作用，要抓住社会管理从格局到体系、从功能化到结构化的机遇，促进妇联社会化转型。促进社会化转型首先要找准妇联存在的主要问题，有专家认为，妇联当前主要存在四方面不足：一是对热点问题的反映不够快，二是工作视野不够广，三是工作手段不够多样，四是工作资源整合力度还可以加大。同时，与会者积极为妇联组织社会化建言献策。第一，要处理好四个关系。一是妇联定位与全市定位间的关系，妇联要在全市社会管理框架中定位，主动把妇女工作与社会管理中心工作对接；二是做虚和做实的关系，实事项目要做深做实，同时思想引导、宣传舆论虚事实做，在代表妇女利益、服务妇女需求上做增量、出精品、上层次，扩大影响；三是经济资源与社会资源的关系，要学会融资，建立融资平台，要善于把社会资源转化为经济资源；四是自我发展和社会扩散的关系，妇联要注重自身发展，更要有社会扩散的大循环，在社会领域寻找社会资源，用社会方法做社会的事，让广大群众切身感受到妇联组织在社会管理中的努力作为和积极作用。

第二，妇联参与社会管理创新要分层次。一是要做好对妇女本身的管理和服务，有妇女的地方就会有妇女工作，有妇女话题的地方就会有妇女工作。二是要带领妇女对社会要素进行管理，基层妇代会是社区少有的权力性组织，妇联要进一步发挥基层组织作用，尊重草根社会组织的理念、方法、机制，建立良好的伙伴关系，帮助社会组织提升功能性、专业性，促进妇联逐步向体制外走，建设成一个有更大能力的支持性组织。

第三，妇联参与社会管理创新可以划分成四个工作板块。一是党群桥梁，对应“党委领导”，实现党委领导下的党委中心工作、群众工作与妇女群众工作及具体工作相对接，成为国家政权的社会支柱；二是专业阵地，对应“政府负责”，是对政府工作的重要补充及专业补充，并以妇儿工委为平台，承担政府的管理和服务妇女儿童专项工作及相关事权；三是渠道中枢，对应“社会协同”，妇联要在社会协同中建立渠道、利用渠道，切实体现人民团体在社会协同中的枢纽型社会组织功能；四是女性家园，对应“公众参与”，为女性参与搭建平台，成为女性实现学习、生活、信仰的家园共同体。

第四，妇联参与社会管理创新要进一步完善四个平台。一是诉求表达平台。党的十八大要求支持工会、共青团、妇联等人民团体充分发挥桥梁纽带作用，更好反映群众呼声，维护群众合法权益。妇联要完善深入倾听、整合、反映、协调解决的机制，发挥妇联引导妇女合理有序表达和代表妇女全面真实表达的作用。二是资源整合平台。社会管理创新，一个重要的环节是服务主体从原来的政府单一主体转变为多元化主体，而社会组织是提供社会服务的基本主体。但是，上海的社会组织尤其是一些刚刚起步的女性社团，既不像政府具有强大的资源动员能力，又不如营利组织具有灵活的市场机制，特别需要政策、资源、管理等供给，妇联可以在这一领域发挥重要的凝聚整合作用。三是服务供给平台。家庭是社会的细胞，也是妇联工作的传统且优势领域。当前，越来越需要社区福利性服务、

邻里互助性服务以及社会低偿、有偿服务来满足不同家庭的需求。因此,妇联组织可以凝聚社会力量重点办好“社区家庭文明建设指导服务中心”、“妇女之家”,形成服务的同城效应,并且试点推进“公益家政服务站”,在促进生活服务业中实现妇女就业与满足家庭服务需求双赢。四是能力提升平台。在参与社会管理创新中提升各级妇联干部、社工、家庭志愿者的服务意识和服务能力是重中之重。妇联组织和妇女干部应坚持理想信念和群众路线,着力探索枢纽型组织运行模式,着力拓展妇联组织代表性,着力夯实妇女工作的群众基础,着力提高运用现代化方式做好妇女群众工作的能力,通过服务妇女的实体网络和妇联网站、微博、手机报等网络,与妇女儿童和家庭建立广泛联系,提供有效服务。

“创意·创新·创业——上海女性人才发展研讨会”综述

11月15日下午，由市妇女学学会、上海女性人才研究中心联合举办的“创意·创新·创业——上海女性人才发展研讨会”在上海第二工业大学会议室举行，全国女性人才研究会理事长、中科院院士叶叔华，市妇联副主席朱鸣，第二工业大学党委副书记胡晟以及来自各高校、市社科院的专家学者、妇女干部60人出席会议。市妇联副主席朱鸣、第二工业大学党委副书记胡晟分别对研讨会的召开致辞。

会上，上海社会科学院研究员王如忠、同济大学副教授张迺英、上海外国语大学教授于朝晖、杰尼亚贸易(上海)有限公司市场营销部经理许译雯、上海对外贸易学院副教授蒋莱、上海东方宣传教育中心视频部编审朱慰慈分别作了“文化创意产业与城市创新与转型”、“文化创意产业视角下女性创意人才的开发研究”、“国际创业的兴起与国际型人才素质研究”、“时尚奢侈品发展与社会责任”、“领导力模式创新驱动女性发展”、“从编辑创意女性人才丛书的谈女性人才发展研究”的专题报告。现综述如下：

厘清文化创意产业的概念、内涵、基本思路以及对城市转型与创新的重要意义。与会者认为，“创意产业”这一概念最早出现在1998年《英国创意产业路径文件》中，对其的定义在不同国家有着不同的定义。英国政府的定义为，源自个人的创造力、技能和天分，通过知识产权的开发和运用，具有创造财富和就业潜力的行业。美国的定义为创意产业提供与宽泛的、文化的、艺术的或仅仅是娱乐的价值相联系的产品和服务，如书刊出版、视觉艺术、表演艺术、录音制品、影视及时尚、玩具和游戏等；联合国教科文组织的定义为，按照工业标准生产、再生产、储存及分配文化产品和服务的一系列活动。我国2009年提出文化创意产业，2010成立创意产业领导小组，其定义为指依靠创意人的智慧、技能和天赋，借助于高科技对文化资源进行创造与提升，通过知识产权的开发和运用，产生出高附加值产品，具有创造财富和就业潜力的产业。突出了文化性、创新性和包容性。不管对文化创意产业的定义如何，它对于城市转型与创新都有着重要意义，能推动城市居民的消费升级，能促进科技创新和科技进步，能推进城市产业结构转型，能提升一个国家或城市竞争的软实力和创新能力。

开发女性创意创新创造人才势在必行。与会者认为，从世界各国城市发展来看，组约从事文化创意产业的人员占总就业人口的12%，伦敦是14%，东京是15%，而上海、北京还不到1‰。文化创意产业人才的缺乏严重制约着上海文化创意产业的发展。从上海的发展来看，上海文化创意产业近几年发展很快，已经成为上海的支柱产业。截至 2011 年，上海创意产业从业人员已达 118.02 万人，实现总产出 6 429.18 亿元，比上年增长 16.9%，实现增加值 1 923.75 亿元，比上年增长 13%，高于上海市 GDP 增幅 4.8 个百分点，占上海全市生产总值的比重为 10.02%，比上年提高 0.27 个百分点，对上海经济增长的贡献率达到 15.5%。同时，上海政府近几年连续出台了一系列政策和法规，完善了各项配套设施，以文化创意产业集聚区为基地，并将产业分类为研发设计创意、建筑设计创意、文化传媒创意、咨询策划创意和时尚消费创意五大类。从女性在创意产业的作用看，结合文化创意产业的特点与行业分布，不难发现，近年来，在上海的八号桥、田子坊、创智天地等知名的文化创意产业园区内，活跃着越来越多的女性身影。因为女性具有先天的语言优势，对色彩和声音的敏感度一般高于男性，而且女性在创意产业具有沟通能力、直觉思维能力、学习能力和灵活性等诸方面的优势，创意产业是实现其自我发展和体现自我价值的较好领域。

对女性文化创意人才发展的谏言。与会者认为，创意、创新是该产业的灵魂，而人才正是创意的载体，人才的匮乏已经严重制约产业的发展与升级。尤其在原创设计者、行业营销者、产业集聚管理者和行业领军者等人才匮乏。尽管女性在文化创意产业领域具有得天独厚的优势，但纵观当下的产业环境，女性创意人才仍然面临诸多发展过程中的瓶颈。如女性创新能力得不到社会认可，女性在文化创意产业中更多扮演着执行者而非管理决策者的角色，大量潜在的女性创意人才缺少发展途径，女性创意人才的发展受到来自家庭、社会以及文化因素的制约等。与会者结合上海文化创意产业发展的宏观思路，提出三方面的建议：一是构建女性文化创意人才的教育培养体系和激励机制。在基础教育方面，培育女性在思考问题上要有独特的视角，开启创新思维，建立薪酬、晋升、宣传的激励机制，促进女性在创意产业中的才干。二是为潜在女性创意人才提供发展机会和创造成长的环境。从法律政策上给予扶持，构建创意交流平台，进一步营造宽松的社会环境和家庭环境，最大限度地发挥女性创意人才的作用。三是借鉴国际创新、创意和创业人才培养的理念和国际化的管理—创新—实践的模式，构建起女性“个体领导力”和“组织领导力”的创新模式，解决好职业女性工作与生活的平衡，积极承担社会责任，为上海的“创新驱动、转型发展”提供更多的女性人力资源。

最后，全国女性人才研究会理事长、中科院院士叶叔华作了讲话，全国女性人才研究会常务副理事长、上海女性人才研究中心主任、研究员徐佩莉主持研讨会。

“性别文化与妇女发展”理论研讨会综述

11月14日下午，由上海市妇女学学会、市婚姻家庭研究会、市社会学学会、上海大学妇女研究中心、上海大学女教授联谊会联合举办的“性别文化与妇女发展”理论研讨会在上海大学国际会议中心召开。市妇联主席张丽丽、市教育工会主席夏玲英、上海大学工会主席薛志良、市妇联秘书长余伟星以及各高校、社科院的专家学者和妇女干部70余人参加了研讨会。上海大学工会主席薛志良致辞。

市妇联主席、市妇女学学会会长张丽丽充分肯定研讨会为推进上海妇女理论研究起到的积极作用。从研讨会看，在理论研究方面有了四大变化，即妇女理论研究队伍结构更优化、研究的视野更开阔、研究思考更有深度、推进社会公共政策更有力度。她希望专家学者要出成果，深入研究上海妇女生存现状和发展趋势，以研究成果影响社会公共政策；要出人才，形成研究人才的梯队；要出机制，加强与区县妇联组织的连接，从理论与实践的结合上，推进上海妇女理论研究的新发展。

会上，上海大学文学院教授董丽敏、上海社会科学院研究员夏国美、复旦大学经济学院博士陈琳、上海社科院研究员徐安琪、上海社科院文学研究所助理研究员陈亚亚、上海大学文学院教授闵冬潮、华东师范大学教授余玉花分别作了“‘历史化’性别：‘关联’如何可能”、“社会文化变迁中的妇女发展”、“女性文化、性别平等与公共政策”、“性别观的变迁：上海离先进文化有多远?”、“新媒体与性别平等”、“质疑与挑战——反思男女平等到性别公正的转向”、“追求社会性别公正　破解女性发展困境”的学术报告。

与会者从历史的视角评述“妇女解放”、“男女平等”和“社会公正”，提出男女平等是人的全面发展的重要组成部分。市社科院社会学研究所研究员夏国美认为，新时期妇女发展的新特点和新起点，要从“解放妇女”到“妇女解放”，树立“多变的文化”和“不变的人本”的新文化意识，增强社会性别视角，形成社会性别意识，有效干预不平等的社会性别机制。华东师范大学教授余玉花认为，社会主义主义社会的性质决定了社会主义必然包含性别公正，性别公正也是社会主义的价值目标之一。在不同的历史阶段性别公正的主题有所不同，当前现代女性发展权在社会和家庭领域中不同程度遭遇经济利益和社会性别不公正的矛盾，解决这个矛盾需要引进政府的公共政策，来破解女性就业与事业发展上的性别障碍和生育难题，全面促进妇女发展。

与会者指出，性别文化是社会文化的基本组成部分，先进性别文化则是社会主义先进文化不可或缺的重要内容，促进性别平等是构建先进性别文化的核心内容，要解决好性别文化与妇女发展的关系十分重要，需要从历史、政治、经济、社会、文化、婚姻家庭等角度进行反思、质疑和追求，努力扭转和消除几千年来形成的性别偏见，积极倡导先进的性别文化，让男女平等的主流价值观得到认同。同济大学讲师方静说，先进性别文化的构建，不能局限于文化领域，要根植于社会历史进程，与社会发展的各子系统密切互动，同时还要借鉴吸收世界范围内已有的社会性别文化的合理部分，促进男女两性和谐发展。同济大学副教授刘淑妍指出，当前我国高知女性成才现状不容乐观，女性在参政议政、提拔晋升、评定职称、退休年龄、社会就业以及各行各业领导中的比例还是偏低。具体而言，党政机关男性多、女性少；领导干部中女性低层多、高层少，副职多、正职少。教育部系统75所高校中只有一位正校长是女性，市教育系统正高职称女性只有25%，973首席科学家和长江学者中，女性只占5%。据浙江大学对35岁以下青年教职工的调查显示，博士学历女性为16.4%、男性为34%；正高职称女性为3.6%，男性为15%；科研经费充足、基本充足女性为18.2%，男性为36%。可见，在学历、职称、科研活动等方面男女差异十分明显。对于女性如何成才与发展，刘淑妍建议，首先为女性提供更为宽广的平台；其次社会给予女性尊重、宽容；再次重视差别教育，让女大学生对自己将要担任的社会角色和承担的社会责任有比较清楚的认识，对女大学生普遍感觉到的职业角色和性别角色的困惑进行引导，这样才能从根本上解决知识女性传统价值回归的问题。

与会者还建议，可以借助新媒体的平台，在社会公众中树立性别平等的价值观念，传播性别平等和谐的语言和知识，提出具有社会性别公平和公正性的政策建议，推动上海妇女的进步与发展。上海大学教授熊励对SNS网络中男女用户行为的差异进行了分析，当前SNS性别的构成为女性用户为37.9%，男性用户为62.1%。虽然男性高于女性，但是女性用户在SNS上对家庭生活、职业经营、身心健康、购物以及日益增长的养生保健等议题交换意见比男性更有参与精神。通过SNS网络工具能发挥与全球女性的联系、拓宽女性的“影响范围”以及解决问题、提出疑问和组织社团等作用。市社科院助理研究员陈亚亚则提示，媒体在反映性别角色和性别刻板印象上有很大影响力。在新媒体报道中性别差异比较大，男性多于女性，引述更多的是男性话语，男性形象更权威，男性在新媒体中的空间比较大。在报道内容中女性领域有限，大多数为花瓶的内容，忽略了性别议题，性别的刻板印象在加强。为此，陈亚亚认为，在新媒体中的宣传报道存在着社会性别意识的盲点，建议新媒体要增加首页中性别平衡和倡导性别平等的报道，消除性别隔离，组织或鼓励网站从业人员学习性别平等知识，引导其在工作中关注性别议题，提升性别平等议题报道的能力；建议有关监管单位成立相应的媒体监测机构，督促网站改善报道方式和内容，撰写并发布网站性别议题报道指南、实用操作手册等；建议男女网友要充分利用新媒体平台，设立论坛、博客、微博、微信等，使性别平等理念有更大的推广空间。

最后，市妇女学学会副秘书长胡生申作了点评，市教育工会主席夏玲英作总结发言，市社会学学会秘书长张钟汝主持研讨会。论坛共收到25篇论文和调查报告。

转型发展"她"驱动

——2012年中国上海妇女发展国际论坛综述

由市妇女儿童工作委员会、市妇女联合会、市妇女学学会等单位举办的"转型发展'她'驱动——2012上海妇女发展国际论坛"于2012年9月28日在上海金茂大厦举行，全国妇联副主席孟晓驷、上海市副市长沈晓明出席论坛并致辞，市妇联主席、市妇女学学会会长张丽丽、市妇联党组书记焦扬，美国、法国、澳大利亚、斯里兰卡、韩国、中国香港等17个国家和地区的著名妇女问题研究专家、知名学者，文化名人，企业家，妇女工作者，政府部门的代表及意大利等多个国家驻沪总领事约300人参加论坛。论坛以"转型发展与妇女进步"为主题，围绕"经济转型与女性参与"、"创意城市与女性智慧"、"生态文明与女性发展"等议题展开探讨，45位政府部门代表、中外专家学者就社会政策环境和政府支持系统、女性创业就业、女性社会责任承担等进行交流，分享不同国家和地区女性经济参与的经验和成果，为上海女性发展出谋划策。

一、 转型发展是"她"发展的内生性的要求

与会者认为，当今世界正经历着深刻的变化，文明社会的发展面临诸多的挑战，"创新驱动、转型发展"已是各国面对挑战的优先选择，也是妇女发展的内生性需求。具体而言，一是转型发展给女性带来了机遇。中欧国际工商学院院长朱晓明认为，妇女们经历了红旗下成长的一代、失落迷茫的一代、时来转运的一代、参与竞争的一代和担当重任的一代，可以说"她时代"已经来到中国。据有关数据显示，中国商界女性领导力在迅速扩大，从2000年的21%扩大到2010年的36.5%；"2011胡润女富豪榜"显示，中国女企业家占上榜女企业家的15.5%，全球28位拥有10亿美元白手起家的女企业家中有三分之二来自中国。上海市妇联主席张丽丽从就业、教育、健康数据的改善，看到上海妇女发展的变化。上海女性就业比例稳定在42%左右，而2010年新增女性就业岗位占新增就业岗位总数的44.8%，普通高校本专科在校女生占52.33%，在校硕士和博士生中女生分别占48.48%和36.21%；上海女性(户籍人口)的平均预期寿命达到84.44岁，高于男性4.62岁。二是学习能力在转型发展中有了明显的提高。据悉，妇女组织依托上海开放大学女子学院、社区妇女学校、白玉兰远程教育网等载体构建起上海妇女终身教育框架，使女性接受教育培训保持在较高水平，女性的就业领域已经从最初的社区服务、家政服务和餐饮等行业，拓展到包括金融、软件、新媒体、网络通讯等在内的高端领域。第三产业已成为女性发展的

重要领域，女性从业人数高于男性 6.3 个百分点。涌现了一批与男性并驾齐驱的女经纪人、女带头人、女 CEO、女企业家、女设计师。女性在更多领域发展的同时也提高了社会责任感，在回馈社会方面也发挥了重要作用。三是寻求绿色环保成为女性参与转型发展的重头戏。与会者认为，女性重视人与自然平等的双向交流，在绿色浪潮里女性是可持续发展的推动者，在绿色转型中女性是引导绿色的创新者。美国雅典市前市长海蒂·戴维森以自己为例，阐述了自己与“女性联盟”开发社区各种再循环项目、在路边捡垃圾以及动员人们积极参加“清洁和美丽”志愿者工作等。正是源于她在生态环境上的杰出工作和不懈努力，戴维森最终竞选成为雅典市市长，连任两届。她对很多环境问题提出的建议得到重视，改善了当地人们的生活环境。上海市环境保护局屈计宁博士、世界自然基金会瑞士资深项目经理贝拉·罗舍尔、上海长宁区虹桥社区虹储居委会主任朱国萍等分别就“如何提高女性工作人员在环境保护机构中的比例”、“女性在家庭教育与绿色消费中扮演着重要的角色”以及“男女性在环境保护、可持续发展工作中的优劣势”等主题进行深入探讨。四是文化创意产业成为女性发展的又一亮点。与会者认为，文化创意产业是综合文化、创意、科技、资本、制造等要素的一种新业态，其不仅是 GDP 增长的重要方面，也是女性创意设计和制作的重要领地。意大利驻沪总领事德卢卡报告了“在城市改造中保护文化遗产和历史遗迹”中女性的重要作用，同济大学建筑与城市规划学院教授、博士生导师于一凡简述了自己在上海黄浦江两岸的城市改造中注入了女性设计师的文化策略，巴黎 HEC 商学院教授安妮·米歇尔-丹尼佐谈了城市文化对奢侈品消费的影响。她认为，女性不仅是消费奢侈品的主体，也是时尚消费品的创造者。时尚和奢侈品源于文化遗产，建议女设计师提升品位，加入中国元素，形成自己的时尚品牌。上海知名女作家陈丹燕谈了自己在写上海故事时，看到文学创作与城市发展相衬映作用。M50 创意园区的总经理王艺和上海炫动传播股份有限公司董事、总经理杨文艳分别介绍创办“创意园区”和“迪斯尼乐和发展动漫世界”的体会。她们以亲身的经历诠释创意城市为女性发展添翼，智慧女性为创意城市添彩。

二、 转型发展“她”驱动存在的主要障碍

与会者认为，没有妇女的参与，转型发展难以实现。在转型发展中，不仅需要发挥妇女的作用，也需要促进妇女进步和性别平等。来自多个国家和地区的发言人在发言中不约而同地提到同一个课题：无论是在发达国家还是发展中国家，妇女在担任领导工作、寻求待遇平等和工作条件方面，依然面临着不少的障碍。“她时代”到来，“她总”的数量依然有限，女性的“华丽转身”显得较为艰难。一是玻璃墙和玻璃天花板仍是女性发展的阻力。据 2012 年《国际商业问卷调查报告》显示：在全球范围内，女性 CEO 仅占 9%，女性 COO（首席运营官）的全球平均比例为 12%，女性人力资源总监的比例位居首位，为 21%。在中国，大部分女性高管仍然从事人力资源、财务等传统意义的职位，在企业决策层的职位较为稀少（CEO 的比例也是 9%）。澳大利亚格里菲斯大学副校长玛丽莲·麦克麦妮曼（Marilyn McMeniman）在题为“转型发展视角下的女性领导力”的主题发言中指出：澳大利亚是当今为数不多的未受到全球经济危机影响的发达国家，但也只有为数很少的女性

担任公司的首席执行官或董事会主席，另外和男性相比，女性的工资仍然较低。二是性别偏见、双重角色的负担，使女性在获取资源方面遇到困难。据第三次上海妇女地位调查显示，认为女性参与高层管理人数少的原因是“女性家务负担重(64.3%)”、“对女性培养选拔不力(61.1%)”和“社会对女性有偏见(56.3%)”。来自澳大利亚的玛丽莲·麦克麦妮曼博士说：“许多女性都肩负着双重工作，如何保持平衡，是下一代女性领导者、所有的管理人士所关注的问题。”由此与会者指出，阻碍女性发展的首先是“家庭事务的牵绊”，其次是“职场青睐男性超过女性”，再次是“社会性别文化的歧视”。斯洛文尼亚驻沪领事夫人欧娜·康娜莉亚·娜波尼克在发言中认为，在各国走出不同的经济发展道路过程中，各国妇女都希望享受到一个更平等的全球社会利益，而这需要男女双方的共同努力。三是女性的身心健康状况面临下降。交通银行上海市分行副行长赵彩虹在“经济转型与女性参与”分论坛表示，目前在全市金融从业人员总人数大量增长的前提下，金融行业的女性员工占比也是不断提升，从 2005 年的 49%提高到 2011 年的 53%，总数达到了 13.5 万人。此外，2011 年的统计数据显示，女性员工整体呈现出年轻化态势，40 岁以下女性员工占所有女性员工比例达 74.1%，这个数据比同年龄段的男性 64.7%的占比要高出了近 10 个百分比。可是，金融行业女性更易出现身体疾病、抑郁症、焦虑症等心理问题及婚姻危机。据调查显示，金融系统有 17.2%的女性员工认为，是竞争激烈导致自身适应困难和压力大，有 40%的人感到自己处于亚健康状态，有 40%的人表示自己身体状况一般。此外，大龄女青年择偶难的社会普遍现象，在金融行业中也是比较突出的。

三、 转型发展“她”驱动的突破口

与会者认为，女性是经济社会发展中一支重要的力量，转型发展为女性发展提供了丰富的机遇。为此，与会者建议，“十二五”上海处于加快推进“四个率先”、加快建设“四个中心”和社会主义现代化国际大都市的关键时期，需要女性发挥独特优势和作用，在创新发展的舞台上取得更大的成绩。一是在挑战和机遇面前，女性要树立发展理念，绝不能以牺牲环境和浪费资源为代价，绝不能以积累社会矛盾为代价，绝不能以“妇女回家去”为代价。二是在转型发展中女性要实现从“蛹”到“蝶”的飞跃。美国环球交流协会主席杰里·尤贝利认为，女性需要得到更多成长的空间，女性教育决定她在未来的发展。于是 2009 年在河南省新郑市开办了女性未来全球学院，为解决世界范围女性问题提供实践基地。著名文化学者、北京师范大学教授于丹提出了“独立”、“平衡”、“学习”的女性自我认知的三个关键词，并建议女性应该在独立意识中实现自我，在多元角色中保持平衡，在不断学习中让生命保鲜。复旦大学历史学系教授钱文忠认为，未来文明社会的发展将完成从文化到文明、教育到教养和物质到精神的转化，转型发展的成功取决于女性、母亲的地位和作用，妇女的文化、教育功能是无可替代。三是按照联合国历次世界妇女大会要求，关注将社会性别意识纳入决策主流，并且付之于实际行动，从法律法规和公共政策两个层面，保障和维护妇女参与经济社会发展的基本权利。各级妇女组织要履行好保障妇女合法权益的基本职能，携手女性社团组织维护妇女平等、公正的参与权益，促进妇女在参与中分享改革发展的成果。

论坛期间，上海市妇联与韩国妇女发展研究中心签署了合作备忘录，双方就联合开展妇女学方面和促进两国女性组织间的交往交流达成了合作共识。

普莱克斯实用气体有限公司全球高级副总裁、亚洲及全球电子业务总裁罗碧安先生，上海市妇联党组书记焦扬分别做了闭幕致辞，晚上中外嘉宾畅游黄浦江。

2012上海航运法治论坛综述

2012年6月26日，由市法学会主办，上海海事法院及上海海事大学协办，浦东新区法学会与浦东新区航运服务办公室共同承办的“2012上海航运法治论坛”在浦东举办。市政协副主席、浦东新区区长姜樑，市法学会会长吴光裕出席。中国法学会秘书长林中梁、市委政法委副书记王教生、市法学会副会长李继斌分别致辞。来自各个与航运相关单位的专家学者等200余人参加了论坛。论坛的主题是航运服务业的规范与发展。与会专家和学者就相关法律问题作了深入探讨和交流。现将论坛讨论的主要议题和学术观点综述如下。

一、 上海国际航运中心发展方向及重点问题

（一）未来5年上海国际航运中心建设方向

与会专家认为，上海国际航运中心未来发展将以资源配置型国际航运中心为目标，充分利用“国际航运发展综合试验区”框架，挖掘国发〔2009〕19号文件内涵，优化和提升上海港国际集装箱主枢纽港地位；继续巩固和发挥港航主业对区域经济的拉动效应和对现代航运服务业的带动效应；大力发展现代航运服务业，拓展航运服务功能；抢抓机遇，发展国际性航运要素交易市场，跻身国际航运法律、规则和标准领域，提升全球航运资源配置能力。

（二）上海国际航运中心需要重点关注的问题

与会专家认为，上海国际航运中心需要关注的重点问题主要有以下几个方面：第一，巩固港航主业发展地位。港航主业始终是国际航运中心立身之本，要积极争取类似“自由港”的“境内关外”政策，巩固上海港全球集装箱运输主枢纽港地位。第二，提高港航主业发展质量。要充分发挥水路集疏运方式的优势；降低港口发展对城市发展的负面影响，延长主枢纽港生命周期；提高港口产业对城市和区域经济的贡献度。第三，吸引国际航运要素集聚。要加大吸引航运企业总部等航运要素集聚的力度，优化政策环境，完善城市对各类航运要素、特别是总部企业提供商务、金融和信息等服务的功能和效率，为航运要素实现价值和发挥功能创造条件。第四，优化国际航运服务功能。要尽可能系统化地解决航运相关的金融、外汇、经纪、保险和法律等功能集聚和产业链完善的问题，缩短上海与航运发达国家和地区间的环境差距，助力航运要素以上海为基地布局具有资源配置能力的国际服务网络。第五，提升在沪跨国航运要素的国际影响力。帮助跨国航运企业在沪机构提高其在总部的地位和话语权；帮助本地航运及其相关服务企业和功能组织布局区域和

国际网络，以提升上海在国际航运市场和专业领域的权威和影响力。第六，发展国际航运要素交易市场。第七，引入知名国际航运功能机构。第八，构筑全球国际航运信息高地。要构建全球化国际航运信息网络，构筑权威的国际航运信息高地，使其成为上海实现全球航运资源配置能力的无形阵地。第九，营造开放包容和鼓励创新的文化环境。

（三）保障上海国际航运中心建设的措施建议

针对上海国际航运中心需要重点关注的问题，与会专家认为，应该采取一系列措施来保障上海国际航运中心的建设。第一，优化体制保障。第二，完善法治保障。第三，强化人才保障。第四，深化政策保障。应该深入挖掘国际航运发展综合试验区政策空间，积极争取类似"自由港"的政策，使上海港率先成为我国内地国际中转货物转运中心试点港口。第五，落实资金保障。以重点突出、公开公正、注重实效、专款专用为原则，设立国际航运中心建设专项资金。

二、国际航运中心核心功能区建设问题

（一）上海综合保税区三区联动发展

上海综合保税区包括外高桥保税区、洋山保税港区和浦东机场综合保税区都是依法由国务院批准设立的海关特殊监管区域。为了依法对这三个区域进行管理，根据国家有关法律、法规，借鉴国际自由贸易园区通行规则，结合本市实际情况，上海市分别制定了《上海外高桥保税区条例》和《洋山保税港区管理办法》、《上海浦东机场保税区管理办法》等地方性法规和市政府规章，为"三区"运行和发展提供了良好的法治保障。

与会专家认为，"三区"实行联动发展，并不是简单的"三区"合并，而是区域管理模式和发展方式探索改革。"三区"经国务院批准确立的各自区域发展定位、功能政策以及监管模式并没有改变，"一条例两规章"明确的政府行政职能也没有改变。地方行政管理体制的整合，旨在有效实现区域之间的错位发展、优势互补、联动共赢，是一个强化协调联动的发展机制。由"三区"统一管理形成的上海综合保税区更是在法治的基础上实现的一种管理模式和发展方式的探索和改革。

（二）依法行政，规范相关业务运作

与会专家认为，按照市委、市政府提出的"创新驱动、转型发展"要求，抓住并借助于国家和上海市、浦东新区创造的发展机遇和政策支持，在海关、检验检疫、外汇、海事、工商、税务、公安等监管部门的协同配合下，确保了"三区"业务功能的有效监管和规范运作。

（三）政策先行先试，创新航运功能

与会专家认为，作为上海国际航运中心核心功能区的上海综合保税区，在相关法律法规尚不完善的情况下，政策的先行先试和功能的突破创新至关重要。主要体现在以下几个方面。

第一，期货保税交割业务试点日渐成熟。2010 年 12 月，期货保税交割业务试点在洋山保税港区正式启动。2011 年 8 月，包括仓单生成、到期交割、期转现交割、仓单注销、报关进口和转口出境等主要环节的期货保税交割全流程已全部走通，洋山保税港区期货保税交割业务正式进入市场运作阶段。2012 年 4 月，期货保税仓单质押业务也在洋山保税

港区正式启动运作。第二，融资租赁业务规模化发展。2010 年 6 月，上海综合保税区融资租赁项目正式启动，并着力推动融资租赁 spv 项目的业务范围、试点模式、经营品种向多元化、规模化发展。第三，水水中转集拼功能不断深化。洋山保税港区已基本建立水水中转二次集拼的业务流程和网络体系，集拼模式进一步丰富，已由一个中转箱集拼一个本地箱的“一对一”模式，拓展到多个属地中转箱与多个本地箱进行多个目的港的“多对多”复合式拼箱模式。第四，离岸服务产业稳步推进。2011 年 11 月，“上海云海数据中心”在洋山保税港区正式启动。目前，已有中国电信、中国联通、网通宽带、世纪互联、万国数据等 10 家企业与上海综合保税区联合发展有限公司正式签署了投资协议。同时，还在积极推进“保税维修检测创新示范区”建设，试点开展非集团内部和中国制造产品的维修检测业务。第五，保税船舶登记试点顺利启动。2012 年 3 月，洋山保税港区“保税船舶登记”正式启动，洋山保税港区成为全国第一个开展“保税船舶登记”的试点区域，可以为注册在洋山保税港区的企业所拥有的从事国际航运业务的保税船舶办理船舶登记业务。

(四) 推进法治建设，提升服务水平

与会专家认为，上海综合保税区不仅是上海国际航运中心建设的核心功能区，也是上海国际贸易中心建设的重要载体和上海国际金融中心建设的重要突破点。因此，应该深入推进行政管理法治化建设，全面提升政府服务和监管的便利化水平。第一，不断深化行政审批制度改革，优化审批程序和流程，推广告知承诺和并联审批，减少审批事项。第二，大力推动政府管理事务公开，开展规划设计、政策发布、服务咨询、研究交流等一门式服务，打造综合型、规范化服务平台和窗口。第三，进一步深化“大通关”工程建设，争取海关、检验检疫等口岸监管部门的支持，以企业诚信法治建设和电子化监管为抓手，提升通关便利化水平。第四，积极探索区域综合执法管理机制，整合各类监管资源，加大综合执法力度，增强区域规范化管理和整体保障能力。第五，努力推动“三区”统一立法，通过地方立法，为“三区”协调、稳定发展创造良好的法治环境。第六，研究借鉴世界自由贸易园区的国际通行规则，为综合保税区向与国际惯例接轨的自由贸易园区转型发展，提供更好的法治基础，提升综合保税区国际影响力。

三、 上海国际航运中心国际化进程中的法制建设问题

2009 年，国务院发布了《国务院关于推进上海加快发展现代服务业和先进制造业建设国际金融中心和国际航运中心的意见》(国发〔2009〕19 号)。在其确定的国际航运中心建设的总体目标中包括基本形成服务优质、功能完备的现代航运服务体系，营造便捷、高效、安全、法治的口岸环境和现代国际航运服务环境，增强国际航运资源整合能力，提高综合竞争力和服务能力。其中，法治的口岸环境是上海国际航运建设总体目标的重要组成部分和必要保障措施。

(一) 我国国际航运法制建设的现状

与会专家认为，全国人大及其常委会依据法定职权和程序制定的有关国际航运的法律在我国国际航运法律体系中占主导地位。由国务院依法制定的关于国际航运的规范性文件也是国际航运法制的组成部分。国务院所属部委根据国家法律和国务院行政法规、

决定、命令,在本部门的权限内发布的有关国际航运各种行政性的规范性法律文件,也是国际航运法制不可缺少的部分。

与会专家认为,由法律、行政法规、部门规章和其他规范性法律文件组成的我国国际航运法体系虽已初步形成,但仍然存在一定的问题,其主要表现在:

第一,无法可依。主要表现为缺乏效力与国际航运地位相当位阶的法律。比如,对航运市场和航运经济进行纵向调控,我国就缺乏针对航运市场经济的特殊性,以确立法律对经济关系调整的目的、原则、主要制度为主要内容的《航运法》。第二,有法难依。主要表现为对于一些问题,不同的规范性法律文件争相调整,比如,对无船承运人的规制等。第三,法律修改不及时。我国相关国际航运的立法,没有根据我国航运的发展变化进行及时修改,比如我国的《海商法》。第四,法律政策不开放。主要表现为对国内市场限制竞争,对外资限制准入两个方面。第五,法律法规可操作性与透明度差。关于国际航运的规范性法律文件,法律和行政法规的规定过于简单,不具有可操作性,具有操作性的则是为数众多的部门规章。这些部门规章极少有英文版本,国际组织、外国政府和外国投资者难以了解关于某个问题的全部法律规范。即使是国内的组织和个人,如果不是专门研究航运法制的,也很难了解关于某个问题的全部规范性法律文件。

(二) 关于我国国际航运法制的完善措施

第一,加强航运立法。既要出台新的法律,也要清理相关规范性文件,还应该积极参与国际规则的制定。第二,应该统一主管机关。有关国际航运法律、法规和规章的不协调,尤其是部门规章之间的不协调,主要原因在于有关国际航运事务的主管机关不明确。如国际货物运输代理业,从其经营的内容来看主体部分就是国际运输,其他业务也均与国际运输密切相关。明确由交通运输部统一管理就不会出现同一主体经营同一业务但适用的法律不同、经营主体规避法律的现象了。第三,加强法制宣传。应该采取规范性法律文件汇编和翻译、规范性法律文件宣传等措施使法律为公众所知。

与会专家认为,法治的口岸环境是上海国际航运建设总体目标的组成部分。健全的国际航运法律规范能促进航运秩序的形成和维持,提高航运效率。与时俱进的法制可以使国际航运中心的引领作用得到保障。开放的法制可以促进国际航运业的公平竞争。透明的法制可增强国际航运投资者的信心。完善的国际航运法制是上海国际航运中心建设国际化进程的根本保障。

四、航运保险发展与海事法律建设问题

航运保险作为一种损失补偿机制,能够分摊贸易、运输过程中各方面的风险。历史经验证明航运保险在国际航运业的发展中不可或缺,发展航运保险是今后上海建设金融和航运"两个中心"的重要抓手。

(一) 我国航运保险发展和海事法律环境

与会专家认为,随着海外贸易的快速增长,我国航运保险业也得到了发展,但是还存在以下不足。第一,航运保险发展与我国国际航运大国地位不相称。第二,航运保险的营销和服务不相称。第三,与保险业的快速发展和增长不相称。第四,与人才资源大国不相

称。我国作为航运大国,现阶段还缺乏专门指导航运保险的特别法。与英国1906年《海上保险法》相比,我国目前还没有一部专门指导航运保险的法律,现有的《海商法》和《保险法》还不能完全解决航运保险中的一些特殊需求。

(二) 未来海事法律建设的方向和路径

与会专家认为,可以通过下列途径来进一步建设和完善我国航运保险法律环境。第一,完善我国航运保险海事的立法。借鉴和研究国际上先进的航运海事法律,对航运保险问题进行细致的梳理,以使我国的航运保险法律体系和制度能与国际接轨,并符合满足航运保险的发展需求。第二,提高司法、仲裁的水平。积极发挥仲裁简易快速解决争端的作用,支持航运保险的发展。

与会专家认为,应该以上海航运中心为突破口,充分利用好航运和保险发展契机,借助政策优势优化航运保险法制环境。同时,要加强理论研究和专业法律人才的培养,重视航运法制文化建设。

五、上海邮轮经济发展的司法应对问题

邮轮在我国是新兴产业,现阶段关于邮轮的管理与经营尚缺乏完善的、有针对性的法律及政策规定。与会专家认为,邮轮旅游在我国至少涉及三方面的主体,即邮轮公司、旅行社与旅客。因此,邮轮旅游涉及三类民事主体之间的合同关系:旅行社与旅客之间的合同关系;邮轮公司与旅行社的合同关系;邮轮公司与旅客的合同关系。

(一) 邮轮常见纠纷与司法难点

与会专家认为,常见的邮轮纠纷与司法难点主要表现在以下几个方面。

第一,司法管辖问题。与会专家认为,邮轮因同时具有海上运输与旅游服务两种属性,一旦发生纠纷,首先就会面临司法管辖的归属问题。目前的主要争议在于因邮轮公司与旅客之间的合同关系产生纠纷的司法管辖问题。海事法院与普通法院的管辖划分主要是由纠纷性质与法律关系所决定的。邮轮公司与旅客之间的合同具有混合性,应当区分合同的具体权利义务内容来确定管辖依据。第二,预定航程变更问题。变更航程大多是因为恶劣天气等客观原因所致,在此情况下承运人变更航程的合理性往往成为争议的焦点。对此,应当考虑以下几点因素:(1)邮轮旅客人数众多,在结果上也难以达成一致;(2)邮轮作为大型船舶,其驾驶与靠泊具有很强的技术性,旅客自身无从作出判断,只能依赖船长进行合适的航线选择;(3)邮轮运营具有很强的商业性,很多情况下,变更航程对承运人自身而言也意味着更大的成本支出。与会专家认为,实践中对于邮轮变更航程的责任认定不应过于严苛。第三,人身伤亡与行李损坏问题。与会专家认为,人身伤亡与行李损坏是传统海上旅客运输中常见的纠纷类型,海事法院在审理此类案件中已经积累了丰富的经验。但邮轮的特殊属性以及参与主体的多元化,使得此类纠纷在邮轮相关案件中可能产生新的争议。主要包括归责原则和责任限制等问题。

(二) 相关对策与建议

针对上述问题,与会专家提出以下对策与建议。第一,全面、准确把握邮轮产业的属性定位,真正发挥邮轮母港的优势,带动相关产业的共同发展。第二,加快政策层面的研

究与试点。要彻底解决该法律关系衔接上的问题，最优的方案无疑是直接赋予邮轮公司自主经营的权利，旅行社作为邮轮公司的代理，仅对自己向旅客提供的服务如签证、组团、短途客运等承担责任，而对邮轮公司提供的服务不承担责任。在条件成熟的情况下，上海可以利用自身国际航运中心建设的政策优势进行先行试点。第三，通过规范合同文本，理清主体之间的法律关系。现阶段首先要做的是对现行的合同文本进行规范和调整。要突出邮轮旅游的特点，尤其是对于常见纠纷如航程延误或变更事项予以详细规定；明确邮轮公司和旅行社各自应当承担的责任。第四，完善邮轮保险，合理分摊海上特殊风险。可借鉴他国经验进行进一步研究，以开发专门的邮轮保险险种。

六、 上海港水水中转业务的发展问题

（一）上海港水水中转业务发展中的主要问题

上海港地处长江入海口和我国沿海岸线的交汇点，在区位优势得天独厚的同时，大力发展水水中转的历史使命也责无旁贷。2011 年 1 月，《国务院发布关于加快长江等内河水运发展的意见》发布，再次将内河水运资源利用提到国家战略的高度。今后 5 至 10 年，上海港将着力实践大力发展水水中转这一重要使命。与会专家认为，上海港水水中转业务发展中的主要问题表现在以下几方面。第一，上海港干支线泊位数量和能力有待协同发展。第二，内河水运基础设施建设有待加强。第三，内河水运信息化基础设施条件薄弱。第四，扶持水水中转发展的政策还有待进一步突破。

（二）上海港发展水水中转业务的总体思路

与会专家提出，发展水水中转业务的总体思路是：以服务于上海国际航运中心建设、服务长三角及长江流域社会与经济发展为指导思想，以强化上海港国际集装箱枢纽港地位和建设资源节约型、环境友好型港口为目标，通过加大政府投入、培育市场环境、创新运营模式和追求政策突破等途径，全力发展上海港沿江、沿海和内贸中转，不懈培育小内河集装箱集疏运体系，稳步推进国际中转业务比例提升，以期实现上海港水水中转的跨越式发展。

（三）上海港大力发展水水中转的措施建议

与会专家认为，上海港可以通过下列途径大力发展水水中转业务。第一，在区域协同的基础上加快内河水运基础设施建设。第二，在有效配置资源的基础上提高干支航线衔接能力。第三，在交通运输部统一部署下加大信息化建设力度。第四，依托国际航运发展综合试验区平台优化政策环境。第五，在建立有效机制的基础上系统确保财政资金投入。同时，通过积极有效的财税金融政策，鼓励港航企业参与水水中转业务，加强内河水运及其相关服务市场的培育。

七、 浦东国际航运服务领域外资利用问题

航运行业属于服务业范畴，其有关的国际服务贸易受世贸组织《服务贸易总协定》约束。自 2001 年我国加入世贸组织以后，对水路运输、仓储物流、船舶检验、交通基础设施建设等多个领域，尤其是海上班轮运输、船舶代理、仓储等，作出了进一步开放市场的承

诺。随着更多的境外产品和服务业进入国内航运市场，我国航运产业领域将在更广泛的领域内和更深的程度上参加国际竞争与合作。

（一）航运领域对外开放现状

第一，国际海上运输市场。根据国内相关法律规定，目前对于国际海上运输（包括货运和客运）外商从事挂靠我国港口的班轮和非班轮运输无限制；允许外商设立合营船公司，经营悬挂中国国旗的船舶，但外资比例不得超过49%，且必须有中国籍船舶参与运输；合营企业可享受国民待遇。外国籍邮轮在我国停靠多个港口，属于在我国领海内的沿海运输需要交通部特许，目前交通部已允许经批准外国邮轮公司在我国独资设立船务公司或船代公司，为该外国邮轮公司所有或经营的船舶提供包括揽客、签发客票在内的辅助性经营服务；经批准开展外国籍邮轮在我国多点挂靠业务的邮轮不允许旅客离船不归。

第二，港口服务市场。(1)码头服务方面，我国政府鼓励中外合资建设并经营公用码头装卸业务，允许中外合资企业租赁港口基础设施，允许外商独资建设货主专用码头和专用航道。外商在投资开发成片土地时，开发商可在开发区内建设和经营专用泊位。(2)船舶供应方面，目前，外商船舶在我国港口可在合理和不歧视的条件下使用港口服务。但是向注册在上海的外资、中外合资企业提供船舶供应服务目前还未开放。(3)船舶理货方面，目前国内只有中外理和中联理货两家合法从事外籍船舶理货业务的企业。整体港口理货服务市场化程度仍然很低，尚未按照国际惯例形成良好的港口理货服务环境。

第三，船舶检验市场。目前来看，外国船级社在我国检验的各种新建船舶占据了90%以上的新造船市场，并且基本控制了我国集装箱检验市场，我国生产的90%以上的集装箱制造检验都是由外国船级社完成。

第四，航运配套服务市场。对于海运辅助服务，我国允许外商设立合营企业从事船舶代理服务，但外资比例不得超过49%；允许外商设立外资控股的合营企业从事货物装卸和集装箱场站服务；合营企业可享受国民待遇；仓储、货运代理行业允许外商独资经营；合营和独资企业可享受国民待遇。

（二）国际航运服务领域外资利用存在的问题

与会专家认为，随着航运市场的开发开放，越来越多的外商资本有意向进入港口和航运服务领域，这对政府部门提出了更高的要求。现阶段，浦东在扩大航运服务领域外资利用、进一步构筑上海国际航运中心核心功能区服务体系方面还存在着很多制度障碍和实务操作问题。主要表现在如下几个方面。第一，航运市场开放度需要进一步扩大。第二，航运行业管理需要进一步规范。目前，我国行业协会的职能还未得到发挥。第三，法制化进程需要进一步加快。第四，综合配套环境需要进一步优化。

（三）国际航运服务领域外资利用的相关建议

第一，探索开展外资船务独资公司试点。可借鉴交通部允许外国邮轮公司设立独资船务公司的做法，推动外商国际船舶运输公司分阶段、分批次在浦东范围内开展开放先试的可行性研究。第二，研究降低外商船舶检验机构业务范围限制的可行性。中国籍船舶的法定检验业务可探索经主管机关批准后，在洋山国际航运发展综合试验区范围内开展。第三，建议适当放宽外资船舶管理公司控股比例要求。尝试在外商控股比例方面适当放宽,吸引更多具有国际先进经验的船舶管理公司进入上海,带动提升整个船舶管理行业服务的质量和水平。第四,鼓励跨国航运机构代表处在上海浦东翻牌为经营性机构。既有利于税收增加,也有助于政府对相应跨国航运机构的业务监管。第五,推动航运类总部机构在浦东布局。建议推动在国际上排名前列的有行业影响力的大型航运集团在浦东设立地区总部机构,对现代航运行业发挥业务指导管理、资源分配和示范辐射作用,同时吸引相当的行业服务资源,提供更直接的服务、咨询,解决新兴国际航运中心面临的问题。第六,吸引国际性航运组织在浦东设代表处。建议积极运用部际协调机制,在交通部的支持下,鼓励在国际航运定价、技术支持、理赔网络、劳工保护、海事争端解决方面具有广泛影响力的海事服务组织机构在上海浦东新区设立代表处或联络点。第七,大力促进外资航运人才及技术服务机构集聚浦东。积极推动中外合作办学,开展航运学历和非学历教育。

八、 空港衍生服务业发展的政策法律问题

(一) 妨碍空港衍生服务业发展的原因

第一,航空运输系统经营的封闭性与内部产业链。历史上,我国航空运输业是计划经济色彩非常强烈的产业。航空运输企业多为中央直属企业,政府通过国家民航总局采取垂直管理和封闭管理模式。在做大、做强国企的旗号下,国有航空企业表现出摊子铺得过大、主流产业盈利效果微弱、靠垄断服务链维持利润的现状。第二,机场与航企的系统内条块分割管理。与航空运输企业不同,机场属于地方国有企业。两者虽共处于政府民航管理部门统一管理之下,却是所有者不同的两个主体。因此,在相对封闭的经营环境中,机场一方面与航空运输企业争夺市场发展空间,一方面限制系统外地方企业参与竞争。第三,外部企业参与的无形门槛与不正当竞争。外部企业参与航空服务的无形门槛在于系统内服务标准和服务需求的不公开、不透明。第四,外部监管的盲区与内部的粗放式管理。在垂直封闭式管理模式内,商业经营活动也处于政府监管的盲区。机场经营者同时又是政府管理部门,行使政府授权的行政监管和处罚权。有关排斥系统外企业的不正当竞争行为被冠以涉及航空安全和技术秘密的理由。

(二) 管理政策导向与法律保障

与会专家认为,要实现空港拉动经济效应作用的最大化,民航主管部门、国资委和地方政府都需要作出一定努力。第一,促进地方经济与空港无缝对接的经济政策与措施。地方政府要促进与航空运输有关的服务企业发展,尤其是高附加值商品贸易、物流、多式联运、中介咨询、货运代理等服务型企业的发展。第二,地方立法可作为的范围、方式和目标。地方政府可以在食品安全标准方面通过地方立法提出比国家标准更严格的地方标准和监管措施促使企业保证质量,地方企业的生产成本可能会低于航空食品企业,这样就可以促进地方食品企业进入航空市场。地方立法的另一个可为之处在市场自由竞争等方面。

(三) 上海市《民用机场地区管理条例》的缺陷与完善

与会专家认为,上海市刚刚修订的《上海市机场地区管理条例》存在严重缺陷,立法目标单一与执行弊端等,妨碍了空港建设在上海建设国际航空枢纽方面目标的实现,不利于

空港拉动地方服务业发展作用的发挥。第一,立法目标单一。将立法范围局限在机场规划建设、运输管理和安全管理方面。第二,主体地位不明,职责权限不清。依照该法设立的"机场管理机构"(即"机场管理公司"或"机场集团公司")是否隶属于市交通港口行政管理部门不明,却可以享有"土地使用权范围内的"经营权。机场管理机构既是管理者,又是经营者,很难处理利益平衡问题。第三,监督经营性活动的条文少,可操作性不强。该条例中涉及经营性活动的立法条文很少,多为原则性规定。

与会专家认为,应该通过以下措施来完善地方立法。(1)适时划分机场管理机构与机场经营实体。(2)明确归口管理。(3)平衡机场经营实体的自身盈利与公共服务,限制机场追求自身利益最大化的原始驱动性。对立法中的"公开、公平、公正"经营提出更细化的实施办法。

政府信息公开难点和制度完善

——上海市法学会第 32 次青年法学沙龙综述

2012 年 11 月 23 日下午，市法学会和上海政法学院在市法学会举办了第 32 次青年法学沙龙，来自理论和实务部门的 30 余名青年专家学者参加。与会者围绕政府信息公开难点和制度完善展开了热烈的讨论。大家充分肯定了我国在政府信息公开工作方面所取得的成绩，但也同时指出，我国政府信息公开制度在实施过程中遇到理念、制度、操作等方面的瓶颈制约，亟待研究破解之策。现将本次沙龙主要观点综述如下。

一、 对我国政府信息公开现状的分析

（一）关于政府信息公开原则

法学沙龙就“政府信息公开是原则，不公开是例外”这一原则进行了讨论。与会人士指出，这一提法并非法律规定的原文，仅属于学理解释，在实践过程中难以适用，也不能用这一说法生硬要求政府信息公开工作。上海市政府法制办公室顾长浩副主任更是指出“公开是原则，不公开是例外”这一提法存在着认识上的偏差，主要是没有考虑到不同政府信息的区分，对涉及个体（包括自然人、法人和其他组织）身份特征的政府信息（其范围大于商业秘密和个人隐私），其遵循的标准应为“不公开是原则，公开是例外”。对于这类政府信息，有四种情形可考虑予以公开：对当事人无害；因公共利益和公共管理需要；当事人自愿公开；法律规定必须公开。

上海政法学院王卫明副教授寄希望于政府信息公开推进中国法治化进程。顾长浩副主任指出，政府信息公开制度对中国法治政府建设推进作用的整体性影响大于任何一项其他单项制度。具体到政府信息公开和依法行政的关系，上海市政府办公厅政府信息公开处潘旭山处长提到，当前政府的依法行政水平并不能完全适应信息公开的需求，这是制约政府信息公开工作顺利开展的重要原因之一。历史上政府的依法行政水平与政府信息公开的要求差距甚远，如果重点放在对历史上形成的政府信息公开方面，既不能有效推动法治政府建设，也会造成政府精力投放的偏差。

（二）关于政府信息的主动公开

主动公开是我国政府信息公开的应有之义。潘旭山处长指出，上海在主动公开方面做了大量工作，也公开了大量信息。到目前为止，上海市政府累计主动公开政府信息近 100 万条。这其中有三分之一的信息属于公文类，含金量很高。但以下四方面的问题亟

待解决:一是主动公开的界限不明确,可操作性差。二是主动公开深度不够,和公众信息需求之间还存在差距。三是主动公开的救济机制缺乏。《政府信息公开条例》关于提起行政诉讼的规定针对的只是依申请公开,对主动公开的行为不可诉。四是主动公开目录编制存在问题。现在编制的公开目录不是在公开之前进行,而改在公开之后进行,背离了主动公开目录编制的宗旨。顾长浩副主任指出,现有任何一个行政机关都无法明确答复自身拥有多少政府信息这一问题。其原因是没有对自身所有的政府信息进行一次彻底的清理,弄清"家底"。在这样的情形下,不仅编制这样一份目录难度非常大,而且难以清晰地确定政府信息公开制度全面实现的具体目标。

(三)关于政府信息的依申请公开

依申请公开是这次沙龙讨论最多的内容。潘旭山处长指出,上海至今已累计受理近10万件政府信息公开申请。其中一半以上同意公开。直接服务近2万申请人。上海现有依申请公开工作呈现出四大趋势。一是如潘旭山所指出的,信息公开申请量逐年攀升,远超北京、重庆和天津,在直辖市中居首。二是如上海市政府法制办公室行政复议处赵德关副处长所指出的,信息公开申请开始向纵深发展。原来主要是为获取某项文件,保障知情权,现在越来越多的信息公开申请是为了参与和监督行政机关依法行政。三是信息公开申请的领域相对较为集中。相当数量的信息公开申请涉及不动产、财政预决算、"三公"经费使用等内容。四是行政复议中信息公开案件的数量和比重逐年上升。

学者和实务工作者共同指出,上海现有依申请公开工作也面临着有待进一步解决的问题。主要表现在四个方面:一是政府信息公开制度需要进一步研究和完善。赵德关副处长指出,除《政府信息公开条例》之外,《档案法》、《行政许可法》、《行政复议法》以及信访、不动产登记制度等均不同程度地涉及相关信息的查询利用和公开问题。这些规定之间如何衔接和适用,需要统一认识。同时,现行制度存在一些空白点,无法保护那些行政机关从个人或企业获取的不构成个人隐私或商业秘密的信息。理应考虑到这些信息的公开会直接影响到相关个人或企业的合法权益。另外,与会者还从非政府信息、非本机关公开职责权限范围、非政府信息公开申请、政府信息不存在、非《条例》所指应公开的政府信息等答复的合理性方面提出了质疑。二是如何对待信息公开申请权的滥用。重复申请和职业申请人的出现在一定程度上制约了依申请公开工作的成效。来自具体处理政府信息公开申请的一线工作人员,如上海市浦东新区法制办公室法规处的蒋希琳就感到困惑:为什么政府推进信息公开的力度一年比一年大,但是政府同意公开的信息比例却反而下降了。与会者指出,不应太过消极看待职业申请人,甚至将他们视为"刁民"。华东政法大学李卫华副教授指出,对于促进依法行政和提高行政效率而言,政府信息公开的职业申请人是有积极作用的。三是政府信息公开答复出错率高。导致时有出错的原因既有《政府信息公开条例》立法的自身缺陷,也与政府信息公开工作人员的素质和工作责任心有关,办理政府信息公开的专业化水平还有待提高。四是依法行政水平不适应政府信息公开需求。潘旭山处长指出,即使是现在,行政机关信息公开的意识还未到位,神秘主义的观念和理念尚未改变。往往是各级行政机关都在想方设法找各种理由不公开信息,而不是找依据公开信息。顾长浩副主任指出,历史上行政行为自身不规范,致使所遗留的载有政府信息的文件不符合现行依法行政要求，甚至不符合当时依法行政要求。这在一定程度上制约了政府信息公开工作的顺利开展。这就要求我们在政府信息公开推进目标上应当区别对待政府信息公开制度施行前与施行后所产生的政府信息。对制度实施前的政府信息公开，要以尊重历史的态度，采取适当的变通措施，避免使历史旧账成为新的法律纠纷。但是，对于制度实施以后的政府信息公开，则应采取扎实措施、严格要求，切实提高公开效率，不断加大政府信息公开力度。

（四）关于官员工资信息公开

上海政法学院肖卫兵副教授从信息流通角度，对网上热议的原陕西省安全生产监督管理局局长“杨达才事件”进行了剖析，并比较了国内外官员工资信息公开的具体情况。他指出，从一系列涉及官员工资信息公开申请的答复来看，我国行政机关从内部管理信息或非政府信息角度答复官员工资信息公开申请，其结果是免予公开。与会人士普遍认识到官员工资信息在我国现有制度框架下是无法公开的。顾长浩副主任指出，没有官员财产公开制度的建立，官员工资信息公开就难以实现。有学者还认为，官员工资信息应纳入政务公开，而不是政府信息公开框架进行公开。但肖卫兵副教授指出，不能忽视国外和我国民众是从个人隐私角度考虑官员工资信息是否应当公开和如何公开的事实。

二、 政府信息公开的理论创新

与会者一致认为，破解现有政府信息公开难题，需要从观念和理念上进行创新。肖卫兵副教授明确提出了自己的信息流通理论，并用以研究信息公开法律制度的设计和实施。信息流通理论的构建受益于信息社会指引，离不开那些和法律、公共管理和经济学密切相关的学科知识的支持。他认为，旧有理论往往是就信息公开谈信息公开，从静态、微观和被动角度设计和指引政府信息公开法律实施。不同于旧有理论，信息流通理论从动态、宏观和主动角度，分析一国信息环境中各种信息流之间的相互作用。

信息流通理论认为，一国信息环境由以下四种信息流构成：(1)从政府到公众信息流或称主动公开；(2)从公众到政府信息流，包括被动公开（依申请公开）和公众向政府主动提供信息；(3)政府间信息流；(4)公众间信息流。这四种信息流相互作用并相互影响。一种信息流的通畅或不通畅对其他信息流具有潜在的积极或消极影响。

国际上对于政府信息公开的理解更多地将之限定在被动公开上。信息流通理论允许我们扩大视野，将被动公开视为一种信息流，放在一国信息环境当中进行审视，并从改善从政府到公众的主动公开信息流、从公众到政府的信息流、从政府间和公众间信息流出发，设计政府信息公开法律制度并提升其实施成效。

肖卫兵认为，信息流通理论提供的是一种宏观、动态和主动的视角。首先，这种信息流通视角是宏观的。被动公开工作只是信息公开工作的一小部分，绝不是全部。被动公开工作也不能是信息公开工作的重心。如果将被动公开工作理解成信息公开工作的全部和重心，信息公开工作就不可能做好。宏观角度要求将被动公开视为一种信息流，要求从推进和被动公开紧密相连的其他信息流提升政府信息公开水平，而不单纯从被动公开本身谈政府推动信息公开问题。其次，这种信息流通视角是动态的。关注的重心不是信息，而是信息流通。政府间、公众间、政府和公众间信息流通水平是信息公开工作最需要关注和突破的。但是目前的关注重心却在信息。从信息流通角度来看,无论是信息不存在还是非政府信息,结果都是不流通。不流通的后果是导致其他信息流不流通或乱流通。最后,这种信息流通视角也是主动的。主动视角强调体现公共利益保护的为公众服务的主动公开机制,要求通过更多的主动公开推动政府信息公开。依服务方式和依法方式是各国政府处理政府信息公开申请的两种主要方式。依服务方式倚重指引、调解、协商和沟通交流等便民方式解决在处理政府信息公开申请过程中所遇到的问题。除了侧重主动公开的立法外,还需在处理信息公开申请时充分发挥受理机构的自主性,从便民惠民这种依服务角度进行公开。政府应当处处从服务的角度将自己放在信息需求者里面看待,强调信息公开过程中"你中有我,我中有你"的合作。依法方式则倚重从法律规定和正规的法律程序解决所遇到的和信息公开制度实施有关的问题,处处从法律角度将自己放在信息需求者对立面看待,强调信息公开过程中"我是我,你是你"的对抗。

三、 完善政府信息公开制度的具体建议

(一) 从政府间信息流角度推进我国政府信息公开

政府信息公开工作能否做得好,不是来自公众信息公开申请意愿和能力这种倒逼式的路径,而是取决于政府本身信息公开意愿和能力水平。从具体措施的完善来看,建议:一是提升领导人重视,培养政府信息公开工作是全政府机关工作人员职责的意识。培养政府所做出的任何行政行为都要经得住之后信息公开考验的意识。最终达到能够公开的就尽量公开,能够主动公开的就不坐等被动公开。二是允许政府信息公开申请内部流转,尤其对于那些公众申请集中的政府信息。降低非本机关公开职责权限范围答复比例。不必增加申请人知情权行使负担,造成申请人同时向多个部门提出申请。三是规范政府内部文书管理制度,降低因文件丢失而答复信息不存在的比例。同时,电子文件规范管理也应提上议事日程。四是建立政府间数据库共享机制,降低被动公开量。五是从便民角度建立党政混合信息、人大信息、村务信息等非政府信息公开机制,降低非政府信息答复比例。六是加强政府信息公开和档案公开的衔接。通过修改立法,降低依申请公开政府信息在移交档案馆后的获取门槛。

(二) 从主动公开信息流角度推进我国政府信息公开

主动公开是一种从政府到公众的信息流通类型。该种类型的政府信息公开一方面可以减少依申请公开的数量;另一方面也可以使政府信息服务于大众,而不是个别申请主体。倚重主动公开的措施可以在充分利用有限的行政资源的基础上,提升政府信息公开水平。要实现这些,就需要主动公开的政府信息做到可到达、可找到、相关性、可理解性、免费及更新及时。从具体措施来说,一是设立类似 data.gov.cn 这样汇聚所有主动公开政府信息的一站式平台,并且通过开放格式供公众再利用。通过提供强大的搜索功能,方便公众快速找到所需要的信息。二是建立政府信息公开申请书和答复书主动公开制度,降低信息公开申请量。三是建立被动公开信息向主动公开信息转换的机制。规定将那些被不同申请人申请三次以上、经常被申请公开的政府信息自动转为主动公开的政府信息。

（三）从公众间信息流角度推进我国政府信息公开

从促进公众间信息流角度提升政府信息公开，就得允许申请人再利用所申请到的政府信息。行政机关应理解，可以对某一个个人公开的公共信息，也可以对其他人公开。同样，对单个申请人公开的政府信息公开答复，也可以对其他所有人公开。建议在制定信息公开法时，允许公众有权再利用经申请或其他渠道获取得到的政府信息。而保障公众对政府信息再利用权利的实现，则需要从限定政府权力角度进行立法。一是政府不得收取超过复制等成本费用之外的申请费用；二是政府不得对政府信息主张版权；三是政府不得对再利用附加任何限制条件；四是政府不得在申请人获取政府信息时进行区别对待。

另外，政府自身可以借助政府网站、新媒体等工具积极投入到公众间信息流，通过政务微博等平台对公众开展政府信息公开教育，减少公众知情权行使的不便，节约行政资源。比如基于不属于本机关公开职责权限范围答复比例偏高的情况，为了降低该项答复比例，可以借助政府网站、新媒体等渠道在主动告知各部门法定职责外，还就一些经常被错误申请的特定政府信息进行主动列举。

（四）从主动提供信息流角度推进我国政府信息公开

注重利用政府网站和政务微博等新媒体工具，在提升公众参与水平的前提下加强政府信息公开。政府可借助公众参与吸纳公众智慧并从中受益，为提升政府决策质量和政策实施设想。为落实公众参与，需要借助政府网站和政务微博等新媒体工具在行政决策的前、中、后广泛征集公众意见。就政府信息公开工作而言，可以通过和公众的互动，方便公众就公开的政府信息质量进行评价，发表关于何种信息应优先公开的意见，以及就各部门政府信息公开工作发表看法。

（五）从被动公开信息流角度推进我国政府信息公开

促进从公众到政府间被动公开信息流改善政府信息公开。被动公开信息流本身也需要通畅，特别是要从政府内部排除各种障碍。就法定信息公开例外来讲，现有制度设计没有照顾到法定信息公开例外多样性特征。而要照顾到这点，就需要在政府信息公开例外立法上强调以任意性例外为主，强制性例外为辅；以相对性例外为主，绝对性例外为辅；通过损害衡量、公共利益衡量、第三方协商和信息存在与否不披露等政府信息公开例外保护机制得以实现。

而从非属信息公开例外来看，目前基于非属信息公开例外对信息流通的限制更需要改进。非属信息公开例外，包括非政府信息、信息不存在、非政府信息公开申请、非本机关公开职责权限范围、重复申请、不符合“三需要”（即生产、生活、科研等特殊需要）规定以及非《政府信息公开条例》所指应公开的政府信息（包括内部管理信息和过程性信息）。不管何种理由，都会造成被动公开信息流不顺畅。现有这些非属信息公开例外理由分散在各个法条中，不具有系统性。建议将内部管理信息和过程性信息等本属法定信息公开例外理由，列入法定信息公开例外理由当中。还有就是将重复申请和非政府信息公开申请等未列入《政府信息公开条例》的非属法定信息公开例外理由列入。另外，如果不能去除不符合“三需要”的申请目的限制，则应提高该理由的适用标准，避免滥用。

无论《政府信息公开条例》是否得以修改，从具体实施角度，受理机构可以从便民惠民的服务角度进行公开。通过发挥自身的自由裁量权，改善目前的部分公开比例严重偏低的情况。通过各种便民措施完善非本机关公开职责权限范围和基于申请内容不明确的非政府信息公开申请等答复。

（六）依循适当原则推进官员工资信息公开

针对官员工资信息公开问题，肖卫兵副教授指出，国外对官员工资信息公开在公开方式上有主动公开、依申请公开和免予公开三种。具体适用何种形式取决于很多因素。例如，官员实际薪资的敏感性高于官员薪资级别，后者更倾向于主动公开。工资收入数额高低也是决定是否公开以及怎么公开的一种因素。官员的意思表示，如同意公开和事先签署了被告知有可能公开的文件，同样是一种考量因素。工资信息公开离不开官员姓名。但官员姓名和工资是否一并公开则取决于该官员的级别。对于国家安全部门等特殊机构的工作人员，其工资信息则免予公开。

针对我国官员工资信息公开问题，肖卫兵还提出了一些建议。一是希望以官员工资信息公开为突破口，积累经验，推进官员其他信息的公开。二是开展工资信息主动公开工作，辅之以依申请公开。三是改从个人隐私角度推进官员工资信息公开。适当原则是判断官员工资信息公开程度、范围和方式的主要原则。这就需要在公开所产生的对官员个人隐私利益的损害和公开所要保护的公共利益间进行权衡。还要对不同级别和不同性质官员工资信息进行不同程度的保护。四是即使是工资信息，也需要照顾到其敏感程度，通过由易到难、循序渐进的策略逐步扩大官员工资信息公开内容和范围。

理论经济·综合经济·产业经济

上海市价格学会(协会)发起召开长三角价格形势研讨会

2012年6月20日,上海市价格学会(协会)发起,联合中国价格协会,江苏省、浙江省价格协会,在江苏无锡召开长三角价格形势研讨会。国家发改委价格司周望军副司长,上海、浙江、江苏三省(市)政府部门及科研领域的专家学者就当前经济和价格形势进行分析,对未来的经济和价格走势进行预判,并提出一些建设性的意见和建议。现将会议发言摘要如下:

国家发展改革委员会价格司副司长周望军:

(一) 物价工作作用的定位。20世纪80年代末,国内有两个城市,一个要求本市物价水平比周边城市高10%,另一个要求比周边城市低10%。经济发展到现在,高10%的城市是上海,低10%的是天津,这两个城市经济发展的形势和前景存在较大差距。从这个例子说明,经济的发展,不是物价水平越低越好。市场经济靠价格来配置资源,我们国家如果物价比周边略高一些,就能够很好地吸引外来资源,发展将会更快、更好一些。

(二) 经济和物价的关系。现在社会上有一种不好的观点,就是认为经济和财政收入增长越快越好,物价越低越好。这个观点不正确,不符合经济发展规律。这里,我建议,我们要好好研究物价水平和经济增长之间什么样的比例关系最合适?从1978年到2011年,我国经济增长速度、城乡居民收入、物价水平年平均增长分别为约9.8%、7.5%和5.4%,我称之为9∶7∶5,就是经济增长快一些,民生改善慢一些,物价水平再低一些。这种比例能否上升到理论高度,能否作为国家宏观调控目标的参考,我们应加以好好研究。

(三) 今年的经济运行走势。今年我国全年CPI涨幅4%肯定能实现,或者低一点。当前,我们应把精力放在稳增长上,很多地方政府领导过于关注GDP的增长,而没有好好把握当前调结构的好时机。我们应该注重节约资源,保护环境,转变经济增长方式,减少对国外资源、能源的依赖程度,提升国内消费能力,努力把经济增长方式从过度依赖投资、出口,转变到依靠国内需求上来,这样的经济才是可持续发展的。

(四) 两个“不可避免”和两个“着力避免”。两个“不可避免”:一是在工业化和城镇化进程中,土地和资源的减少不可避免。二是农副产品、资源产品和劳动力的价格上涨不可避免。两个“着力避免”:一是避免农副产品价格过快上涨,让老百姓在经济发展过程中能得到实惠。二是避免仿效美国式消费至上的模式,如果我们采取美国那种大量消费能源和资源的生活方式,我国经济将不可持续健康发展。

(五)对未来价格工作的几点建议。一是重点调控农副产品价格。要重点防止农副产品产量大起大落而导致价格暴涨暴跌,同时注意保护城市低收入群体和广大农民的利益不因价格暴涨暴跌受损。二是坚定不移地稳妥推进资源环境的价格改革。不能仅仅依靠行政命令,这个只能管一时,不能管长久,主要要靠经济手段。三是采取差别价格和阶梯价格的手段。我们要采取阶梯价格、差别价格来节约资源,保护环境,调节收入分配,形成合理的共同富裕的经济发展模式。四是以价格指数建设为抓手推动经济建设,提高在国际市场的话语权。目前,我国是最大的消费国、需求国和供应国,但却缺少话语权。几年来,我们着手建立了覆盖棉花、粮食、大豆、玉米、甘蔗、油气、煤炭等初级产品和大宗商品的12种商品价格指数。我们要通过建立健全价格指数体系来提高话语权。五是以价格调节基金为抓手,建立价格上涨的动态补贴机制。部分同志认为今年CPI低于去年,但要注意的是CPI的基数是去年的。因此,物价上涨补贴要继续增加而不能减少。此外,我们可以考虑改革补贴方式,比如以发放食品代用券等形式来保障城镇低收入群体的日常生活。六是加快价格立法、反价格垄断和价格诚信建设。当前,上到几百万元的房子,下到几元的白菜鸡蛋,不打折的很少。若要解决这个问题,就要实现明码实价。诚信建设,道德伦理观要从价格诚信入手,吃、住、行、玩要逐步实现明码实价。

在未来中国价格改革过程中,苏、浙、沪要带头尝试和创新好的经验和做法,然后向全国推广。地方政府要大力改善民生,在利用价格手段保证低收入群体生活等方面,出台新的举措。

上海市物价局总经济师沈念东:

今年上半年,上海经济运行平稳健康发展。预计GDP同比上涨7%,总体符合年初预期指标,创新驱动、转型发展的效应进一步显现,中央宏观经济调控效用在上海得到充分体现。但同时,我们也看到,经济发展遇到更加严峻复杂化的局面。

从总体看,上海今年全年经济呈现前低后稳的态势,完成全年目标需要付出艰苦的努力。一是创新驱动转型发展的成效进一步显现。三产消费继续领先增长,二产继续增长。消费继续领先投资增长,投资结构不断优化,民间投资保持活跃。二是经济增长减缓,结构调整力度继续加大。经济发展对重化工业、房地产业、加工密集型产业、劳动密集型产业、投资拉动等的依赖在减少。三是重点区域出现亮点。1至5月,浦东新区高新技术产业产值同比增长15%,商品销售总额增长24.5%。四是利用外资的态势良好。外贸进出口总额同比回升,私人贸易领先于合资企业和国有企业,新兴市场贸易增长。五是居民收入领先经济增长,民生保障进一步加强。一季度居民可支配收入同比增长12.7%,高于全市经济增速。保障性住房进一步落实,物价涨幅逐步回落。

影响上海经济运行需要关注的问题:一是经济发展进一步回落,企业效益继续低迷,工业增长压力较大。二是外需持续不振,内需增长乏力。三是地方财政收入出现回落,区县财政增收压力增大。四是实体经济收缩，导致信贷需求减弱，中小企业融资成本较高。五是经济下行对就业的影响开始显现，保障民生的任务依然很重。

关于价格工作。中央政府可以利用金融、财政、税收等政策工具，在把握生产、流通等之间的相互关系等方面采取措施，对CPI进行宏观调控，省、市政府这方面的作用比较微弱。省、市政府可在地方经济层面综合运用经济管理手段加强价格管理。在目前经济增速下行阶段，省市层面可以在以下几方面有所作为：一是继续加强清费治乱的力度，减少企业和群众的负担。二是继续加强市场价格行为的监管。大力整顿市场价格秩序，严厉打击价格欺诈和哄抬物价等价格违法行为；进一步规范市场价格行为，完善市场价格法制，加快推进明码实价等。三是继续完善社会救助和保障标准与物价上涨挂钩的联动机制。在做好低收入群体保障机制工作的基础上，要进一步研究低保标准边缘人群的救助问题。

复旦大学经济学院教授李慧中：

（一）此轮通胀成因的辨析。流动性过剩是此轮通胀的重要原因。货币和物价有两种因果关系：如果流动性泛滥和物价需求拉动的通胀，是货币在前物价在后，则应通过流动性来解决。另外一种，就是成本价格上涨在前，货币追认在后。这两种情形，调控办法应有所不同。此轮通胀，农产品价格占CPI的80％，同时，一季度M2为同比增长13.4％，是比较健康的增长方式，货币供应量控制得较好。由此，我们判断此轮通胀不是流动性的问题，是成本推动为主。

（二）国际、国内经济与价格走势。物价上涨是常态现象，CPI在3％以下今后可能看不见。一是价格棘轮效应。社会上，部门之间存在工资示范的价格棘轮效应：两种部门，一种是劳动生产率提高部门，另一种是劳动生产率相对不变的部门，表明前者单位商品价值下降，收入增加；后者单位商品价值没有下降，收入不变。但现行的纸币制度下，劳动生产率不增长的部门通过增加成本，也就是上涨工资，达到与劳动生产率增长部门上涨的工资水平持平，这就成为推动社会物价整体上涨的原因。二是国内高额的间接税收。我国70％的税属于间接税，也就是价内税，这样价格就无法降低，导致了国内整体价格水平的上涨。三是外汇占款。这个问题短期内无法解决，央行本应以控制物价为目标的，但同时还去购买外汇，这就无法很好地控制货币和物价，所以外汇占款应由其他部门来解决。四是改革开放以来，我们经历了高增长高通胀，低增长低通胀，高增长低通胀，低增长高通胀。经济运行最好的是高增长低通胀，但可遇不可求。我们能做到的高增长高通胀和低增长低通胀，相对来说，接近前者更好一些。因为通胀与失业相比，失业问题更严重。如果经济增长在7％以下，要放宽一些对通胀的容忍。经济增长保持8％较好，能产生很多就业岗位。

（三）因物价上涨的收入分配改革才最重要。我们的经济发展要容忍一定程度的物价上涨，但不能让居民生活因物价上涨受到影响。“十二五”规划指出，我们应逐步提高居民收入占国民收入的比重。提高工资的比重，只有降低财政收入比重，这需要转变政府职能，改革财政体制，同时，国家预算必须实现民主化、透明化。此外，要刺激启动内需，实施路径是进行收入分配体制机制的改革。

（四）长三角的物价可以高一点。这是由长三角三次产业的结构特点决定的。在这种情况下，我们要做的是编制低收入群体物价指数，照顾好低收入群体的基本生活。

上海市发改研究院原副院长张利生：

（一）上海价格总水平特点。一是 CPI 同比涨幅回落。今年，上海市价格总水平延续去年下半年的持续下行趋势。与全国相比，CPI 同比涨幅持续高于全国平均水平，波动性相对小于全国水平。二是 CPI 涨幅超过 3%的区间加宽。2002 年以来，大约有三个比较突出的物价上涨的阶段，第一个阶段也就是第一轮价格上涨，价格指数月度同比超过 3%有 2 个月，第二轮有 15 个月，第三轮有 25 个月，且今后会经常遇到。这表明控物价、抗通胀工作需要常态化、机制化。三是 CPI 与 PPI 出现较大背离。今年连续四个月，CPI 同比和环比为正数且数值较高，而 PPI 则为负数，这说明生产对消费的价格传导相对迟钝，国内食品经济的复苏相对乏力，居民生活成本和企业的经营压力相对加大。

（二）上海价格总水平今后走势预测。一是 CPI 将持续回落，年中可能出现最低点。二是下半年国内货币政策有望放宽，年末 CPI 涨幅可能回升。三是预计 CPI 全年呈 U 字形走势。短期看，CPI 回落至 3%以下的可能性不大，涨幅突破 3%的区间仍会加宽。从长期来看，上海物价总水平将呈现继续温和上涨态势。

（三）价格调控政策思考。一是价格调控与经济发展。改革开放以来的宏观调控经验表明，价格调控服从于、服务于经济发展。当前我国经济面临的困难、压力较多，价格调控政策要有所放宽。二是价格调控与通胀预期。通胀预期对于经济发展和社会稳定至关重要。因此，管理通胀预期是价格调控政策的一个核心内容。三是价格调控与结构调整。创新、转型都需要物价方面结构性的调整来影响。下半年，我们要重点对资源类价格进行比较大的调整，不是调水平，而是调结构。价格部门要出些具有影响力的办法和措施。四是价格调控与改革创新。政府管理价格要进一步厘清思路，创新模式。凡是适用市场调节的项目，政府要进一步放开由企业自主定价。政府定价要着力依顺市场规律，兼顾各方利益，听取民意，学习借鉴先进国家好的经验。借助价格改革，形成倒逼机制，推进垄断性国企的体制机制改革。当前我国国有经济的效益明显低于民营经济，我们要大胆地在体制机制方面进行改革。

国家统计局上海调查总队处长祁也萍：

今年 1 至 5 月份，上海居民消费价格指数同比上升 3.8%，比全国高 0.3%。通过前几轮价格走势与全国比较，在一个周期里面，上海价格上升的半周期始终低于全国平均水平，下降的半周期始终高于全国平均水平。翘尾因素明显减弱是价格同比回落的主要原因。

（一）近三轮物价波动情况的比较分析。自 2003 年以来，上海居民消费价格经历了三轮较明显的波动周期。第一轮是 2003 年至 2006 年，其中 2003 年 8 月到 2004 年 7 月，波动时长 12 个月，环比上涨 8 个月；第二轮是 2006 年 10 月至 2008 年 4 月，时长 19 个月，环比上涨 15 个月；第三轮从 2009 年 7 月到现在，时长 32 个月，环比上涨 28 个月。特别是 2010 年 7 月到今年 4 月，上海的 CPI 从未下降。以超过 3%的通胀警戒线波动时长来看，第一轮波动周期 2 个月，第二轮 15 个月，本轮 25 个月，明显长于前两轮。从涨跌构成看，前两轮的代表年份中，2004 年食品类贡献率 127%，2008 年食品贡献率 86%，而 2011 年食品贡献率 58%。从核心价格来看，2004 年核心价格下降 1.1%，2008 年上升 0.9%，2011 年上升 3.0%。通过对比，我们看到，前两轮物价上涨是食品的结构性生产与供应失衡造成的价格上涨，不属于通货膨胀范畴，也就是货币对物价的作用有限。第三轮价格上涨是真正的通货膨胀，货币对物价的作用效果明显强化。

（二）近三轮物价波动的原因和环境变化分析。从三轮物价上涨的环境看，第一轮以粮价上涨为主，资源价格上涨不突出。同时，经济增长率 9.6%，货币增速 18.2%。第二轮以肉价飙升为主，房价明显升温，成本推动因素开始显现。这个时期经济增速 12.3%，货币增速 16.8%。第三轮宏观环境发生了很大变化，主要是货币、成本、通胀预期、自然灾害和国际因素等共同作用，货币作用效果明显。结论是：前两轮物价上升是局部农产品供求失衡为主因，以食品类价格上涨为主导，考虑到当时宏观经济环境较为稳定，尤其是货币发行比较温和，因此，价格上升基础并不牢固，时间较短，短期内价格上涨较大，也造成短期内快速回落，上涨影响面较窄。本轮物价上升影响因素比较复杂，价格上涨的基础十分牢固，持续性强，影响面广，是价格通胀的特征表现。

（三）上海经济运行需要关注的问题。一是居民消费价格总水平同比虽然回落，但环比仍然走高。二是主要农产品价格高位继续攀升，居民生活负担持续加重。三是非食品价格升势渐强，对物价总水平推升作用愈发明显，这是和前两轮明显不同的特点。非食品类价格中服务商品价格上涨也特别明显，主要体现在劳动力的价格上涨，且呈刚性。

这几轮物价的波动与价格政策有关，政策相对平稳，物价就相对平稳。未来几年，物价上涨将成为常态，但希望不要大起大落，保持在合适的幅度内，最好在 3%到 5%之间。我们要对政策的落实、实施的力度和政策的稳定性等对物价波动所产生的作用和效应加强分析和研究。

（四）上海未来价格走势初步预判。其中有有利因素，也有不利因素。总体来说，上海物价今年将从高位明显回落，由于本轮物价波动因素复杂，且上升持久性强，回落将呈缓慢和震荡反复的特征。考虑到国内资源矛盾突出，土地、劳动力成本刚性上升的问题难以短期缓解，物价回落到较低水平的可能性不大。如果各种因素把握得好，上半年，上海 CPI 可能高于 3.5%，全年高于 3%，明显低于 2011 年水平，完成国家 4%的调控目标希望很大。

上海市场价格学会(协会)召开“价格诚信建设”研讨会

为贯彻落实国家和上海价格诚信建设的有关精神和工作部署,把上海的价格诚信建设工作向前推进,2012年11月12日,上海市价格学会(协会)、上海市价格监督检查与反垄断局联合召开价格诚信建设研讨会。

研讨会由市价格学会(协会)会长徐家树主持,市价格监督检查与反垄断局局长罗惠民致辞。来自本会会员单位(企业),上海相关行业协会,市、区(县)价格部门(价格协会)的代表近200人参加会议。

市发改委副主任、市物价局局长汤志平到会作重要讲话。汤志平在讲话中强调,要充分认识上海加强价格诚信建设的重要性和紧迫性。他指出价格诚信建设是规范市场秩序的首要前提,是增强城市竞争力的坚实基础,是价格部门转变职能的有效途径。他肯定了本市加强价格诚信建设所作的工作,并且取得初步成效:一是抓宣传教育,强化企业诚信意识。二是抓重要活动,督促企业诚信为本。三是抓违法惩治,推动企业诚信自律。他对下一步工作作了部署:一是着力形成合力,努力创造价格诚信建设的新氛围、新局面。二是着力调查研究,不断解决价格诚信建设的新情况、新问题。三是着力开拓创新,积极探索价格诚信建设的新手段、新方法。要求再接再厉,开拓创新,推动上海价格诚信建设再上一个新台阶。

中国价格协会会长王永治应邀出席会议并在会上讲话。王永治指出,价格工作要两手抓,价格违法行为要严惩不贷,同时积极推进价格诚信建设,引导经营者加强价格自律,两手都要硬。对价格诚信建设在理论上要进一步深化研究。价格诚信不仅是理念,而是交易规则(公开、公平的等价交换是市场经济基本准则),是法律约束(价格法规定经营者要诚实守信,反垄断法规定要反欺诈),是政策要求(价格诚信是价格政策的明确要求)。价格诚信建设不只是针对当前价格诚信缺失,强调形成价格诚信氛围的一个过程,更重要的是强调这是一个思想道德建设,讲诚信特别是价格诚信,是社会主义核心价值观的组成部分,是增强软实力的重要方面。价格诚信建设先进单位评选要坚持标准、严格考核、动态管理,经营者可以选择自愿参加,但任何单位都不能违背价格诚信的规定。要进一步明确政府、协会、经营者、社会在价格诚信建设中的责任,经营者(企业)不只是参与,而是价格诚信建设的主体。要提高法制观念,增强价格自律的自觉性,承担社会责任。

研讨会上,国家发改委价格监督检查与反垄断局副巡视员卢延纯和华东师范大学哲学系教授施炎平，分别以“推进价格诚信建设　维护市场价格秩序”、“价格诚信与价格平衡机制设计”为题发表演讲。

卢延纯副巡视员指出，价格诚信建设意义重大，从宏观上说，诚信事关国家整体竞争力、社会和谐和文明进步；从微观上说，诚信事关企业可持续发展的生存之本，关乎个人的命运和事业发展。诚信建设是一项长期的工作任务，要把价格诚信建设作为一项经常性工作，抓紧抓好。一要加快推进价格诚信法制建设。二要加大价格执法力度。三要增强经营者价格自律意识。四要加大舆论监督力度。五要发挥整体合力。他强调指出，经营者是价格诚信建设的主体，政府是外因，企业是内因，外因必须通过内因发挥作用。通过多种途径，使诚信理念变为经营者的自觉行动。坚持政府引导、企业参与、消费者认可、社会监督的基本思路，不断完善社会评价机制，把价格诚信建设推上新的台阶。

施炎平教授认为，价格诚信不是单纯的经济、政策问题，而已发展成社会问题、民生问题、全民性信仰和信心问题。值得我们高度警觉和充分重视。他认为，首先，诚信从其社会意义和价值观念上讲，是一个基于人心和人性而引申出的伦理观念体系。其次，在制度建设层面上，还要基于价格诚信理念，合理设计和落实各价格分享主体的利益协调和公正分配。再次，价格诚信建设更需要落实于人们的交往、沟通行为中，即人与人的行为能形成有信用、讲“信立”的规范和习俗。关于价格诚信建设，从实际的价格运行来看，则需要有一个合理的价格平衡机制；需要在制度化、规范化层面上，认真进行设计和实施。

普陀区发改委副主任岳华，嘉定区物价检查所所长朱萌，闵行区物价检查所所长、价格协会秘书长陆勤，浦东新区物价检查所所长王国林，市家具行业协会副理事长暨秘书长徐关荣，上海和黄药业有限公司董事、总经理周俊杰等，联系本单位实际先后演讲。

提高履职效能　服务经济发展

——沪苏浙工商行政管理学会举办论坛

"效能建设"是国家工商总局对2012年工商行政管理工作提出的总体要求。为此，上海和江苏、浙江工商行政管理学会将此课题作为2012年第九届"沪苏浙工商论坛"年会的主题。经过半年的准备，2012年6月4日至7日，第九届"沪苏浙工商论坛"在浙江省台州市召开。中国工商学会副秘书长王磊，浙江省工商局党委委员、纪检组长夏建勇，台州市人民政府副秘书长葛昌选，上海、江苏、浙江工商学会秘书长及论文作者近60人参加论坛。与会人员围绕"效能建设"，分别从工商效能的内涵、具体形式、约束条件、面临困境和实现途径等展开讨论。现将论坛基本情况综述如下：

一、工商行政管理效能的内涵与实现途径

在论坛收到的28篇论文中，从总体上论述工商行政管理效能的内涵、战略地位、建设途径的论文有2篇；通过构建食品安全信息采集、公众互动、有效监管机制等来提高效能的论文有11篇，通过转变行政执法方式，着力开展行政指导、行政调解，创新维权机制、远程登记、商标印务监管和加强绩效考核等来提升效能的论文有11篇；通过支持民营经济、文化产业发展来提升效能的论文有4篇。

"效能"的词意丰富，按词典解释，是指"事物所蕴藏的有利作用"，"犹功效，作用"。在政府管理活动中，效能是指把行政职能"所蕴藏的有利作用"充分发挥出来。效能建设是以提高工作效率、工作效益和社会效果为目标，以科学配置资源、优化管理要素、完善工作机制为内容，确保政府职能发挥更佳、工作效果达到最好的管理活动。2007年以来，党和国家领导人多次强调要加强政府的效能建设。2011年12月，国家工商行政管理总局局长周伯华要求全国工商行政管理系统全面推进工商行政管理效能建设。

与会人员认为，工商行政管理效能是一个综合概念。虽然价值判断标准不同、理解层次不同，对工商行政管理效能的解读也有所不同，但工商行政管理效能仅指职能效能，工商行政管理效能与其职能目标有关，其功效或作用只能通过职能的履行才能显现。建立和维护市场秩序是工商行政管理部门的基本职能，统一开放、公平公正、竞争有序的市场秩序是工商行政管理的职能目标，因而市场秩序的优劣自然成为判断工商效能的价值标准和事实标准。因而，工商效能是指各级工商行政管理机关围绕国家赋予的职能，以优化市场秩序为目标，广泛动员和科学配置社会资源，优化管理要素，完善工作机制，提升工作

效率,关注工作效益,最大限度地发挥市场对社会福利的增进作用。

从总体上讲,实现工商行政管理效能的途径主要有两种观点。第一种观点认为,首先要考虑提升工商效能建设的战略地位,分析决定工商行政管理效能的战略要素与战术要素,战略要素主要有目标导向、职能定位、管理体制和法律授权,战术要素主要有队伍素质、技术手段、运行机制和工作氛围;然后分析制约工商行政管理效能的战略与战术困境;最后作出提升工商行政管理效能的战略定位和战术选择。另一种观点认为,加强工商行政管理效能建设要从现有的职能和关键点出发,路径主要有:改进行政审批方式,进一步提高服务经济发展的效能;建立健全企业信用分类管理制度,进一步提高企业监督管理的效能;充分发挥行业协会的作用,进一步提高维护市场经济秩序的效能;建立行政执法类公务员管理制度,进一步提高工商行政执法队伍的业务素质,不断促进工商行政管理效能建设。从具体来说,实现工商行政管理效能提升,(1)要从公众关注的职能以及履行职能的节点着手,如食品安全监管、行政执法、行政指导、行政调解,消费维权、远程登记、商标印务和绩效考核等方面。(2)要从服务于政府关心的重点产业、重点行业和重点主体着手,如文化产业、民营企业等。

二、 提升食品安全监管效能的着力点

提升食品安全监管效能是论坛的热点话题。论坛收到这方面的论文 11 篇,占 39.2%。提升食品安全监管效能的着力点主要有:(1)从经济学来分析,食品安全本身具有外部性、信用不对称性,以及监管主体之间存在着摩擦成本(或交易成本),因而提升食品安全监管效能的着力点是治理外部性、解决信息不对称和减少监管摩擦成本;(2)食品安全监管是一个系统工程,因而要建立食品安全无缝覆盖式信息收集系统,食品安全监管公众互动机制、过期食品处理机制、工商所快速检测协调体制、食品安全电子监管体制、长三角食品安全协调监管网等一系列体制机制,通过这些体制机制的协调运行来提升食品安全监管效能;(3)要根据工商行政管理部门承担流通领域食品安全监管职责,食品安全监管方面的法律、行政法规、规章和其他规范性文件以及基层工商行政管理部门食品安全监管的工作实践,梳理出食品安全监管组织领导、食品市场主体准入登记管理制度、食品市场质量监管制度、食品市场巡查监管制度、食品安全预警和应急处置制度、食品抽样检验工作制度、食品广告监管制度、食品安全监管执法协调协作制度、流通环节食品监管专项整治、食品安全监管责任追究制度等维度的监管绩效考核指标,通过食品安全细化绩效考核来提升监管效能。

三、 提升工商行政管理整体效能的着力点

与食品安全监管一样,改革与创新也是本次论坛的热门话题。本次论坛收到这方面的论文 11 篇,也占 39.2%。不同的是,改革与创新贯穿了整个工商行政管理履职过程,是提升工商行政管理整体效能的着力点。论坛主要观点有:(1)转变行政方式。要大力倡导西方发达国家较为成熟的行政指导、行政合同等“柔性”行政方式,结合当地实际,通过提升工商行政管理行政执法的“亲和力”来减少行政执法阻力,最终实现提高行政效能的目

标。(2)构建公民社会。公民社会(或市民社会)的价值观是在网络社会中,每一个市民都具有责任感,都是社会不可缺少的一员。因此各级工商行政管理部门要通过加强与监管对象、普通公众的沟通,充分发挥行业协会的作用,促进相互了解和信任,共同承担社会责任,从而来提升监管效能,如,建立大消费维权网络、大信息交流机制等。(3)手段创新。特别是互联网信息化环境给各级工商行政管理部门开展手段创新提供了广阔的空间。如,搭建工商行政指导互联网平台,实现行政指导内容和指导方式网络化、精准化、高效化。建立远程登记、远程商标印务监管等,我们可以依靠公共互联网系统,沟通工商行政管理局域办公网与社会终端用户的联系,建立虚拟办公系统和互动网络平台。实践证明,这些现代化办公手段确实是提高工商行政管理效能的重要途径。(4)绩效考核。随着公共管理理论的发展,绩效考核成了政府组织管理和提升效能不可或缺的手段。鉴于现行绩效考核主观评价权重过大的事实,与会人员提出运用层次分析法(AHP)、模糊评测法(Fuzzy)和模式识别(PR)等构建客观数学考核模型的设想。

四、提升工商行政管理效能的理论路径

在履行工商行政管理职能的历史过程中,我们一直在争论"寓监管于服务之中"还是"寓服务于监管之中"。在不同的发展阶段,工商行政管理部门有支持经济发展的不同侧重点,但这肯定与缺乏支持经济发展的理论分析框架有关。而这个理论分析框架恰恰就是提升工商行政管理效能的理论路径。可喜的是,本次论坛上,有作者提出基于市场秩序视角促进经济发展的理论分析框架。这个理论分析框架以市场秩序为核心,从竞争、产权、契约和管制四个维度分析文化产业发展现状、存在问题以及工商行政管理的对策措施。这个分析框架是在工商行政管理职能与经济发展之间,增加了市场秩序变量,通俗地说,是指运用工商行政管理职能促进或服务经济发展是通过市场秩序这个中间变量起作用的,而不是直接地开展具体服务措施。也就是说,工商行政管理部门只要把市场秩序监管好、维护好,本质上就是支持经济稳步发展。这个分析框架对分析其他产业和市场主体同样有效,如民营经济、品牌经济等。

上海地区人口老龄化和老年保障发展研究

——上海市劳动和社会保障学会举办专题研讨会

2012年10月25日，上海市劳动和社会保障学会举办"上海地区人口老龄化和老年保障发展研究"专题研讨会。上海市劳动和社会保障学会常务副会长阎友民，副会长鲍淡如，上海市社联学会处处长王克梅出席会议。会议由课题组成员担任主讲。来自院校、政府部门、企业以及学会所属部分专业委员会、分会、区（县）学（协）会代表50余人参加会议。

研讨会是上海市社联第六届"学会学术活动月"的活动之一。该专题是上海市劳动和社会保障学会年度的重点研究课题，由上海市劳动和社会保障学会副会长、上海财经大学教授、博士生导师郭士征担任课题组组长，课题组成员由钟仁耀、戴律国、张留禄、查建华、龚秀全、张祖平等专家学者组成。

郭士征教授在题为"老龄化下上海老年保障现状和发展研究"的主旨发言中指出：上海是中国第一个进入老龄化社会的城市，目前也是中国人口老龄化率最高的城市，比全国平均水平高90%。上海的人口结构老化呈现出老龄人口增长迅速及老人高龄趋势明显的两大特征。根据相关调查及数据显示，虽然近年来老年保障的事业有了较快的发展，但仍存在着诸多亟需解决的问题与困难：一是收入差距矛盾突出；二是服务力度仍嫌不足；三是制度统一面临困难；四是基金赤字持续增加；五是社会参与难成气候。针对上海所面临的现实挑战，郭士征结合实际谈了一些思考与建议，认为，要解决老年人最关心最直接最现实的问题，首先必须坚持老年保障事业与社会经济发展相协调，在目前上海已对养老保险制度进行整合的基础上，应进一步建立全民统一的基础养老金制度，并在此制度基础上发展各种补充性养老保障。其次，养老金待遇存在一定差距是合理需要的，但养老待遇的差距不能超越公平公正的底线，不能使职工身份之间出现巨大差距。所以改革不能倒退，改革不能违反原则，改革更不能违背民意。再次，由于老龄化和历史的原因，上海的养老基金一直是收不抵支，为了解决养老金入不敷出、难以为继的局面，政府应考虑鼓励延后领取养老金、研究提高缴费年限、提高国有企业上缴红利比例以充实养老基金，压缩"三公"经费，以加大财政对养老基金的扶持力度，更新服务格局，强化失能照护等有效的对策建议。

华东师范大学公共管理学院教授钟仁耀在题为"上海市社区居家养老服务现状和发展对策研究"的发言中指出，上海市社区居家养老服务最早可追溯到2000年。2004年后，上海市出台了一系列促进老年保障的实事项目，特别是《关于全面落实2008年市政府养老服务实事项目进一步推进本市养老服务工作的意见》的出台，使得社区居家养老服务迈上一个新台阶。尽管上海市社区居家养老服务事业取得显著成效，但与日益迫切的对居家养老服务的广大需求相比，社区居家养老服务仍存在许多问题，主要表现在日益高涨的对社区居家养老服务的需求与当前不能满足需求之间的矛盾、提供社区居家养老服务的载体不发达、非营利性机构发展缓慢、养老服务补贴标准相对太低，覆盖面太窄等问题。为完善和解决这些问题，钟仁耀认为上海市社区居家养老服务必须立足现实，依托社区，充分发挥政府和市场两种资源、两种手段，大力建设老年服务社区资源网络支持系统，加快发展老年保障体系，建成老年人的家园乐土。

华东理工大学副教授龚秀全在题为“人口老龄化对上海市医疗保障的影响研究”的发言中指出：目前上海已基本建立了较健全的、全覆盖的、多层次的医疗保障体系，医疗保障水平也比较高，但在人口老龄化背景下的上海医疗保险制度仍然存在着一些问题。据统计，上海城镇职工基本养老保险职工赡养比自1998年开始不断提高，2009年曾高达70.35%，近两年由于鼓励外来从业人员参加社会保险，赡养比有所下降，但也仍高达40.56%，这就对医疗保险制度的可持续发展提出了严峻的挑战。他还指出，医保制度的碎片化导致的待遇不公平、简单医疗费用控制措施增大了医疗保险费用支出、医保制度与老年人的养老模式不相适应及城镇职工基本医疗保险道德风险严重等问题都是目前医疗保险制度中存在的亟需改变的问题。针对此类问题，龚秀全提出完善上海社会医疗保险制度的对策措施，认为：实行健康老龄化战略、建立统一的老年居民医疗保险制度、建立老年护理保险制度、建立临终关怀医疗保险制度、鼓励老人到社区卫生服务中心就医、大力发展家庭病床、加强对医疗机构和医生的激励约束都是解决医疗保险制度目前所存在问题的有效措施。

上海应用技术学院教授张留录在题为“上海养老保障政府财政支持研究”的发言中认为：政府作为社会保障的主体，其在养老保障事业的发展中发挥着举足轻重的作用。而养老保险可以说是社会保障中最主要的部分，其资金在整个社会保障基金中所占的份额也是最大的，养老保险基金的积累和运行都离不开政府的财政支持。因此，他提出了进一步完善政府对养老保障的财政支持的对策建议：一是大力发展经济，增加政府对养老保障的财政投入；二是对财政扶持进行战略调整，实现三个转变；三是鼓励居家养老的发展，推进互助养老模式创新；四是优化财政投入的资源配置，提高政府财政支持效率；五是增加对服务人员补贴；六是加快专业化服务队伍建设等。

上海师范大学副教授张祖平在题为“上海养老基金的现状、问题及对策”的发言中认为：上海市的养老保障制度体系日趋完善，对全体户籍市民基本实现制度全覆盖。至2010年底，上海市户籍市民享有养老保障的人数比重达到98%，参保人数稳步增长，结合上海实际，全面完成两轮养老金“三年连调”，“城保”、“农保”平均养老金水平显著提高。但在此基础上也存在着上海养老保险基金收支缺口问题较严重、上海市政府财政投入不足、城镇社会养老保险和新型农村养老保险保障水平低、上海市养老保险基金面临着通货膨胀风险的侵蚀等问题。为解决此类问题，他认为应加强养老保险基金监管，提高基金的保值增值的效率、加大财政的支持、提高养老保险的最低缴费年限、提高国有企业盈利上缴比例、减少“三公”消费、节约的资金用于社保基金等措施可解决上海养老基金所面临的挑战与问题。

上海金融学院副教授查建华在题为“国外养老保险的改革动态和经验教训”的发言中，主要介绍了发达国家养老保险的现状及问题、发达国家养老保险制度的主要改革政策及发达国家养老保险的经验与教训。

与会的其他嘉宾各抒己见，针对老龄化和老年保障发展的问题谈了不同的观点和看法。对课题组的研究成果提出意见和建议。

会上，上海市劳动和社会保障学会副会长鲍淡如对市学会年度重点课题“上海地区人口老龄化和老年保障发展研究”课题组的研究成果表示肯定，同时也对课题组提出几条建议：一是建议课题组能进一步拓展思路，在老年保障问题上进一步从目标上进行思考；二是建议课题组在考虑政府投入的同时，也要考虑社会组织机制的投入，如何将社会机制的完善与政府财政机制的完善相结合，从而创造更好的养老环境等。

最后，上海市劳动和社会保障学会常务副会长阎友民讲话。阎友民首先对课题组一年来的辛苦与付出表示衷心的感谢，对课题组的成果表示充分的肯定。他说，市学会今年将此课题作为学会的年度课题，有三个目的：一是想通过此课题呼吁全社会对老龄问题引起逐步重视；二是希望促进政府对老龄问题重视力度的加大和投入；三是希望进一步促进社会对老年人的关心，从而促进社会的和谐。

探索非居住物业管理法制化

——市房产经济学会等召开“非居住用房物业管理法律问题”研讨会

2012年11月16日，上海市房产经济学会、上海市律师协会联合举办“上海市社联第六届学会学术活动月——非居住用房物业管理法律问题研讨会”。研讨会的主题是：学习贯彻党的十八大精神，以科学发展观指导和探索非居住用房物业管理在法制轨道上规范运行，让城市生活更美好。约150位房地产业内人士和律师参加研讨会。

一、 非居住物业管理的案件和纠纷

（一）几个典型的案件

1. 商店招牌伤人，找不到责任人。某商业中心沿街商店有块招牌坠落砸伤了行人，然而，责任认定却互相扯皮：商店认为其租用店铺，应该找业主；业主认为已委托管理，应该找物业公司；物业公司则认为事件发生在大街上，不属其管理范围。

2. 小区会所游泳池屋顶损坏，修复无门。某小区会所内的游泳池，因台风损坏屋顶需百万元修理费。居民要求物业公司修复使用，但因会所无产权证，修理费无法落实。物业公司如垫款修复，担心无法动用维修基金，只能关闭游泳池。

3. 商厦“产权分割，售后包租”伤及小业主。开发商将商厦产权分割后出售给小业主，为小业主经营包租，承诺一定的年收益。一旦商铺售完资金到手，包租公司则宣布因经营不善破产而“金蝉脱壳”，出现商业欺诈。

（二）几类常见的纠纷

1. 由于没有明确的法规，非居住物业业主大会难以成立。当业主与使用人同物业服务企业发生纠纷时，法院往往以没有业委会为由不予受理。

2. 由于没有业委会，物业服务企业在收取装修管理费、保证金、水电费，分摊维修费用时存在不公开、不透明的情况，业主租户权利不能保证。

3. 非居住物业大修、更新、改造遇到瓶颈。非居住物业大多数没有维修资金，即使有维修资金，由于程序的限制，也难以启用。老建筑年久失修，存在较大的安全隐患。

4. 分产权式商业物业无统一的“权力”组织，无法做到统一经营。由于建筑物区分所有权带来的业态混杂，这类产权商铺的纠纷时有发生，租户的利益受到极大损害。

二、 非居住物业管理立法的必要性

当前非居住物业管理中的矛盾和问题较集中，应依据上位法——《物权法》和《物业管理条例》，结合上海的具体情况，加快非居住物业管理的立法。

（一）非居住物业量大面广管理复杂

据 2011 年底统计资料显示，上海城镇房屋总量达 9.8 亿平方米，其中非居住建筑 4.3 亿平方米，约占房屋总量的 44%。上海以"四个中心"为目标打造国际化大都市，给非居住物业的发展带来了机遇。但随着社会经济的快速发展，非居住物业管理发生的纠纷与日俱增，由于缺乏非居住物业管理法规，物业服务企业在管理中往往"各行其道"，当事人在纠纷中"各执一词"，产生矛盾冲突，耗费了社会资源。

（二）非居住物业管理很难参照居住（住宅）管理条例

《物业管理条例》没有区分居住物业和非居住物业，内容多为规范住宅小区的管理。《上海市居住物业管理条例》调整范围明确为"居住"物业，2004 年修改时调整范围限定为"住宅"物业，仍明确非居住物业管理参照执行。由于非居住物业和居住物业的管理有着明显的差异，如何参照执行没有得到解决，频繁出现因业主、使用人关系复杂，业主大会表决难、维修基金使用难以及职责划分不清晰等问题引发的争议和纠纷。

（三）非居住物业管理立法的主要理由

1. 上海的非居住物业管理在国家层面有上位法——《物权法》和《物业管理条例》（重点放在居住物业上），而没有非居住物业管理的地方性法规和规章。所以，要结合地方实际加强立法工作。

2. 上海的居住物业管理条例对于非居住物业管理的差异性考虑很不够，在司法实践中以及在物业管理中都遇到无法可依的困境，需要研究分析存在的问题作为立法的基础。

3. 上海城市的创新驱动、转型发展，使非居住物业的业态发生了很大变化，对非居住物业管理提出了新的要求。非居住物业管理遇到新情况、新问题需要在法制轨道上逐步解决，以适应城市创新发展。

三、 非居住物业管理立法若干问题的探讨

（一）立法的利与弊

非居住物业管理是否立法已经争论多年。上海最初的讨论稿是全覆盖的物业管理条例，由于人大立法需要针对当时居住生活的突出矛盾，所以只出台了《上海市居住物业管理条例》（后来又修改为《上海市住宅物业管理规定》）。

非居住物业管理立法的有利之处是：有法可依、有章可循，能有效地减少非居住物业管理的纠纷。其不利之处是：非居住物业门类繁多，很难用一部法规来规范所有非居住物业管理行为；非居住物业自管的很多，且有一套行之有效的管理模式，立法则可能是一种束缚，不利于物业管理获得更大的发展空间。

（二）立法的障碍

1. 非居住物业类型多样，涵盖除居住物业外的所有物业：一是商业商务物业，如商业用房、商务性办公楼等；二是生产、科研性物业，如工业园区、科技园区等；三是公众物业，

如体育馆、博物馆、展览中心等；四是社会服务性物业，如学校、医院等；五是社会管理性物业，如机关、事业单位用房等；六是混合类物业，如综合楼、城市综合体等。各类物业还可细分很多类型，各种物业有所不同，统一立法有难度，立法的具体模式难以确定，广度和深度难以把握。

2. 非居住物业产权人复杂，利益难协调。有单个业主，也有多个业主，还有租赁人和使用人，关系比较复杂。由于没有成立业委会，各方利益难以协调。

3. 非居住物业产权人往往仅关注投资收益，对物业的使用和管理关注较少，相对于居住物业业主，对物业管理的参与度较低。

（三）立法的建议

必须深入研究非居住物业立法的法律特征，分清居住物业和非居住物业的法律特征差异。找出两者的立法差异性，就能基本完成立法的决策和方案。

1. 非居住和居住物业业主数量和结构的差异，产生重大的诉讼差异。经济实力不一样，业主自身的素质、诉求和博弈能力不一样，要给予非居住物业业主更大的权利。

2. 非居住物业管理涉及的类型多、内容多、关系多，需要规范的内容多。随着产业结构的调整和转型，业态也会发生很大的变化，而且非居住物业管理和物业的租赁管理关系复杂。所以，在立法设计中要充分兼顾非居住物业管理的特点和抓住主要矛盾。

3. 非居住物业管理规模不宜过大，注意不同业态的划分。由于居住和非居住物业在接受服务上的差异性，两者不宜划入一个物业管理区域，这需要在规划时着手考虑。

4. 立法思维和司法思维的差异。司法思维是先有结论，再去论证，立法思维则需要客观地去认识问题，提出多项方案，可以有理论、法理，但两者都是建立在实践的基础上。立法思维要侧重以下几点：一是发现客观本身的规律，二是强调法律自身逻辑性，三是为规律和逻辑建立桥梁，四是注意法律与行政法规的区别。

5. 非居住物业管理立法不可能一蹴而就，需要深入研究。在立法研究中坚持问题导向，从实践中寻找规律并进行制度设计。要以这次研讨会为起点，吸引更多的房地产专业人士和律师参与研究。市律师协会和市房产经济学会要继续发挥各自优势，加强研究合作，为健全房地产法规体系作出新贡献。

巩固调控成果　创新住房保障

——市房产经济学会等召开第八届苏浙沪房地产经济论坛综述

2012年10月23日，江苏省房地产经济学会、上海市房产经济学会和杭州市房地产学会在江苏宜兴联合举办以“巩固成果，创新发展”为主题的第八届苏浙沪房地产经济论坛，围绕房地产调控政策、住房保障政策、楼市运行剖析等方面展开交流和探讨，旨在巩固成果，推动房地产市场稳中求进，创新发展，进一步完善住房保障体系。江苏省、宜兴市有关领导出席会议，约150人参加了论坛。

一、 正确理解房地产业定位和房地产市场

（一）合理定位

当前正确看待房地产业在中国社会经济发展中的地位和作用，具有重要意义。我国房地产市场仍有较大的发展空间，主要基于四点认识。

1. 房地产是“房车时代”的第一内需。人们消费结构的改变，对经济发展产生巨大的推动作用。我国经过30年的改革发展，“衣”“食”问题已基本解决，现在改善“住”、“行”问题是经济发展的重点，“房”和“车”已成为现阶段经济发展的主要途径和动力。据统计，2011年全国居民购房花了9万亿元，其他消费也是9万亿元，住房消费占一半，家庭财产的60%—70%是住房，住房是人们最大的家庭财产。

2. 房地产业是实体经济的组成部分。房地产经济是虚拟经济的论点很荒谬。首先，房地产业发展带动建筑业、建材业、家具家电业、装修业、运输业等实体经济的同步发展，众多产业的产品汇集到房地产上，房地产实际是各产业的拼装体，成了实体经济的“装配车间”。其次，目前我国城镇化率在40%—50%之间，城镇化仍然有较长的路要走。城镇化需要盖房和建设基础设施，这些都离不开房地产业，房地产业成了我国城镇化的“施工队”。所以，房地产是实体经济毋庸置疑。

3. 房地产与宏观经济发展正相关。我国GDP增长速度放缓，很大程度上受制于房地产业的增长速度。房地产业建设加快，则国内生产总值增长加快，反之则下降。所以，房地产业与国民经济正相关。目前，全国24个制造业中有22个产业出现产能过剩，特别是钢铁行业，1/3产能过剩，这虽然与我国出口受阻有关，但房地产的宏观调控对此也有一定影响。

4. 房地产泡沫被夸大。房地产业发展对银行贷款有较强的依赖性，如今大量银行贷

款进入房地产业，一旦房地产泡沫破裂，银行承担的风险最大。有人做过调查分析，如果我国房地产价格下降 30%，银行还是能够承受，说明房地产泡沫还处于可控范围。从某种角度讲，银行的风险防控数据，也是对房地产泡沫程度的佐证。另外，住房限售政策稍有松动，住房交易量就会上升，说明人们改善住房条件的刚性需求依然十分强劲。所以说中国房地产有泡沫，但泡沫程度被一些人夸大了。

（二）合理区分

当前我国出台的调控政策，由于时间短促、措施粗糙，需要进一步完善：要区分投资和投机需求，允许投资需求的客观存在，这有利于租赁市场获得充分的房源；刚性需求要支持，限购政策不能一刀切，也不能一成不变，要不断完善；住房保障要尽力而为，量力而行，如有些城市房价本身是合理的，就没有必要硬性大力发展保障住房建设。

（三）合理回归

研究表明，2003 年以前房价每年平均增长率为 3%—4%，是比较合理的。2004 年以后达到 11%，大大超过人们收入的增长。因此，应该用房价收入比来评价房价的增长速度。房价合理回归的途径：一是房价下降；二是房价不涨，收入增加；三是供应结构合理，住房供应有不同层次，满足不同层次的需求。

二、 楼市剖析：租房可承受、购房有压力、泡沫在收缩

浙江大学房地产研究中心通过对浙江省 11 个地级城市二手房交易市场和二手房租赁市场数据进行检测分析，得出下列结论。

（一）房租收入比稳定，租房负担可承受

房租收入比指，住房月租金与家庭月收入之比，比值越大，则居民的租房负担越大。一般在 25%以内是合理的，30%以内是可承受的，超过 30%则表明租房压力过大。数据表明浙江省大部分城市房租收入比基本保持在 20%左右，虽有小幅回升，仍在正常范围内波动，租房负担是合理的、可承受的。

（二）房价收入比下降，购房压力仍很大

房价收入比指，平均住房总价与家庭年收入之比，比值越大，则居民的购房负担越重。目前，我国的房价收入比的合理范围是 8—10，但当前的房价收入比大多超过 10，居民购房压力很大。此外，调控政策对市场的影响具有一定的滞后性，要使房价合理回归，调控政策必须坚持不动摇。

（三）房价房租比回落，房地产泡沫在收缩

房价房租比指，每平方米的房价与月租金之比，反映住房交易市场与租赁市场的关系，也反映住房以租赁方式取得的投资回报。房价房租比合理范围为 200—300 之间，超过 500 则说明该区域房产被市场高估，投资风险较大。从浙江省 11 个地级城市来看，有 5 个城市房价租金比在 500 以下，投资风险较低；其余 6 个城市超过 500，均存在房地产投资过热和房地产泡沫。随着近年来房租的略升和调控措施实施后房价略降，房价房租比呈现下降态势，显示房地产投资有所降温，房地产泡沫在收缩。

三、 严格执行和完善限售政策

(一) 限售政策短期内不应放松甚至取消

限售政策是现阶段抑制投机投资性购房需求的有效手段。房价上涨过快、涨幅过大影响到房地产市场稳定,严重影响普通市民改善居住条件,限售政策避免了有限资源集中在少数人手中,有利于解决市场机制所不能完全兼顾的公平问题。当前,在抑制投机投资性购房需求的长效机制尚未建立健全,房地产税收、金融、土地等制度有待进一步完善之时,限售政策为加快房地产业改革,调整结构和转型发展,促进房地产市场长期、健康、平稳发展留出了时间和空间。

(二) 构建调控政策体系,完善限售政策

房地产市场的调控要采取行政、金融和税收、法律等综合手段来进行。

1. 税收可以成为限购政策的替换选择,主要措施有:一是流转税适度放开征收对象。对二套、三套房免征或低征,四套房适度加征,四套房以上以累进方式征重税。征收交易税实行累进制,易手时间越短,税率越高,每增加一年就少一些税收。最近香港提高炒楼印花税的做法值得借鉴。二是疏堵结合,减少空置。即堵住住房空置与炒作两扇"门",开启租赁市场的"大门",对空置房进行征税,而对投放到租赁市场的空置房,不但不征税还给予奖励,鼓励业主将其转化为出租房、廉租房、公租房,促进租赁市场进一步活跃。

2. 用金融手段调节市场。对基本住宅开发项目优先贷款,然后是一般住宅项目,对高端住宅项目则停止贷款。积极为房地产开发企业拓宽融资渠道,如股市、私募基金、信托等,以避免银行"一家独大"。对购房人的基本住宅需求适当降低首付比例,对一般性住宅需求适当提高首付比例,对高端住宅不予贷款。设立住宅银行将公积金收储起来,为保障房建设提供低息贷款,也可以低息贷款或贴息等方式为中低收入购房者提供优惠,并且将储蓄金额与住房贷款优惠相挂钩。

3. 用法律手段规范市场。加快制定《住宅法》,深化土地使用制度和征地制度改革,防止普通住房用地价格非理性上涨。应制定和健全税收方面的相关法律,使房产税等税收有法可依。

四、 推进房地产税制改革

(一) 房地产税制改革的目标

我国房地产税制改革的目标是:借鉴上海和重庆房产税改革试点经验,对居民新购商品房超免税标准部分开征房产税。开征初期,对居民家庭新购的人均面积超过 60 平方米以上的住房和非本市居民家庭新购的住房征收房产税,每年按应税住房市场交易价格的 70%计算缴纳,税率为 0.4%—0.6%。最终过渡到按房地产评估价的一定比例(70%左右)计算缴纳。在条件成熟时,根据房地产市场的运行状况,不断扩大税基和调整税率,再对居民已购存量房开征房产税,实行双轨并轨。

(二) 房地产税制改革分步实施

房地产税制改革的原则:一是先征新购房,后征存量房,二是实行"宽税基、简税种、低税率",三是平稳过渡、循序渐进。在步骤上分两步走。第一步:近期总结上海、重庆房产

税改革试点经验，制定统一开征新购房产税的改革方案，对新购商品房超免税部分征税，并根据市场运行状况，逐步扩大税基和调整税率。第二步：对居民的存量房征税。用 20 年左右的时间，实现以房地产开发流转环节税收为主向以房地产保有环节税收为主的房地产税制的转型。

（三）房地产税制改革的保障措施

一是建立健全房地产税收法律法规，二是建立全国联网的房地产信息系统，三是明确房产税的归属和用途。

五、 探索创新住房保障模式

（一）上海探索科学长效的住房保障运行管理机制

1. 建立住房保障准入标准的动态调整机制，不断扩大住房保障受益面。廉租住房从 2006 年开始连续六次放宽准入标准。共有产权保障住房从 2009 年开始已连续三次放宽准入标准，收入线已放宽到三人及以上家庭人均月可支配收入 5 000 元以下，人均财产 15 万元以下，把落户的引进人才、青年职工等均纳入了政策覆盖范围。

2. 创设申报信息综合比对机制，提高审核质量和效率。坚持申请对象如实申报、审核机关据实核查、社会公众参与监督相结合的申请准入机制，探索建立以信息化手段为依托的居民住房状况和经济状况核对新机制。住房保障申请家庭的住房状况，主要通过房地产交易登记系统和公有住房数据库系统进行核查。申请家庭的经济状况，主要通过民政、人保、税务、公安、交通等十多个管理部门信息综合比对的方式进行核查。其中，银行存款核查已覆盖 51 家中资银行及外资银行证券信息查询，已实现沪、深两个证交所的信息全覆盖。

3. 探索供后管理新路，形成有效退出机制。一是选择符合条件的经营管理企业和物业服务企业从事经租管理或物业服务，利用社会资源和市场机制提高运作效率；二是合理设置租赁型保障房的租金标准，形成有效的退出机制；三是利用信息技术设施开展专项检查，形成违规行为的发现机制，防止住房保障资源的不当流失；四是积极发挥物业服务企业、社区居委会等单位的作用，建立保障性住房联合监管模式；五是通过合同或协议约定对违规行为设定不同的处分措施，包括当面训诫、公开通报、提高租金或取消补贴、将不良诚信记录纳入社会信用联合征信系统、取消再次申请各类保障房的资格及按司法程序收回住房等。

（二）杭州公共租赁房“三阶段”发展模式

第一阶段：政府主导，新增建设，鼓励多元化供应模式。以政府建设为主，通过集中建设和配建，迅速增加公共租赁房的房源。鼓励社会力量参与投资，鼓励有条件的企事业单位或产业园区利用自有土地建设公租房，促进公租房多元化发展。

第二阶段：政府引导，利用存量，建立市场化运营模式。充分利用现有存量房源进入公租房管理体系。在政府引导下，培育和健全租赁市场，公租房运营逐步走向市场化。

第三阶段：市场主导，租金补贴，完善规范化管理模式。公租房发展向“市场主导，租金补贴”模式转变。政府基本退出对租赁市场的直接干预，政策重心转向补贴住房保障对象。

上海市基本建设优化研究会召开 2012 年会

上海市基本建设优化研究会与上海立信会计学院投资建设研究中心于 2012 年 3 月 29 日下午在上海市社会科学会堂联合召开 2012 年会。出席本次会议的有全市专家、学者、教授、企业家和工商管理学院教师及学生代表,共计 110 多人。

中国第七建筑工程局副局长、上海立信会计学院投资建设研究中心兼职教授易继平高工主持会议。上海市基建优化研究会常务副会长兼秘书长、上海立信会计学院投资建设研究中心主任黄汉江教授做了工作报告,他从坚持办好会刊《基建管理优化》、精心编撰三套丛书"沪江商学丛书"、"立信投资建设丛书"和"新世纪经济管理博士丛书"(共计已出版 130 多部著作、教材)、办好立信投资建设研究中心、优化社团组织建设等方面作了回顾总结,并对今后的工作作了安排。

会上,投资建设研究中心新聘 4 位兼职教授:上海庞源机械租赁股份有限公司董事长柴昭一、上海旺基房地产开发有限公司总经理沈定勇、上海复祥投资管理合伙企业总经理余允军、上海远田国际贸易有限公司董事长闫闻阃,并特聘中国科学院院士、中国土木工程学会原副会长、全国著名隧道工程专家孙钧为终身一级荣誉教授。

副院长李宪立、李政分别为工商管理学院新增实习基地揭牌。新增四个实习基地为:上海凯基置业有限公司、上海复祥投资管理合伙企业、上海远田国际贸易有限公司和上海康顺磁性元件厂。

投资建设研究中心兼职教授、上海地产集团业务总监、市基建优化研究会房地产委员会副主任委员陈仕中高工做了"上海市房地产形势与发展"的报告;张江高科科技园区开发股份有限公司常务副总经理、市基建优化研究会房地产委员会副秘书长周丽辉做了商务地产的报告,并解答了与会者提出的相关问题。

最后,上海立信会计学院党委书记董金平教授做了重要讲话,充分肯定了投资建设研究中心产学研结合的发展模式和取得的成效。

上海市固定资产投资建设研究会举办《转型发展中的投资与管理》学术研讨会

按照上海市社联"第6届(2012)学会学术活动月"系列活动部署,2012年10月25日下午,上海市固定资产投资建设研究会在市社科会堂召开"转型发展中的投资与管理"学术研讨会。会议由研究会副秘书长杜静安主持,上海从事投资与建设的理论工作者以及研究会团体和个人会员五十余人参加了会议。会议遴选12篇论文汇编成论文集。会上,有五位作者代表围绕会议主题作交流发言。会议由上海市固定资产投资建设研究会副理事长、上海社科院城市与房地产研究中心主任戴晓波研究员对学术研讨会内容进行点评。上海市固定资产投资建设研究会理事长孙熙宁在会上作了讲话。

研讨会集中反映了如下主要观点:

一、关于固定资产投资的转型

固定资产投资的方向、内容和转型是近期固定资产投资建设研究的重点。

上海在过去几年中,固定资产投资增速一直保持在一位数的低位,全国排名在2010年列倒数第一、2011年列倒数第二,依靠固定资产投资实现经济快速增长的基础不复存在。因此,如何实现固定资产投资的转型、开拓新的投资方向和领域、实现投资效益是未来上海市固定资产投资建设研究会研究的重点。

目前,上海已经基本确定将市郊区新城建设和居住区开发、市中心区改造和地下空间发展、公共性项目投资和交通能源基础性设施作为未来固定资产投资新的重点,这就要求总结以往的经验,通过转型实现新的发展。本次会议收到《大都市基础设施建设发展比较研究》(聂磊)、《城市基础设施建设投资转型的科学性与风险分析》(张雷、袁戟)和《公共投资的溢价回收模式研究》(马祖琦)等论文。与会人员借此开阔视野,获得许多借鉴和参考。

城市基础设施固定资产投资转型的目的是面对上海国际化大都市的功能需求,如何以国际先进水平为标准。虹口区建交委主任张雷和留学德国的袁戟在论文中指出,英国、美国、德国和日本等发达国家近期非常重视项目决策公开化和征求民意、项目投资市场化和资金来源多样化、项目风险控制制度化和程序性。上海投资咨询公司工程师聂磊在比较香港、新加坡、东京、伦敦和纽约的城市面积与人口等情况后,对道路交通、给排水、废弃物处理和城市绿化等方面进行具体指标分析,认为上海的基础设施在数量上已经达到较高的水平，但是在质量标准、结构体系、综合功能、系统效益等方面还有很多差距。

与此同时，城市建设投融资模式也需要转型。张雷和袁戟提出基础设施项目投资的公共性、投资主体的市场化、融资渠道的多样化、项目收益的效益型和项目建设和运行等风险可控性的转型发展建议；上海财经大学副教授马祖琦则提出城市级差地租上升后，土地增值部分通过土地征收与出让，实现溢价回收，作为公共利益再分配，实现城市建设资金的良性循环。

二、 关于城市基础设施管理的创新

随着上海城市公共基础设施的大量建成，基础设施管理已经成为未来发展中的主要问题，基础设施的管理创新和机制创新成为本次会议的热点。

在公共交通基础设施的管理创新方面，本次研讨会收到《以"创新驱动、转型发展"提升城市基础设施管理的水平和效率》(李怀宝、鲁国锋)、《城市经济发展与交通模式适用》(陈小雁)、《"公交都市"——上海城市的可持续发展之路》(孙霁)等论文，其中李怀宝和孙霁做了会议主题交流发言。在交通基础设施管理上，形成若干主要观点和共识：一是"公交优先"方向，上海投资咨询公司高级工程师孙霁提出上海应发展大都市城市普遍采用的"手型"交通走廊的公共交通体系，形成适应居住、生活和工作的人口布局、合理流量和便捷快速的公共交通系统。二是公共交通基础设施建设与管理"资源协同"原则，上海交通投资(集团)有限公司法务主管李怀宝在发言中介绍了上海公交巴士系统强化管理、整合资源、提高效率和增加效益的做法，阐述了公交枢纽管理创新、公交场站科技管理的思路，他的主要观点是公交企业通过统一管理、大区管理和专业化管理等手段，部分实现了交通枢纽站点整合、公交车场资源整合和公交站线整合，既可以提升管理水平，也可以实现资源的规模利用和节约利用，目前已经形成了一大批经验和技术积累。三是公交"依法管理"原则，上海市行政法制研究所陈小雁副研究员在论文中介绍了英美国家的交通法律规制，并提出上海进行交通立法，实现公共交通、绿色出行、优质服务和效率提升等目的。

会议还收到宝钢股份有限公司投资管理部田国兵部长提交的论文《特大企业集团工程项目管理系统应用实践》，从特大型企业的视角探索工程项目群管理(BPMS)的做法，这一管理系统在借鉴美国同类项目管理的做法后，由宝钢自主开发研制，为上海的投资建设企业提供通过项目管理创新提升项目管理水平的借鉴。

三、 关于城市绿色化的推进

研讨会的另一个重点就是城市绿色化的推进。绿色化是一个长期渐进的过程，按照国外的理念和实践，绿色化自 20 世纪作为环境保护的概念提出后，内涵和内容不断发生变化；目前的绿色化已经包括环保、节能、低碳和安全等众多的内容。会议收到的《上海绿色文化建设的思考》(王永文)、《浦东新区分布式能源发展路径与政策研究》(陈海)、《低碳生产，创建生态园区》(张维国、冯晓明、余仲华)、《我国土地低碳利用研究》(叶方、李晴)、《绿色雨水基础设施的探索与实践》(赵敏华)等多篇论文，从不同角度解释上海绿色城市的未来方向。

上海建立绿色文化是当前的迫切任务。上海市容绿化局办公室副主任王永文分析了中国历史上绿色文化的变迁和传承、国际化城市的绿色文化思想和模式,提出了上海建立绿色文化的重要性和必要性,分析了各方关系后提出,上海应该在绿色基础设施的基础上,进行绿色文化软件建设,强化运行和管理,上海率先实现大都市发展中的中国绿色文化的传承和传播。

节能和低碳型城市是上海的发展方向。上海市建设工程安全协会副会长、上海市固定资产投资建设研究会副理事长张维国高级工程师在发言中介绍了闵行开发区从招商引资投资为重点向低碳与生态园区转型的做法和经验,通过生态和低碳园区的发展,实现了产业转型和园区城市化转型,在开发区发展中率先走出了转型发展新路。

城市建设与管理的专业化领域的基础设施绿色化也是未来上海发展的重点。上海市水务规划设计研究院副总工程师赵敏华从绿色雨水基础设施角度阐述了专业基础设施绿色化的方向和趋势。绿色雨水基础设施是国际上通行的雨洪水径流疏导和灾害防范的通行做法,在中国城市化用地和建成区硬化的情况下,雨洪水灾害影响日趋严重,今夏北京发生的洪水灾害就是在这一背景下发生的。因此,构建绿色雨水基础设施标准和规范成为绿色城市中的主要组成部分。发言介绍了上海世博会场馆和新江湾城项目等绿色雨水基础设施建设和管理案例,从项目和区域角度验证了绿色化的重要性和可行性。

研究会常务副理事长兼秘书长柴荣华和会议代表、研究会副理事长陈海等在会上进行互动交流发言,就节能低碳问题和投资转型等内容发表自己的看法和意见。

研究员戴晓波就会议论文和交流发言,从全国和上海市固定资产投资宏观形势出发,评价了投资转型、管理创新和绿色城市等问题,概括性地将多位代表的发言主旨进行总结和归纳,并提出上海城市固定资产投资与建设的未来发展理念、研究方向和关注重点。

金融财税·会计·审计·其他经济

“2012 中国金融稳定发展的内生性与外生性因素国际研讨会”综述

为了深入研究和探讨中国经济和金融在动荡的国际环境下如何通过“内生性”发展来减少“外生性”冲击，2012 年 3 月 31 日，上海财经大学现代金融研究中心、上海财经大学金融学院、上海国际金融研究中心、上海市社联《上海思想界》、上海市金融学会、上海市世界经济学会、上海市金融信息技术研究重点实验室联合举办“2012 中国金融稳定发展的内生性与外生性因素国际研讨会”。

研讨会由上海财经大学现代金融研究中心主任丁剑平教授主持，上海财经大学金融学院常务副院长赵晓菊、上海国际金融研究中心秘书长李俭致辞。上午美联储旧金山太平洋圈研究中心主任、国际研究部副部长 Mark M.Spiegel（“世界经济情况与中国货币政策”），日本大和总研常务理事、前日本财政省研究局副局长金森俊树（“中国货币政策与中国的结构性问题”），美联储达拉斯研究部高级经济学家土健（“汇率、经常账户失衡以及人民币国际化”）以及复旦大学中国经济研究中心副主任殷醒民（“2012 年最优货币政策选择”）作了主题演讲。

研讨会下午分为两个会场进行圆桌讨论，主题分别为“2012 中国金融稳定的内生性因素”以及“2012 中国金融稳定的外生性因素”。在“2012 中国金融稳定的内生性因素”会场，中国人民银行上海总部调查统计研究部副主任顾铭德（“中国进入了均衡增长的新阶段”），上海交通大学中国金融研究院院长费方域（“银行流动性风险与银行稳定性风险”）以及上海财经大学金融学院副教授陈利平（“中国宏观经济的内在不稳定性及对货币政策选择的挑战”）分别进行了演讲。在“2012 中国金融稳定的外生性因素”会场，上海财经大学金融学院助理教授侯克强对中国经济运行的特征以及货币政策发表了演讲。来自美联储、日本大和总研、中国人民银行上海总部、复旦大学、上海交通大学、同济大学、上海财经大学、华东师范大学、上海国际金融研究中心、上海市金融学会、上海市世界经济学会、上海社科院世界经济研究所等多家高校和学术研究单位的研究人员以及业界专业人士出席了本次研讨会。

自 2012 年开始，困扰 2011 年的通胀问题已经不再严峻；2011 年底人民币汇率出现双向调整，人民币汇率升值的压力有所放缓；中央政府调低经济增长速度目标，并加快经济结构转型以及金融改革的进程。在这样的背景下，本次会议从外部环境、经济结构调整以及通胀等方面探讨 2012 年中国经济稳定发展。

一、 外部环境

(一) 外汇储备

美联储旧金山太平洋圈研究中心主任、国际研究部副部长 Mark M.Spiegel 认为，中国利率与世界利率之间的变化以及出口需求的变化是中国目前持有大量外汇储备的原因。在美国次贷危机发生前，中国的利率是低于世界利率水平，而次贷危机发生以及全球金融危机发生后，世界主要经济体都采用了宽松的货币政策，中国利率与世界利率形势逆转，这一过程伴随着中国外汇储备的飙升。此外，危机发生后，外部出口需求下降，也对中国经济产生了较大的冲击。

Mark M.Spiegel 还针对中国的利率高于国际市场利率、资本账户没有完全开放、浮动有限的汇率政策以及采取冲销干预这样一些特征，建立 DSGE 模型推导中国最优的货币政策。结果发现，当外国利率下降时，会增加对冲成本，给定汇率升值的幅度，会导致货币供给增加和通胀。当国外出口需求减少时，粘性价格下，会增加产出和通胀，货币当局提高利率。这样会导致国内外利差的扩大，对冲成本上升，进而央行会减少对冲行为，引起货币供给增加和通胀。

上海市世界经济学会副秘书长徐明棋认为，对经济体来说，如果有大量的经常账户盈余，需要资本账户赤字，国际收支才能平衡。但对中国来说，却是不平衡的，所以央行持有大量外汇储备。在日本，官方持有 1 万亿美元，日本民众持有 4 万亿美元。但是在中国，外汇被央行持有，私人部门拥有的非常少，怎样让私人部门持有更多的外汇是中国面临的问题。对中国来说，将盈余的钱转变成对国际的投资较为困难。在资本项目管制的情况下，对外投资非常困难，在中国我们应该说服个人和企业对外投资。

(二) 经常账户平衡

关于汇率和经常账户盈余的相互关系，美联储达拉斯研究部高级经济学家王健指出，一些经典的宏观经济模型认为，汇率会自动调整以使得贸易平衡，即经常账户盈余会导致货币升值，货币升值会导致本国的产品相对于国外来说价格上升，进一步导致出口下降，进口上升，逐渐使得贸易平衡。但是这种论断在数据上没有获得稳健的支持。表现在三个方面，汇率浮动越自由，经常账户不平衡自动调整不会更快；汇率对贸易价格的影响并不大；短期内价格变化对贸易需求影响很小。此外，以经济基本面指标，包括货币供应量、利率、经常账户以及 GDP 来预测汇率不成功。王健还认为中国经常账户盈余是因为中国的储蓄太高，近十年来，中国政府和企业的储蓄比例增加了很多，其中国有企业的储蓄增加更大。中国的政策制定者应该考虑到企业储蓄可能是因为信贷很难获得，尤其是对于小企业来说，出于避险以及未来投资需要大量的储蓄。国有企业自 2005 年改革后，逐渐从低边际利润的行业转移出来，利润上升，这可能是政府和国有企业储蓄增加的一个重要原因。建议在高边际利润的一些垄断行业中引入竞争，增加这些行业的效率，减少企业储蓄，促进经常账户平衡。

上海财经大学金融学院助理教授侯克强认为，中国不仅拥有大量的经常账户盈余，而且还是国际信贷市场上不成熟的贷款者，中国不能以人民币贷款给外国来为中国的外贸盈余融资，中国的金融机构持续地积累美元债权，中国金融机构的负债主要是人民币，随着人民币汇率波动的放宽，存在巨大的风险。

日本大和总研常务理事金森俊树认为，也许现在是放开利率管制的好时机，这对中国来说很重要，但是中国名义利率相对其他国家是很高的，所以吸引了很多热钱。

二、 经济结构调整

中国人民银行上海总部调查统计研究部副主任顾铭德对经济结构转型进行了论述，认为中国继续保持高经济增长、高出口的发展路径是不可持续的，出口导向需要向内需导向转变，这是自然的转型。顾铭德还认为中国保持 10%这样的高增长速度不是必要的，但是质量需要提高，体制性的改革和经济改革会加快步伐。

（一）出口导向不可持续

侯克强认为，中国经常账户盈余中的贸易以及直接投资在短期内很难发生改变，中国的出口中加工和装配占了一半，这表明在全球经济分工中，中国主要提供的是劳动力资源。Mark M.Spiegel 认为，中国的劳动力成本近年来不断上升，但是这种成本的上升不能够转嫁给美国，因为美国还有其他的贸易伙伴。

上海社会科学院世界经济研究所所长张幼文认为，不管人民币汇率怎样，中国的情况都会是盈余，因为出口必然比进口多，这是中国的经济结构问题，我们只有两条路可以走，一个是降低国内出口生产部门的工资，另一个是将加工产业转移到国外。然而随着人口红利的降低以及国内生活成本的提高，降低出口部门工资这一方向是不可行的，也就意味着在国内继续发展出口导向的产业是不可持续的。国内需求是最重要的问题，因为外部平衡依赖于出口市场，如果我们可以增加国内需求，促进中西部增长，将对外部需求的依赖转变为对内部需求的依赖，可能会促使中国经济步入一个新的阶段。

上海财经大学金融学院副教授陈利平对中国人口老龄化以及储蓄率的研究表明，中国居民储蓄率由 1985 年的 10%左右(农村居民储蓄率为 12.7%，城镇居民储蓄率为 10.1%)，上升到 2010 年的 28.7%，到 2043 年我国将出现严重的人口老龄化问题，居民储蓄率也将转为负数。而中国不能采用出口创汇，以外汇购买其他国家商品这一储蓄转化为消费的途径，要使中国经济稳定，就必须加大人力资本和技术投资。

（二）中小企业资金匮乏

上海财经大学现代金融研究中心主任丁剑平认为，在经济形势转好之前美联储都会做出保持低利率的承诺，目的在于给予经济中的个人和企业稳定的预期，使他们更愿意进行投资等活动，为经济体培养新生力量。而在中国，由于 2011 年出现大量外资涌入以及通胀高企，货币政策从紧，信贷收缩，造成企业普遍资金短缺。同时金融机构倾向于将资金投入垄断行业以及大型企业，小企业融资困难。2011 年下半年，就温州一地，出现大量企业资金链断裂而破产现象，这很可能会导致经济发展的后继无力。温州金融改革或可以推进利率市场化，引导资金流入实体经济，增加中小企业活力。

王健认为,中国中小企业的信贷约束情况较为严重,这使得企业普遍高储蓄以应对未来可能发生的风险,这也是导致中国持续经常账户盈余的原因之一。中国的金融部门效率是比较低的,可以先从促进国内的竞争着手,提高金融部门的效率。

(三) 资产泡沫

徐明棋认为,中国资产泡沫比当时日本严重。最好的消化泡沫方式是收入增长,逐渐消化泡沫,使得其他部门的价格逐渐上升到与泡沫部门差不多的水平,但是这需要很长的时间,也许是10年,或者更久。这一途径可能其他国家不能做到,但在中国可以实现,因为中国政府可以设置价格上限,可以限制交易。徐明棋还认为资产泡沫、通胀都不是大问题,而经济效率是个大问题。

丁剑平认为,中国的资金大多想进入有泡沫的行业进行投机,如房地产行业等,而需要资金的实体经济缺少资金。究其原因是缺乏完善的市场机制以抹平投机机会,并提供投资者和融资者交换资金的平台。以温州金融改革试点为例的金融改革,应试图改善储蓄转化为投资的机制,改善脱媒现象,并引导资金向实体经济转移。

Mark M.Spiegel认为,和日本资本账户开放之前比较,中国居民不知道钱放哪里好,所以他们买房子,买房子是他们能够做的一个很好的投资方式,造成了房地产市场的泡沫。这反映了中国的投资渠道有限,储蓄转化为投资机制不完善。

三、通胀

(一) 外汇占款

顾铭德认为,中国前几年货币的投放,基本上完全依赖外汇占款,外汇占款占中国央行基础货币投放量比例从20%发展到超过100%,货币平均的增速超过15%,其他有这样货币增速的国家,一定发生了恶性通货膨胀。外汇占款过大给中国控制通胀造成巨大压力。这个状况从2011年四季度起开始发生变化。

(二) 大宗商品与热钱

侯克强认为,中国很多金属的消耗量比美国高出很多,农业产品的消耗如棉花、大米、棕榈油、小麦、橡胶等都比美国高出很多。毫无疑问,全球商品和资源价格的上升是中国长期高通胀的重要影响因素。美国的零利率政策以及QE2等给新兴市场国家注入了大量的"热钱"(如巴西、印度、中国等)。此外热钱的流入也给中国经济带来了很大的挑战,包括官方外汇储备快速上升等。由于外汇储备的影响,中国的货币政策控制力受到威胁,外汇对冲影响到了银行信用的正常运作、资产市场泡沫如房地产泡沫的产生。

(三) 投资渠道缺失

陈利平认为,中国居民储蓄率高、外贸依存度高、外汇储备高,相应地国内存在产能过剩、流动性过剩,过剩的流动性涌入资产市场,又会造成资产价格的泡沫。

丁剑平认为,中国通胀主要是由于食品等行业的价格上涨,而食品价格上涨的根源是流通领域的垄断以及投机活动。此外,垄断是中国物价水平上涨的重要原因,以油价为例,国际油价上涨时,国内油价会跟着上涨,但是当国际油价下跌时,国内油价偶有下跌,而且幅度也相对较小。垄断行业大都有这样的特点。

张幼文认为，中国房地产市场价格上涨是因为中国的房屋买卖主要还是为了投资，其中真正的住房需求是比较少的，如果股票市场足够发达，人们有投资渠道，就不会都涌入住房市场。

金森俊树认为，和日本的泡沫情况有一点区别，中国仍然是有巨大的住房需求的，因此中国的房地产市场价格不会下降。这给中国控制通胀以及消灭投机造成很大困难。

四、总结

从外生性因素看，2011 年美国经济呈现较为稳定的复苏，美联储预计在 2014 年底可能会全面复苏，2012 年欧洲债务危机进一步恶化的可能性较低。但是从短期看，外部资金利率相对于国内较低，这给中国保持经常账户盈余带来压力。此外，短期内，出口需求疲软，出口增长对经济的拉动有限。

从内生性因素看，中国经济结构调整中最关键的问题是克服垄断的影响。这里的垄断包括两层含义，其一，金融行业被“垄断”，竞争不足，进入门槛高，限制了金融服务效率的提高；其二，实体经济被“垄断”，相对于国有企业和大型企业，小企业发展壮大困难重重，无论从制度上，还是实际经济运行，都不利于培养经济中的新生力量。因此，削弱垄断势力，为中小企业发展开辟空间，并抑制垄断造成的不良影响，如通胀、储蓄高企等。此外，以温州为试点的金融改革有必要探索中国“草根”对金融的需求，政府需要推动金融行业的活力，促进竞争，进而提高金融服务效率，推动储蓄转化为投资的能力，提高资金投资效率，培育更有生命力的中小企业。

“地方金融困局的破解与创新”学术讨论会综述

2012 年 9 月 25 日，中国浦东干部学院与上海市金融学会联合召开“地方金融困局的破解与创新”学术讨论会。来自中国浦东干部学院完善地方政府金融管理体制专题研究班（第 2 期）的学员和上海市金融学会会员就地方金融困局的破解与创新主题展开讨论。

会议分上下半场。上半场由上海市金融学会秘书长李安定主持。中国人民银行福州中心支行副行长杨长岩、富滇银行股份有限公司董事长夏蜀、江西省农村信用联合社理事长肖四如、上海交通大学教授胡海鸥分别作“县域经济与县域金融协调发展探究”、“地方金融困局的破解与创新”、“从金融家的逻辑看区域金融创新”、“当前形势下的银行选择”的主题演讲。

下半场由中央政策研究室国际研究局巡视员兼副局长周宁主持。江苏省人民政府金融工作办公室副主任聂振平、复旦大学教授干杏娣、河北省金融办副巡视员王留根分别作“地方金融困局破解”、“公共产品的长期信用融资探讨”、“以中观经济的视角，探讨地方环境与金融的融合发展”的主题演讲。

与会专家表示，中央政府与地方政府分层金融管理体制问题，地方融资平台与地方政府债务问题，实体经济发展与中小企业融资、县域金融发展问题，地方金融机构运作与地方金融风险防范问题等，诸如此类地方金融困局昭示着中国金融体制已到躲不过、绕不开的改革攻坚阶段。

河北省金融办副巡视员王留根指出，面对中小企业融资难、重点工程资本金筹集难、发展环境令人担忧的问题，寻求破解地方金融困局，为经济社会发展提供有力支撑成为重中之重。

在富滇银行股份有限公司董事长夏蜀看来，目前地方金融主要面临三大困局：地方金融监管体制失措，地方金融资源配置失衡，以及地方金融机构管理失当。

“而仅仅在地方金融监管体制失措方面我国也面临着三方面矛盾。”夏蜀指出，牌照金融的国家高度集中垄断与地方民间金融业的高度市场化和活跃度的矛盾；国家对金融业垂直统一的监管要求与地方金融业的联动监管、差异监管的矛盾；国家金融机构与地方金融机构的监管标准不一致矛盾。这些矛盾造成了地方金融监管真空、弱化和滞后，并且加重了民间金融的投机性与风险性。

要解决上述问题，专家认为要用市场的机制、法治的力量和创新的思维破解地方金融困局。其中，依靠法治力量和强化法制基础，建立有效的中央和地方分层金融管理体系至关重要。

而对于融资困难所产生的非法集资和高利贷问题，江苏省政府金融办公室副主任聂振平认为，应推动“放贷人条例”和“高利贷入刑”等法规产生，从而使民间借贷阳光化，维护社会稳定。

“第四届航运金融服务国际会议 2012”综述

为了探讨上海国际航运中心软环境建设，研究适合企业未来可持续发展的融资组合策略，上海市金融学会《上海金融》杂志和上海金融业联合会航运金融专业委员会、上海浦东新区航运服务办公室、上海国际航运中心发展促进会、上海组合港管理委员会办公室于2012年12月5—6日在上海浦东联合主办“第四届航运金融服务国际会议2012”。

浦东新区政府副区长朱嘉骏致开幕辞，表示要鼓励航运和金融合作的发展。之后上海金融业联合会副理事长季文冠致辞，指出航运和金融应紧密联系，目前金融业联合会成立了航运专业委员会，共同推进上海两个中心的建设。最后，中国人民银行上海总部调查统计研究部副主任顾铭德致辞并就上海金融发展情况发表见解。

交通运输部水运局副局长、上海组合港管委会办公室主任王明志就“借助高端航运金融服务提升航运业发展水平”这一主题发表演讲，解析了上海在船舶融资、海上保险、资金结算等业务的发展现状，同时结合国际经验探索了船舶融资租赁的新模式。希望构建一个与中国航运需求和经济体制相适应的航运服务体系，形成一条由政府推动、银行为主体、社会广泛参与的中国特色航运金融业务发展道路，建议上海航运管理和金融部门联合起来，争取有利的政策和资金支持，将国外先进的管理模式与上海自身的业务特点相结合。业界应共同参与并关注中国航运景气指数，积极认真地参与中国航运景气调查工作。随着中国航运景气指数的逐步成熟，其将在一定程度上影响世界航运业的发展格局，对我国航运企业、港口企业的发展及政府的决策将产生很大的影响。上海金融业联合会与上海国际发展促进会应当积极发挥作用。

上海市交通运输和港口管理局副局长张林就“上海国际航运中心建设的进程与未来展望”这一主题发表演讲，指出目前航运金融业务的发展已取得了巨大成效，但现在仍然是机遇和挑战并存的局面。

波罗的海交易所执行总裁Jeremy Penn就“全球航运市场及风险管理”这一主题发表演讲。指出波罗的海交易所提供的BDI指数已经成为衍生品运算的一项依据，并分析了BDI的几项特点：采用独立的运价报告经纪人，给出清晰客观报告；航线详细，反映真实市场；审核流程严格；不断与会员磋商，推进指数不断演进。最后，他提出未来波罗的海交易所将紧密联系与中国有关的油轮航线，创造新的一揽子指数。

会议汇聚全球顶尖航运金融专业人士、政府官员、投资者和航运企业、造船业等200多位航运金融精英，共同探讨“如何推动中国上海航运金融中心软环境建设”、“中外资航运企业及金融机构的机遇与挑战”、“企业如何应对当前严峻的融资形势”、“比较多元化的融资渠道及融资服务”、“找到适合企业未来可持续发展的融资组合策略”、“国内外企业如何共赢中国航运融资市场”等话题，旨在为航运业及金融业的共赢合作提供高端高效的沟通平台。

“《预算法修正案(草案二次审议稿)》征求意见研讨会”综述

我国现行预算法自1995年1月1日起开始施行,但随着社会发展,现行预算法已不能完全适应形势发展的要求,有必要修改完善。2012年7月6日,全国人大在其网站上贴出《预算法修正案(草案)》二次审议稿,并开始为期一个月向公众征求意见的法定程序。虽然草案二次审议稿对现行预算法作了一些好的改进,比如增强预算的完整性、科学性和透明度,但现有修改多集中于程序性的改进,在预算制度上并未作出实质性的修改。部分条款的修改仍存在争议,如央行经理国库条款的修改等。

为了推动形成一个更好的预算草案,2012年7月25日,上海金融与法律研究院联合复旦大学经济思想与经济史研究所,邀请长期关注财政与预算问题的政府、学界、业界专家学者参加《预算法修正案(草案)》二次审议稿征求意见研讨会,检讨当前草案二次审议稿的问题,逐条辨析并提出修改意见,最后汇总专家意见并成书至人大,为决策助力。

参加研讨的专家学者包括天则经济研究所副所长冯兴元、上海财经大学公共经济与管理学院教授蒋洪、邓淑莲、刘小兵、朱为群,社会保障与社会政策系副主任郑春荣,上海金融与法律研究院执行院长傅蔚冈,复旦大学经济思想与经济史研究所所长李维森,天津财经大学财政学科首席教授李炜光,中国政法大学民商经济法学院教授施正文,中央财经大学财经学院院长王雍君,上海交通大学凯原法学院法学教授许多奇,华东政法大学经济法学院院长吴弘,京衡律师集团律师王录春和湖北省统计局副局长叶青。经过深入探讨,最终总结了二十条针对草案二次审议稿的修改意见,涉及预算法制定目标、人大对政府支出的权利、国库制度、预算编制等内容。

一、目标

与会者建议将“健全国家对预算的管理,加强国家宏观调控”,修改为“为了强化预算的分配和监督职能,规范政府预算收支和管理行为,明确预算过程中公民、各级人民代表大会以及各级政府的权力和责任,保障经济和社会的健康发展,根据宪法,制定本法”。因为预算的本质是对政府预算行为的规范和约束。国家不等于政府,根据宪法明确预算过程中公民、人大、政府三者权责是预算法的宗旨与核心内容。

二、 人大对政府支出的权利

由于人大对政府的基本支出缺乏监督，使得公共财政被浪费的现象层出不穷。因此，有必要在《预算法》修改过程中明确人大的权力。亟待改进的制度有以下两点：

第一，在《预算法》中要体现“预算权归人大”的指导思想，要在具体的条文中加入“经人大批准的预算，非经法定程序不能改变”，同时还要加上“预算必须经过人大批准”。避免目前政府在执行预算时的自由调整，使得经过批准的预算沦落为走过场。

第二，有必要认真考虑“临时预算”问题。按照目前的预算审批程序，政府预算名义上要经过人大的批准，但是在实际的执行过程中，人大还未批准预算，政府实际上已经在开始执行预算了。因此，可以考虑通过改革预算年度，即将政府的预算年度与自然年度分开，让预算真正受到人大的约束。

三、 国库制度

在《预算法修正案（草案）》二次审议稿中，现行《预算法》第 48 条第 2 款“中央国库业务由中国人民银行经理，地方国库业务依照国务院的有关规定办理”被删去。第 5 款改为第 4 款，内容由“各级政府应当加强对本级国库的管理和监督”修改为“各级政府及其财政部门应当加强对本级国库的管理和监督”。新增一款：“国库管理的具体办法由国务院规定。”同时在“监督”部分，二审稿增加了各级政府财政部门负责监督检查本级国库办理的预算收入收纳、划分、留解、退付及预算支出的拨付业务的规定。

意见稿中的修改内容，不仅仅将国库经理制改为国库代理制，而且将原来处于灰色地带的财政专户制度变为法律的规定，并且升格成为了“财政专户体系”，如果这些最终变为法规，那么政府的钱袋子就会变成某个部门的小金库，将严重威胁中国的公共财政安全。为此，与会者建议《预算法》中还应该增加“所有财政资金都需放入设在中国人民银行的国库单一账户”的规定。

四、 预算编制

目前中国的预算编制以短期的现金收付制为主，从会计报表上看，最多只能算损益表。要进行中长期预算规划，就需要编制国家层面的资产负债表，将不同结构、不同期限的资产与负债纳入一张表中来审视这些资产与负债未来的收入、支出情况。

只有搞清楚国家的资产负债表才有可能对中长期的损益表有一个清醒的认识。摸清国家的家底（包括政府、居民、企业与金融机构等部门），可以判断“国家财富”的规模、可持续性，可以将经济、社会政策和结构性问题的长期的、隐性的成本显性化。因此，《预算法》必须应对这种变化，改变目前以现金收付制为主的损益表管理，以权责发生为原则，在跨期的视角审视资产负债表，这种视角下的“五年计划”、“产业结构调整”也有意义。也只有这样，才能完成《预算法》第 1 条所要求的“保障经济和社会的健康发展”。

此外，与会专家也对各级预算执行过程的法定授权原则、允许地方政府发债、增加《预算法》的可问责性、提高预算效率等方面也作出了相关建议。

"地方投融资机制与城市发展"学术研讨会综述

近年来,随着中国城市化的推进,地方融资平台的风险愈加引发大众关注,为梳理当前政府债务情况、明晰风险、提出应对之策,上海金融与法律研究院于 2011 年全面启动"城市化与地方债务风险"系列课题,以地方政府债务风险为线索,着眼于城市化、地方政府投融资体制及中央与地方、政府与纳税人关系调整等基础性机制,计划完成 10 至 12 个以不同角度、独到视角透视地方债务的课题。在顺利构建第一阶段子课题后,上海金融与法律研究院于 2012 年 5 月 27 日召开"地方投融资机制与城市发展"学术研讨会,旨在就上述课题相关问题进行讨论,同时接受各课题组对研究阶段性成果进行汇报,会同各专业领域相关专家及学科带头人,以提高研究质量,并就地方债务的核心问题达成共识。

一、 地方融资平台相关背景介绍

为了多维度、更深度地理解中国的地方债务和地方融资平台,研讨会特别邀请国家开发银行、中诚信证券评估公司、南京银行等机构的多位专家阐述开发性金融、债券评级、银行债券资产运营的实践。

从宏观整体而言,正如国开行科技局洪正华局长指出的,在地方政府财权和事权不匹配的情况下,中国城市化之所以取得目前的成就,地方政府融资平台在其中发挥了重要的作用,换句话,在中国目前金融市场发展程度下,政府融资平台是一种现实的制度安排,是一个合理的选择,因此,未来在设计地方债应对之策时,需要更多考虑中国现实的金融发展程度与政治因素。而作为国开行的一个优势,国开行研究院熊文副处长介绍了开发性金融对城市发展起到的重大作用,具体而言,他详细介绍了"芜湖模式"和"苏州工业园区模式"——即"打捆贷款模式"与"土地加金融模式",而这两种模式在众多的地方债务平台中并不少见。上海世界观察研究院副院长于向东对此表示了赞同,并指出国开行实践中的打捆贷款并不是简单地把所有项目放一起,累计出一个天文数字,其核心是以规划为前提的,因而能确保信贷融资与当地财力增长相匹配,实现银政双赢。

微观角度,中诚信副总裁陈斌指出中国城投债市场是个优质债市场后,重点介绍了城投债信用评级方法及其主要信用驱动因素,认为地方债务问题 2000 年之前是财政行为金融化,2000 年之后则是金融行为财政化,政府间接融资的还款安排存在较多的问题。南京银行总行金融市场部上海地区负责人唐英爽分享了南京银行发行次级债和城投债的一些案例,让与会者认识到了金融市场中的风云变化。

二、 地方政府投融资的效率、地方债务风险测度

在地方政府风险问题上，与会者的判断比较一致：短期地方债务无虞，但要解决其长期问题，需要更进一步深化改革，推进金融发展，匹配地方财权与事权。

当然，对风险的判断离不开对效率的测度。上海交通大学安泰管理学院副研究员黄少卿主持的子课题"基础设施投资：资金来源、投资效率与地方财政风险"，亮点就在于探讨了 1995 年以来基础设施投资效率及其对地方财政所引致的风险，其研究办法的核心是估算加总生产函数，基于此来评估基础设施资本和生产设施资本边际产出的比率。实证结果显示，中国整体上已经不存在基础设施严重不足的问题，在不发达地区甚至已经相对过剩。因此，中国在 2009 年和 2010 年的以基础设施投资为主的"四万亿刺激计划"在经济上是无效率的。

复旦大学中国经济研究中心王永钦教授在其主持的子课题"中国地方政府融资平台：效率、风险与政策"中指出，地方政府融资平台实际上是受到流动性约束的地方政府在经济发展过程中进行的一种金融创新，非常类似资本市场发达国家最近一二十年内出现的资产证券化，因此，研究中国的地方债问题，必须与中国的影子银行联系在一起。从效率角度看，基于 2000—2008 年的全国省际面板数据实证显示：融资平台对经济的影响是显著正向的。

在"财政金融关联与地方政府债务：基于金融监管的视角"这一子课题中，复旦大学中国经济研究中心研究员傅勇从全口径的资产负债表出发，认为地方债最大的风险是流动性风险，而爆发系统性的债务风险可能性不大；同时，由于地方债务膨胀不仅是个财政的问题，还是个金融问题，因此，从宏观经济周期出发，也可以验证财政-金融关联与地方债务的缩胀关系。从这点出发，将来城镇化的融资模式也要受到当前体制的约束。

此外，上海交通大学凯原法学院黄韬博士从法学角度观察地方债务问题，通过梳理时间节点以及重要的投资项目审批权限变化来看中央与地方事权关系变化；而青岛农业大学经济学院的李辉副教授则基于地方政府财富来测算其信用额度及分配；美国明尼苏达大学汉弗莱公共事务学院副教授赵志荣承接的课题主要侧重案例分析，以明尼苏达州为例，介绍其交通财政资金来源、资金分配、新议题以及对中国的启示。

三、 地方债务风险的应对方案

无论如何，地方债务风险始终是悬在中国未来经济稳定与增长之上的达摩克利斯剑，如何化解？洪正华指出，地方财源建设和财政制度改革是解决地方政府债务的最终途径，具体包括：地方政府财权与事权的匹配是财政改革的先决条件；地方政府负债要纳入预算体系和法治体系管理；税制改革需要建立地方主体税种，摆脱地方政府对土地出让的依赖。于向东补充强调，目前，地方债务短期的主要风险来自政策部门，所以，防范风险需要相关部门政策的统一性、透明性和完整性。

王永钦的课题报告也表示，化解地方债务风险，长期来看，中国需要对金融体系进行深刻的改革和设计；但短期内却应该鼓励地方融资平台与项目的证券化，将对信息敏感的资产变成对信息不敏感的资产，以此来提高市场的流动性和交易量。具体而言，在目前的

背景下,中国应该充分发展具有优质抵押品的地方政府债券和企业债券。

黄少卿在其中期课题报告的基础上,指出未来地方政府在进行大规模基础设施投资时,必须要与私人性的生产设施的投资形成齐头并进的良性局面,任何一种资本相比于另一种资本的过快增长都会产生静态的资源误配,从而不利于本地区的经济增长,也不利于地方财政稳定。

傅勇在充分考虑中国现实情况后,认为未来中国城镇化融资模式还会是一个比较丰富的融资体系,不可能一步跨到西方的融资模式:地方融资平台的贷款还将继续存在,包括地方债试点、城投债等直接融资的比例会有所上升,通过税制改革地方政府收入来源渠道也会慢慢变多。为此,要明确地方人大等机构对市政债的审议监督作用;中央对总的债务规模、债务负担率方面作出一些规定,满足稳健性要求;再有是要增强透明度;然后强调评级的作用,增加市场约束等。

“中国工艺美术大师刘忠荣艺术学术研讨会”综述

2012 年 11 月 17 日下午，上海市社会科学界联合会第 6 届学术活动月——上海工艺美术学会、上海工艺美术行业协会、上海工艺美术博物馆联合主办的“中国工艺美术玉雕大师刘忠荣艺术学术研讨会”在上海工艺美术博物馆隆重召开。上海市社联、上海博物馆等多家协会领导和代表以及上海玉雕行业大师、专家等 25 人参加。

会议由上海工艺美术学会常务理事、秘书长周南主持，他首先介绍这次会议是上海市社会科学界联合会第六届学术活动月的重要内容之一，也是上海工艺美术博物馆建馆十周年系列活动之一，将对推动海派玉雕文化的繁荣和发展产生积极的影响。

会议议程将分三个部分：一、领导致辞；二、嘉宾主旨讲话；三、来宾自由发言。

会议首先由上海工艺美术行业协会会长沈国臣致辞，他对各位领导、来宾、大师、专家、代表等出席研讨会表示欢迎。赞赏刘忠荣大师是玉雕界出类拔萃的领军人物，他的作品巧夺天工、独具匠心，特别是他独特的创意和个性，代表了上海的风范和特色，对推动上海玉雕文化和工艺美术行业的发展起到重要的作用。

上海市社联学会处梁玉国博士讲话，他说这次上海工艺美术学会主办的“中国工艺美术大师刘忠荣艺术学术研讨会”是上海市社联第 6 届学术活动月内容之一，早在 10 月 19 日就通过上海解放日报、文汇报等媒体作了介绍和宣传；刘忠荣大师在上海乃至国内都享有极高的声誉，我们对外宣传文化到底在哪儿？怎样做到大发展大繁荣？这种内涵就蕴藏在刘大师的艺术里，他的玉文化体现了传统文明的精髓。梁玉国提出：希望刘大师的艺术今后不仅在国内，而且在国际上产生巨大的影响。

刘忠荣大师在现场从三个方面讲了自己的创作感悟：

一、感谢 40 多年来领导、老前辈、老同事、老同学对他的一贯支持和帮助。二、如何从翡翠炉瓶的制作转换成对和田白玉的研究、从接触白玉到实际制作，整整花了 10 年的功夫“磨剑”。三、从适应市场，玩家、收藏家的需求和认可找准切入点，到著作权登记，走上持续发展的道路。他说：我是为玉而生，我有一个团队，但我是我，我的作品要亲自设计，亲自制作，才是我的作品。

中国工艺美术大师、上海著名画家萧海春先生的观点是，刘忠荣大师为玉而生，有天赋是一方面，更重要的是他靠自己多年实践，痴迷地投入，这是成功的根本。他自己也在上海玉石雕刻厂工作过，在玉雕界这行里，刘忠荣大师是公认的顶尖人物，同样白玉，大家都在做，只有他做得最好！为什么呢？有三大原因：一、他技术过硬，他有他的特色，别人模仿不了，这同他的良好基础有关系，他读懂了材料的好坏、硬度、形状和内涵，做出的作品让大家看得清晰、舒服。二、他为玉而生,要有天赋是一方面,更重要的是他靠自己多年实践,痴迷地投入,才有今天的成功。三、要树他为标杆领军人物,要立正面形象,揭穿那些靠吹牛、吹捧、炒作出来的所谓"大师"面貌,才能正本清源。

上海博物馆研究员资深玉器专家张尉的观点是,刘忠荣大师把古今的工艺和忠荣玉典巧妙地结合、推出精品佳作是水到渠成。他从设计理念、艺术风格,古今对照来看刘忠荣大师今天技艺的发展,分析玉器从汉代直至明清的演变就是从小众逐步走向大众、从皇宫走向民间的过程,然而今天的刘忠荣大师把古今的工艺和忠荣玉典巧妙地结合起来,体现出他的风格,他的思想,时代的脉搏,有鲜明的个性。当然玉雕大师除了要有流传后世的精品佳作外,还要有创造力和艺术追求,有担当,有引领,更要有前瞻性,才能有持续的良性的健康发展。

会上发言的还有上海工艺美术学会玉文化专委主任钱振峰、上海海派玉雕文化协会会长孙敏、上海宝玉石行业协会副秘书长郭林锡等,他们都被大师刘忠荣先生的"玉德"所感悟,折服,称赞他创造了中国很多个第一,玉雕是上海工艺美术行业的典型象征,而刘忠荣就是玉雕界的杰出代表,是当代中国玉雕的灵魂人物和鲜明旗帜。

会议最后希望刘忠荣"老骥伏枥、志在千里",在今后的艺术生涯中创作出更精致、更赏心悦目、更有典范意义的作品,祝他艺术之树常青。

研讨会后隆重举办了"峥嵘岁月——刘忠荣大师玉雕精品个展"。

语文·教育·文化·新闻

大学校长与大学文化传承创新

——上海市高等教育学会第七届大学校长沙龙会议综述

为推进社会主义文化大发展、大繁荣，强化大学文化传承创新的使命，2012年3月22日，上海市高等教育学会假座华东政法大学召开第七届大学校长沙龙。沙龙的主题是“大学校长与大学文化传承创新”，来自全市30余所高校近百名高校管理者和理论研究者围绕大学文化的内涵、大学文传承创新的战略意义和大学文化传承创新的现实途径等议题进行交流和讨论。

一、 文化传承创新要重视发挥大学的引领作用

大学具有深厚的文化底蕴，是优秀文化传承的载体和思想文化创新的基地，在文化传承创新中有着举足轻重的地位。在中国近现代史上，传统文化每一次超越与创新几乎都可以找到大学的身影。上海师范大学党委书记陆建非教授在会上提出，大学是传承人类文明和民族文化的重要载体，但不能仅仅局限于传授知识和技能，而应是融合多种文化并实现文化交集的场域，是大彻大悟之地、大爱大善之处。它要摒弃愚昧，更要引领市风。大学不应该沦落为一个简单的教学机构，而应该是社会的思想库、一座城市的文化高度，更应是民族精神的守护者、弘扬者和丰富者。

大学对教育同样具有不容小觑的示范和表率作用。中国高等教育学会副会长、上海高等教育学会会长张伟江教授认为，教育是一个整体，高等教育占据整体教育层次的高端，处于引领和制高点地位。虽然高等教育和其他各类教育分属不同的管理和运作体制，但高等教育的改革发展却对各类教育和整个教育本身的改革发展起着导向和引领作用。我国基础教育目前存在的一些老大难问题，如异地择校、文理分科、招生公平等往往都可以从高等教育找到部分内部改革发展的关联因素。此外，高等教育由于其自身固有的整体教育层次高端的特点，也需要对各类教育和整个教育本身的改革发展承担更多更重的责任和义务。因此，在文化传承创新过程中重视发挥大学的引领作用是历史必然。

二、 大学文化传承创新要有高度的文化自觉和文化自信

历史经验和实践证明，一个民族的觉醒最早来自文化的觉醒，一个国家的强大，也映

衬了这个国家的文化自信。所谓文化自觉是指人们充分认识到文化在人类历史进步中的作用和地位,能够准确把握文化发展的趋势和规律并且主动地承担发展和创新文化的责任。所谓文化自信则是指对自身文化价值的高度认同和对自身文化发展所持有的坚定信念。大学要切实履行文化传承创新的新职能,关键在于要有高度的文化自觉和文化自信。

中国高等教育学会副会长、上海高等教育学会常务副会长、上海师范大学原校长杨德广教授指出,经过30余年的改革开放,我国的综合实力显著增强。近年来,又先后赶超英国、德国和日本,成为世界第二大经济实体,人民群众的物质生活水平大大提高。如何才能继续保持这种良好的发展势头?未来的发展动力是什么?仅仅靠物质远远不够,更重要的还要靠文化,必须要发展比物质力量还要强大的文化力量。一个国家、一个民族,只有不断传承和创新自己的文化,她的生命力才能延续发展下去。他认为,实现民族振兴和文化强国的伟大目标,大学有着不可推卸的社会责任和历史责任,必须敢于担当,而且应该要树立文化传承意识、文化建校意识、文化育人意识和文化引领意识。

然而,高等教育实践中大学缺乏文化自信和文化自觉的现象也不少见。同济大学章仁彪教授结合前段时间美国狄克森州立大学向中国学生滥发文凭一事认为,中国的大学越来越缺乏自信。而比缺乏自信更严重的是,大学的文化自觉也令人堪忧,大学变得越来越只有知识没有文化了。

而事实上,我国大学的文化自信应该有十足的底气。杨德广教授认为,这种底气来自优秀的、生生不息的中华民族文化强大的凝聚力和向心力。章仁彪教授认为,中国大学在一百年的坎坷发展中积累了许多优点,这些经验可为当代的大学提供信心。

三、大学要在文化传承创新中实现文化育人

实现文化育人首先要转变教育教学观念。大学不应该仅仅是传授学生知识,而应关注学生全面素质的提高,不要培养知识人或技能人,而要培养文化人。华东师范大学副校长陆靖教授认为,一所大学的质量很大程度上取决于其所培养的人才的质量。而人才培养的质量又要取决于教师是否做到从单纯地传授知识向传授文化价值观念和科学思维的转变。华东政法大学校长何勤华教授结合法科院校的特点认为,法学教育应该旨在培养学生的法律精神,为此要树立求变创新、法律人格、全程培养、社会实践、开放办学以及追求卓越等先进理念。

其次,实现文化育人还要创新人才培养模式。对于工科院校而言,产学结合是培养人才的实践选择。上海工程技术大学副校长陈力华教授认为,产学合作教育是大学文化传承创新实现文化育人的有效途径。他认为,产学合作教育采取“工学交替”形式,学生不仅学到了知识文化,而且也学到行为文化,从而不断促进“大学人”与“社会人”互相融合。

再次,实现文化育人还要调整学科专业结构。学科专业是文化在高等教育中的“知识化身”。因此,文化传承创新需要突破原有的学科专业建设模式,将“知识本位”转向“学生本位”。上海戏剧学院院长韩生教授指出,以人才培养为目标的学科和专业体系建设是学校的核心基础工程,这一体系的属性和结构决定着学校整体的性质和格局,是学校的综合性、长远性的基本建设。他主张大学应该要注重学科专业的生态系统建设,但同时要避免

为学科而学科的“建设”和功利主义学科建设两种思维，从而从根本上保证文化育人目标的实现。

四、大学要营造特色鲜明的大学文化

大学发展史证明，一所没有文化的大学是没有前途和希望的大学，一所没有个性鲜明的文化的大学也不可能培养优秀的人才。

大学文化在精神层面主要体现为办学理念。办学理念一经形成就趋于稳定，无论是哈佛还是北大概莫如此。因此，尽管大学历史有长短，区域有差异，但办学理念终究是稳定的。据潘迎捷校长介绍，上海海洋大学建校百年历史上，虽然改了 7 次名，搬了 5 次家，但始终坚持“渔船就是海权”的办学理念。作为一所建校历史不长的高职院校，上海中侨职业技术学院确立了“做人、做事、做学”的办学理念，蒋志明院长认为，育人为本要以文化为魂。这是教育的本质要求和价值诉求。育人为本不仅要关注人的当前发展，还要关注人的长远发展，更要关注人的全面发展，即关注人的终身发展。特别是在大学教育普遍“灵魂迷失”的当下，以文化为魂更具有不可替代的重要性。

大学文化在环境层面主要体现在校园文化上。陆建非教授认为，校园文化就是特定时空当中的精神环境和文化环境，它不是一个很抽象的东西，比较实在，如社团组织、校歌、校旗、校标、校色、校报、校园网站、校园景观等。目前上海师范大学有多个校区，每个校区由于发展历史长短不一，其校园文化的差异也较明显。但这些校园文化并没有本质上的好坏之别，为了整合、提升上海师范大学的校园文化，他提出构建多校区交融互动的校园文化的设想。

大学文化也可以体现在制度层面，由制度转化而来。陈力华教授认为，如果一项制度只停留于形式化的书面形式，或者只停留于程式化的实践形式，这项制度还是谈不上一种文化。只有当制度内化为人的共识、理念、价值、追求和内心的准则，成为人们自觉的意识，并外化为自觉的、积极的行为，这项制度就会成为一种文化。

上海市辞书学会举办“汉外学习词典编纂与对外汉语教学研讨会”

2012年6月14日下午，由上海市辞书学会主办、上海译文出版社承办、上海辞书出版社及上海外语教育出版社协办的上海市辞书学会“汉外学习词典编纂与对外汉语教学研讨会”在上海译文出版社召开。来自上海高校及辞书出版机构的学者30多人参加会议。会议由上海译文出版社副总编朱亚军、上海外语教育出版社辞书事业部主任张春明及上海外国语大学国际文化交流学院教授杨金华主持。与会者围绕汉外词典的编纂、辞书语料库的建设及词典与对外汉语教学的密切关系等方面，展开了热烈的交流与讨论。

上海市辞书学会会长、辞书出版社社长彭卫国及上海译文出版社党委书记、社长韩卫东到会并做了开幕发言。彭卫国指出，这次会议是学会首届大规模的学术研讨会，具有里程碑式的意义。会议的议题既关系到汉外学习词典的编纂，又为对外汉语教学和国际文化的交流提供了很好的平台，十分有意义。韩卫东阐述了辞书数字化编纂的广阔前景和数据库编纂平台的建设情况。会议围绕三个方面展开：(1)外向型词典与内向型词典的比较研究。杨金华教授专门就外向型学习词典的类型分类，提出了自己的独到见解。东华大学教授胡清国提出了外向型词典和内向型词典的编纂原则差异，从浅显性、实用性、语境性和针对性等原则出发探讨了编纂原则。(2)现有汉外词典的编纂。上海海事大学老师刘娅琼对现有外向型学习词典的释义存在的问题发表了自己的看法。上海辞书出版社李潇潇就认知词典学视角下外向型学习词典的中观结构编纂进行考察。上海译文出版社李皓讨论了日汉词典中文化局限词的处理方式。复旦大学教授王景丹对中国与日本的外向型学习词典进行比较，结合其对外汉语教学实践，指出汉外学习词典存在的一些问题等。上海音乐学院老师祁峰探讨了对外汉语词典释义的几种不同的编纂方法。上海师范大学翁晓玲老师以《商务馆学汉语》词典为例，阐述了义项的切分问题。(3)基于语料库的辞书编纂与辞书数字化。上海交通大学教授郭曙纶就辞书编纂依托的语料库建设发表了自己的看法。黄友老师论述了汉语易混词词典与语料库建设之间的关系。张春明主任展示了上海外语教育出版社自行研发的双语词典编纂系统平台。同济大学教授刘运同论述了电子词典的优与劣。

会议最后由上海市辞书学会秘书长徐祖友编审做总结发言。徐祖友高度评价了研讨会的价值，并殷切希望学会今后能为相关领域的有志之士提供更广阔的交流平台，为汉外学习词典的编纂和对外汉语教学的推广作出贡献。本次会议是上海市辞书学会中青年沙龙第三次学术研讨会，也是就汉外学习词典与对外汉语教学举办的首届学术研讨会。与会专家学者紧扣议题，讨论充分热烈，为今后学会举办更大规模、学术性更强的研讨会奠定了很好的基础。

上海市辞书学会举办“词典编纂系统研发与语料库建设学术研讨会”

由上海市辞书学会与上海外语教育出版社(简称“外教社”)共同举办的“词典编纂系统研发与语料库建设学术研讨会”于 2012 年 11 月 16 日在外教社大楼举行。与会代表共 46 人,分别来自上海市社会科学联合会、上海外语教育出版社、上海师范大学、上海交通大学、上海社科院、上海译文出版社、上海科学技术出版社、上海理工大学、上海辞书出版社、上海数字世纪网络公司、《汉语大词典》编纂处、《英汉大词典》编纂处、复旦大学、《辞海》编纂处等单位(按笔画排序)。

在研讨会上,上海市社联代表何宝军简要介绍社联“学术活动月”的情况,表达社联对学术活动的支持。上海外语教育出版社社长庄智象概述外教社辞书出版情况以及外教社在承担上海市科委课题“双语词典编纂系统的研发”过程中的经验与收获,指出建立系统化、科学化、规范化的自主词典编纂系统的重要意义。八位代表分别做主题发言,从不同角度探讨词典编纂与语料库的应用、词典编纂系统的研发及发展趋势等。

中国辞书学会辞书编纂现代化技术专业委员会主任乐嘉民在题为“突破传统观念,建立新型的辞书编纂模式”的发言中,主要论述国内外词典编纂平台和语料库的发展与应用情况。上海数字世纪网络有限公司常务副总经理张国强在题为“一个基于互联网词库的小实验”的发言中,将数据堂(互联网网站)提供的互联网词库与《辞海》中的词目进行对比,提出在现代辞书编纂中要合理利用语料库。上海交通大学国际教育学院多元文化研究所所长郭曙纶在题为“基于语料库的汉语字典编撰:设想、实践、问题及对策”的发言中结合编写《HSK 多功能例解字典》的经验,讲述语料库在词典编纂中实际应用的体会。《英汉大词典》编纂处副主任张颖在题为“关于词典编纂出版系统研发的若干思考”的发言中,从辞书编辑的角度出发论述词典编纂出版系统的作用,提出系统研发及运作过程中遇到的问题。上海理工大学数字出版研究所所长周澍民在题为“从数字出版的特点探讨工具书编纂平台的发展趋势”的发言中,分析了工具书编纂平台的构成、功能、技术需求及数字出版的特点对工具书编纂平台发展的影响。上海外语教育出版社辞书部主任张春明在题为“外教社双语词典编纂系统研发综述”的发言中,介绍了外教社双语词典编纂系统研发的背景、研发思路、系统构架与特色,并简要阐述了辞书编纂平台建设的数字化、标准化和通用性的意义。外教社编辑潘敏、贺敏现场演示了外教社自主研发的双语词典编纂系统,内容包括词典编辑客户端的基本功能、词典项目在线管理及英汉平行句对语料库检索。

研讨会由上海市辞书学会秘书长、《辞书研究》执行副主编徐祖友主持。

上海炎黄文化研究会汉字书同文研究专业委员会举行第一次工作会议

2012 年 9 月 21 日下午，上海炎黄文化研究会汉字书同文研究专业委员会在上海社会科学联合会举行第一次工作会议。出席会议的有上海炎黄文化研究会理事、汉字书同文研究编辑委员会主任周胜鸿、上海炎黄文化研究会会员、上海炎黄汉字文化园理事长曹金荣、中国语文现代化学会理事，上海炎黄文化研究会会员蔡永清、《汉字书同文研究》编辑委员会副主任、上海译文出版社编审俞步凡、汉字书同文研究沙龙理事柴涌泉、上海财经大学教授彭嘉强。

会议讨论下列议题：

一、周胜鸿汇报在上海炎黄文化研究会秘书长姚树新、副秘书长潘为民的关心和指导下制定《上海炎黄文化研究会汉字书同文专业委员会工作条例》的过程及其内容；汇报汉字书同文研究专业委员会组织机构候任人员名单。上报请审核的候任人员名单是：主任：周胜鸿、副主任：潘颂德、曹金荣、蔡永清（兼秘书长）。

经过审议和讨论，大家一致表示赞同。会上，与会者对十多年来参与书同文研究的广大海内外专家学者和社会各界朋友表示衷心的感谢；欢迎大家作为研究会的会友，共同参加书同文研究；同时，研究会也会继续到上海以外的地方举行书同文研讨会。

二、会议建议在 2012 年 4 月 20 日（谷雨）于上海举行第 16 次汉字书同文研讨会暨“中华汉字节”倡议纪念碑（上海碑）揭碑仪式。为了进一步推动落实由中国与新西兰学者于 2009 年 8 月在秦皇岛举行的第 12 次书同文研讨会上发起的设立“中华汉字节”联合倡议，会议建议继 2011 年谷雨在陕西白水仓颉庙建立“中华汉字节”倡议纪念碑后，分别在上海的“上海炎黄文化园”、秦皇岛的秦王宫遗址博物馆及其他更多的地方建立“中华汉字节”倡议纪念碑，形成继承和弘扬汉字文化的良好风气。

三、曹金荣汇报关于筹建“上海炎黄文化园”的计划。日前，上海炎黄文化研究会常务副会长杨益萍一行实地考察了正在上海青浦兴建的“上海炎黄汉字文化园”工地。杨会长一行建议扩大“上海炎黄汉字文化园”的项目内容及布展范围，把“汉字文化”涵盖在“炎黄文化”之内，可以把“上海炎黄汉字文化园”名称改为“上海炎黄文化园”；并指示在园内建筑上要有传统的民族风格。大家希望能有机会参观“上海炎黄文化园”，投资兴建的青年企业家曹金荣表示非常欢迎大家光临指导。

四、会议还讨论由上海炎黄文化研究会与新西兰中华文化学会联合主办首届国际汉字书同文学术研讨会的建议。大家认为目前联合举办首届国际汉字书同文学术研讨会的条件已经成熟；由于国内办理护照及签证手续比较麻烦，2012 年没有时间举行。建议通过中新两会的进一步协商，充分筹备，首届国际汉字书同文学术研讨会在适当的时候在新西兰举行。邀请新西兰中华文化学会在适当时间来上海协商会议筹备工作，共同签发会议通知。

国际问题·港澳台问题

欧洲债务危机:不同视角与观点

——上海欧洲学会第五次会员大会暨2012年学术年会综述

2012年12月23日,由上海欧洲学会主办、华东师范大学国际关系与地区发展研究院承办的学会第五次会员大会暨2012年学术年会在华东师大召开。学会会员近70人出席会议。会议在完成会员大会各项议程后,以"展望欧洲与中欧关系"为主题进行学术交流和研讨。上海国际问题研究中心理事会副主席、上海欧洲学会顾问潘光教授,上海社科院世经所副所长、会长徐明棋教授,复旦大学欧洲研究中心主任、副会长丁纯教授,上海外国语大学欧盟研究中心执行副主任、副秘书长戴启秀教授,华东师大欧洲研究中心副主任余南平教授等分别作主题发言。

一、 欧洲债务危机: 不同视角与观点评述

徐明棋教授所作"欧洲债务危机:不同视角与观点评述"的主题发言,系统归纳海内外有关欧债危机的研究观点和视角。

(一) 危机爆发的原因

1.独立的财政政策与统一的货币政策矛盾论:统一的货币形成市场错觉导致南欧国家的举债成本降低是主要原因;面对外部冲击,不同国家的应对能力不一,弱国陷入困境。解决危机的根本办法是建立财政联盟,甚至建立政治联盟。2.不完全最优货币区论(货币区条件缺失论):欧元区国家的经济同步性差,生产要素缺乏流动性,导致面临外部冲击时无法协调,实证分析证明希腊这类国家不适合加入欧元区。3.财政寅吃卯粮,福利制度无以为继论:边缘国家严重违背了《稳定增长公约》,财政赤字和政府负债严重导致危机爆发,因此首先需要财政紧缩。也有一些学者否认两者之间的相关性。4.欧盟制度缺陷论:《稳定增长公约》缺乏严格的约束机制,罚款条款无法落实;欧洲中央银行体制缺陷;成员国丧失了自己的货币主权;金融稳定机制缺失。5.政治危机、民主赤字论:欧盟机构和政府在解决债务危机上的措施法律依据不足,无法得到大多数民众的支持,民众反对紧缩政策的游行示威是民主意愿与政府政策之间鸿沟的一种表现。6.政策失误论:各个国家对政策各行其是,不考虑对其他国家的影响,比如扩张的财政政策。7.金融投机操作以及评级落井下石论。8.银行体系脆弱论:银行资不抵债,濒于破产边缘,政府不得不解救,使得

银行部门的危机变成政府的信用危机。应建立统一监管，理顺银行负债表。9.经济增长不振、竞争力衰减论：成员国竞争能力有差异，欧盟没有促进增长战略，银行从事资本市场的银行业务风险高。10.外部失衡论：美国金融危机传染导致全球失衡，源头在美国，欧元区是受灾区。

（二）前景分析

1.悲观判断：欧元区最终要走向分裂，解决危机的时间要3—5年，甚至10年。2.相对乐观的判断：危机会逐渐缓和。3.折中判断：通过降低赤字、加强监管等措施，危机会逐步得到控制；中期来看，成员国会将更多主权交给欧洲；长期来看，欧盟会向欧洲政治一体化迈进。

他在讨论中补充指出，上述均为海外学者的看法，非其本人看法。他认为欧债危机的原因主要有三个方面：1.制度缺陷；2.全球化背景下的金融市场缺陷，重量级的对冲基金管理者始终虎视眈眈；3.欧洲各国遇到利益分歧时，无法像美国那样有现成的制度去协调，必须通过谈判来寻求协调的方法，这一过程会贻误战机。看欧债危机要看不同层次上的问题。从危机本身来说，他相对乐观，它已经开动了各种解决机制。欧洲竞争力的恢复涉及深层次的制度改革，欧洲与美国最大的差异就是创新机制的差异，欧洲的增长速度比美国低1到1.5个百分点。

二、欧债危机的现状与治理

丁纯教授的发言则对欧债危机的现状及其治理进行研究分析：

2012年欧洲经济二次探底后开始回升，目前欧债危机的解决已曙光初现：成员国赤字率下降、金融市场缓和、改革取得进展。他判断，欧债危机的基本趋势是：应急救助机制基本形成，狭义危机基本结束。

关于欧债危机的治理：1.短期应急机制：救助机制从无到有，从临时性到永久性（三驾马车：欧盟委员会、欧央行、国际货币基金组织）；欧洲央行成为终结者：降息、扩大抵押担保资产范围、联手全球其他央行、证券市场计划、长期再融资行动（LTRO）、通过TARGET-2系统提供融资、直接货币交易计划，OMT/EFSF/ESM合作执行。2.中期控股举措：强化财政纪律，2011年12月开始执行“六部立法”；欧洲学期。3.长期提升竞争力计划——统一金融监管体系，财政趋同（《财政契约》，英国拒绝参与），提高长期竞争力（《欧元区竞争力公约》、《欧元公约》），提升经济全面一体化（三大发展重点、五大量化指标、七大发展计划）。

丁纯教授指出，尽管欧债危机本身已趋缓解，但就欧洲经济和欧洲一体化而言，还存在一些隐忧：竞争力、认同感不足；各国经济差距大，救助和治理措施存在不确定性，紧缩有余、增长缺乏；存在“多速欧洲”与“多层欧洲”，精英和普罗大众之争，聚合和离散之争。但是，总体判断，欧盟会继续往前推进。

他在最后的陈述中认为：1.欧债危机的解决取决于全球，从经济理论上没找到应对的方法。2.欧洲到底是不是不行了？马车与刚开动的火车相比，可能马车还更快，但我们要看的是潜力。3.福利制度最好的反衬是最高福利水平的地方却是经济最好的地方——北欧,福利制度明显把消费需求提升了,社会安全度提高了。

三、欧盟解决欧债危机最新举措的政策含义

戴启秀教授从法律角度解读欧盟解决欧债危机最新举措的政策含义:

2012 年初欧盟制定了《财政契约》和《欧洲稳定机制条约》。《财政契约》的文本内容包括:将债务上限写入各国宪法,若违约法院将干预;财政紧缩政策指标的制度约束路径;增强签约国的义务,建立自动惩罚机制;生效机制;趋同和协调;举行定期会议等。稳定机制(ESM)的内容包括经济安全网络,表决机制,金融援助、贷款等规定。从法律地位上说,财政一体化目标通过扩张的金融和银行联盟等来实现。《财政契约》解决 27 国(英国和捷克未签署)制度问题,《欧洲稳定机制条约》针对欧元区 17 国,都是《里斯本条约》的重要补充。《财政契约》是成员国的政府间协议;ESM 只针对欧元区 17 国,目的是保卫欧元。《财政契约》要在 5 年内与《里斯本条约》实现对接,使欧盟货币联盟稳定、财政政策一体化、解决成员国之间经济政策的协调与对接。

戴启秀教授还分析了在治理危机问题上欧盟内部的政策分歧,主要是:1."紧缩"和"增长"的分歧。德法优先排序不一,目前法国主张的积极财政政策仍为重要补充;两者结合是最好的解决方案。2.市场派和金融派的分歧:德法与英之间的分歧。她判断:一体化的进度基于成员国的政治意愿,但方向不变。

四、欧债危机及其解决前景

如果说上述三位学者对欧债危机持相对乐观观点的话,余南平教授的发言则持不同意见:

第一,最优货币区理论存在本质缺陷:蒙代尔假设了劳动力、商品和资本可以充分流动,这一假设在现实中不存在。皮特·凯南提醒欧洲人不要走得太远,欧元有本质缺陷,各国竞争能力不同,在全球化的冲击下有竞争能力的国家能抵挡得住,竞争力差的会垮掉。本质问题无法解决的话,前景悲观。第二,各国差异化的劳动市场形成差异化的劳动力习惯,同时劳动力市场割裂但又存在福利趋同和资本自由的现象。一体化是有边界的,日子不好过的时候则看谁有钱。第三,欧债危机一开始若采取美国的模式——破产,则会更好,但政府接管银行的问题是欧洲人的习惯。解决不了本质问题的话,只能止血,找不到增长的动因,到 2038 年赤字才能减到马约规定的水平,这是一个很漫长的过程。第四,美国 10 个月后可以紧缩货币,两年内会结束量化宽松过程,欧洲钱就会更少。第五,各国对解决方案的看法不一致。欧元机制在全球竞争环境下如何提高自身竞争力?

五、亚欧合作机制发展前景分析

潘光教授介绍和分析亚欧会议和上合组织的最新发展动向及其前景:

11 月在柬埔寨举行的亚欧会议表明:1.加强经济、金融合作仍是主题。2.安全问题与地区问题难以形成共识,只能求同存异。3.亚欧会议仍然有发展的动力。他认为,亚欧会议是"多边搭台、双边唱戏",为成员国提供了难得的双边会晤机会。它还是唯一一个没有

美国参加的多边机制。同时，亚欧会议论坛式的、开放性的特点是它的长处，中国可以在其中发挥作用。2012 年亚欧会议吸收挪威、瑞士和孟加拉为新成员，其规模进一步扩大。俄罗斯领导人梅德韦杰夫说“亚欧会议将决定世界的发展方向”，这显然是夸张了，却也反映了亚欧会议有影响和发展潜力。但是，中国与欧洲的合作要分层次，比如中国与中东欧 14 国建立了合作机制，建有秘书处，效果就很好。

关于上合组织，潘光教授指出：1.上海合作组织已经进入欧洲，与欧洲的关系日益密切。中亚国家都加入了欧安会，成为了北约的合作伙伴，中亚国家急于挤入欧洲。欧洲提出要与上合组织在非传统安全上展开合作，合作领域涉及反毒、非法移民、能源管道、水资源、人权、气候等问题。2.土耳其、亚美尼亚和阿塞拜疆想成为上合组织的对话伙伴国，白俄罗斯、乌克兰想成为观察员国。3.中俄的战略伙伴关系总体是好的，但在具体问题上有分歧。在开展安全与反恐合作、建立上合银行等问题上俄罗斯一拖再拖。4.中央高度重视上合组织。上合是十八大文件提出的四个国际组织之一，因为它影响大，并且中国在其中起比较重要的作用。明年中国担任上合反恐机构的主任，中国将在反恐上有所作为。上合组织在中亚是中流砥柱，也是中国北部安全的依托。

主题发言之后，与会学者展开了热烈的讨论与交流。最后，学会名誉会长伍贻康教授、戴炳然教授和新任会长徐明棋教授分别作总结发言。会长徐明棋最后说，这次会议所讨论的内容非常丰富，主题发言和自由发言都很好。欧洲学会的魅力所在就是观点不一，我们需要这样交流、取长补短。对欧洲的研究不仅仅是欧债，大家可以借助欧债把自己的研究向前推。我们看问题不能单从一个视角来看。希腊、德国选择的道路还是往一个方向的，它们没有在危机中各奔东西，选择的道路最终还是趋同的。欧洲未来的发展还是有前途的，欧洲将继续扮演重要角色，继续影响中国的现代化。有很多问题值得我们努力，我们要提高研究水平，争取可以达到国际交流的水平。希望我们未来的研究成果能对欧洲的进程产生影响，而不仅仅是欧洲的进程对我们的研究产生影响。

欧债危机的发展及其对中国和亚洲的影响

欧债危机难以平息，共同货币政策和共同财政政策如何平衡？G20 墨西哥洛斯卡布斯峰会后欧债危机如何发展及其对中国和亚洲有何影响？6 月 18 日下午，设立在美国的印度、中国与美国研究所国际商贸问题研究主任丹·斯泰因伯克(Dan Steinbock)访问学会，就以上问题发表演讲，并同伍贻康、戴炳然、徐明棋、张祖谦、戴启秀、崔宏伟、曹子衡、叶雨茗、忻华、杨波等与会者进行交流讨论。

欧洲问题欧洲解决

欧债危机最终将会往何处发展，各方都在寻求答案。但是，欧洲问题的答案不在布鲁塞尔，也不在欧盟委员会或者欧洲其他机构，而在法德等单个国家，因为是他们在运作欧洲经济。欧元区目前面临的不是一个银行和金融机构支付能力不足的问题，而是要进行结构性的重组。德国经济表现强劲，2011 年增长率是 3%，预计 2012 年是 1.6%，到 2013 年可能会下降到 0.6%，问题是德国的经济增长率，在面临如此多压力的情况下还能持续多久。法国新总统上台面临着和德国相似的问题，但是却有着不同的解决方案。2011 年法国增长率是 1.7%，2012 年应该是 0.2%，到 2013 年，经济回暖应该是 0.5%。法国的情况目前比较乐观，因为法国不依靠出口，主要靠国内的消费来拉动经济。德法英西意，这些国家的经济占欧洲经济的 75%，这几个国家如果发生危机将会对欧洲经济带来重大冲击。欧洲领导层花了两年时间才开始认识到支付能力欠缺的问题是和流动性一样重要的。欧洲银行在今夏筹集 1 200 亿欧元，而现在是处于衰退的状态，当银行有新的资金注入的时候，欧洲的民众将会掀起又一波质疑和反对的声浪。欧洲国家还面临着竞争力的问题，欧洲原本应该在研发和人力资源方面投入更多的资金。德国确实做到了，其他国家没有做到。1995 年欧洲稳定增长公约规定，欧盟各国债务率不得超过 6%，赤字率不超过 3%，但是在后来的发展当中，相关的规定已经被违反了多次。像经济较好的北欧国家芬兰的债务率和赤字也已经很严重。现在的欧盟变成了欧洲人自己都很难加入和运作的机构了。现在面临的问题，在左派看来是失业和就业的问题，而右派认为是流动性问题。丹·斯泰因伯克认为是综合问题。丹·斯泰因伯克同时表示，亚洲开发银行预测是，欧元区发生的事情，就留在欧元区内。发展下去情况也许会更糟，但是它不会发展到欧元区以外的地方。

紧缩政策不得人心

多数经济学家认为欧债危机是一个财政货币政策问题。制度主义学派认为，这是因为有共同的货币政策，但是没有共同的财政政策。很多国家在危机之初提出紧缩计划。丹·斯泰因伯克认为这一观点是错误的。现在面临的主要问题是在财政上面临的挑战，重要的不是紧缩，而是实现相对平衡的财政状况。在危机刚开始的时候，美国削减利率，但欧洲没有，直到欧洲央行新总裁上任以后欧洲才开始削减利率，但时间已经流失了。现在利率已经削减几乎至零了，但是多出的资金却不知所踪。在未来的欧债危机发展中，欧洲央行将承担更重要的角色，危机一开始的时候欧洲各个央行致力于吸收坏账，最终把这些坏账承担下来的将是欧洲央行。现在的问题是，欧洲央行如何吸收、冲销坏账。流动性的问题在危机出现的时候，大家都认为这是个很大的火球，如何支持银行的运作，欧洲各国不愿意拿出实际行动，火球已经越来越大，流动性的匮乏现在成了更大的问题。同时欧债危机的现状，不光是流动性的问题，也是支付能力欠缺的问题，有些机构和银行确实面临破产的境地。

在过去几个月，欧洲重要的不是经济的变化，而是政治上的变化。目前希腊政局的发展并不稳定。虽然新政府获得了40%的支持，但是据了解每两个希腊人就有一个反对紧缩计划。所以，欧盟、欧洲央行、国际货币基金组织提出的希腊紧缩是难以实施的，希腊新人民党将会失去执政地位，政局还会有变化。法国大选奥朗德上台，社会党取得胜利。直到现在奥朗德却没有对自己的政策做清晰的陈述，其原因在于他希望确保议会选举获得多数之后再推行自己的政策。奥朗德不仅在紧缩上提出政策，还需要在增长上提出政策。德国是默克尔的基民盟在掌控局面，但是在州的选举上默克尔的阵营遭受了很多失败。意大利选举蒙蒂上台，但是情况未必能持久，尽管欧洲国家对蒙蒂给予了很大的希望。将来蒙蒂有可能离开，意大利的安定是暂时的不稳定的，意大利技术官员离开，政治家上台，政治有可能陷入不稳定的状态。西班牙，以前是社会党执政，现在是保守派掌权。西班牙和德国的立场比较接近，但是考虑到西班牙失业率高达20%，年轻人失业率50%。所以，现在的政权离开也是时间问题。在荷兰，坚定地跟着德国的政府已经解体，可以看出荷兰国内是反对偏向紧缩政策的。综上，紧缩政策是不得人心的。

增长紧缩相互平衡

欧洲债务危机仅仅是个开始。未来5—10年危机还将持续。在欧洲或者美国恐怕都是如此。也许美国的政策认为紧缩是解决问题的办法，但是怎样的一个紧缩计划呢？也许法国的奥朗德会说我们不仅需要紧缩，我们也需要增长，怎样的增长是个问题。高增长不是想象出来的，今天期待的高增长缺乏实现的工具。如果是执行紧缩政策，把收入减少30%—40%，在东欧国家也许可行，但是在英国、法国就要认真考虑一下了。这些国家的人是否能够接受，这些国家相对比较富裕而不愿意接受自己财富的减少。欧洲央行实行量化宽松政策，不是解决问题的根本方法。有些国家央行会出现债务延期支付，这个问题很严重，如果真的发生，以目前欧洲的情况，很难有可行的解决方法。通货膨胀，量化宽松，是美国的政策，德国现在虽然强烈反对，但是未来不排除松口。所以量化宽松也许是下一步欧洲各国不得不拿出的工具了。在紧缩的同时更需要的是进行结构性的改革，否则像西班牙、意大利的问题就很难解决。所以量化宽松政策如何实施就要取决于具体情况。

未来将会出现以下情况：首先是增长，欧洲领导人会有超过100亿的投资来刺激欧洲的经济增长。因为德国的反对，恐怕不会出现真正意义上的欧洲债券，但是会出现所谓工程债券，兴办一些大型的工程，也许有50亿欧元左右的资金投入。另外也会有一些刺激措施。如果把这些数字加在一起的话，未来也许有1 000亿欧元的债务，单个的政府的债务可能达到有2万亿欧元，甚至会超过这个数字。如果投资不能被很好地运作的话，就会出现新问题。关于未来增长模式，可以参考德国的方式。默克尔也许会提出这样一些政策，首先是根据德国过去运作欧元区的一些经验，在全欧盟范围内推行一些促进经济增长的项目。比如说刺激创业，刺激中小企业，通过发展银行来运作一些项目。其次是改革劳动力市场，允许雇佣和解雇劳动力以更自由的方式进行，并且推动双层教育体系，不光有普通的教育而且有工科的或者工程技术的教育，职业教育。第三，对国有企业进行私有化，以此来吸引更多的投资者。另外像中国一样建立经济特区。通过可再生能源和削减税收，减少贸易壁垒，加强对南欧地区的投资来推动经济增长。

中国如何独善其身

目前的形势变化对于亚洲、对于中国意味着什么呢？有人认为中国会硬着陆，美国认为欧洲也是如此，丹·斯泰因伯克不赞同这种观点。他认为未来中国会出现软着陆。经济学家对于中国经济增长的预测，去年是9.2%，今年预测是IMF7.8%，丹·斯泰因伯克认为今年将在8%—8.5%之间。而目前应该引起中国政府警惕的是，地方政府债务问题和货币政策的宽松，未来这种情况是否会持续下去。如果外部环境出现了变化，如美国、欧洲情况更加恶化，中国政府就要应付新出现的问题，那么之前宽松的货币政策就会带来麻烦。中国是否会拯救欧元？中国在目前的情况下不论做什么都会非常的谨慎。中国出口的20%到欧洲，中国是欧洲最大的技术客户，中国从欧洲而不是美国进口技术。目前中欧关系会得以维持，但是欧洲对这种关系将会做何调整，值得中国政府去研究思考。中国会关注投资欧洲的债券，更关注的是获得硬性的资产，如固定资产、大型设备技术等。从欧洲获得硬性资产不会像从美国获得那样困难，比如华为进入美国市场是符合美国利益的，但是却遭到美国一些势力的阻挠。总的来说进入欧洲市场还是比较容易的。另外，中国和发展中国家在国际组织（WTO、IMF、WB）中的代表权问题，也是值得欧洲国家思考的。如果中欧关系要取得良好的进展，那么首先欧洲国家就要表现出良好的意愿。现在的问题是，在国际组织中欧洲是被过多代表，而中国等发展中国家的代表权不足，特别是在国际货币基金组织和世界银行。如果欧洲支持国际组织改革的话，中国、印度、巴西相信也会做出善意的举动。现在看来，国际组织里面希望看到改革的意愿不是很强烈。改革的趋向不是很快，在目前的情况下，是很危险的。如果像中国这样的国家在国际组织中，不能充分得到代表的话，世界经济就会有问题。还有就是中国特有而其他金砖国家没有的问题，即市场经济地位问题。中国是一个决意以市场为导向的经济体。如果中国能得到承认，欧洲如果有诚心解决这一困扰双方多年且不得人心的障碍的话，那么双边的贸易就能得到大幅提高。但是现在似乎没有更多的意愿来推动。上海可以从人民币的国际化，金融部门的改革获益。欧美希望中国按照他们的方式进行人民币的国际化，但是中国必须按照自己的方式进行。人民币国际化需要持续 10 年左右，人民币的过快国际化，会损害中国和世界经济。金融自由化是重要的，但是更重要的是谨慎。上海是外资集中的地区，如果出现危机将会不可避免地波及上海。危机不可能永远避免，延缓或者说应对危机最好的做法就是创新和改革。过去认为，创新是欧洲的专利，但是现在上海已经赶上了欧洲，甚至在很多方面超过了欧洲。如何使整个社会都形成自主创新的文化，是未来管理者要做的事情。现在的问题是中国如何独善其身，在危机中生存下来，并取得发展，是摆在中欧政府和企业面前的严峻问题。这就需要中欧双方求同存异，寻找共同的相似点。

深化互信　和平发展　推进两岸关系新发展

——市台研会等举办纪念“九二共识”20周年学术研讨会

12月3日，上海市台湾研究会、民革上海市委、华东师范大学及上海台湾研究所联合举办“纪念‘九二共识’20周年学术研讨会”。海峡两岸专家、学者70余人与会，国台办、民革中央、全国政协以及市台办有关领导出席会议，中央电视台、香港《文汇报》、“中国评论”社、台湾东森电视台、《旺报》等20多家媒体进行了报道。

一、 深化互信，和平发展

原国台办常务副主任、海协会常务副会长唐树备将“九二共识”形成之前的复杂历史背景、海协会内部评估的相关考虑以及海基、海协两会沟通交流的完整过程原原本本地呈现在与会者面前，提出当年海峡两岸双方的共同点除了在对于“一个中国”的政治内涵有不同认知外，还包括“坚持一个中国原则”、“共同谋求国家统一”。中美文化经济协会理事长邱进益同样作为历史的亲历者向与会者细说了“九二共识”的诞生历程，告诫人们“九二共识”来之不易，在好好维护的基础上要有所盘整，推动发展，并提出具体思考与措施：双方共同充实一中框架；建立和平发展论坛；为ECFA后续协商设定期限；达成文化协议，共同弘扬中华文化；三年内谋求终止敌对状态，作为和平协议的前奏；一年内完成互设综合性机构。国民党大陆事务部主任高辉从“九二共识”产生历程中强调两岸间最大的问题就在于“强化互信、真诚合作”，而互信的建立需要互知与互谅。他希望通过两岸关系和平发展，让台湾价值在两岸的民族复兴中发挥作用，让两岸关系更扎实、更紧密。上海东亚研究所所长章念驰认为，十八大报告将民族复兴与祖国统一联系在一起，从民族复兴的角度看待祖国统一，找准了目标、明确了道路。

二、“九二共识”意义深远

香港中联办台务部部长高级助理仇长根副巡视员强调“九二共识”是国共两党大智慧、大战略的结晶，是稳定台海大局的“定海神针”，更给台湾人民带来实际红利，因此两岸应该共同努力，可以从两岸的民间互动及学界对话开始，巩固和发展“九二共识”。上海交通大学台湾研究中心执行主任林冈教授认为，双方唯有在巩固和深化“九二共识”的基础上，进行大胆创新的理论建构，才能为未来的实践指明方向。台湾铭传大学两岸研究中心杨开煌教授认为，在中美两国的关系中，台湾“关键在认清形势”，“为自己创造可能”。

三、 推进两岸关系发展的新路径

同济大学政治与国际关系学院院长夏立平认为，应由政治共同体、经济共同体、文化共同体、安全共同体以及主权共同体最终达致两岸命运共同体。具体措施可从共同维护钓鱼岛主权、南海军事互信、和平协议谈判以及协商涉外实务等方面做起，在互动中促进两岸关系和平发展。清华大学台湾研究所所长刘震涛认为，建设台商“精神家园”是两岸人民建立“共同家园”的重要途径，而“精神家园”的内涵主要体现在宜业、宜居、包容与认同四个方面，而这四方面又分别从经营环境、生活环境、人文环境以及社会环境提出要求。

中国文化大学大陆研究所张淳翔副教授认为两岸政治文化中的“共同体意识”在发酵，期许未来通过民主法治有效拉近两岸人民的情感距离，让台湾人在中华民族的复兴中真正成为“参与者”。

台湾铭传大学国际事务研究所刘广华副教授认为“模糊”恰恰是“九二”的优势，因为没有共识，所以两岸领导人智慧性地适时出现“战略模糊”为双方提供了可以接受的空间，各取所需，为两岸先同后异、先易后难、先民后官、先点后面、向下扎根的互动提供了基础。上海市台湾研究会会长俞新天将“主权共用论”、“主权层次论”与“主权共享论”相结合，探讨了两岸关系和平发展时期台湾的国际空间问题。浙江大学台湾研究所所长助理孔小惠认为，一方面可采取法制化的做法，作出对“九二共识”法律呈现的确认，另一方面则可以通过各种方式培植民众对“九二”的确认，拉近两岸人民的距离。台湾景文科技大学徐东海副教授从夯实两岸两会会谈丰硕成果的角度提出四点建议：第一，加速 ECFA 后续协商，可考虑两年内完成服务贸易与货品贸易谈判；第二，在两岸经合会下设立双向投资小组，加速陆资来台及产业合作；第三涉及台湾与其他国家或地区的自由贸易协定；第四，重视台商在大陆投资和经营所遇的问题，如税收及产业转型升级等。

“第三届两岸关系和平发展学术研讨会”综述

12月1日，上海市台湾研究会、上海台湾研究所联合举办“第三届两岸关系和平发展学术研讨会”。海峡两岸专家、学者约70人应邀参与研讨会，国台办、市台办等有关领导出席会议。

一、增进互信，和平发展

中国社会科学院台湾研究所所长余克礼认为，2012年是两岸增进互信、和平发展的重要一年：年初选举的结果说明“九二共识”获得岛内民众高度认同，“一中”成为民众共识；谢长廷访问大陆说明民进党内务实派正视“一中”议题；未来海峡两岸应良性互动，深化和平发展。

上海东亚研究所所长章念驰认为，十八大报告将民族复兴与祖国统一联系在一起，从民族复兴的角度看待祖国统一，找准了目标、明确了道路。目前的两岸关系是特殊关系，目前的和平发展期是两岸关系的特殊历史时期，特殊的关系和特殊的时期需要双方维护互信基础、深化和平发展，相互谅解、和解，共同完成中华民族的伟大复兴。

两岸统合学会理事长、台湾大学政治系张亚中教授从两岸统合的角度认为应将目前的“两岸和平发展期”视为“统一前”的阶段，又可以称之为“统合期”，在此阶段双方应遵循“主权宣示重叠、宪政治权分立”的现状，以“两岸统合”作为结构性安排，在相关议题上通过共同治理、共同政策、共同体等路径让两岸人民享有共同参与的机会，以创造共同认同。

铭传大学两岸研究中心杨开煌主任着重从两岸两会互设办事处谈起，认为目前两岸交流中出现的突发事件赋予了两岸两会互设办事处的必要性，在设立的操作细节上，应首先定位为两岸两会互设办事处，以单纯化为原则，循两会管理操作，在建立互信的基础上，将两岸两会互设办事处升格为两岸互设办事处。

二、十八大报告对台政策亮点频现

上海台湾研究所副所长倪永杰指出，十八大报告的涉台部分具有时代性、继承性、权威性、包容性以及前瞻性，认为其中蕴含了首次写入两岸关系和平发展重要思想、首次写入巩固两岸关系和平发展四项基础等十个亮点，并着重指出未来两岸关系和平发展需要在理论、实践及制度上加以创新。

亚太和平研究基金会董事长、淡江大学大陆研究所赵春山教授从三个方面谈其对十八大报告的认识：首先，报告继往开来、承前启后，既是对过去十年的经验总结，又为未来指明发展方向；其次，报告宣示和平发展将会持续，但两岸需要在更多方面进行对话，加深理解；再次，报告中所谓政治定位上"合情合理的安排"需要学者集思广益，大胆创新。

南京大学台湾研究所所长崔之清教授从十八大报告对继续发展和深化两岸关系的一系列重要构想谈起，认为报告形成了完整的论述体系，其中包括基本理念、基本方针、政治基础以及主要工作方向，但他同时认识到两岸间的分歧巨大，如"一中"原则的内涵、岛内民众能否接受终极统一以及和平协议与军事互信等议题，希望两岸遵循先易后难、双方自愿、循序渐进的原则，经由实践积累互信，为政治协商创造有利条件。

上海社科院台湾研究中心主任王海良重点分析了两岸关系和平发展重要思想，他首先解析了"重要思想"的内在意涵，认为两岸关系和平发展重要思想具有战略指导意义，将成为在日后对台工作中的指导思想。

三、 两岸关系和平发展前景广阔

台湾树德科技大学两岸和平研究中心吴建德主任从近年来综合国力的提升看到了大陆对台工作愈加自信的一面，认为未来两岸可在和平发展道路的指引下经由 ECFA 的后续协商，推动两岸文化交流，并在南海等问题上加强合作，在共同利益及相互善意的基础上，务实展开各项协商，寻求共识。

《旺报》总主笔戎抚天的分析另辟蹊径，他从未来事件交易所的"两岸和平指标"数据得出结论，认为两岸关系经由四年多的和平发展，彼此积累善意，两岸和平发展的态势正走在正确的道路上，只要两岸和平发展持续，统一终将水到渠成。

台湾辅英科技大学共同教育中心教授苏嘉宏认为，"寻求建立和平发展的机制，要有制度性安排、框架性协议"，并具体以两岸和平协议为例，提出未来的制度建构应从单纯的内容取向转向建立多样互信机制、框架的设计。

台湾大学政治系左正东副教授向与会者提出了两岸关系中"和平"与"发展"孰先孰后的问题，认为"发展"先于"和平"，"发展"滞后会导致"和平"受阻，在此前提下，两岸的共同发展将会为海峡和平打下坚实基础，希望藉由两岸善意互动，改变台湾在区域经济整合中的边缘化趋势。

四、 美国"重返亚太"战略影响深远

上海社科院副院长黄仁伟以世界经济与地缘政治为背景，认为以美国"重返亚太再平衡"战略和日本右翼化为显著特点的地缘政治新特征，美欧强权衰落、亚洲以中国市场为第一市场的世界经济新特征为两岸关系提供了新的背景。在此背景下，两岸关系需要和平、稳定、发展三位一体，并提出从五个方面着手：从市场互利到机制建设；从"九二共识"到建立互信；从价值差异到文化认同；从外交对冲到空间共享；从军事对峙到共同护卫。

台湾中山大学社会科学院院长林文程从中美之间的矛盾与合作分析奥巴马政府的对华思维，认为美国重返亚洲战略可能增加中美两国在台湾问题上的矛盾。

台湾实践大学赖岳谦教授分析了美国"重返亚太"引起的国际形势变动下台湾的战略困境，认为日本、菲律宾、越南、印度等国意图利用美国在亚太地区的"再平衡"战略利用领

土领海议题制造对中国大陆的摩擦，但相关国家的行为同时影响了台湾的切身利益，因此台湾应思考如何在维护切身利益与美国亚太战略之间寻求生存之道。

台湾大学政治系张登及副教授利用“中国外交类型学分析模型”，以“身份”及“位置”为变量，分析中美两国的互动关系，认为美国的“重返亚太”引起的国际局势变化对大陆形成严峻挑战，而大陆则以在多年的外交实践中形成的“‘柔性制衡’的负责任挑战者形象”加以回应。

同济大学政治与国际关系学院院长夏立平将美国的“重返亚太”战略分为五个层次：全球战略再平衡、军事战略层再平衡、联盟战略再平衡、军事部署再平衡以及东亚区域内再平衡，奥巴马政府将以对台军售、与台湾签署自由贸易协定以及推动台湾扩大国际空间等议题操作“重返亚太”战略下的对台政策。

本市多家学术社团共同举办“首届上海文化资源保护与利用论坛” 纪念“非遗法”颁布一周年

2012年6月1日，市社联所属上海市民俗文化学会、上海炎黄文化研究会、上海工艺美术学会以纪念“非遗法”颁布一周年为契机，共同举办“首届上海文化资源保护与利用论坛”，来自不同学科领域的60多位专家、学者打破学会分属，聚焦当下上海文化资源保护、利用的热点问题，开展思想交锋，交流研究成果，为创意上海、人文上海贡献专家智慧。

与会专家针对上海文化资源保护和利用的实际情况和发展需求提出建议：

1. 构建上海文化资源保护与利用的平台

上海文化资源的保护与利用是一项共同的事业，需要各方面人士团结协作，合作共赢。似可以“上海文化资源保护与利用”论坛为起点，搭建一个上海文化资源保护与利用的专业化高端平台，通过“滚雪球”的方式，吸引更多的社团参与，形成一个文化资源保护与利用的专业咨询团队，定期交流、探讨，出主意、想办法，开展相关的课题研究。

2. 建立“文化资源保护与利用目录”

在上海文化资源的保护方面，目前通行的保护措施更多注重拓展空间，建立了一大批民俗文化村、文化博物馆、创业园区等。这些措施对保护上海文化资源起到一定作用。由于上海文化资源中相当一部分是非物质文化遗产，或者民风民俗的资源，具有知识产权的属性，即谁拥有某种非物质文化资源，同时拥有其知识产权。我们要下大工夫对上海境内的文化资源进行梳理，编制保护与利用目录，这样既可以保护知识产权拥有者的合法权益，又可以使政府有关部门心中有数，还有助于形成产业、产权多元化运作，实现上海文化资源的创造性转换。

3. 借鉴国外先进经验，形成“第三方评估系统”

未来上海的文化资源评估体系，可以借鉴国外文化产权机构的经验，采用“6—2—2”的标准化机构评估方式，即“科学规范流程＋科学鉴定＋艺术鉴定(经验鉴定)”。其中，鉴定评估测定打分的60％依靠一套标准化的程序手册，20％依靠仪器和科技手段，20％由专家经验组成。这套合理的鉴定评估体系，将打破现行的文化资源市场鉴定评估的“一家之言”。为使“第三方评估系统”真正落实并保证其公正、公开与透明，上海要率先在政府领导下，成立由文化机构、高校、科研机构以及有关社团的专家学者，以及行家、藏家组成的文化资源评审委员会，同时邀请国内外专家、学者和业界行家参与，引进国内外先进仪器设备和相关科技手段，为当今文化资源市场合理规范提供科学有效的数据保障。

4. 加强文化资源保护利用的精细化、标准化操作

如酒道、茶道，都源自我国。现在我国的白酒生产没有行业标准，饮酒之礼失却餐饮规范。日本将我们的酒道、茶道拿去，搞了许多酒道馆、茶道馆。日本只有一个白酒行业标准，但品牌可以无数，各酒业品牌参照统一的标准来生产，在精细化、品牌化方面展开竞争。上海文化资源保护与利用特别要注意制定标准，讲究章法，可以参照“日本模式”，把文化资源的精细化、标准化操作做到慎之又慎。

大 事 记

DA SHI JI

1月

4日，市社联召开2012年度科研工作会议，科研处处长徐中振和副处长应毓超向社联党组领导汇报本年度社科界学术年会、马克思主义研究论坛、学术茶座、迎接党的十八大召开系列理论研讨以及上海学术报告等科研项目的工作方案。党组领导听取汇报、讨论通过项目工作方案，并就项目的重点内容和环节提出要求。

市房产经济学会召开第八届理事会第二次会议。审议并通过上海市房产经济学会八届二次理事会工作报告；审议并通过学会"十二五"学术研究指导纲要。还对2009—2011年度优秀分会(专委会)、优秀学会工作者、优秀论文进行表彰并颁发证书。

5日，市社联召开规范岗位管理调研会，党组副书记桑玉成与各部门负责人逐一研究各部门职能、人员编制和岗位分工等问题。为下一步开展岗位聘任，加强岗位管理做准备。

上海金融法制研究会冯国荣副会长在理事会上作"中国资本市场再发展"报告，90余人参会。

8日，市社联举行"纪念邓小平南方谈话20周年座谈会"，来自上海社科院、华东师范大学、市委党校、解放军南京政治学院上海分院等本市高校、党校、军校、科研机构的专家学者周瑞金、邓伟志、夏禹龙、周锦尉、赵修义、许明、吴其良、王国平、熊月之、张幼文，以及《解放日报》、《文汇报》等媒体代表出席研讨会。市委宣传部理论处处长刘世军出席会议。社联党组书记、专职副主席沈国明主持会议。

市民营经济研究会召开第三届会员代表大会暨第三届理事会第一次会议。审议通过《第二届理事会工作报告》；审议通过修改后的《上海市民营经济研究会章程》；选举产生第三届理事会成员；选举产生第三届理事会领导班子，季晓东为会长，沃伟东、唐豪、王均金、刘幸偕、关国光、李国荣、黄宝平为副会长，王志华为秘书长。市委常委、市委统战部部长杨晓渡，市社联党组书记、专职副主席沈国明等出席会议并讲话。

9—10日，市社联举行科研工作会议。会议总结回顾社联2011年科研组织工作的有关情况，对2012年社联的工作要点进行介绍和交流，听取与会人员意见和建议。来自本市主要高校及市政府发展研究中心等单位的近20位科研管理负责人出席会议。市社联党组副书记桑玉成介绍学术年会等社联工作项目2012年的工作思路，党组书记、专职副主席沈国明出席会议并讲话。

9日，社联帮困委员会召开会议，讨论帮困送温暖工作，会议对申请帮困补助的情况进行分析、审核，对机关、刊业中心和离退休干部中需要关心帮助的情况进行排摸。会议决定给予16位同志帮困送温暖补助，并要求机关党委和工会进一步关注帮困工作。

上海金融与法律研究院举办"欧洲债务危机及2012全球经济展望"的沙龙活动。沙龙活动以当前欧洲问题为背景，深入探讨了欧债问题及对全球经济的影响。受研究院邀请，主讲为美国达拉斯储备银行高级经济学家王健。受邀沙龙活动来宾还有来自英国《金融时报》的吴敏婕，通用投资的宋纯星，上海人民政府发展研究中心的杨畅、朱咏，申银万国的谢伟玉、陈国，济邦咨询的汪国旺，证大投资的田桂鸿，淳大资产的汪帅等业界研究人员。

上海欧洲学会召开首届顾问会议，名誉会长伍贻康、会长戴炳然、顾问潘光、唐振琪、邓恩等出席会议，曹子衡秘书长汇报学会工作和今后工作设想。与会顾问对学会工作给予高度肯定，并对学会发展提出建设性的意见和建议。陈志敏、潘忠岐、忻华等参加会后关于欧洲金融危机问题的交流讨论。

10 日，市社联召开六届五次主席会议暨常委会会议。社联主席秦绍德致辞，社联党组书记、专职副主席沈国明全面回顾市社联 2011 年主要工作，并介绍 2012 年重点工作的安排。市委宣传部副部长潘世伟等社联副主席、常委 20 余人出席会议并讲话，会议肯定社联一年来的工作，同时对做好今年社联工作提出意见和建议。市委宣传部副部长潘世伟代表市委宣传部在会上讲话，要求社联要紧紧围绕迎接党的十八大和市委第十次全会的召开，全力做好各项工作。社联党组副书记桑玉成主持会议。

11 日，市商业会计学会举行理事会。学会秘书长何礼兴作 2011 年度工作报告。与会者希望新一届理事会在社联的指导下，结合本学科特点，开展丰富多彩的学会活动。20 多位学会理事参加会议。

12 日，市社联举行科普工作答谢会，由市社联主席秦绍德，党组书记、专职副主席沈国明，党组副书记桑玉成主持。虹口区委常委、宣传部长刘可，静安区委常委、宣传部长杭春芳，长宁区委常委、宣传部长章卫民，普陀区委常委、宣传部长单少军，闸北区委常委、宣传部长沈大明，嘉定区委常委、宣传部长林峻，金山区委常委、宣传部长张权权，崇明区委常委、宣传部长郝炳权，复旦大学党委宣传部部长萧思健，同济大学党委宣传部部长吴为民，华东师范大学党委宣传部部长解超，上海大学党委宣传部部长陈志宏，上海师范大学党委宣传部部长何云峰，上海外国语大学党委宣传部部长陈万里，华东理工大学党委宣传部副部长丁灏等区县、高校宣传部门领导应邀出席。与会者表示，积极与市社联合作，共同推进全市社会科学普及工作，为建设上海国际文化大都市作贡献。

市民防协会组织专家对"惠南镇大型居住社区规划 1 街坊 E03-02 建设工程基坑围护设计方案及施工方案"进行安全质量评审，并向有关单位发送《技术评审意见》。

17 日，市炎黄文化研究会举行第四届会员代表大会，市社联党组书记、专职副主席沈国明出席会议并讲话。会议由副会长张正奎主持，会长庄晓天致开幕词，大会审议并通过第三届理事会工作报告、财务报告和修改后的章程，大会选举产生由 59 名理事组成的新一届理事会。在随后举行的四届一次理事会上，选举产生第四届理事会领导班子成员。周慕尧为会长，杨益萍为常务副会长，吴孟庆、洪纽一、褚水敖、陈卫平、朱荫贵、陈勤建、唐长发、皋玉凤为副会长，姚树新为秘书长。

市台湾研究会举行建会20周年纪念大会暨学术年会，上海各高校、科研院所的专家学者和学会领导、理事、会员等80多人与会。会议上半场是学会20周年纪念大会，由秘书长倪永杰主持，市社联党组书记、专职副主席沈国明致辞，会长俞新天作“20周年回顾与展望”报告，学会代表陈祥元、章念驰结合自己切身经历回忆学会20年来的发展历程，市台办主任李文辉到会并讲话。会议下半场是学术年会，学会秘书长倪永杰作“2012年台湾选情解读”报告，副会长李雷鸣作“两岸关系回顾与展望”报告，副会长杨剑作“美国的战略变化对两岸关系的影响”报告，副会长黄仁伟作“2012年选举后的一些问题”报告，会长俞新天作总结发言。

18日，市社联举行六届三次委员会(扩大)会议暨2012年上海市社科界迎春座谈会。百余位上海社科界专家学者代表济济一堂，共同回顾硕果累累的2011年，展望机遇挑战并存的2012年。社联主席秦绍德、市委宣传部副部长潘世伟出席会议并讲话，社联党组书记、专职副主席沈国明作工作报告，社联党组副书记桑玉成主持会议。社科界专家学者邓伟志、邓正来、陈卫平、沈大勇、张颖等在会上发言。上海著名文艺工作者王汝刚、李九松、王维倩表演了精彩的助兴节目。上海社科界合唱团也参加了助兴表演。

上海市金融学会和刘鸿儒金融教育基金会联合召开2011年度“中国金融学科终身成就奖”颁奖典礼暨上海市金融学会学术年会。会上，刘鸿儒金融教育基金会名誉理事长、中国证监会首任主席刘鸿儒，中国人民银行副行长杜金富共同为上海市金融学会顾问、中国金融学会金融史专业委员会主任洪葭管颁发2011年度“中国金融学科终身成就奖”。共有20余家媒体参加颁奖典礼，40多家媒体、网站作报道和转载，《上海金融报》以整版篇幅刊发洪葭管主要成就的专栏。

31日，市社联、市形势政策教育研究会联合举行社联论坛第49次报告会，邀请中国国际关系学会副会长、上海社会科学院副院长黄仁伟研究员作“2011年国际局势变化的新特征与我国面临的新挑战和新机遇”报告。报告会由市社联党组书记、专职副主席沈国明主持，300余人出席。

2月

1日，市社联召开干部职工大会，表彰社联2011年度优秀工作人员、单项奖获得者与获市级以上及市有关委办局奖励项目的集体和个人。社联党组书记、专职副主席沈国明在会上传达市人大十三届五次会议精神，介绍上海2011年经济社会发展概况及2012年所面临的新形势和新任务。市社联党组副书记桑玉成主持会议，党组成员、秘书长生键红及社联全体干部职工参加会议。

3日，上海市政府原副秘书长、兰生集团副董事长柴俊勇应邀来到社联，就“社会管理中的热点问题”为我会职工作专题讲座。柴俊勇有着20多年从事社会治安综合治理工作的丰富经验，他通过生动剖析大量案例，深入浅出地介绍当前社会管理中的许多热点、难点问题。柴俊勇在讲座最后就社联职工关心的问题与听众进行了互动交流。市社联党组书记、专职副主席沈国明主持讲座。

6 日，市社联专职副主席沈国明会见专程来上海参加“纪念《上海公报》发表 40 周年研讨会”的美国和平研究所所长理查德·所罗门。沈国明副主席在会见时介绍上海学术界的情况，并与所罗门一起回忆 1972 年美国总统尼克松来沪访问期间的一些趣事，双方就中美两国学者共同关心的问题进行探讨。

7 日，市社联、上海发展研究基金会联合举办东方讲坛·发展沙龙，邀请中国经济体制改革基金会国民经济研究所副所长王小鲁作“中国企业经营环境的分析”的演讲。王小鲁介绍，中国经济改革基金会国民经济研究所对全国各省 4 000 多家企业主要负责人进行联合问卷调查，在此基础上，通过严谨的数据分析，建立包含政府行政管理、企业经营的法制环境、金融服务、人力资源供应、基础设施条件、中介组织和技术服务、企业经营的社会环境等七大方面指数组成的中国分省企业经营环境指数体系，对企业经营环境进行指数化的测度与评价，并对各省各个方面横向和纵向的变动原因及趋势进行分析。会议由上海发展研究基金会秘书长乔依德主持，上海发展研究基金会理事长沙麟、副理事长王荣华等近 50 人出席。

8 日，《上海法学研究》编委会在市法学会召开。市法学会专职副会长、编委会副主任、主编陈金鑫教授主持会议。尤俊意等 15 位编委参加会议并对杂志建言献策。

9 日，市社联召开领导班子和领导干部年度考核述职测评会。市委宣传部副部长潘世伟主持会议。社联党组书记、专职副主席沈国明代表社联党组汇报 2011 年度党组班子的工作情况和 2011 年度干部工作情况。沈国明、桑玉成分别进行个人述职、述学、述廉。市委组织部、市委宣传部有关同志到会，并对社联年度考核述职测评工作提出要求。党组成员、秘书长生键红及社联机关、刊业中心处级干部和各党支部委员出席会议，并对党组班子工作、干部工作和个人述职情况进行测评。

市社联、黄浦区瑞金二路街道举行市、区人代会精神传达会议，市人大常委、社联党组书记、专职副主席沈国明和黄浦区人大代表李小华、王如忠、陈亮出席会议，并向瑞金二路街道的社区居民传达市、区人代会的主要精神，瑞金二路街道办事处副主任陈理主持会议。

市社联科普处与浦东新区区委宣传部宣传处联合对高东镇东方讲坛举办点的工作情况进行调研，并就推进“东方讲坛在郊区”活动作商讨与策划。

10 日，市房产经济学会《上海房地》编辑部召开纪念出刊 300 期座谈会，《上海房地》主管单位、主办单位领导，编委和编辑人员以及部分作者 20 余人参加。主编李国华、副主编王凯红简要介绍《上海房地》的工作情况。

市房产经济学会承担的市局课题“上海市房管局廉政风险防控机制建设对策研究”，在局科技委的主持下通过可行性方案专家论证。

16 日，市人大常委会主任刘云耕到社联调研并指导工作，市人大常委会副主任王培生、市人大常委会秘书长姚明宝等领导参加。市社联主席秦绍德，社联党组书记、专职副主席沈国明，社联党组副书记桑玉成以及社联处以上干部出席。刘云耕主任指出，社联对于推进理论创新，发展繁荣上海哲学社会科学事业发挥了非常重要的作用，要求社联对人大制度的完善、国家的民主法治进步，提供更多智力支持。会上，秦绍德代表市社联，向市人大常委会领导光临指导表示热烈欢迎，向市人大对社联工作的大力支持表示衷心感谢。沈国明介绍上海社联的基本情况，并就学术研究和交流、学会建设和管理、决策咨询服务、社会化宣传教育和社科知识普及、学术成果发布和评价等公共平台建设，以及社联近年来的主要工作向与会的市人大领导作汇报。

上海社联科普官方微博“社科视窗”正式亮相新浪网 http://weibo.com/sksc2012，并与上海市科普工作联席会议办公室官方微博“上海科普”交换友情链接。

上海市金融学会召开 2012 年第一次秘书长工作会议，商讨和部署全年学会工作。

17 日，市社联举行学术茶座启动仪式暨“推进社会发展与创新社会管理”专题系列学术茶座项目研讨会。上海学术理论界的专家学者和党政部门有关领导出席会议。市社联党组书记、专职副主席沈国明主持会议。市社联党组副书记桑玉成宣读项目支持机构及项目顾问名单。市社联主席秦绍德出席会议并讲话。“推进社会发展与创新社会管理”专题系列茶座重点围绕社会建设和社会管理的四大主要研究领域：一是发展公共服务领域、培育社会公益组织的民生领域；二是推进基层民主发展、创新社区自治共治的民主领域；三是完善社会治理结构、探索城市公共管理的管理领域；四是维护群众利益诉求、建构社会基础秩序的稳定领域。茶座主要以学术理论茶座、决策咨询茶座、专题调研、专题考察的组织形式开展，调研成果将与媒体合作，推出“上海市社联学术茶座专栏”。该系列茶座的主要支持机构为：上海大学社会发展研究中心、复旦大学社会发展与公共政策学院、上海市人民政府发展研究中心、上海市社会学学会、上海市社区发展研究会、《解放日报》理论部。

“上海领导干部人文社会科学素养调查”项目工作会在社联召开。市社联科普处与市领导科学学会、中共上海市委党校科研处就该项目的总体工作安排进行商议。

市社联举办上海市社会科学普及读物项目商谈会，科普处和上海人民出版社相关人员出席会议，讨论了 2012 年社科普及读物出版资助及上海书展相关活动策划等议题。

市民防协会组织专家对“罗店大型居住社区市属动迁安置房一期 B5 地块基坑围护设计方案及施工方案”和“罗店大型居住社区市属动迁安置房一期 B6 地块基坑围护设计方案及施工方案”进行安全质量评审，并向有关单位发送《技术评审意见》。

18日，市马克思主义研究会举行第六届会员大会暨2011年年会。市社联党组书记、专职副主席沈国明出席会议并讲话。大会审议并通过由会长吕贵所作的第五届理事会工作报告及新章程，选举产生由76名理事组成的第六届理事会。在随后召开的第六届理事会第一次会议上，选举产生由23名常务理事组成的新一届常务理事会及新一届领导集体。中共上海市委党校常务副校长吕贵任会长，丁荣生、王国平、石磊、周锦尉、童世骏任副会长，王建国任秘书长。在随后召开的研究会2011年年会上，王凤才、方松华、周尚文、陈学明作学术交流发言。

第三届上海金融论坛在上海国际会议中心隆重举行。与会嘉宾包括上海市委常委、副市长屠光绍，人大财经委副主任吴晓灵，中国人民银行货币政策二司司长李波，中国人民银行上海分行行长张新，上海交通大学上海高级金融学院执行院长张春，上海市金融服务办公室主任方星海，中国首席经济学家曹远征等国内外知名金融机构首席经济学家和高管。其中，吴晓灵、张春、张新、曹远征为上海金融与法律研究院学术委员。上海金融与法律研究院研究员王闻、郭艳艳参加会议。

21日，市社联主席秦绍德到上海党建文化研究中心进行调研。上海党建文化研究中心主任周鹤龄、常务副主任张克文、副主任张泽民等社团领导参与座谈。张克文介绍上海党建文化研究中心成立以来的历史沿革以及中心在科研、编辑出版、学术专题研讨、编发《内参》、举办大型研讨会、出版《党员经典导读》、纪念建党90周年、组织培训、队伍建设等方面的工作情况。周鹤龄主任从研究中心的特点、机构、队伍以及存在的问题等方面补充介绍情况。秦绍德在讲话中指出，中心的研究工作新辟一条研究党建的新路子，取得许多高质量的研究成果，社联将更好地与中心合作，做好服务工作。

市社联邀请奉贤区青村镇人大主席曹国平、南星村党支部及村委会同志，来社联进行双结对走访活动。党组副书记桑玉成和机关党委、各支部、各处室的代表参加座谈会。党组书记、专职副主席沈国明，秘书长生键红接待来访同志，并就下一步开展双结对工作提出要求和希望。

22日，上海市公安局政治部高级教官高志强应邀来到社联，就"安全防范、社会治安、消防安全"为我会职工做专题讲座并与大家互动交流。市社联党组书记、专职副主席沈国明出席讲座，市社联党组成员、秘书长生键红主持讲座。

市社联科普处与上海市振兴中华读书指导委员会办公室进行工作商谈，就市社联参与组织第十四届上海读书节，举办"传播知识，提升文明"——"东方讲坛在郊区"系列讲座活动、"送社科普及读物进社区、进农村、进工地"等项目达成一致意见。

上海金融与法律研究院在研究院举办2012年的第二次沙龙活动。沙龙主题为"中国与南北苏丹的外交和利益"，由政治学青年学人来自美利坚大学的陈尔东主讲。陈尔东以中国在苏丹和南苏丹的外交存在和投资利益为切入点，探讨中国在该地区的战略利益与宏观决策过程，尤其是南苏丹独立前后，中国方面针对南北苏丹外交的急转弯反映出来的中国政府在处理外交问题中的惯常模式，以此来解释与探求中国在南北苏丹的外交政策取向。

23 日，市社联主席秦绍德会同社联学会处负责人召集市农村经济学会、市蔬菜经济研究会、市渔业经济研究会、市农村金融学会等学会负责人就进一步做好为学会服务工作开展调研座谈。与会的学会负责人介绍各自学会基本情况、近年来学会的主要工作和重点活动，以及对学会工作的体会和学会对社联工作的建议。秦绍德主席认真听取与会学会同志介绍的情况与提出的意见，要求学会处在今后工作中继续做好为学会服务工作。

市社联举行"推进社会发展与创新社会管理"专题系列学术茶座——"社会管理创新与基层组织建设"内部研讨会，研讨会由市社联与上海大学合作举办。会上，清华大学社会学系教授孙立平围绕"乌坎事件"做主旨报告，并针对社会管理新形势下的基层组织建设提出分析观点，上海有关领导与专家出席会议并参与讨论。

24 日，市法学会在市委政法委分别召开九届七次常务理事会和九届五次理事会。中国法学会法律信息部主任、《中国法学》杂志社副总编李仕春受中国法学会领导委托出席会议。市法学会会长吴光裕，副会长王教生、李继斌、刘忠定、陈金鑫和常务理事会理事与会。

市社联科普处与市台办宣传处就东方讲坛题库建设和有关专题系列讲座进行策划。

由上海交通大学凯原法学院宪法与行政法研究所及区域・都市法制研究中心主办的"都市法的基本问题"研讨会在张家港市召开。来自中国社会科学院、北京大学、中国人民大学、上海交通大学、上海市高级人民法院和上海金融与法律研究院等机构 20 多位专家学者参加。傅蔚冈博士做"征收补偿的形式与实质"的主题报告，就富有中国特色的补偿形式做了探讨。

27 日，市房产经济学会承接的金山区委托课题"宜居金山建设中的人口与住房问题研究"课题立题论证会在金山区人民政府会议中心召开。上海市人口计生委副主任赵勇、金山区人民政府副区长陆瑾及市房产经济学会会长庞元出席会议。

28 日，上海欧洲学会举办学术研讨活动，就欧债危机对欧洲一体化和中欧关系带来的影响问题进行座谈交流。戴炳然、伍贻康、李乐曾、张祖谦、叶江、张永安、王义桅、曹子衡、叶雨茗、杨海峰及秘书处成员出席。

29 日，市社联举行 2012 年度学术团体负责人会议暨党建工作会议。来自社联所属学会及民办社科研究机构 200 余位负责人参加会议。市社联党组书记、专职副主席沈国明出席会议并讲话。沈国明向与会者传达全国宣传部长会议精神和上海宣传思想文化工作要点，通报 2011 年社联开展的工作及 2012 年市社联的主要工作安排，回顾 2011 年学术团体管理取得的成绩，并就新一年本市哲学社会科学学术团体的工作进行部署。市社联党组副书记桑玉成主持会议，市社联党组成员、秘书长生键红宣读获得上海市社联

2011 年度第五届“学会学术活动月”优秀组织奖和组织奖的学会名单，以及获得 2011 年度《社联通讯》“十佳”学术活动综述和积极投稿的学会名单。

上海市第九届邓小平理论研究和宣传优秀成果(2010—2011)、上海市第十一届哲学社会科学优秀成果(2010—2011)评奖申报工作会议在市社联召开。市委宣传部副部长潘世伟和市社联党组书记、专职副主席沈国明讲话，市社科规划办主任荣跃明作本届评奖工作要点介绍，市委宣传部理论处处长刘世军主持会议。本届社科评奖设邓小平理论研究和宣传优秀成果奖、哲学社会科学优秀成果奖(含学术贡献奖、内部探讨优秀成果奖、网络理论宣传优秀成果奖)。本届评奖的申报期为一个月，自 2012 年 3 月 5 日至 4 月 5 日。本届评奖实行网上申报。

市社联举行“中国特色社会主义理论体系与科学发展”理论研讨征文社联重点学会征文组稿会。思想政治工作研究会、马克思主义研究会、统战理论研究会等 30 个相关学会负责人与会。与会人员对今年主题征文的有关情况进行讨论和交流。本次征文预计 5 月底结束。

社联机关党委举行“马克思主义理论读书班”，邀请复旦大学国际问题研究院常务副院长、复旦大学美国研究中心主任沈丁立教授为参加读书班的社联青年干部做“大选年的中美关系”的学术报告。沈丁立在报告中指出，美国大选不会对中美关系的大局产生实质性的影响。美国重返亚洲政策给中国对外关系带来挑战，中国在处理中美关系时要正确地估计双方的力量对比，作出现实的、理性的反应，维护东亚地区的和平，为中国新一轮的战略发展创造稳定的外部环境。

上海市金融学会召开 2012 年专业研究部工作会议，提出并讨论各专业研究部 2012 年学术活动安排，研究课题选题、招标事宜。

3 月

1 日，上海市建设与交通委员会研究室主任丁仪应邀来到社联，以“上海建设和交通事业的发展”为题为社联职工做专题讲座并与大家互动交流。市社联党组书记、专职副主席沈国明主持讲座，市社联党组成员、秘书长生键红及社联全体职工共同聆听讲座。

2 日，市社联科普处与上海市档案馆进行工作商谈，讨论上海市社科普及示范基地建设、科研项目与活动的开展等议题。

市工商行政管理学会召开 2011 年年会。会长陈学军代表理事会作 2011 年工作报告。会议表彰 2010—2011 年度区县“先进学会”、“优秀学会工作者”和“理论研究特色活动”；会议还表彰 2011 年度工商行政管理优秀论文和优秀调研文章，其中《恢复司法理念应用于工商行政执法之构想》等 10 篇文章被评为一等奖；《积极发展现代农业提升农村经济发展水平》等 20 篇文章被评为二等奖；《应注意加强网络拍卖行为监管》等 30 篇文章被评为三等奖。市社联党组书记、专职副主席沈国明出席会议并讲话。

3 日，《探索与争鸣》编辑部召开“警惕‘左’葬送改革——纪念邓小平南巡讲话发表 20

周年”学术研讨会。邓伟志、叶书宗、夏中义、郭强、程念祺、郝宇青等在会上发言，另有北京的高放、王贵秀、黄宗良、王占阳、蔡霞等学者撰写了书面发言。相关成果刊发于《探索与争鸣》第四期“圆桌会议”栏目。

4日，市社联举行学术茶座“四个中心建设系列”首次活动，来自银行、证券、法律、航运等行业的业界精英与相关专家济济一堂，围绕“四个中心建设”的主题作了精彩的主题发言，并展开热烈的讨论与交流。上海市现代服务业联合会会长周禹鹏，市社联党组书记、专职副主席沈国明出席茶座并讲话。上海市黄浦区政协主席张华也应邀出席。

4—9日，市民防协会与全国人防监理培训部举办第77期“人防工程监理资质培训班”，上海人防工程监理人员161人参加培训。

7日，市社联召开上海市第九届邓小平理论研究和宣传、第十一届哲学社会科学优秀成果评奖培训工作会议，复旦大学、华东师范大学、上海社会科学院等40多家主要社科单位科研处相关负责人出席，市社科评奖办副主任、市社联科研处处长徐中振就申报组织、材料审核和软件操作等提出工作要求。

社联机关党委召开各支部书记会议，传达市委宣传部关于市十次党代会代表推选工作，要求各支部按照市委、市委宣传部的部署，严格按照推选要求和程序规定，坚持选优选好，大力发扬民主，广泛宣传发动，充分激发广大党员的政治热情，圆满完成市十次党代会代表的推选工作。

8日，为迎接国际三八妇女节，市社联邀请有关专家就“现代女性婚恋观”主题进行网络访谈。

9日，“东方讲坛·当代世界讲坛”开幕式暨首场演讲在西郊宾馆举行。来自摩洛哥王国皇家战略研究院的陶菲克·穆利内院长以“阿拉伯世界转型：摩洛哥模式的关键经验”为题演讲并与200多名现场听众互动交流。中共上海市委常委、宣传部部长杨振武出席讲坛开幕式并讲话，中共中央对外联络部副部长、当代世界研究中心主任于洪君出席论坛并发表主旨演讲，论坛由市委宣传部副部长潘世伟主持，社联党组书记、专职副主席沈国明，党组副书记桑玉成，市外办副主任傅继红等有关领导出席该讲坛的首场演讲活动。

市社联、上海发展研究基金会联合举办东方讲坛·发展沙龙，邀请美国辛辛那提大学特聘讲座教授、上海交通大学先进产业技术研究院院长李杰作“主控式创新和中国的经济转型”演讲。上海发展研究基金会理事长沙麟、市社联党组副书记桑玉成等50余人出席。

由市法学会作为指导单位，市法学会诉讼法研究会和闸北区人民法院主办，上海社会科学院法学研究所、市法官协会协办的上海市法学会诉讼法研究会年会暨以“社会和谐与程序公正”为主题的第五届学术研讨会在闸北区人民法院召开。

11—16 日，市民防协会与全国人防监理培训部举办第 78 期“人防工程监理资质培训班”，上海人防工程监理人员 131 人参加培训。

13 日，市房产经济学会举办“房地产热点问题研讨会”。易居房地产研究院张永岳、杨红旭，市住房保障和房屋管理局唐忠义、蒋慰如，市社科院城市与房地产研究中心戴晓波，华师大东方房地产学院陈伯庚，中华企业股份有限公司朱胜杰以及市学会有关领导就楼市调控成效、住宅业是我国经济增长点和房价合理回归等社会热点问题展开研讨。

欧盟委员会前对外关系总司副总司长普洪达(Karel Kovanda)大使应邀访问上海欧洲学会，并就当前中欧关系问题与戴炳然、伍贻康、徐明棋、张祖谦、王义桅、张海冰、曹子衡、叶雨茗、杨海峰及秘书处成员进行交流讨论。

14 日，社联召开处级以上干部及有关负责人会议，传达宣传系统队伍建设会议精神，布置社联党风廉政建设工作和党建工作。会议围绕传达学习市委常委、宣传部部长杨振武的讲话精神，结合社联 2012 年干部队伍建设的安排展开了讨论。党组书记沈国明就社联贯彻落实党风廉政工作和党建工作提出三点要求：一要加强纪律意识；二要加强责任意识；三要加强服务意识。

15 日，国家商务部原副部长张祥应邀来到社联，以“全球化时代的服务业发展与经济转型”为题做报告。张祥结合德国大众，美国金融、信息产业等实例，阐明农业经济、工业经济和服务经济的典型特征，并阐释中国发展服务业的必要性、面临挑战、后发优势以及具体策略。张祥在讲座最后还与现场听众进行交流互动。市社联党组书记、专职副主席沈国明主持讲座。

市总会计师工作研究会召开会员代表大会，进行换届改选。市社联党组副书记桑玉成到会并讲话。大会审议并通过理事会工作报告、财务报告及新一届学会章程。大会选举产生了新一届学会理事会。随后由理事会选举出学会新一届领导班子，马正文任会长兼任法人代表，王德宝、向月华、吕勇、孙铮、应忠芳、叶国华、胡兰芳、周启民、管一民任副会长，应忠芳任秘书长。应忠芳任中共上海市总会计师工作研究会党的工作小组组长，管一民、张义澎任中共上海市总会计师工作研究会党的工作小组成员。市财政局副局长田春华到会讲话。

市妇女学学会、市婚姻家庭研究会、《上海妇女》杂志编辑部在市妇联二楼北厅召开“消费社会与女性价值观”研讨会。来自上海的专家学者、企业经理、女性网站负责人以及妇联干部 15 人参加讨论，市妇联办公室副主任潘卫红主持会议。

16 日，市法学会和市立法研究所共同举办第 27 次青年法学沙龙。沙龙围绕《上海市见义勇为人员保护和奖励条例》立法草案建议稿进行讨论。由 20 余名民法、刑法、诉讼法、社会学等不同学科的青年学者，以及来自市委社会工作党委、市文明办志愿者服务工作处等单位的同志参加会议。

市宗教学会召开会员代表大会，进行换届改选。市社联党组书记、专职副主席沈国明到会并讲话。大会审议并通过理事会工作报告、财务报告及新一届学会章程。大会选举产生新一届学会理事会。随后由理事会选举学会新一届领导班子，晏可佳任会长，丁常云、王新华、严耀中、李天纲、李向平、徐以骅、陶飞亚、葛壮任副会长，葛壮兼任秘书长。晏可佳任中共上海市宗教学会党的工作小组组长，王新华、葛壮任中共上海市宗教学会党的工作小组成员。

市社联科普处与市委党校科研处共同召开"上海领导干部人文社会科学知识与素养调查"项目咨询会。该项目负责人、市委党校社会科学部副主任马西恒作项目设计方案的介绍，并听取市社联党组副书记桑玉成、市领导科学学会会长奚洁人、市委党校常务副校长王国平对开展该项调研工作的有关意见。

19日，市社联举办《上海思想界》座谈会。与会专家就如何活跃学界思想提出意见和建议，并对近期社科界重要选题进行交流。市委宣传部副部长李琪出席会议并讲话。市社联党组书记、专职副主席沈国明，党组副书记桑玉成同与会的王邦佐、姜义华、赵修义、胡伟、黄仁伟、萧功秦、刘世军、杨志刚、蒋宏、罗培新、顾红亮等专家一起展开研讨。

市社联举办社联论坛第50次报告会，邀请全国人大代表、上海市人大常委会秘书长姚明宝传达全国"两会"精神及讨论中的热点问题。报告会由市社联党组书记、专职副主席沈国明主持。

市企业发展促进研究会召开学习全国"两会"精神报告会，邀请全国人大代表、上海市人大常委会秘书长姚明宝传达十一届全国人大五次会议，全国政协十一届五次会议精神，100余名会员企业领导出席报告会。

22日，市社联召开上海市社会科学界第十届(2012)学术年会筹备工作会议。学术年会组织委员会、学术委员会、各学科专家组成员近60人出席会议。会议通报本届年会工作要点，酝酿讨论本届年会工作方案和大会主题，协商落实各学科专场活动主要承办单位。学科组专家与承办单位科研处长还分组筹划各学科专场的主题及筹备工作。市委宣传部副部长李琪，市社联党组书记、专职副主席沈国明出席会议并讲话，会议由市社联党组副书记桑玉成主持。

市高等教育学会举办以"大学校长与大学文化传承创新"为主题的校长沙龙。来自全市30余所高校近百名高校管理者和理论研究者围绕大学文化的内涵、大学文化传承创新的现实意义以及可能途径等议题进行交流和讨论。会议由市高等教育学会常务副会长杨德广主持，市高等教育学会会长张伟江作总结发言。

市固定资产投资建设研究会七届二次理事(扩大)会议在市建设系统老干部活动室进行，60余名理事和会员代表出席会议。会议由研究会常务副理事长兼秘书长柴荣华主持，学会理事长孙熙宁到会并讲话。与会理事和会员代表审议并通过研究会副秘书长杜静安所作的《上海固定资产投资建设研究会2011年工作小结和2012年工作要点报告》。

市固定资产投资建设研究会特邀请上海浦东新区投资咨询公司执行董事、教授级高工、研究会副理事长陈海做题为“固定资产投资建设与转型发展”的学术报告，陈海对上海“十二五”固定资产投资的总体思路和重点任务、上海“十二五”的投资规模和结构转型、上海“十二五”固定资产投资结构和布局分析等问题进行阐述。

市法学会在市第一中级人民法院举办 2012 年“上海法学讲坛”的第一讲，邀请中国人民大学法学院院长韩大元教授作题为“宪法实施与社会稳定”的专题讲座。市法学会副会长李继斌、市一中院院长孙建国出席讲坛。市一中院 100 多名法官参与本期讲坛。

23 日，由市法学会与闸北区人民法院共同主办，上海社会科学院法学研究所、市法官协会、市法学会诉讼法研究会协办的“人民法院参与社会管理创新：治安顽症类犯罪法律适用与综合治理”专题研讨会在闸北区人民法院举行。市法学会副会长李继斌、市高级人民法院副院长丁寿兴、市法学会诉讼法研究会会长张海棠、上海社科院法学所所长叶青教授、华东政法大学苏惠渔教授等领导、专家 60 余人到会。

市社联办公室与市美国问题研究所合作开展公务实务培训，特邀市政府办公厅副局级巡视员王永鉴作有关公文写作及提升公务员工作素养的专题报告。市社联党组成员、秘书长生键红，美国问题研究所常务所长胡华还同参加培训的同志一起，就如何进一步深化社联与美国问题研究所的协作交流进行研讨。

市医学伦理学会召开 2012 年年会。来自各会员单位和相关人员 200 余人出席会议。会长黄红代表理事会向大会作 2011 年学会工作报告；常务副会长陈佩作学会 2012 年工作计划报告以及医院伦理委员会建设要点解析，会上宣读中国医学伦理学研究 30 年突出贡献奖名单、上海市医学伦理学会表彰 2011—2012 年“优秀医学人文案例奖”获奖名单，介绍优秀青年人才评选情况。瑞金医院、仁济医院、华山医院的代表向大会作优秀医学人文案例交流。

欧盟委员会前对外关系总司副总司长普洪达大使在上海欧洲学会就北约全球化及其对华关系问题，与张祖谦、潘忠歧、王义桅、张沛、李立凡、忻华、曹子衡、杨海峰等座谈交流。

26 日，市社联、市文化执法总队联合推选工作领导小组召开会议，讨论出席市十次党代会代表及选举工作的有关事项。市社联党组书记沈国明、市文化执法总队党委书记钱华飞、市社联党组副书记桑玉成、市文化执法总队党委副书记、总队长周卫民及小组办公室有关成员出席会议。

27 日，中国人民大学人文社会科学学术成果评价研究中心发布“2011 年度《复印报刊资料》转载学术论文指数排名”及“研究报告”，由上海市法学会编辑、出版的《东方法学》杂志连续三年全文转载量达到 19 篇，其中，全文转载量和综合指数在法学类期刊中排名第 12 位，居非核心期刊首位；全文转载率更是创出办刊以来新高，排名居第 8 位，居上海法学期刊首位。

28日，市社联举办“上海老龄化社会面临的主要问题与对策”学术茶座，该茶座是市社联“推进社会发展与创新社会管理”系列茶座之一。市老年基金会理事长胡炜致辞并宣布上海市老年基金会研究咨询委员会成立。市社联党组书记、专职副主席沈国明出席会议并讲话。市老年基金会副理事长朱匡宇作主题演讲，市人口和计划生育委员会副主任孙常敏、上海社会科学院常务副院长左学金、复旦大学社会发展与公共政策学院院长彭希哲、上海社会科学院人口与发展研究所所长周海旺作特邀评论。来自市老年基金会、上海社会科学院、复旦大学、老年学会、人口学会、中国浦东干部学院，以及恩派（NPI）公益组织发展中心、上海海阳老年事业发展服务中心、上海伙伴聚家养老服务社、上海市浦东新区社会工作者协会的30余位专家学者和公益服务组织负责人围绕如何构建多层次的养老保障体系，不断提升上海养老保障的可持续能力，不断创新能够适应社情民意的养老服务模式等问题展开讨论。

30日，市金融法制研究会、市立法研究所联合举行报告会，邀请市社联党组书记、专职副主席沈国明作题为“贯彻十二五规划，推动经济社会发展”报告。报告对当前面对的社会变化和形势等问题进行细致的剖析和解读。约150人出席听讲。

市婚姻家庭研究会、市教育系统妇委会联合召开“比翼双飞　和谐发展——上海市教师家庭文化建设”座谈会。来自市教育系统获得历届“比翼双飞模范佳侣”代表、专家学者、妇女干部100余人出席座谈会。市妇联副主席宋鸣希望教育系统模范佳侣不仅在教育战线上为人师表，而且在全市的家庭文化建设中起到引领作用，在家庭低碳、社会公益、家庭美德等方面做好表率。市教育系统工会主席夏玲英指出，模范佳侣评选活动将作为繁荣社会主义文化大发展的品牌项目来抓手。市婚姻家庭研究会副秘书长唐宁玉、沈奕斐，市妇女学学会副秘书长胡申生分别作精彩点评。

31日，市社联召开全体干部大会。市社联党组副书记桑玉成主持会议并介绍此次机关岗位聘任工作中部分岗位及人员变动情况及有关市十次党代会代表选举工作的情况。市社联党组书记、专职副主席沈国明总结市社联2012年第一季度工作，并希望大家通过开展岗位设置及聘任工作，进一步在社联形成一种想干事、能干事、干成事的局面，努力营造社联机关积极向上的工作氛围。市社联党组成员、秘书长生键红及社联全体干部职工参加了会议。

上海市金融学会国际金融专业研究部和上海财经大学现代金融研究中心、上海国际金融研究中心等单位联合举办“2012中国金融稳定发展的内生性与外生性因素研讨会”，邀请来自美联储、美国达拉斯联储以及复旦大学的专家学者就世界经济情况与中国货币政策，中国货币政策与中国的结构性问题，汇率、经常账户失衡以及人民币国际化，2012年最优货币政策选择等专题开展讨论。

4月

5日，市社联召开中心组学习会，社联党组书记、专职副主席沈国明主持会议，社联党组副书记桑玉成以及社联处以上干部出席会议。会议认真组织学习《人民日报》评论员文章《集中精力把两会精神贯彻好》、《牢牢把握稳中求进的总基调》,并结合工作实际,围绕如何按照中央和市委要求,以深入学习贯彻两会精神为契机,把握工作总基调,推进当前各项工作,以优异成绩迎接党的十八大展开讨论。

6 日,上海人大工作研究会举行成立大会。中共中央政治局常委、全国人大常委会委员长吴邦国题写"上海人大工作研究会"会名,中共中央政治局委员、上海市委书记俞正声,全国人大常委会副委员长兼秘书长李建国致信祝贺,市人大常委会主任刘云耕,市委副书记殷一璀,老领导龚学平、叶公琦、陈铁迪共同为研究会揭牌。刘云耕、殷一璀出席会议并讲话。作为研究会主管单位代表,市社联党组书记、专职副主席沈国明也在会上讲话。

9 日,市社联、市文化执法总队联合召开选举中共上海市第十次代表大会代表党员代表会议。文化执法总队党委书记、联合推选小组副组长钱华飞主持会议,社联党组书记、联合推选小组组长沈国明、文化执法总队党委副书记周卫民、社联党组副书记桑玉成及党员代表共 65 人到会。

市妇女学学会、市婚姻家庭研究会召开理事扩大会议。"两个学会"的正副会长、理事、顾问、学术委员会成员以及各个妇女研究中心负责人 80 余人参加会议。市妇联副主席、市婚姻家庭研究会会长翁文磊主持。市妇联主席、市妇女学学会会长张丽丽代表"两个学会"讲话。会上还对获得 2011 年度上海市妇女儿童理论研究优秀成果奖的徐安琪、包蕾萍、姜莱等 25 位专家、学者给予表彰,对"两个学会"的"2011 年工作总结和 2012 工作要点"、"工作制度"等进行审议。上海大学妇女研究中心秘书长鲁娜、上海社科院性别与发展研究中心主任包蕾萍、上海妇女社会工作研究中心秘书长徐宏卓、杨浦区妇联副主席邓青、复旦大学社会性别与妇女发展研究中心主任许晓茵分别就"社会性别文化建设"、"培养青年妇女理论研究人才"、"女性社会工作者在社会管理与创新中的作用"、"妇联与高校联手推进妇女理论研究的做法"、"从社会性别的视角谈深化妇女理论研究的再思考"作交流。

匈牙利派克大学(University of Pecs)非洲研究中心主任伊斯特凡(Istvan Tarrosy)、佐尔坦应邀访问上海欧洲学会,就中欧关系以及中欧非洲政策问题,与伍贻康教授、余建华教授、刘丽荣博士、忻华博士及学会秘书处成员进行了交流。

10 日,由吉林省社科院党组成员、副院长黄文艺带领的吉林省社科界考察团一行 8 人到访我会。上海市社联党组书记、专职副主席沈国明以及社联部分处室负责人与吉林省社科界考察团进行座谈,双方进行深入的交流和探讨。

10—12 日,市民防协会会同市民防监管处举办"民防工程养护及地下空间管理"轮训班。市各区县民防工程养护及地下空间一线管理人员和市民防办直属部门相关人员 75

人参加培训。

11 日，市人民政协理论研究会举行一届五次会员大会暨理论研讨会。市政协主席、名誉会长冯国勤出席会议并讲话。市委常委、市委统战部部长、名誉会长杨晓渡，市社联党组书记、专职副主席沈国明出席会议。市政协秘书长、会长陈海刚主持会议。副会长朱志诚通报一届五次理事会会议情况。副会长兼秘书长徐海鹰作研究会 2011 年工作情况和 2012 年工作安排报告。副会长李琪宣布研究会 2011 年论文评奖结果。政协理论研究的专家学者余源培、钱胜、徐本力、胡志萍、吴浩作交流发言。研究会常务理事、理事和有关专家学者约 100 人参加会议。

市民防协会组织专家对“枫岸华庭 7、8 期基坑围护设计方案”进行安全质量评审，并向有关单位发送《技术评审意见》。

12 日，上海金融与法律研究院与上海交通大学法学院合作举办“迈向全球竞争”沙龙活动。受上海金融与法律研究院邀请，新书《全球竞争：法律、市场和全球化》作者 David J.GERBER 应邀作为此次沙龙的主讲人。另外受邀的有上海交通大学法学院教授王先林、彭诚信、许多奇，副教授侯利阳、教师尚立娜、李俊明等，中国法制出版社责任编辑袁笋冰出席沙龙活动。上海金融与法律研究院执行院长傅蔚冈博士主持了会议。

14 日，市企业发展促进研究会举行与中国商业联合会合作举办的中国注册高级经营师第九期结业颁证、第十期开学典礼，副会长宋荣宝主持，上海商学院首任院长、副会长方名山研究员致词并讲授“上海市现代服务业发展战略研究”，100 余名学员出席。

14—15 日，上海高教学会召开第九届第一次常务理事会会议。

15 日，市社联主办、市群众文化学会等承办的古镇文化保护研讨会在浦东新区三林镇举行。市委宣传部副部长宗明、市文广局副局长王小明出席并致辞，社联党组书记沈国明在会上致辞并作主题发言。

市社联举办学术茶座，出席者围绕“四个中心”建设进行热烈讨论。市人大常委会原副主任任文燕，市政府副秘书长、市商务委主任沙海林，市高级法院副院长盛勇强，社联党组书记沈国明等 30 余位专家学者出席。

17 日，市社联机关党委召开党支部书记会议，部署市社联 2012 年“讲党性、重品行、作表率”主题教育活动计划、各党支部换届改选工作和基层党组织分类定级自查工作。

18 日，市社联“探索与完善社区共治与居民自治”学术茶座在中国浦东干部学院国际交流中心举行，此次茶座是“推进社会发展与创新社会管理”专题系列活动之一，由中国浦东干部学院、上海市民政局、上海市社区发展研究会合作举办。中国浦东干部学院副院长王金定，市社联党组书记、专职副主席沈国明出席会议并讲话。会上，来自中央政策研究室、国家民政部、上海市民政局、广东省社会工作党委等党政机关的领导干部，以及来自复旦大学、上海交通大学、中国浦东干部学院、上海大学等科研院校的专家学者围绕党委、政府、居委会、社会组织（社区社团）等多元主体之间如何分工协作治理社区事务，基层党组织如何在共治和自治中充分发挥作用，如何不断深化和完善居委会组织的自治发展内涵和自治运行能力等理论和实践问题展开热烈讨论，并积极为推动社区共治与居民自治的协调发展提供决策咨询建议。

"当代大学生政治态度"课题组成员一行五人，由中国社会科学杂志社总编辑、研究员高翔的带领到市社联开展调研活动。市委宣传部副部长李琪，市社联党组书记、专职副主席沈国明，上海社会科学院常务副院长左学金参加调研并与课题组成员开展学术探讨和交流。

19 日，由江西省社联党组成员、副主席吴永明带队的江西省社联考察团一行 5 人到访我会。市社联主席秦绍德及社联部分处室负责人与考察团进行座谈，双方就如何推进地方社联建设等问题进行深入的交流和探讨。

市社联学会处召集部分文化类学会就如何更好发挥学会在开展文化建设中的作用召开座谈会。上海市民俗文化学会会长仲富兰、副秘书长张志中，上海炎黄文化研究会常务副会长杨溢萍，上海文物博物馆学会副理事长、秘书长陈克伦，上海工艺美术学会秘书长周南介绍了各自学会的基本情况、近年来学会的主要工作和重点活动、从事学会工作的体会以及对社联工作的建议。与会学会负责人还就开展关于上海文化资源的保护和利用问题的研究并共同举办学术研讨活动进行策划。市社联主席秦绍德认真听取了学会负责人介绍的情况与提出的意见，要求学会处在今后工作中继续做好各学会之间的组织与协调工作。

市社联与复旦大学马克思主义研究院联合举办"财富创造与财富分配:财富经济学的构想"研讨会。研讨会是《上海思想界》系列沙龙之一，复旦大学顾钰民、张晖明、肖巍，上海社科院权衡、沈开艳，经济学会袁恩桢、耿忠平等十余位专家学者出席，围绕财富经济学的内容，财富概念的界定，财富与价值、使用价值的关系，财富创造与分配的关系以及财富分配如何更好实现公平等议题展开讨论。市社联党组副书记桑玉成出席会议并发言。

市民防协会与市民防监督管理处联合召开 2011 年度民防优胜工程表彰大会。会上宣读《关于表彰获得 2011 年度上海市"民防优质结构杯"工程的通报》和《关于表彰获得 2011 年度上海市"民防杯"工程的通报》，向"逸仙路 25 号地块地下车库民防工程"等 7 项"民防工程优质结构杯"和"闸北区文化馆和大宁社区文化活动中心地下车库民防工程"等 5 项"民防杯"的获奖单位颁发奖杯和证书。市民防办副主任、协会副会长孙晓波出席会议并为受表彰单位颁奖。部分获奖单位作交流发言。

19—22 日，以"加强社科联系统网站建设、提升社会科学信息化水平"为主题的全国社科联系统网站建设暨信息工作交流会议在河南郑州举行。来自全国 19 个省、自治区、直辖市的社科联代表围绕社会科学信息化建设的目标、步骤，网站建设的功能定位，数据库综合管理系统及电子政务建设等议题进行深入研讨。上海市社联党组书记、专职副主席沈国明在会上作交流发言，详细介绍上海市社联信息化发展、网站系统等情况。

20日，上海市人大常委会主任刘云耕、副主任吴汉民等领导到市法学会视察和指导工作。市法学会会长吴光裕，副会长王教生、李继斌、刘忠定，专职副会长陈金鑫，秘书长施基雄等参加会见和座谈。

21日，市创造学会召开会员代表大会，进行换届改选。市社联党组成员、秘书长生键红到会并讲话。大会审议并通过理事会工作报告、财务报告及新一届学会章程。大会选举产生新一届理事会。随后举行的第七届理事会第一次会议选举出学会领导班子，李国强任会长，曾小清、包起帆、虞丽娟、张仁杰、朱建新任副会长，曾小清兼任秘书长。李国强为中共上海市创造学会党的工作小组组长，曾小清、张仁杰为中共上海市创造学会党的工作小组成员。

22日，市现代企业经营管理研究会和上海卓越管理中心联合举行"企业发展策略和商业地产"学术讲座，邀请商业地产专家姜新国主讲并与来宾互动交流。上海卓越管理中心总裁、上海交通大学原副校长盛焕烨到会并致词，近200人出席听讲。

上海市金融学会货币理论和货币政策专业研究部和华创证券研究所联合举办"春季宏观形势交流会"，邀请苏、浙、沪发改委有关官员和学会理事就经济形势与二季度展望、产业转型升级、企业资金需求与银行经营状况、财政政策和货币政策执行情况进行交流。

23日，上海市振兴中华读书活动30周年庆典暨第14届上海市读书节在浦东图书馆隆重举行，市社联党组副书记桑玉成，党组成员、秘书长生键红应邀出席。作为上海市振兴中华读书指导委员会成员单位，市社联将在读书节期间推出"传播知识，共建文明——东方讲坛在郊区读书讲座"系列活动和"学法·知法·守法·用法"农民工"法律讲堂"两大示范引领项目。

上海金融与法律研究院举办"个人所得税"沙龙活动。浙江大学光华法学院副教授、经济法研究所执行所长、气候变化法律研究中心副主任钟瑞庆主讲，研究院执行院长傅蔚冈主持会议。与会人员围绕应当从何种角度和立场去评价中国的个人所得税展开讨论，并据此提出相应的改革方案。

上海金融与法律研究院举办"财政体制改革与个人所得税改革"沙龙活动，主讲人为浙江大学光华法学院副教授钟瑞庆。上海金融与法律研究院执行院长傅蔚冈主持沙龙活动，上海证大资产投资管理有限公司投资总监田桂鸿先生、上海金融与法律研究院研究员高利民、王闻、聂日明等参与讨论。探讨的主要议题是：应当从何种角度和立场去评价中国的个人所得税，相应的改革方案又是怎样的？

24 日，由市纪委、市委宣传部、市委党史研究室等单位主办，东方讲坛办公室承办的“2012 年上海市廉政文化系列讲座启动仪式”在海上文化中心举行。市委宣传部副部长李琪在开幕式上致辞，并与市纪委常委、秘书长黄建平，市社联党组书记、专职副主席沈国明，市委党史研究室副主任严爱云，市社联党组副书记桑玉成，市社联党组成员、秘书长生键红等领导向上海市廉政文化系列讲座宣讲团特聘讲师颁发证书。启动仪式上，复旦大学浦兴祖教授、上海交通大学陈挥教授、上海社会科学院刘杰教授等三位专家作主题示范宣讲。讲座活动将历时三个月，组织宣讲团深入机关、企业、社区、学校与农村举办 30 场讲座。

25 日，社联机关党委召开会议。通过对各党支部开展基层党组织分类定级工作的自评情况的考评，并对抽查支部的情况及各支部的综合得分进行权衡和调整。会议还对办公室支部的组织发展工作进行审议，并同意黄浦区青联委员的提名人选。

26 日，市社联办公室召开外联工作会议。会议就如何通过参加各地社科联召开的协作会议及网络信息平台，进一步加强与兄弟省市社科联的交流合作进行专题研究。

市民防协会召开第五届理事会第四次常务理事会议和 2012 年会员大会。会议由副会长孙晓波主持，秘书长陈亮向大会报告协会 2011 年工作情况和 2012 年工作安排、协会经费使用情况及理事成员调整情况说明。会长刘南山到会并讲话。

27 日，为纪念《申报》创刊 140 周年（1872.4.30—2012.4.30），上海市社会科学界联合会举行“史量才与《申报》的发展”学术研讨会。会议分别进行“《申报》研究”、“史量才时期的《申报》研究”、“史量才与《申报》的文化产业”、“与史量才有关的人和事”等 4 场专题报告会。市社联党组书记、专职副主席沈国明到会并讲话。50 余位专家、学者、研究人员参加会议。

上海市法学会邀请北京、天津、重庆三市法学会的领导和部门负责人在上海召开“第二届京津沪渝法治论坛筹备会”。北京市法学会专职副会长杜石平、天津市法学会专职副会长刘裕民、重庆市法学会秘书长陈忠东等应邀参加会议。市法学会党组副书记、副会长李继斌，专职副会长陈金鑫，秘书长施基雄出席。

28 日，由中共中央对外联络部当代世界研究中心和中共上海市委宣传部联合主办，东方讲坛办公室和上海市美国问题研究所共同承办的东方讲坛暨当代世界讲坛第二场演讲在西郊宾馆隆重举行。本次讲坛主题定为“中美关系：热点聚焦与发展趋势——纪念《上海公报》40 周年”。演讲嘉宾有：中美建交亲历者、尼克松总统访华期间首席翻译、美国资深外交官傅立民，曾长期在联合国工作的中国外交官陈健大使，以及全国政协常委、上海市政协副主席、上海公共外交协会副会长周汉民。论坛由中共上海市委宣传部副部长李琪教授主持。中共中央对外联络部当代世界研究中心副主任孔根红研究员致欢迎辞。

市社联与上海社会科学院经济研究所共同召开“创新驱动、转型发展：上海中长期发展战略”课题咨询会。会上，上海社会科学院经济研究所副所长权衡简要介绍课题设想，来自上海社会科学院经济研究所、部门经济研究所、世界经济研究所的10余位专家学者参与课题讨论。市社联党组书记、专职副主席沈国明，上海社科院党委副书记洪民荣出席会议。

5月

1—2日，市法学会与上海文广互动电视有限公司(SITV)法治天地频道合办的电视节目《谁动了我的休息权?》(上、下集)，在《热点》栏目中播出。

2日，《上海集体经济》编委会暨学术咨询顾问颁证会议召开。会议由《上海集体经济》编委会主任范大政主持。中国社科院马列主义研究院院长、《上海集体经济》学术咨询顾问程恩富专门介绍当前我国经济改革发展的形势和集体经济面临的新情况、新问题，以及对策思路。洪远朋教授、陶友之研究员介绍“新时期我国社会利益关系的发展变化研究”课题研究及其学术成果《利益关系总论》概要。编委主任范大政向10名学术咨询顾问颁发聘书。会议还听取执行主编骆德芸代表编辑部的工作汇报。参加会议的有《上海集体经济》编委会、高级顾问、编辑部成员，著名专家学者，有关企业领导等21人。

3日，上海金融法制研究会邀请上海市政府金融服务办公室地方金融管理处李军作“充满生机和活力的新型金融机构”报告，本学会及市立法所、人大有关部门60余人出席。

上海金融法制研究会举行“上海金融法制研究会2012年度青年课题五个中标课题的签约仪式”。上海金融法制研究会联系人及中标课题的相关人员约80余人参加。

市妇女学学会、市社科院性别与发展研究中心等单位举办的“新媒体与性别文化论坛”在市社科院召开。来自上海的专家学者、新闻媒体、大学生代表和妇联干部等60余人参加论坛。市社科院副院长谢京辉、市妇联副主席张辰分别在论坛上作了讲话。著名作家、文学所研究员王周生，市社科院新闻研究所所长、研究员强荧分别作点评。会议期间，与会者还与网民在微博上进行互动交流。市社科院性别与发展研究中心主任包蕾萍主持论坛。

4日，“上海市法学会研究会工作会议”在上海交通大学召开。市法学会会长吴光裕、专职副会长陈金鑫、市法学会秘书长施基雄、各研究会长、秘书长等共40余人参加会议。

8日，上海市工运研究会启动5年一次的上海职工队伍调查，大调查共设置“1+5+9”的课题体系，即1个总课题、5个分课题、9个职工群体专题调查，力求全面准确地把握当前职工队伍建设的新变化新情况。大调查历时半年，形成丰富的调研成果，召开全市工会系统的成果交流会议，编辑出版《2012年上海职工队伍状况调查报告集》。

9日,市民防协会召开“上海市中心城区老式居住区修建地下车库的可行性研究报告”专家征询会,7位专家出席会议。

市法学会反恐研究中心成立大会暨揭牌仪式在市公安局指挥办公大楼A区底楼大礼堂举行。上海市副市长、市反恐怖工作协调小组组长、市公安局局长张学兵,国家反恐办副主任李远征,市法学会会长吴光裕,市反恐怖工作协调小组办公室主任、市公安局副局长陆卫东,市公安局党委委员、政治部主任俞烈,市法学会党组副书记、副会长李继斌等领导出席会议。上海市法学会反恐研究中心理事会全体理事、市反恐有关成员单位、相关单位领导、市公安局有关单位领导、各区(县)反恐办主任,各分、县局、机场分局反恐支(大)队主要负责人、市反恐办部门负责人等近百人参加会议。

上海知识产权研究所、上海市协力律师事务所和上海市创意产业协会在上海举办“最高人民法院关于审理侵犯信息网络传播权民事纠纷案件适用法律若干问题的规定征求意见稿研讨会”。来自高校、企业和行政机关的专业人员分别对《最高人民法院关于审理侵犯信息网络传播权民事纠纷案件适用法律若干问题的规定征求意见稿》发表评论,对本次《征求意见》逐条提出修改意见,以供最高院在制定司法解释过程中参考。

10日,市民防协会举办“民防工程建设监理从业人员继续教育培训班(复训一期)”,98人参加培训。

市社联主席秦绍德在社联七楼清雅厅会见联合国前副秘书长陈健一行。市社联党组书记、专职副主席沈国明,社联党组副书记桑玉成,社联党组成员、秘书长生键红等参加会见。

市房产经济学会房地产企业工作委员会举行换届大会,参加会议的有市学会名誉会长、上海地产(集团)公司董事长皋玉凤,市学会会长、市住房保障和房屋管理局副局长庞元,以及西部企业集团、上海中房置业公司等房地产企业代表近60人。会议由企业工委副会长董素铭主持。市学会副会长赵才娣宣读企业工委新一届领导班子。庞元会长祝贺企业工委顺利换届。

上海市法学会教育法学研究会成立大会在华东师范大学隆重举行。市法学会会长吴光裕,教育部政策法规司司长孙霄兵,华东师范大学校长俞立中,市法学会党组副书记、副会长李继斌,以及市人大常委会、市教委有关领导出席会议。来自各区县教育局、各高校、科研单位从事教育法学理论及相关研究的专家学者近百人参加会议。

上海市法学会航空法研究会成立大会暨第一届航空法研讨会在华东政法大学长宁校区隆重召开。市政府法制办主任刘华、市建交委副主任沈晓苏、市法学会专职副会长陈金鑫、市一中院副院长周赞华、华东政法大学副校长顾功耘等领导出席,来自各高校、科研单位、有关政府部门、司法机关、航空运输和制造企业、新闻媒体的代表50余人参加。

市法学会在上海交通大学医学院举行2012年第一场“双百”活动,邀请市第二中级人民法院民一庭审判长高中伟法官以“我们身边的法”为题,生动地讲解生活中常用的法律知识,300余名师生参加活动。

13—18 日，上海金融法制研究会组织民间借贷和小额贷款联合课题组赴浙江杭州、温州实地调研。上海市立法所、市金融办地方金融处、建设银行上海市分行、国泰君安证券公司、新区检察院、市公安局经侦总队等单位共 15 人参加。

14 日，上海市保密局办公室主任黄晓应邀来到社联，以“增强保密意识　提高保密能力”为题为我会职工作专题讲座并与听众互动交流。黄晓同志通过案例剖析、结合社联工作特性，详细讲解了信息化条件下的保密形势及主要保密制度与法律责任。市社联党组成员、秘书长生键红主持讲座。

15 日，市企业发展促进研究会召开第三届五次理事会，会议由会长高文魁主持，50 名理事出席会议。高文魁会长就换届准备工作作说明，秘书长刘雯华作本届理事会 5 年工作总结报告和第四届理事会领导班子成员候选人及理事候选人名单说明，副秘书长郑俊镗做本会章程修改意见的说明。

经专家评审，上海市金融学会确定 24 个重点研究课题和 61 个青年研究课题中标。

16 日，社联党组成员、秘书长生键红，社联办公室主任吴伟余及社联各处室档案员赴松江区档案局交流学习档案管理工作。松江区档案局副局长李耀、陆钱华结合松江区情介绍档案管理的经验和实践。生键红秘书长建议两家单位以档案工作为切入点，进一步加强互动，深化合作，寻求资源共建有效途径。

17 日，上海欧洲学会、解放日报、上海市国际关系学会联合举办“当前欧洲形势与中欧关系”学术研讨会。会议由上海欧洲学会会长戴炳然主持。伍贻康、冯绍雷、金应忠、廖勤、张祖谦、郑春荣、丁纯、戴启秀、朱志华、肖云上、周勇、张骥、曹子衡、叶雨茗、杨海峰出席会议。

市房产经济学会与普陀分会联合主办“完善住房保障体系”论坛。市住房保障和房屋管理局副局长、市学会会长庞元，市学会驻会人员，分会专委工会会长或秘书长，普陀分会会员代表近 80 人参加论坛。论坛由普陀区住房保障和房屋管理局副局长张军主持，普陀分会陈琦会长致词。

17—18 日，上海知识产权研究所等单位召开“公司商标战略管理与法律实务高层论坛”，西南政法大学知识产权研究中心教授邓宏光、北京市第一中级人民法院知识产权庭法官芮松艳等十余位专家学者围绕“我国商标法第三次修改进程与热点问题”、“商标确权行政审判疑难案件分析”、“商标打假的策略应对与资源整合”、“中国商标诉讼的最新进展”、“公司战略下的商标业务构建”等五个专题展开研讨。

18 日，上海金融与法律研究院（SIFL Institute）举办“英格兰住房保障政策及新近的发展：来自朴茨茅斯的视角”研讨活动。活动邀请 Hilary TAN 女士作为主讲嘉宾，该嘉宾现任英格兰朴茨茅斯市议会财务经理(职务等同于中国地方政府财政局副局长),2003年起即供职于朴茨茅斯市议会,并主管其住房金融团队,对当地保障性住房的历史与现状颇为了解。复旦大学住房政策研究中心执行主任陈杰副教授与副主任郝前进副教授为评议人。

18—22 日,上海市第九届邓小平理论研究和宣传优秀成果、第 11 届哲学社会科学优秀成果评奖初审工作会议召开。本次初审参评的著作类和论文类成果共 2 478 项,市社科评奖办聘请上海、江苏、浙江三地近两百位知名学者,组成 46 个学科评审组,采用独立评分、按得分高低排序入围的方式,遴选出约 700 项成果进入复审程序。市委宣传部副部长李琪、市社联党组书记、专职副主席沈国明,市社联党组副书记桑玉成等出席初审工作会议。

20 日,市企业发展促进研究会根据市社联关于做好上海市"中国特色社会主义理论体系与科学发展"理论研讨论文工作的通知,组织会员单位和个人会员撰写理论研讨论文 15 篇,上报市社联后,其中 3 篇论文评为优秀论文。

23 日,由市法学会和市企业联合会共同主办、《东方法学》杂志和《上海企业》杂志协办,以"企业诚信与社会责任"为主题的 2012'上海企业法治论坛,在建国宾馆隆重举行。市法学会党组副书记、副会长李继斌,专职副会长陈金鑫;市企业联合会副会长陈忠德,副会长徐庆镇;市法官协会副会长张海棠;市总工会副主席茆荣华等领导出席会议。来自上海法学、法律界及企业界、新闻媒体的代表共 200 余人参加了研讨。

25 日,由中共中央对外联络部当代世界研究中心和中共上海市委宣传部联合主办、"东方讲坛"办公室和上海市美国问题研究所共同承办的"东方讲坛·当代世界讲坛系列演讲",昨天在西郊宾馆进行第三场演讲。波兰前总理约瑟夫·奥莱克西和中共中央对外联络部副部长、当代世界研究中心主任于洪君分别作主旨演讲。中共上海市委常委、市委宣传部部长杨振武会见奥莱克西一行。中共中央对外联络部副部长于洪君,上海市社联主席秦绍德,上海市委宣传部副部长李琪,上海市社联党组书记、专职副主席沈国明,上海市社联党组成员、秘书长生键红等参加会见。

市法学会与市二中院联合召开"加强群众工作,提升司法能力"专题研讨会,研讨会由市法学会"青年法学沙龙"和市二中院"调研之友"共同组织。市法学会党组副书记、副会长李继斌,专职副会长陈金鑫;市二中院党组书记、院长王信芳,副院长高长久、阮忠良,市法官协会副会长张海棠等出席研讨。"2005 中国法官十杰"之一、市二中院退休法官袁月全,市二中院各庭室领导、一线法官、调研助理及由市法学会推荐的来自院校、街道、金融机构、律师事务所的代表共 60 余人参加研讨。

26—27 日,上海金融与法律研究院主办的"地方投融资机制与城市发展学术研讨会"

在上海举行。国家开发银行科技局局长洪正华博士、上海市人民政府法制事务办公室副主任顾长浩教授、中国人民银行上海总部调查统计研究部副处长傅勇博士等,以及业界代表参与讨论。本次研讨是研究院目前所主持项目的中早期课题成果的汇报。会上,各个地方债课题组报告了课题的阶段性成果,整个会议结合课题组的报告及业绩人士的报告,就地方债务中的核心问题展开激烈讨论。

29日,市经济法研究会召开第五届会员代表大会,进行换届改选。大会审议并通过了第四届理事会工作报告、财务报告和新章程。与会会员代表选举产生第五届理事会。在随后召开的新一届理事会第一次会议上,与会理事选举产生新一届常务理事会及研究会的领导集体。乔宪志担任会长,王杰等8人担任副会长,赵卫忠担任秘书长。市社联党组书记、专职副主席沈国明,市人大法制办主任刘华出席会议并讲话。

市群众艺术馆、东方社区文化艺术指导中心、市群众文化学会联合举办上海社区文化指导员派送工作研讨会,纪念《在延安文艺座谈会上的讲话》发表70周年。来自区县政府部门、文艺院团、社区文化中心、艺术团队、学会的代表及社区文化指导员代表深入交流社区文化指导员派送工作的做法和经验。来自上海大学、上海社科院及宣传部门的学者就如何全方位提升社区文化指导员的素质和能力,加强机制建设,向市民提供与不断变化的多元文化需求相适应的文化服务等问题进行研讨。

31日,市民防协会举办"民防工程建设监理从业人员继续教育培训班(复训二期)",97人参加培训。

6月

6月,上海市集体经济研究会与中国工业合作经济学会联合起草关于在党的十八大报告中重申发展多种形式集体经济的建议,听取两个学会领导和专家意见后,多次修改成稿后,8月分别送往中共中央办公厅、宣传部理论局等相关部门。会长严镇博将建议稿的主要内容通过黄浦区政协"社情民意"向有关部门建言。

1日,由市社联、市律师协会主办,黄浦区司法局协办的"回顾历史 展望未来"——纪念上海律师公会成立100周年座谈会在市社联召开。市政协主席冯国勤出席会议并致辞,市政协副主席王新奎出席会议并作主旨演讲,市社联党组书记、专职副主席沈国明主持座谈会。70余名出席会议的领导、史学专家、政法系统有关人士同与会的律师一起回顾上海律师发展历史,探讨律师责任、律师精神和律师文化,并共同展望上海律师业发展前景。市司法局党委书记郑善和,全国律师协会副会长、市律师协会会长盛雷鸣,市社联党组副书记桑玉成,市社联党组成员、秘书长生键红等领导出席会议。

首届上海文化资源保护与利用论坛——纪念《非遗法》颁布一周年学术研讨会在市社联六楼群言厅举行。研讨会由市社联指导,市民俗文化学会、上海炎黄文化研究会、上海工艺美术学会、市非物质文化遗产保护中心、长宁区文化局、华东师大民俗学研究所等单位联合举办。市社联党组书记、专职副主席沈国明到会致辞。会议由上海炎黄文化研究会常务副会长杨溢萍主持。与会专家学者围绕上海非物质文化遗产项目的生存状况和发展机遇、城市化过程中的民间信仰遗产保护、《非物质文化遗产保护法》的价值理念、非物质文化遗产保护实践、物质遗产保护途径和上海历史街区的旅游开发响应等问题展开研讨。

上海金融法制研究会特邀上海市政府金融服务办公室赵万兵作"管理金融风险保障金融发展"报告。

2 日,市行为科学学会与市政协民族和宗教委员会、市少数民族联合会、交大安泰经济管理学院联合举行"阳光育人"计划第三期毕业典礼暨第六期签约仪式,市政协主席冯国勤到会并讲话。"阳光育人"计划创始于 2007 年,是一项旨在帮助上海高校少数民族优秀贫困生顺利完成学业、实现更好人生发展的公益性活动。签约仪式由市政协民族和宗教委员会主任季文冠主持。

4 日,市委宣传部副部长李琪以及市委宣传部理论处、规划办相关人员一行到市社联调研,社联党组书记、专职副主席沈国明,社联党组副书记桑玉成,社联党组成员、秘书长生键红,社联各处室和相关部门负责人参加调研。

市房产经济学会与房科院联合承担的市局课题"社会机构参与保障性租赁住房的运作机制研究",在局科技委的主持下顺利通过专家验收。

5 日,由市法学会和台湾"两岸经贸交流权益促进会"共同主办的第十二届沪台经贸法律理论与实务研讨会,在台湾台大校友会馆举办。以市法学会副会长王教生为总顾问、市法学会副会长李继斌为团长、虹口区人民法院院长张斌为副团长的上海代表团共 13 人赴台参加研讨会。台方共有 30 余名专家学者参加。

6 日,市社联学会处到市远距离高等教育学会调研 2011 年度达标情况。祝智庭会长介绍学会的基本情况。闫寒冰秘书长介绍学会换届以来在学术会议、课题研究、社科普及和学术交流、学会档案整理等方面开展的一些工作,同时也介绍学会在开展工作过程中面临的一些困难。市社联学会处处长王克梅表示,学会可以利用挂靠单位的优质学术资源,加强与社联和相关学会的沟通交流,学会处今后也会提供相应的指导和服务,共同把学会工作做得更好。

7 日,市企业发展促进研究会召开第四届会员大会,进行换届改选。会议由第三届理事会常务副会长林炳秋主持,大会审议并通过第三届理事会工作报告、财务报告和修改后的章程,选举产生第四届理事会。在随后召开的新一届理事会第一次会议,选举产生新一届常务理事会及研究会领导班子。方名山担任会长,陈兆忠等任副会长,唐宗洲担任秘书长。副会长史文军作"推动上海产业转型发展的若干思考"的报告。

上海金融与法律研究院举办第五期“地方投融资平台与城市发展”沙龙。本期沙龙的主题是“城市基建中金融机构的作用”，围绕城市基建涉及的投融资问题及目前城市基建所带来的地方债务隐形风险问题，学界和业界资深人士作交流讨论。

市民防协会组织专家对“枫岸华庭七、八期人防工程基坑施工方案”进行安全质量评审，并向有关单位发送《技术评审意见》。

市企业发展促进研究会换届大会暂时休会后，召开第四届第一次理事会，根据大会提议，由方名山召集第四届第一次理事会。会议由理事选举产生新一届常务理事 14 人、选举产生新一届领导班子成员（会长方名山，常务副会长陈兆忠，副会长王玉、史文军、张健建、周振球、施道明、奚锡，秘书长唐宗洲）；审议通过本会法人代表的决议，通过名誉会长、顾问的决议。

8 日，“学习贯彻市第十次党代会精神群众性主题宣传教育活动东方讲坛首场宣讲暨黄浦区东方讲坛举办点授牌仪式”在半淞园路街道举行。市委党校党史党建教研部主任刘宗洪教授应邀为基层干部群众作“上海转型发展的纲领性文件——市委第十次党代会报告解读”的讲座。

市信访学会召开第二届会员代表大会，进行换届改选。市人大常委会主任、市信访学会名誉会长刘云耕出席会议并讲话。市社联党组副书记桑玉成出席会议并致词。大会听取并审议通过由会长杨全心所作的第一届理事会工作报告、学会财务情况说明和学会新章程，选举产生第二届理事会。在随后召开的第二届理事会第一次会议上，选举产生了新一届常务理事会和学会领导集体。张示明担任会长，王剑华任常务副会长，林荫茂等 4 人任副会长，周国邦任秘书长。

11 日，由山东省社联党组书记、副主席杨瑛，党组成员、副主席周忠高带队的山东省社联考察团一行 5 人到访社联。市社联党组书记、专职副主席沈国明，党组副书记桑玉成及部分处室负责人与考察团进行座谈，双方就如何更好地开展社科评奖工作等问题进行交流和探讨。

上海中西哲学与文化比较研究会和华东师范大学哲学系共同邀请美国 Kutztown 大学黄勇教授在华东师范大学开设为期一周的中西伦理学专题研讨班课程。研讨班课程围绕中国哲学的五大核心概念“Joy（乐）”、“Virtue（德）”、“Knowledge（知）”、“Love（爱）”以及“Propriety（礼）”展开，探讨中国哲学较西方哲学所特有的思维方式和路向。

13 日，市固定资产投资建设研究会组织部分团体会员单位代表、研究会论文作者和特邀代表等 40 余人，参观上海“十一五”重大工程之一、城市供水安全和改善饮用水质量的民生工程——青草沙水库及配套泵站建设项目。活动得到研究会理事单位——上海城市建设投资开发总公司及所属单位的大力支持。

14 日，由市辞书学会主办的汉外学习词典编纂与对外汉语教学研讨会，在上海译文出版社召开。研讨会由上海译文出版社副总编朱亚军等三人主持。与会者围绕汉外词典的编纂、辞书语料库的建设及词典与对外汉语教学的密切关系等议题，展开交流与讨论。研讨会是上海市辞书学会中青年沙龙第三次学术研讨会，也是在汉外学习词典与对外汉语教学方面举办的首届学术研讨会。

市企业发展促进研究会新老会长、秘书长深入基层，赴松江上海海益实业发展有限公司共商企业转型发展问题，为企业转型发展出谋划策。会前，参观东华大学"冰蓄冷"设备运行情况，并听取关于"冰蓄冷"技术制造和国内外使用的情况。会上，市企业发展促进研究会新老领导及上海恒联空调设备公司总经理，上海市城乡规划设计院院长，海洋大学制冷设备质量控制中心 5 位专家教授共同探讨推广使用"冰蓄冷"技术，避开电力高峰节约能源的意义，并共同进行市场拓展问题研讨。

市民防协会举办"民防工程建设监理从业人员继续教育培训班(复训三期)"，94 人参加培训。

15 日，市社联学会处组织完成文化教育类、政治法律社会行政类以及国际问题、涉港澳台及其他类学会的"优秀学会"、"学会特色活动奖"和"学会品牌活动奖"的互评工作。

《探索与争鸣》编辑部与华东政法大学、同济大学联合召开"建立和谐医患关系的法律思考"学术研讨会。来自华东政法大学、同济大学、华东理工大学、上海大学等高校的 6 位学者作了主题发言。会议相关成果刊发于《探索与争鸣》第 8 期"圆桌会议"栏目。

根据市法学会贯彻实施新《刑事诉讼法》举办系列专题研讨会的安排，市公安局会同市检察院、市高级法院、市社科院法学所、华东政法大学、上海政法学院、市律协等单位，召开《刑事诉讼法》强制措施、侦查措施专题研讨会。

16 日，市公共事务管理研究会在复旦大学光华楼召开成立大会，会上筹建小组成员作《关于上海市公共事务管理研究会筹建情况报告》；大会以举手表决的方式通过研究会章程，选举产生第一届理事会理事。在随后举行的一届一次理事会全体会议上，选举产生学会领导班子，竺乾威任会长，吴志华等七人任副会长，顾丽梅任秘书长。市社联党组副书记桑玉成出席会议并讲话。

18 日，美国印度、中国与美国研究所国际商贸问题研究主任丹・斯泰因伯克(Dan Steinbock)访问上海欧洲学会，就欧债危机及其对中国和亚洲的影响问题发表演讲，并同伍贻康、戴炳然、徐明棋、张祖谦、戴启秀、崔宏伟、曹子衡、叶雨茗、忻华、杨波等进行交流讨论。学会秘书处其他成员参加交流活动。

19 日，市社联举行 2009—2011 年度"优秀学会"、"学会特色活动奖"、"学会品牌活动奖"和"优秀民办社科研究机构"互评会。市社联党组书记、专职副主席沈国明到会讲话，希望各学会和民办社科研究机构坚持正确方向，发挥自身优势，积极参与社会建设，繁荣哲学社会科学。市社联学会处组织完成哲学史学类，理论经济、综合经济、产业经济类和金融、财税、会计审计、其他经济类学会的“优秀学会”、“学会特色活动奖”和“学会品牌活动奖”以及“优秀民办社科研究机构”的互评工作。

20 日，上海国际战略问题研究会与上海市民防协会、上海第二军医大学在上海民防大厦联合召开“核战略与核防护研讨会”。学会会长、上海国际问题研究院院长杨洁勉，副会长、市民防办巡视员王沪鹰，副会长、二军大副校长王延军分别致辞。在大会主题报告环节，外交部军控司胡小笛大使，国务院应急管理专家组成员、中国核能行业协会副秘书长徐玉明研究员，二军大韩玲教授，上海核工程研究设计院缪鸿兴研究员分别作题为“我军控外交和首尔核峰会概况介绍”、“我国核应急有关情况介绍”、“核与辐射事故医学应急救援”、“福岛事件和世界核电发展形势”等报告。与会专家学者围绕国际核战略问题、核应急防护、核医学应急救援等方面的主题展开研讨。来自上海相关学科的专家学者 100 多人与会。会议由学会常务副会长、秘书长杨剑主持。

21 日，市法学会举办 2012 年第 1 期“会员沙龙”活动。市法学会副会长李继斌、专职副会长陈金鑫，虹口区区委常委、政法委书记杨莉出席“会员沙龙”。来自虹口区委政法委、虹口区法院、虹口区检察院、虹口区司法局、虹口区公安局、虹口区政府法制办、虹口区人大内司委等单位的分管领导和会员代表 30 余人参与活动。

上海易居房地产研究院召开 2012 首届易居地产文化论坛，论坛主题为“房地产业文化艺术映像研究”，易居研究院地产文化研究所所长金雨时作主题报告。

21 日，市社联、市法治研究会、市社会学学会、市社会心理学学会、市行政管理学会联合举行“社会管理创新多元思考”研讨会。市社联党组副书记桑玉成出席会议并讲话。来自 4 家学会的发言代表顾骏、董幼鸿、杨雄、施凯分别作题为“开发社会管理的能力和技术”、“现代城市公共安全运行中的脆弱性及其治理策略”、“社会心理视角下的城市安全与社会管理”和“社会转型与依法治理”的主题发言。与会学者进行讨论和交流。研讨会由市法治研究会副会长徐秉治主持。

21—22 日，由上海金融与法律研究院、美国达拉斯联邦储备银行、上海财经大学共同主办的“国际经济传导机制及对货币政策的影响学术研讨会”在上海财经大学举行。美国达拉斯联邦储备银行副总裁 Mark Wynne、上海财经大学国际工商管理学院院长谭国富教授、上海金融与法律研究院执行院长傅蔚冈博士分别代表主办方致辞。会议最大的亮点在于不仅有学术界的研讨，同时还邀请决策层的专业人士参与，刚卸任中日韩东盟宏观经济研究室主任的魏本华先生也参与研讨会。

23 日，上海国际问题研究院、市人民对外友好协会、市国际关系学会、市日本学会、市日本研究交流协会等在锦江饭店小礼堂联合召开“纪念中日邦交正常化 40 周年国际学术研讨会”，来自中日两国相关领域的专家学者 200 余人与会。中华人民共和国前国务委员、中日友好协会会长唐家璇，日本国前首相、众议院议员福田康夫，全国政治协商会议外事委员会主任赵启正分别作大会基调报告。市社联党组书记、专职副主席沈国明，日本国驻上海副总领事丸山浩一分别致辞，会议由市国际关系学会会长、上海国际问题研究院院长杨洁勉主持。与会专家学者就中日关系的重要性、进程、挑战及展望展开探讨并与报告人进行互动。

24 日，市知识青年历史文化研究会在上海师范大学召开 2012 年年会暨全体会员大会。市社联党组书记、专职副主席沈国明作学术报告。学会秘书长黄洪基作年度学会工作报告，并通报项目管理、财务管理制度和研究生资助办法。会长阮显忠汇报专项资金的募集情况。会议由学会副会长张刚主持。

25 日，上海金融与法律研究院举办"全球视野下的经济困境——对中国经济及投资的影响与启示"研讨会。受研究院的邀请，曾经在美国迈阿密大学、波士顿大学从事教学工作，在波士顿阿凯迪恩资产管理公司担任基金经理的香港科技大学金融学副教授、美国道富环球投资资深顾问李系作主旨演讲，沙龙由研究院研究员王闻博士主持。来自国元证券、淳大投资、证大投资、南京银行及其他私募组织等业界的 30 余人参与讨论。

26 日，市人民政协理论研究会、市统战理论研究会、市法学会、市政治学会、市社会学学会等 5 家学会举行"拓展协商民主、促进创新转型"小型理论研讨会。研讨会由市政协秘书长、市人民政协理论研究会会长陈海刚主持。朱勤军、易承志、刘杰、唐亚林、朱应平、陈俊、杨建党、赵银亮、李建勇、刘长喜等作为 5 家学会推荐的学者先后在会上作交流发言。

由市法学会主办，上海海事法院、上海海事大学协办，浦东新区法学会、浦东新区航运服务办公室承办的"2012' 上海航运法治论坛"在浦东喜来登由由酒店举行。市政协副主席、浦东新区区委副书记、区长姜樑，中国法学会秘书长林中梁，市委政法委副书记王教生，市法学会会长吴光裕、副会长李继斌、专职副会长陈金鑫，市交通运输和港口管理局局长孙建平等领导出席论坛。来自上海法学院校、航运主管部门及航运企业、司法实务部门、法律服务机构的专家学者共 200 余人参加。

27 日，市综治办、市法学会和上海政法学院联合召开了"社会管理法治化理论与实践"研讨会。市委常委、市委政法委书记丁薛祥出席并讲话。市法学会会长吴光裕，市委政法委副书记、市综治办主任林化宾，市法学会副会长李继斌、专职副会长陈金鑫，上海政法学院院长金国华及有关政法部门、科研院校领导出席会议。来自上海各政法部门、市综治委各成员单位、各区县综治办、各科研院校和研究团体的专家学者 150 余人参加。

28 日，"老专家学术沙龙"在社联七楼举行，来自上海学术界相关领域的十几位老专家、老学者参加活动。与会者围绕如何贯彻落实市第十次党代会精神，更好地推进上海经济社会发展进行了热烈的讨论。

28 日，上海科学社会主义学会、华东政法大学政治学与公共管理学院联合举行“新媒体时代下的社会生态”时代论坛。市社联党组书记、专职副主席沈国明，《解放日报》社党委副书记、高级编辑周智强，华东师范大学教授文军，南京政治学院上海分院教授孙力作主题发言。上海交通大学教授陈锡喜、华东政法大学教授张明军作点评。论坛由学会会长夏军主持。

市民防协会举办“民防工程建设监理从业人员继续教育培训班(复训四期)”，69 人参加培训。

市房产经济学会和科教专委在上海影城联合举办“完善住房保障，服务百姓安居”论坛。市学会驻会人员、科教专委部分会员、各分会专委领导 80 余人参加论坛。论坛由科教专委秘书长何晓玲主持，张冰会长致词。

29 日，在上海市金融学会 2012 年学术报告会上，中国人民银行行长周小川就金融热点问题作学术报告，为会员解读金融政策，有助于会员理解金融改革与发展现状，开拓视野，拓宽研究思路。

29 日，社联举行机关文化系列讲座，上海国际问题研究院外交政策研究所所长李伟建研究员应邀作“叙利亚局势与中国的中东外交”专题讲座，社联党组书记、专职副主席沈国明主持讲座。李伟建分析叙利亚冲突的深层次根源，展望今后一个时期叙利亚和整个中东地区的局势发展走向，并结合我国的中东政策和外交实践，着重就新形势下我国整体外交如何从地区大国向全球大国角色转变谈了自己的研究心得。

社联召开纪念建党 91 周年党员座谈会。机关和刊业中心全体党员、入党积极分子及部分党外干部参加会议。会上，各支部党员代表分别结合本职工作，就如何深入开展创先争优活动，保持好党员的先进性、纯洁性进行交流发言。党组副书记、机关党委书记桑玉成回顾总结前一阶段社联开展创先争优活动的情况，党组书记、专职副主席沈国明对下一阶段深入开展创先争优活动进行再动员，提出新的要求。

7 月

3 日，市社联举行“基础学科学会如何在文化大发展大繁荣中发挥作用”座谈会，会议由市社联主席秦绍德主持，20 个社联所属的基础学会负责人出席会议。与会代表围绕中共中央十七届六中全会提出的深化文化体制改革、推动社会主义文化大发展大繁荣中基础学科学会应该如何发挥作用等内容展开讨论。

上海市集体经济研究会在常熟市蒋巷村召开五届七次秘书长会议。与会者实地听取蒋巷村由一个贫穷落后的小村，发展为全国文明村的历程；与该村常德盛书记进行交流沟通；参观了科学种田、生态园区、农民别墅、老年公寓等，深受感触。与会者还研究探讨上海市集体经济研究会下半年筹备召开成果发布会、华生深化改革研究课题报告修改定稿等项工作。上海市集体经济研究会名誉会长叶国平、上海市供销合作经济学会胡建华、理事傅尔基、华生化工有限公司唐生明等应邀参加活动。

3—4 日，由市社联、市对外文化交流协会主办，《学术月刊》杂志社承办的“传播视野下的中国研究”国际学术研讨会在复旦大学举行。来自美国、日本、韩国以及中国内地、港台多所著名高校和科研院所的学者济济一堂，围绕中国研究在传播学视野下的转向与深化展开讨论。开幕式由市社联党组书记、专职副主席沈国明主持，市社联主席秦绍德、市对外文化交流协会副会长兼秘书长郑家尧先后致辞。

4 日，市社联举行“推进上海社会保障工作”座谈会，副市长姜平出席会议并讲话，社联主席秦绍德出席会议并致辞，社联党组书记、专职副主席沈国明主持会议。会上，上海大学邓伟志教授、华东师范大学吴铎教授、上海财经大学郭士征教授、华东师范大学公共管理学院副院长钟仁耀教授、上海市老龄科学研究中心副主任殷志刚、上海社科院人口与发展研究所常务副所长周海旺、上海社会科学院人口与发展研究所胡苏云研究员、上海市总工会保障部王正园等上海社科界专家学者围绕主题发表观点和建议。市民政局、市人力资源和社会保障局等相关部门负责人在座谈会上作交流发言。来自上海高校、学会等社科界代表近百人出席。

上海金融法制研究会特邀上海市高级人民法院金融审判庭杨路庭长作“价值冲突与平衡中的金融审判”报告，参会约 60 余人。

5 日，市社联、市统战理论研究会、市领导科学学会、市政治学会联合举办“统一战线与党的领导力”研讨会。市委常委、市委统战部部长沙海林，市政协副主席、市社会主义学院院长周汉民，市社联党组书记、专职副主席沈国明分别致辞。由三家学会分别推荐的专家学者姚俭建、陈永弟、蒲兴祖、商红日、贺善侃、孙荣先后在会上作交流发言。邓伟志、刘建军、陈明明作总评。市社联党组副书记、市政治学会会长桑玉成作大会小结。研讨会由市领导科学学会会长奚洁人、市统战理论研究会副会长兼秘书长张颖主持。来自三家学会的负责人以及上海高校和各区县统战部门的专家学者、媒体代表 80 余人参与研讨。

6 日，市法学会召开了第五届“上海市优秀中青年法学家”评选宣传活动新闻发布会。市法学会专职副会长陈金鑫教授、秘书长施基雄出席。市委政法委宣传处处长陈英武主持会议。新华社、《法制日报》、《文汇报》、法治天地频道、政法综治网、上海电台、《上海法治报》等 14 家媒体参加新闻发布会。

市法学会在静安寺街道综治中心举行义务法律咨询活动。邀请市高级人民法院赵明华法官、市一中院张吉人法官、市人民检察院孙丽萍检察官、捷华律师事务所胡琦伟律师，为周边居民现场解答法律问题，受到附近居民的好评。

“社会资本和正式制度——以村庙和基层选举为例”主题沙龙在上海金融与法律研究院会议室举行，主讲嘉宾是来自 MIT（美国麻省理工学院）的政治系博士候选人——徐轶青先生。沙龙围绕基层选举的具体案例，以宗庙为社会资本的象征，讨论农村开展选举后宗庙对公共品投入的影响，指出非正规制度对合理利用资源的作用。上海交大安泰法学院的黄少卿老师、对外经济贸易大学法学院院长助理侯猛副教授、海通国际的周泾女士及来自高校和业界的老师参与讨论。

9 日，市社联举行 2009—2011 年度“优秀学会”、“学会特色活动奖”、“学会品牌活动奖”和“优秀民办社科研究机构”终评会。

10 日，市社联举办“中国特色社会主义理论体系与科学发展”理论研讨会。会议由市社联党组副书记桑玉成主持，市社联党组书记、专职副主席沈国明出席会议并讲话。会议结合中国特色社会主义理论体系研究及政治、经济、社会、文化建设事业的具体实践，对“中国特色社会主义理论体系与科学发展”这一主题展开研讨。奚洁人等 8 位优秀论文作者作交流发言。会议还对在本次主题征文活动中组织工作突出的 20 家学会进行表彰，部分应征论文作者和相关学会负责人 120 余人与会。在市委宣传部的领导下，市社联广泛组织发动相关学会，积极参与“中国特色社会主义理论体系与科学发展”征文活动。2012 年共征集到 47 个学会推荐的征文 615 篇。经专家评审推荐，从全部征文中遴选出 91 篇优秀论文。

13 日，由澳门民政总署、上海工艺美术博物馆主办，上海工艺美术学会协办的“艺海掇英——上海工艺美术珍品展”在澳门氹仔住宅式博物馆展出。展出的 58 件艺术珍品涵盖了十多个工艺美术品种，其中有闻名遐迩的上海竹刻、砚刻、微刻、黄杨木雕、松江顾绣、上海面塑、还有堪称“沪上之绝”的玉器炉瓶等。这些作品不仅是上海的工艺美术精品，也是中国工艺美术宝库中的一颗璀璨明珠。

15 日，上海现代企业经营管理研究会和上海卓越管理中心联合举办“周易与人生”学术讲座，邀请华东师大上海高校周易研究院院长张志哲教授主讲。讲座由上海现代企业经营管理研究会会长徐志毅主持，130 余人出席讲座。

16 日，中共上海市委政法委和市法学会联合召开“政法干警核心价值观的法学价值”研讨交流会。市委常委、市委政法委书记丁薛祥出席会议并致辞。市法学会会长吴光裕，市委政法委副书记、市综治办主任林化宾，市委政法委副书记、秘书长王教生，市法学会副会长李继斌、专职副会长陈金鑫，市委政法委副巡视员徐秉治，市委政法委政治部主任汤慧等领导出席会议。上海政法各部门分管领导、政治部主任及本次征文部分获奖代表应邀参加。

17 日，上海宋庆龄研究会召开第五届会员大会，进行换届改选。大会审议通过第四届理事会工作报告、财务报告和修改后的章程。与会会员选举产生第五届理事会。在随后召开的新一届理事会第一次会议上，与会理事选举产生新一届常务理事会暨研究会领导班子。许德馨连任会长，薛晓峰等七人任副会长，秦量兼任秘书长。会议由会长许德馨主持。

18 日，市民防协会举办“民防工程建设监理从业人员继续教育培训班（首训八期）”，96 人参加培训。

19 日，市人民政协理论研究会、市统战理论研究会、市法学会、市政治学会、市社会学学会联合召开“拓展协商民主，促进创新转型”研讨会。市政协主席冯国勤出席会议并作重要讲话。市政协副主席、市人民政协理论研究会名誉会长周太彤出席会议。研讨会由市政协秘书长、市人民政协理论研究会会长陈海刚主持。5 家学会学者周敏凯、陈俊、沈瑞英、杨爱珍、易承志分别就协商民主的内涵、构建协商民主的制度平台、协商民主与社会组织发展、协商民主的意义和原则、人民政协的视角等专题作交流发言。5 家学会副会长商红日、陈金鑫、张文宏、姚俭建、徐海鹰分别作点评。学会代表 120 余人出席研讨会。

市社联举办本届学术年会“哲学・历史・文学”专场中期推进会。学科组专家陈卫平、奚洁人、叶澜、王铁仙、高瑞泉、余伟民、章清、黄力之教授，专场承办单位中国浦东干部学院副院长王金定、机关党委专职副书记刘靖北、科研部科研合作中心副主任李怡等人出席会议。围绕本届专场主题“文化复兴：人文学科的前沿思考”，与会学者初步商定了会议时间、议程、发言嘉宾等有关工作事项。

20 日，市社联召开 2012 上半年度新闻工作总结研讨会，解放日报党委副书记周智强、《光明日报》上海记者站站长曹继军出席会议并讲话。来自新华社、中国新闻社等中央媒体和《解放日报》、《文汇报》、《新民晚报》、《新闻晨报》、上海电视台等沪上主流媒体记者围绕“新媒体时代，社联如何进一步做好新闻宣传工作”的主题分别作交流发言。市社联党组成员、秘书长生键红主持会议。

23—28 日，市民防协会与全国人防监理培训部举办第 87 期“人防工程监理资质培训班”，上海人防工程监理人员 150 人参加培训。

24 日，北约政治和安全政策事务部高级经济学家艾德里安・P.肯戴做客上海欧洲学会，同中方学者就北约的全球战略及其同中国的关系等问题进行交流讨论。叶江、张祖谦、王义桅、刘军、何奇松、曹子衡、忻华、叶雨茗、杨海峰及秘书处其他成员参加座谈交流。

26 日，市社联举行上海社科专家学者座谈会，社联党组书记、专职副主席沈国明主持会议。上海社科界专家学者邓伟志、张云、夏军、熊月之、俞新天、张幼文、陈金鑫、赵修义、刘建军、朱贻庭、陈锡喜、张丽丽、邢继祖、陈卫平等与会专家学者围绕学习领会胡锦涛总书记“7・23”重要讲话精神，进一步推动社联各项工作和繁荣发展上海哲学社会科学事业发表观点和意见。

市民防协会组织专家对“青浦区公共租赁住房项目基坑围护设计方案”和“青浦区公共租赁住房工程基坑围护、降水及土方专项施工方案”进行技术评审，并向有关单位发送《技术评审意见》。

受全国人民代表大会财政经济委员会副主任委员吴晓灵女士委托，上海金融与法律研究院联合复旦大学经济思想与经济史研究所、北京刘鸿儒金融教育基金会，共同举办征求意见研讨会。全国人大代表、湖北省统计局叶青副局长、复旦李维森教授、中央财大王雍君教授等高校老师受邀参与本次讨论。此次研讨会历时一天，嘉宾发言将整理成文，作为会议成果与参考意见递交全国人大，以供预算法修正案（草案二次审议稿）后续的修订工作。

27 日，浙江省社科联副主席何一峰、学会处处长俞晓光等一行 3 人到访社联。市社联党组副书记桑玉成、办公室主任吴伟余、科研处处长徐中振、学会处处长王克梅、科研处副处长应毓超等与浙江社科联同志就学术年会有关工作进行座谈和研讨。

市房产经济会承担的市局课题“世博后上海房地产业发展研究”，在局科技委的主持下通过专家验收。上海易居房地产研究院院长张永岳担任专家验收组长。课题由上海市住房保障和房屋管理局副局长、市房产经济学会会长庞元担任组长。

28 日，市社联举行 2012 年年中工作务虚会。社联党组书记、专职副主席沈国明主持会议，社联主席秦绍德、社联党组副书记桑玉成、社联处以上干部出席会议。会议以学习领会胡锦涛总书记“7·23”重要讲话精神为契机，围绕搭建学术研究和交流平台、加强社联内部管理、建设社科工作者队伍、提升社联影响力等工作进行研讨。

8 月

1 日，市邓小平理论研究基金理事会召开市第九届邓小平理论研究和宣传优秀成果评奖终审工作会议。市委常委、市委宣传部部长、市邓小平理论研究基金理事会理事长杨振武主持会议，市委宣传部副部长、市邓小平理论研究基金理事会副理事长李琪汇报本届邓小平理论研究和宣传优秀成果评奖申报和评审工作情况。会议经过讨论审定评选出本届社科成果各项获奖项目。

市第十一届哲学社会科学优秀成果评奖终审工作会议召开，市委常委、市委宣传部部长、市哲学社会科学优秀成果评奖委员会主任杨振武主持会议，市委宣传部副部长、市社科评奖委员会副主任李琪汇报本届社科成果评奖申报和评审工作情况。会议经过讨论审定评选出本届社科成果各项获奖项目。市社联党组书记、专职副主席沈国明等市哲学社会科学评奖委员会委员出席会议。

市社联召开“庆祝八一建军节”座谈会，社联部分转业复退干部职工参加会议。市社联党组书记、专职副主席沈国明出席座谈会并讲话。

2 日，市房产经济学会承担的市局课题“上海市房管局廉政风险防控机制建设对策研究”，在局科技委的主持下通过专家验收。上海市监察学会会长杨天欣担任专家验收组长。

3 日，市房产经济学会庞元会长主持召开会议，专题研究“情系民居”书法邀请展筹备工作，“情系民居”书法邀请展旨在弘扬中华民族的书法艺术，推动房管系统文化发展繁荣，加强干部、职工书法技艺切磋。筹备组组长钟永钧及部分成员，市局办公室领导参加会议。

6 日，市理论界“学习胡锦涛总书记在省部级主要领导干部专题研讨班开班式上的重要讲话精神座谈会”在社联群言厅举行。市委常委、宣传部部长杨振武出席会议并讲话，市委宣传部副部长李琪主持会议，社联党组书记、专职副主席沈国明等 9 位与会代表，分别以“政治宣言和行动纲领：彰显 21 世纪共产党人的政治哲学智慧”、“毫不动摇走中国特色社会主义道路”、“毫不动摇推进改革开放”、“提高人民物质文化生活水平是改革开放和社会主义现代化建设的根本目的”、“切实实施创新驱动转型发展战略，坚定不移推进科学发展”、“坚持中国特色社会主义政治发展道路”、“坚定不移走中国特色社会主义文化发展道路”、“推进生态文明建设，为人民创造良好生产生活环境”、“继续推进党的建设新的伟大工程”为题作交流发言。

9 日，市企业发展促进研究会召开《企业创新驱动转型发展》座谈会，会议由会长方名山主持，出席会议的有上海财大博导王玉教授、上海社科院陶友之研究员、市集体经济研究所所长姚康镛，以及三家企业的领导。会议交流企业创新发展的做法和经验，研究 2012 年研讨会的研讨主题。

10 日，市社联召开六届六次主席会议暨常委会会议，社联主席秦绍德，市委宣传部副部长、社联副主席李琪出席会议并讲话，社联党组书记、专职副主席沈国明作社联 2012 年上半年主要工作与 2012 年下半年工作安排的报告，社联党组副书记桑玉成主持会议。社联副主席谈敏、李友梅、吕贵，社联常委张幼文、吴友富、熊月之、俞新天、张云、张颖、丁钢、许纪霖，社联党组成员、秘书长生键红等出席会议。

8 月上旬，市社联举行所属社团党建工作研讨会。市社联党组书记、专职副主席沈国明出席并讲话。会议由社联学会处处长王克梅主持。沈国明书记指出，市社联所属社团要团结广大社科工作者，增强对党的认同，对马列主义的认同。与会的学会党工组成员在会上交流社团党建工作的经验，并提出一系列建议。

15—19 日，上海市金融学会开展社团看社会活动，组织学会理事单位副秘书长及业务骨干赴青海省学习考察，促进学会工作者之间的沟通和交流。

16 日，市社科联考察团在党组副书记桑玉成，党组成员、秘书长生键红带领下，到延边自治州社科联进行考察调研。延边州社科联专职副主席卢佃明，专职副书记金昌权等领导与市社科联考察团进行交流座谈。

市地名学研究会召开地名文化遗产保护专题研讨会。满志敏、薛理勇、刘锦屏等8位长期从事历史地理、人文历史、风貌保护以及区划地名等研究的专家参加会议。会议由市规划国土资源局地名处处长白雪茹主持。与会专家认为，保护地名文化遗产，挖掘地名文化，传承历史文脉，有助于增强上海城市文化对城市发展的影响力，提高市民对城市文化的认同感，从而为上海建设国际文化大都市作出积极的贡献。

17—23 日，市企业发展促进研究会组织会员及高级经营师班学员等共20人赴新疆学习考察，由本会秘书长唐宗洲带队。

18—19 日，由市法学会和社会科学院法学所、上海政法学院共同主办，闸北区人民检察院、上海社会科学院法学所生命法研究中心、上海市法学会生命法研究会、上海政法学院生命法学研究所联合承办的"现代医学技术的伦理与法律问题研讨会"，在上海社会科学院小礼堂召开。市法学会会长吴光裕、副会长李继斌、秘书长施基雄，上海社会科学院副院长、法学所所长叶青，副所长殷啸虎，闸北区人民检察院副检察长杜文俊，市法学会生命法研究会名誉会长倪正茂以及国家人类基因组南方研究中心伦理学部主任沈铭贤等领导和嘉宾出席会议。来自清华大学、山东大学、上海交通大学、苏州大学、哈尔滨医科大学等高校、科研院所以及实务部门的60余位专家、学者参加。

21 日，上海知识产权研究所在上海市协力律师事务所举办"网络知识产权保护沙龙"。沙龙设"竞价排名商标侵权案件的国际比较"和"网络环境下的著作权保护实务"两个主题，分别由上海知识产权研究所副所长袁真富博士和上海市协力律师事务所合伙人傅钢律师主讲。来自企业、协会和高校研机构的人员参加沙龙，并就相关主题与主讲嘉宾开展讨论。

23 日，市房产经济学会在崇明县召开"房屋征收与补偿条例实施问题"研讨会，就国有土地和集体土地上房屋征收与补偿实施过程中的管理体制、征收程序、补偿标准以及新旧条例的衔接等问题展开研讨。黄浦分会、宝山区房管局、崇明县房管局、浦东新区房屋征收中心等单位同志参加研讨会。会议由郭树清副会长主持，李国华常务副会长兼秘书长作总结发言。

24—25 日，中国高教学会第六次会员代表大会在国家教育行政学院召开，市高等教育学会张伟江会长连任中国高教学会副会长。

24 日下午，由市法学会和青浦区人民法院、青浦区司法局共同主办，市法官协会和市法学会诉讼法研究会协办的以“大调解格局中的巡回审判”为主题的第十一期青法论坛在青浦区委党校二楼会议厅隆重举行。市法学会副会长李继斌，市高级人民法院副院长盛勇强，青浦区委常委、政法委书记李萍，诉讼法研究会会长张海棠，市司法局副局长刘忠定，青浦区人民法院院长许一新，青浦区司法局局长张小云等领导出席论坛。来自理论界和实务部门的专家学者共 90 余人参加。

27 日，由上海社会科学界合唱团、上海社科院离退休职工合唱团、台湾花莲洄澜妇女合唱团共同举办的“两岸文华荟浦江——2012 沪台妇女文化周之社科・洄澜歌会”在市社联举行。市社联党组副书记、上海社会科学界合唱团团长桑玉成，上海社科院台港澳办主任王海良，台湾花莲洄澜妇女合唱团团长张招治分别致辞。整场交流演出气氛热烈，充分展现两岸和谐友好的同胞之情。

市委常委、市委政法委书记丁薛祥率市委政法委副书记王教生、办公室主任王石平、宣传处处长陈英武等到市法学会视察指导工作。市法学会会长吴光裕、副会长李继斌、秘书长施基雄等参加会见和座谈。

28 日，上海市集体经济研究会副会长、秘书长姚康镛，副秘书长骆德芸参加在北京中国社科院学术报告厅举行的“集体经济理论与政策——中国经济社会发展智库第六届高层论坛”，并在论坛作发言交流。

由上海社科院法学所和市法学会共同主办，闸北区人民检察院、市法学会金融法研究会和华东政法大学诉讼法研究中心协办举行第二十九次“青年法学沙龙”。市法学会副秘书长汤啸天教授，上海社科院法学所原所长顾肖荣教授，金融法研究会会长、华东政法大学经济法学院院长吴弘教授，华东政法大学诉讼法研究中心副主任洪冬英教授，闸北区人民检察院副检察长杜文俊博士等领导和专家出席会议，来自上海各法学院校、科研机构、司法实务部门、法律服务机构、金融机构的青年专家学者共 60 余人参加。

29 日，市社联机关党委举办 2012 年社联党务研讨班，社联机关各处室及所属事业单位的支部书记、支委等 22 名党务干部参加专题培训，社联党组副书记、机关党委书记桑玉成作讲话。研讨班特邀市党建研究会副秘书长汪丹博士作“当前执政党基层建设面临困境及出路”专题报告。社联机关党委委员田卫平畅谈参加宣传系统党支部书记培训班学习体会，并介绍一些优秀宣传系统基层党支部建设的经验和做法。

30 日，上海金融法制研究会特邀上海市人民检察院金融检察处肖凯作“金融检察实务中的若干问题和对策”报告。金法会、市人大立法所、浦东新区检察院约 70 人听讲。

上海金融法律研究院举办以“车牌控制与城市道路交通”为主题的研讨会。研讨会邀请上海财经大学、上海交通大学、上海大学、中欧陆家嘴国际金融研究院及大邦律师事务所等在内的 16 位专家学者参与讨论，上海金融与法律研究院执行院长傅蔚冈博士担任主持。上海法制办副主任顾长浩和上海大学悉尼工商管理学院杨小欣教授，从法学角度对上海车牌控制政策作主题报告。

31日，上海市法学会卫生法学研究会成立大会在市卫生局卫生监督所三楼会议室举行。市法学会会长吴光裕、副会长李继斌，市卫生局局长徐建光、副局长肖泽萍，华东政法大学党委书记杜志淳，市医院协会会长陈志荣，卫生部政策法规司行政复议处处长龚向光，市政府法制办副主任刘平，市政协教科文卫体委员会副主任张海棠，市司法局巡视员李和平、市食药监局副局长唐民皓等领导出席会议。来自上海各高校院所、科研机构、司法实务部门、法律服务机构、有关医院及区(县)卫生局的会员代表共80余人参加。

8月，上海市社会科学界第十届(2012)学术年会继续得到各高校、研究机构和广大专家学者的积极响应。2012年年会共收到应征论文876篇，经匿名评审，评出优秀论文94篇，摘要论文125篇。全部人选论文共219项。

9月

3日，由市法学会和市检察院研究室、未检处指导，上海社科院法学所、闸北区人民检察院、华东政法大学诉讼法研究中心共同主办，上海政法学院刑事司法学院协办的"未成年人刑事诉讼特别程序"专题研讨会在闸北区人民检察院顺利召开。来自上海各法学院校、科研机构及公检法等司法实务部门、法律服务机构代表共40余人参加。

4日，市社联举办《上海学术报告2011》编写座谈会。冯俊、黄仁伟、陈思和、刘康、孙周兴、王鸿生、童之伟、李友梅、陈永明、李向平、曹锦清、顾功耘、邓正来等10余位专家学者出席会议并围绕报告的结构，内容等方面展开讨论。专家指出，报告应该体现上海学术研究的特点，体现学术研究的年度重点，对今后的学术研究具有引领性，应该顾及各学科及校际间的平衡等。市社联党组书记、专职副主席沈国明，党组副书记桑玉成出席会议。

由北京、天津、上海、重庆四直辖市法学会共同主办，上海市法学会《东方法学》、《上海法学研究》承办的第二届"京津沪渝法治论坛"在上海建工锦江大酒店召开。中国法学会副会长李清林、上海市法学会会长吴光裕、上海市委政法委副书记王教生、上海市法学会副会长李继斌、专职副会长陈金鑫出席论坛。来自4直辖市法学院校、实务部门的专家学者共60余人参加研讨。

5日，社联所属《探索与争鸣》编辑部与上海交通大学合作，在社联联合召开主题为"群体行为涌现机理及风险辨识"的小型圆桌会议。上海交通大学教授沈惠璋与任荣明、复旦大学教授胡守钧、华东理工大学教授鲍宗豪、上海政法学院教授吴鹏森、《社会科学》杂志主编胡键等，围绕"城市化进程下群体性事件频发问题"、"群体事件背后的社会运行机制"、"群体性事件的治本之策"等话题展开热议。会议相关研讨成果在《探索与争鸣》第十期"圆桌会议"栏目刊出。

6日，市社会科学界联合会召开“推进上海创新驱动、转型发展”座谈会，常务副市长杨雄出席会议并讲话。市社联党组书记、专职副主席沈国明主持会议。市社联党组副书记桑玉成、上海社会科学院原常务副院长左学金、上海社会科学院党委副书记洪民荣、上海社会科学院副院长王振、复旦大学经济学院院长袁志刚、上海交通大学中国金融研究院副院长费方域、上海社会科学院部门经济研究所所长杨建文、上海社会科学院社会学所所长周建明、上海交通大学安泰经济与管理学院金融系主任潘英丽、上海社会科学院经济研究所副所长沈开艳在座谈会上作交流发言。来自上海高校、学会等社科界代表近80人出席。

市社联学术茶座“推进社会发展与创新社会管理”系列以“乡村发展与社会建设”为主题组织专题活动。市社联党组书记、专职副主席沈国明，党组副书记桑玉成出席会议。会上，来自华东师范大学、华东理工大学的课题组专家重点介绍由市委组织部牵头开展的农村工作专题调研成果。来自复旦大学、上海大学、上海社会科学院、中国浦东干部学院的专家学者，以及来自市委组织部、市农委等党政机关领导围绕郊区镇村经济社会发展、基层管理、党群关系等问题进行讨论。

由市委宣传部信息处处长戚学炎带队的部信息安全检查组一行4人到访市社联，检查信息安全落实情况。检查组听取市社联2012年上半年信息安全自查情况报告及2012年上半年市社联信息化工作情况，并对办公网及公务网设备进行抽样检查。市社联党组成员、秘书长生键红，办公室主任吴伟余出席会议。

市工运研究会选送的4篇参评论文，在2011年度全国工会系统理论研究优秀论文和调研报告评选中获奖，在各省、自治区、直辖市中是获奖论文数量最多的单位。其中，《关于规范上海企业劳务派遣用工的调研报告》获一等奖第一名，《关于上海贯彻实施〈社会保险法〉保障职工合法权益重点问题的研究》、《关于上海企业班组建设的调查报告》获二等奖，《关于上海职工文化建设的调研报告》获优秀奖。

7日，社联机关党委组织以社联青年为主体的“华师大附属卢湾辅读实验学校考察活动”。社联党组书记、专职副主席沈国明及20余位社联人员和辅读实验学校校长何金娣及带班教师亲切座谈。社联人员认真听取何校长对辅读实验学校校史、校况、校貌的全面介绍，系统参观辅读实验学校以“尊严、健康、快乐”为宗旨的校园软硬件环境的建设，与辅读实验学校不同年级的同学进行友好互动，并一一送上爱心小礼物。沈国民表示，社联要用心学习辅读实验学校教师的奉献精神，今后要为类似辅读实验学校的公益事业尽可能地提供帮助。

市人口学会举行第七届第一次会员代表大会，进行换届选举。市人口计生委党委书记、主任黄红，市社联党组书记、专职副主席沈国明出席会议并讲话。大会审议并通过学会第六届理事会工作报告、财务报告及新章程，并选举产生新一届学会理事会。在随后召开的第七届理事会第一次会议上，与会理事选举产生新一届常务理事会及学会领导集体。孙常敏担任会长，张戎丹担任常务副会长，高尔生等担任副会长，胡琪担任秘书长。

8 日,由东方讲坛办公室和市国防教育办公室联合主办、市美国问题研究所承办的“东方讲坛暨当代国防论坛”首场演讲在上海锦江小礼堂举行。论坛由上海警备区副政委张维平少将主持,著名军事专家、海军信息化咨询委员会主任尹卓少将就“美国重返亚洲战略和南海问题”发表演讲。本次论坛是主办机构开展“全民国防教育宣传月”的一项重要内容,旨在进一步弘扬爱国主义精神,激发市民对国防建设的关心和支持。来自上海各级机关的干部群众和驻沪部队官兵等近 200 人聆听演讲。

10 日,市社联召开 2012 年社联安全保密专题会议。市社联党组成员、秘书长生键红出席会议并传达市保密委员会、市委宣传部相关文件精神,市社联办公室主任吴伟余主持会议。此次专题会议的召开是市社联为做好党的十八大筹备和召开期间的保密工作,为党的十八大顺利召开创造良好的社会环境,同时进一步增强市社联全体干部的保密意识的重要举措。会前,市社联全体干部职工还参加保密知识测试。

《探索与争鸣》编辑部和上海社科院中国马克思主义研究所在市社联召开“中国现代化的特色之路”座谈会,市社联党组书记、专职副主席沈国明出席会议。来自复旦大学、华东师范大学、上海师范大学、上海社科院的专家学者围绕中国实现现代化和向社会主义过渡这两个当代社会发展的重大命题作深入探讨。

由市法学会和虹口区人民法院共同主办,市法官协会和市法学会诉讼法研究会协办,以“民事公益诉讼的主体和程序研究”为主题的虹法论坛召开。市高级人民法院副院长盛勇强,市法学会专职副会长陈金鑫,市法官协会副会长、市法学会诉讼法研究会会长张海棠,虹口区人民法院院长张斌等领导出席论坛。来自上海法学理论界、法律实务部门及相关媒体的专家学者共 50 余人参加。

12 日,2012 年京津沪渝社科联协作会议在重庆召开。重庆市社科联副主席孟东方主持会议。中共重庆市委宣传部副部长杨清明出席会议并讲话。北京市社联党组副书记刘颖代表与会的北京市社科联党组书记史秋秋,天津市社科联党组书记李家祥,上海市社科联党组书记,专职副主席沈国明,重庆市社科联党组书记颜克亮先后在会上作主题发言。30 余位京津沪渝社科联代表参加会议交流,与会者表示,四地社科联今后要进一步加强合作,积极深化京津沪渝社科联协作,联手推动哲学社会科学的繁荣发展。

中国法学会韩杼滨会长莅临上海市法学会视察指导工作。同时,还看望正在参加第五届“上海市优秀中青年法学家”评审会议的华东政法大学校长何勤华教授等专家学者。随后,韩杼滨会长与学会机关各部室中层以上人员进行座谈。

15 日,上海市思维科学研究会召开成立大会。会上,筹建小组成员作《关于上海市思维科学研究会筹建情况报告》,审议并通过研究会章程及研究会会费标准和管理办法。会议选举产生第一届理事会理事。在随后举行的一届一次理事会全体会议上,选举产生学会领导班子,冯嘉礼任会长,王晓峰等七人任副会长,王晓峰兼秘书长。来自全国各省市自治区的思维科学界著名专家学者及会员代表 80 余人参加会议。

上海知识产权研究所与东方知识产权俱乐部在上海举办"《企业知识产权管理规范》国家标准征求意见稿座谈会"，上海知识产权研究所所副所长袁真富博士主持座谈会，与会人员包括企业知识产权管理人员、高校知识产权研究人员和知识产权律师，对此次意见稿进行讨论，上海知识产权研究所将意见汇总后提交给国家知识产权局以供其参考。

16日，市语言文字工作者协会、市教育发展基金会、市归国华侨联合会和上海精锐教育集团联合举办的市第三届"魅力汉语"比赛颁奖晚会在儿童艺术剧院举行。教育部语言文字应用管理司副司长彭兴颀，市语委、教委副主任袁雯，市语言文字工作者协会会长薛喜民，市教育发展基金会常务副理事长王奇，市归国华侨联合会副主席张癸等出席会议。本届比赛主题为"魅力普通话、美丽上海话"。

17日，市社联办公室组织人事处联合支部一行在办公室主任、支部书记吴伟余的带领下前往浦东新区北蔡镇学习考察。北蔡镇党委副书记、镇长吴海，副镇长修海玉等领导带领考察者参观北蔡镇文化服务中心并在座谈会上详细介绍北蔡镇近10年来的经济社会发展情况及在创先争优活动中的先进经验。办公室支部一行还在浦东图书馆党总支副书记毕震钧带领下参观浦东图书馆。

18日，市社联召开全体机关干部大会。市社联党组副书记桑玉成出席会议并讲话。会议传达市委宣传部近期有关工作要求及相关文件精神。市社联党组成员、秘书长生键红主持会议。

市法学会与金山区人民法院共同召开"'创新驱动、转型发展'背景下企业破产法律问题研究"论坛。本次论坛由市法官协会、《东方法学》杂志和市法学会诉讼法研究会协办。市法学会副会长李继斌，市高级人民法院副院长盛勇强，市法官协会副会长、诉讼法研究会会长张海棠，金山区委常委、政法委书记刘其龙，金山区人民法院院长黎淑兰等领导出席论坛。来自上海法学理论界、法律实务部门及相关媒体的专家学者共40余人参加。

上海金融法制研究会举办"2012青年沙龙"活动。沙龙假东方国际金融广场举行，来自金融、司法、法学院所的20多名青年同志围绕"民间融资引发的法律思辨"主题作发言、对话和辩论，聚焦温州金融改革试点引发的法律思考。

市妇联、市妇女学学会、市婚姻家庭研究会在市妇联北厅召开参与"社会协同"与推进"社会化转型"座谈会，部分来自高等学院、社科院、党校的专家学者围绕妇联组织参与社会管理创新中的"社会协同"、引领"公众参与"展开热烈地讨论。市妇联党组书记焦扬、副主席翁文磊、秘书长余伟星、办公室主任李苏华以及相关人员参加座谈会，翁文磊副主席主持座谈会，焦扬作讲话。

20日，市法学会举办"激励法学"专题研讨会。上海政法学院教授、市法学会生命法研究会名誉会长倪正茂，上海社科院法学所研究员尤俊意等本市法学界10多位专家学者出席研讨会，市法学会研究部、编辑部负责人参加会议。

21 日，大连市社科联、社科院党组书记、副主席、副院长张莉，办公室副主任甘永泉等一行到访我会。我会党组书记、专职副主席沈国明，党组成员、秘书长生键红以及相关处室负责同志出席座谈会，并与大连市社科联来访同志就学术社团管理、社科知识普及、学术研究和交流、学术期刊管理等工作进行交流和探讨。

22 日，市马克思主义研究论坛 2012 年第三季度论坛暨"马克思主义与中国特色社会主义道路"研讨会在市委党校召开。研讨会由市马克思主义研究论坛组委会、市委党校、市马克思主义研究会、市领导科学学会和市哲学学会共同举办。市人大外事委、侨民宗委副主任委员、市马克思主义研究会会长吕贵，市委党校常务副校长、市马克思主义研究会及市领导科学学会副会长王国平，中国浦东干部学院原首任常务副院长、市领导科学学会会长奚洁人，复旦大学马克思主义研究院院长、市哲学学会会长吴晓明分别致辞。与会代表围绕胡锦涛总书记"7・23"重要讲话所阐发的坚持和推进中国特色社会主义的主题、当前改革开放面临的新课题、科学发展观如何准确定位、中国特色社会主义的文化解读等展开讨论。

23 日，市企业发展促进研究会与中国商业联合会合作举办第十期高级经营师结业典礼，颁发结业证书。第十一期开学典礼，副会长宋荣宝主持，中国商业联合会周建国和上海商学院首任院长、会长方名山研究员致词。开学典礼后，方名山讲授"上海市现代服务业发展战略研究"，160 余名学员出席。

25 日，安徽省委宣传部、省社科联考察团一行 5 人，在省委宣传部副部长、省社科联党组书记、常务副主席徐东平，省社科联党组成员、副主席洪永平带领下到访市社联，市委宣传部副部长李琪，市社科联党组书记、专职副主席沈国明，党组副书记桑玉成，党组成员、秘书长生键红以及相关处室负责人，与安徽社科联考察团就社科评奖工作进行研讨和交流。

上海市金融学会区域金融发展与合作专业研究部和中国浦东干部学院"完善地方政府金融管理体制"专题研究班联合召开的"地方金融困局的破解与创新"学术讨论会，就金融管理体制、地方融资平台与地方政府债务、实体经济发展与中小企业融资、地方金融机构运作与地方金融风险防范等议题进行交流。

26—27 日，市社联召开学术社团青年人才工作研讨会。市社联党组书记、专职副主席沈国明出席会议并讲话。沈国明指出，上海学术界面临着学术梯队建设的难题，加强青年学术人才培养工作十分重要，学术社团应该积极发挥发现人才、培养人才的作用。随后，向与会者介绍市社联在青年人才培养方面所采取的一系列措施。学会处处长王克梅从学会自身建设、学术功能培育和学科发展等角度指出学会青年人才培养工作的意义。30 多家学会负责人参加会议。与会学会负责人结合本学会实际情况，交流探讨在培养青年人才方面有特色的做法和经验。

27 日，上海金融法制研究会假上海市浦东新区人民检察院我们组织召开“惩治防范非法集资贷款欺诈类和其他金融违法犯罪”研讨会，各有数十名专家学者和实务工作者参加并发言。

上海金融与法律研究院与济邦咨询联合举办的第六期地方投融资平台与城市发展沙龙在上海金融与法律研究院会议室召开。会议邀请上海浦东路桥建设股份有限公司之经理助理颜立群先生，民生证券副总裁谢生先生为主讲嘉宾，济邦咨询张燎董事长、研究院王闻博士进行评议，研究院执行院长傅蔚冈主持了会议。会议共有来自浦发银行、国泰君安、上海交通大学、南京银行等业界和学界专家 20 余人出席会议。

市房产经济学会与宝山区住房保障和房屋管理局联合主办“稳增长与房地产市场发展”学术研讨会。市住房保障和房屋管理局副局长、市学会会长庞元，宝山区房管局局长金守祥，市学会部分副会长、驻会人员、分会专委工委会长或秘书长，宝山分会会员代表近 80 人参加论坛。论坛由市学会常务副会长、秘书长李国华主持，金守祥局长致词。

28 日，由市妇女儿童工作委员会、市妇女联合会、市妇女学学会等单位举办的“转型发展‘她’驱动——2012 上海妇女发展国际论坛”在上海金茂大厦举行，全国妇联副主席孟晓驷、上海市副市长沈晓明出席论坛并致辞，市妇联主席、市妇女学学会会长张丽丽、市妇联党组书记焦扬，以及美国、法国、澳大利亚、斯里兰卡、韩国、香港等 17 个国家、地区的著名妇女问题研究专家、知名学者、文化名人、企业家和妇女工作者及政府部门的代表及意大利等多个国家驻沪总领事约 300 人参加论坛。本次论坛围绕以“转型发展与妇女进步”为主题，从“经济转型与女性参与”、“创意城市与女性智慧”、“生态文明与女性发展”等议题展开探讨，45 位政府部门代表、中外专家学者就社会政策环境和政府支持系统，女性创业就业、女性社会责任承担等进行交流，分享不同国家和地区女性经济参与的经验和成果，为上海女性发展出谋划策。

28 日—10 月 9 日，上海工艺美术学会和上海市工业美术设计协会主办的 2012“上海金秋十月”大型摄影作品展在土山湾美术馆举行。来自学会和摄影专委会的会员和上海大学美术学院以及上海工艺美术职业学院 5 所高等学院 80 多名作者奉上的 140 幅摄影作品，给凉爽金秋的土山湾披上浓郁的艺术灵感，这些来自生活原味的艺术影像，有的出自工艺美术大师之手、有的出自书画篆刻家相机，视野独特的画面，展示了上海工艺美术创作者厚实的美术功底和艺术风格。

10 月

9 日，市社联举行机关文化讲座，以“做点能改变现状的事”为题，邀请北京知青贾爱春、上海知青陈锡珠，新民晚报资深记者潘高峰，为社联干部职工介绍老知青们退休后赴黑龙江逊克县山河村开展志愿支农服务，改变山乡面貌的切身感受。社联党组书记、专职副主席沈国明，社联机关、刊业中心干部职工聆听讲座，并与报告人互动交流。

由市法学会与闵行区人民法院共同主办的第四期闵行法院法官讲坛，在闵行区人民法院顺利举行。市法学会专职副会长陈金鑫，闵行区人民法院院长王秋良，市高级人民法院审管办主任任湧飞、研究室主任刘力、政治部副主任陆文平,闵行区委政法委副书记王辉、区党工委主任陈志强等领导以及该院党组成员、中层干部、区人大、区政协相关部门、区人民法院执法执纪特邀监督员共60余人参加。

11日,由江苏省、浙江省、上海市法学会共同主办,江苏省法学会承办,徐州市委政法委、徐州市法学会协办的第九届"长三角论坛"在江苏徐州召开。中国法学会副会长李清林、徐州市委书记曹新平、江苏省法学会会长林祥国、江苏省委政法委副书记朱华仁出席论坛、中国法学会会员部主任梁毅出席论坛。上海市法学会党组副书记、副会长李继斌,专职副会长陈金鑫,秘书长施基雄等26位代表参加会议。来自苏浙沪两省一市法学院校、实务部门的专家学者共100余人参加研讨。

13日,市社联机关党委组织开展"喜迎十八大,我们在行动"志愿服务活动。大家聆听了国际净滩行动组织(ICC)中国大陆地区的委托方——"上海仁渡"培训专员的报告,学习有关海洋保护特别是海洋垃圾分类的知识。社联志愿者分成三个小组,在南汇海滩分类共清捡出数十种、近百斤垃圾,并交流分享各自的"净滩"活动感受。活动扩展了社联机关工作人员的视野,深化了"回报社会,奉献社会"的公益理念。

上海市社会科学界第十届学术年会"哲学·历史·文学"专场在中国浦东干部学院举行。会议的主题是"文化复兴:人文学科的前沿思考",俞吾金、唐力行、丁钢、聂伟教授分别作题为"我们究竟如何继承中国哲学的遗产"、"社会建构与文化复兴"、"浮世绘影:教育风俗图说"、"新媒体与青年中国形象"的报告,陈卫平、马学强、胡光华、文贵良教授作点评。浦东干部学院常务副院长冯俊、副院长王金定,市社联党组副书记桑玉成等出席会议。会议由奚洁人、王铁仙主持。

17日,市法学会在浦东新区人民检察院702会议室举行第30次青年法学沙龙,主题为"数字编码型财物的刑法认定"。沙龙由浦东新区人民检察院和市法学会刑法学研究会共同协办。市法学会副秘书长汤啸天、刑法学研究会副会长兼秘书长张建、浦东新区人民检察院副检察长贺卫等出席。来自上海各法学院校、科研机构的学者及公安、法院、检察、法律服务等实务部门的专家共30余人参加。

18日,市社联召开全体干部职工会议。市社联党组书记、专职副主席沈国明总结各职能部门第三季度工作并布置下季度工作重点。市社联党组成员、秘书长生键红主持会议。市民防协会举办"民防工程建设监理从业人员继续教育培训班(首训九期)",96人参加培训。

19日,上海市社会科学界第十届学术年会"政治·法律·社会"学科专场在复旦大学举行。市社联党组副书记桑玉成教授出席会议并致辞。会议由市社联与复旦大学联合主办,主题为"国家治理:民主法治与公平正义",分两个单元举行。李友梅、彭希哲、王立民、沈关宝、陈明明、商红日、侯健、朱芒、马西恒、王向民等专家学者出席会议，围绕政治改革、法制建设和社会管理等问题作主旨发言。来自上海高校、科研单位的近两百位征文作者和社科工作者参与会议。

上海市地方史志学会第四次代表大会在上海展览中心友谊会堂举行，250 多名会员代表出席，协商推举了由 166 名理事组成的第四届理事会。中国地方志指导小组秘书长李富强，市委宣传部副部长朱咏雷，市社联党组书记、专职副主席沈国明，市方志办党组书记、主任刘建，市社团管理局副局长徐乃平，市地方志办公室副主任莫建备和学会第三届理事会会长邹逸麟，常务副会长朱敏彦，副会长徐建刚、姚金祥、马长林，秘书长梅森等出席。

上海市地方史志学会四届一次理事会召开，选举产生 62 名常务理事，朱敏彦为会长，徐建刚、朱华、杨智敏、周德明、章清、马学强、梅森为副会长，黄晓明为秘书长。第四届理事会聘任邹逸麟为名誉会长，熊月之、姚金祥为学术顾问，过文瀚、尹伟中、黄显功、黄文雷、张国新、王春楣、李洪珍为副秘书长。

市高等教育学会和上海科学技术职业学院联合举行全国高职院校创业教育课程建设研讨会。

20 日，上海市社会科学界联合会第六届学会学术活动月开幕式暨学术报告会在上海展览中心友谊会堂举行。市社联主席秦绍德发来贺信。市社联党组书记、专职副主席沈国明到会讲话。会议由市社联党组副书记桑玉成主持。王国平、杨洁勉、俞吾金、胡伟、徐永祥分别作了题为"产业升级规律与中国特色的产业升级之路"、"中国外交理论创新的三大使命"、"'文化自觉'之我见"、"中国政治发展道路前瞻"和"社会主义社会建设理念创新的当代意义与路径选择"的报告。市社联所属学会的 220 多名负责人参加会议。

市文史资料研究会在市政协文化俱乐部召开"上海国际金融中心建设的历史记忆和现状研究"专题研讨会暨 2012 年学术年会。市社联党组书记、专职副主席沈国明到会并讲话。杨建文、吴景平、潘英丽等十余名专家学者在会上就金融档案史料收集整理研究、近代上海金融史、当前上海国际金融中心建设现状研究等主题作发言。80 余名会员出席会议。

由市法学会经济法学研究会主办，上海对外贸易学院法学院承办，华东政法大学经济法律研究院和静安区人民检察院协办的"上海市法学会经济法学研究会 2012 年年会暨经济法教学研讨会"，在上海对外贸易学院古北校区举行。市法学会专职副会长陈金鑫教授，经济法学研究会会长、华东政法大学副校长顾功耘教授，上海对外贸易学院副校长徐小薇教授，静安区人民检察院检察长朱云斌等领导出席会议。来自上海法学院校、科研机构、政法实务部门、金融机构、法律服务机构的专家学者等共 100 余人参加。

21 日，市外文学会、上海外语教育出版社承办的第三届"外教社杯"全国高校外语教学大赛上海赛区决赛暨颁奖典礼在华东师范大学举行。

在《探索与争鸣》杂志社和上海大学人文学院联合主办的"后发展时代的城市文化矛

盾”学术研讨会上，于建嵘、金元浦、李扬、孟建等30多位专家学者就城市文化发展态势等议题展开热烈讨论。此次会议的专家发言择要在《探索与争鸣》2012年第12期“圆桌会议”栏目刊发。

22日，市委副书记殷一璀赴市社联调研并主持“加强党的领导与多元社会治理结构”座谈会，市委副秘书长姚海同、刘卫国，市委宣传部副部长李琪，市社会工作党委书记崔明华，市社联党组书记、专职副主席沈国明，市社联党组副书记桑玉成，市社联党组成员、秘书长生键红出席会议。上海大学党委副书记、副校长李友梅教授，上海社科院社会学研究所所长周建明研究员，华东理工大学社会与公共管理学院曹锦清教授，华东师范大学政治学系主任齐卫平教授，复旦大学思想史研究中心吴新文研究员，上海大学社会学系黄晓春副教授，复旦大学国际关系与公共事务学院郑长忠博士，市社联科研处处长、社区研究会副会长徐中振分别在座谈会上发言。

市社联党组书记、专职副主席沈国明，市社联党组副书记桑玉成先后参加社联的重阳节活动，与社联老领导、离休干部、退休老同志欢聚一堂，致以节日的问候，并通报社联近期工作。在节日前，市社联主席秦绍德和社联党组领导还一同前往华东医院，慰问住院患病的社联老同志、老领导。

市社联科普处支部开展“喜迎十八大　我们在行动”主题活动月支部活动，学习胡锦涛总书记和习近平对《关于深入开展创先争优活动的总结报告》的重要批示。支部对上半年创先争优活动进行总结，并结合实际，提出下半年创先争优活动的目标。

23日，上海金融法制研究会、市金融纪律检查工作委员会、市立法研究所联合举行“新形势下金融欺诈惩治与防范”研讨会。市人大常委会法制委主任委员张凌致辞，研究会副会长、市金融纪律检查工作委员会书记石琦作会议小结，上海社科院副院长叶青到会讲话。

社联办公室召开社联信息员工作会议。市委研究室副主任傅爱民为与会的社联各部门信息员作信息专报撰写辅导报告，市社联党组书记、专职副主席沈国明出席会议并讲话。

上海金融法制研究会与中共上海市金融纪工委、上海市立法研究所共同举办了“新形势下金融欺诈惩治与防范”研讨会。上海市人大常委会法制委主任委员张凌出席会议并致辞。我会会员单位代表，市人大、市政府、市司法机关等单位领导及部门负责人，在沪金融机构代表，研究机构及高等院校专家学者百多人出席会议，发言嘉宾紧扣主题，从不同视角对新形势下金融欺诈惩治与防范的理论和实践问题进行深入研讨。

23—25日，市房产经济学会与江苏省房地产经济学会、杭州市房地产学会联合举办“第八届江浙沪房地产经济论坛”，主题是“巩固成果创新发展”。市住房保障局副局长、学会会长庞元作学术演讲。市学会代表近50人参加，论坛在江苏省宜兴市举办。

24 日，上海中西哲学与文化比较研究会与华东师大联合主办的“探寻生命的意味：生命哲学的跨文化对话”国际学术研讨会在华东师大逸夫楼举行。会议由副会长郁振华主持，华东师大党委书记童世骏、研究会会长杨国荣分别致辞。来自两岸三地和法国、日本的 70 余名专家学者出席并参加三个分会场的讨论。

由市教师学研究会英语教师专业委员会、市教育委员会教研室联合主办的“深化‘两纲’教育思想，挖掘学科育人价值”专题研讨会在华东政法大学附属中学举行。

25 日，市新四军历史研究会在社联召开华中抗日根据地军民反“扫荡”反“清乡”斗争研讨会。会议由副会长颜宁主持，会长王春瑞将军致辞。名誉会长阮武昌将军、顾问阎道彰将军、陈华峰将军等老领导、老同志共 40 余人出席会议。

市形势政策研究会举办“钓鱼岛是中国的固有领土——兼析中日关系走向”学术报告会。报告会由上海国际问题研究院日本研究中心副主任廉德瑰博士主讲。约 200 余名会员参加报告会。

市形势政策研究会召开 2012 年学术年会。与会者就学习贯彻胡锦涛总书记“7·23”重要讲话、改进执政党自身建设、上海劳动就业与社会保障的形势与任务、创新社会管理与关注社会民生作研讨。

上海股份制与证券研究会召开“金融衍生产品的创新与创意文化的发展”研讨会。会上，上海社会科学院创意产业研究中心副主任王慧敏、复旦大学金融研究院常务副院长陈学彬等作学术演讲。

市会计学会仪电工委召开“提高全面预算管理水平的探索”研讨会。仪电集团所属 6 家单位的代表分别从企业战略、成本费用控制和信息化管理等角度交流经验和体会。

市会计学会召开“激发创新活力、服务转型发展——基于外高桥国际贸易营运中心财务实践的启示”研讨会。外高桥国际贸易营运中心负责人作专题发言。

上海市集体经济研究会在浦东新区档案馆 401 会议室召开上海集体合作经济研究成果发布会。上海市人民政府研究室副巡视员沈瑞良、上海市经济学会副会长郝德良作了精彩点评，称赞这是搭建上海城乡集体合作经济改革创新成果展示和人才荟萃的一个新平台。会议展示研究会 27 年来获得国家和上海颁奖的理论研究和决策咨询成果 43 项；《中国合作经济网》、《上海集体经济》杂志刊载的获奖论文；汇编与市社联和市中小办等有关部门合作完成的《上海股份合作制课题研究报告》；制作反映研究会历程、成果、荣誉、智库的个性化邮折；制作汇集 1999 年至 2012 年 6 月的“合作经济调研”光盘等。副会长陈兆忠主持会议，中华全国手工业合作总社顾问、研究会名誉会长范大政在会上致辞，会长严镇博作《大力发展多种形式集体合作经济》主旨演讲；浦东新区集资委集体资产管理处处长汪燕飞，市农村经济学会副理事长、《上海农村经济》主编顾吾浩，市城镇工业合作联社主任丁明昌，闵行区农委主任刘明，上海铁路综合服务总公司总经理嵇筱根，上海长江企业发展合作公司董事长张素芳，上海市委党校教授黄文忠等 7 位专家和企业领导作演讲。出席会议的有名誉会长、顾问、理事、团体会员、个人会员、专家学者及邀请者等 100 余人。

市固定资产投资建设研究会召开“转型发展中的投资与管理”学术研讨会。从事投资与建设的理论工作者以及研究会团体和个人会员50余人参加会议。会议共遴选12篇论文汇编成论文集。会上,有5位作者代表围绕会议主题作交流发言。副理事长、上海社科院城市与房地产研究中心主任戴晓波研究员作为专家对学术研讨会内容进行点评。研究会理事长孙熙宁在会上讲话。

奥地利欧洲与安全政策研究所研究主任阿尔及利博士(Franco Algieri)和秘书长卡默博士(Arnold H Kammel)访问上海欧洲学会,并就军售解禁、市场经济地位、美国战略东移、中欧互信等对今后中欧关系发展产生重要影响的问题同相关学者进行座谈。戴炳然、张祖谦、崔宏伟、简军波、曹子衡、忻华、杨海峰及秘书处其他成员参与讨论。

26日,由市古典文学学会主办、上海戏剧学院协办的“上海市古典文学学会成立25周年暨中青年学者学术研讨会”在上海宾馆举行。会议由学会会长黄霖主持。上海戏剧学院副院长郭宇致辞。来自上海各高校的古典文学学者、学会会员等100余人出席会议。

“高考作文命题与中国社会发展”学术研讨会在华东师范大学举行。研讨会由市语文学会、浦东教育发展研究院等单位联合举办,市语文学会副会长胡范铸主持会议。华东师范大学章家谊、上海师范大学王晶、浦东教育发展研究院胡根林分别作题为“60年来中国高考作文命题的角色预设问题”、“借鉴‘SATⅠ批判性阅读’改进我国高考语文阅读”和“改进高考作文的评价功能”的报告。

市中共党史学会与闵行区委党校联合举办主题为“保持党的纯洁性理论与实践”学术研讨会,8位学者围绕加强廉政文化建设、深化干部人事制度改革、新时期党群关系、建立廉政风险防控机制、构建惩防体系等方面作交流发言,学会会长张云主持会议。

市会计学会新闻出版工作委员会召开“规范内控制度、完善财务管理”研讨会。会上,有关专家分别作“浅谈国有出版与发行企业改制上市后的财务工作转型”、“关于加强财政专项资金项目收支会计核算之浅见”、“艺术品行业的内部控制风险与防范”、“完善财务管理制度,用好国家出版发展基金”的发言。

市总会计师工作研究会召开“我国金融体系与融资管理”学术报告会。会议由研究会秘书长应忠芳主持,上海财经大学商学院副院长、博士生导师戴国强作“我国金融体系与融资管理”学术报告,介绍我国金融体系改革及金融创新,探讨企业在价值管理下的融资途径和融资工具。

上海人大工作研究会召开“进一步推进地方人大工作”专题研讨会。会议由研究会副会长孙运时主持,研究会课题组成员就立法、监督、代表工作等课题情况作交流发言。华东政法大学刘松山教授和复旦大学浦兴祖教授分别就人大监督和地方人大工作作专题报告。

27日,市固定资产研究会和上海市城市经济学会、上海市宏观经济学会、上海城市规划学会、上海市政公路工程行业协会联合主办的“2012’上海城市发展创新论坛”在沪召开,论坛主题是“低碳、绿色、生态”。固定资产研究会副秘书长杜静安主持会议,市城市经济学会江绵康会长致开幕辞，市宏观经济学会陆国樑常务副会长、城市规划学会毛佳樑理事长先后致词，市固定资产研究会孙熙宁理事长致闭幕词。上海市社联党组书记、专职副主席沈国明在会上作讲话。会议邀请同济大学诸大建教授作主旨演讲。市固定资产研究会推荐的陈海代表作题为《浦东新区分布式能源发展研究》的交流演讲。

上海市历史学会第二届青年论坛在社科院历史所举行。该论坛分为"冷战与国际合作"、"近代思想与宗教"、"城市与空间"三个小组，来自复旦大学、华东师范大学、上海财经大学、华东政法大学、上海大学、上海师范大学和上海社科院等高校和研究机构的10位青年学者作报告，王健研究员、崔丕教授、陶飞亚教授、戴鞍钢教授分别作点评。社科院历史所所长黄仁伟致辞。学会会长熊月之主持并作总结发言。

为纪念"八二宪法"颁布30周年，市政治学会与上海政法学院国际事务与公共管理学院联合举行"民主政治与法治国家建设"理论研讨会。会议由学会秘书长、中共上海市委党校教务长曾峻主持，上海政法学院校长助理王蔚致辞。学者孙力、尤俊意、刘厚金、麻莉、朱新山、杨小辉作交流发言。学会副会长孙荣作会议总结发言。

上海知识产权研究所等单位联合主办"文化创意产业知识产权管理论坛"，该论坛作为2012上海创意产业国际论坛分论坛，旨在探究文化产业的知识产权管理与保护问题，通过对现有政策、法律法规的解读，结合司法与执法的经典案例，建立知识产权管理体系，了解知识产权法律风险。

上海市社会科学界第十届学术年会思想政治教育学科专场在上海科学会堂召开。教育部思想政治工作司司长冯刚作主旨讲演。市社联党组副书记桑玉成出席并致辞。

《探索与争鸣》编辑部举办"社会问题与学术热点——青年学者座谈会"。来自复旦大学、上海交通大学、上海社会科学院等30位青年学者参加座谈。

市城市经济学会、市宏观经济学会、市固定资产投资建设研究会等在上海展览中心友谊会堂联合举办"上海城市发展创新"论坛，此次论坛主题为："低碳、绿色、生态"，市社联党组书记、专职副主席沈国明出席会议并致辞。大会特邀同济大学教授诸大建作题为"低碳经济下的城市发展"的主旨演讲。此次论坛共征收论文38篇，来自市发改委、市城市规划设计院、市建筑科学研究院等5位论文作者作交流发言。

市社会心理学学会举行第七届会员代表大会暨2012年学术研讨会。华东师范大学党委副书记罗国振出席会议并致辞。会议一致通过了第六届理事会工作报告、财务情况说明及新章程，并选举产生新一届学会理事会。在随后召开的七届理事会一次会议上，与会理事选举产生新一届常务理事会。金国华担任会长，任国华等九人担任副会长，陈校任秘书长。会上，有关学者雷开春、郝振、黄佩佳、王婧、吴小云、魏超波作交流发言。副会长、华东师范大学应用心理学系系主任崔丽娟等专家分别作点评。

上海知识产权研究所和上海市创意产业协会在上海品牌交易中心举办"文化创意产业知识产权管理论坛"。通过对现有政策、法律法规的解读，结合司法与执法的经典案例分析，借鉴知名企业的管理方法，协助文化创意企业在现有的知识产权法律框架与政策指引内，建立知识产权管理体系，了解知识产权法律风险。与会人员包括知识产权专业研究人员、知识产权管理人员和知识产权从业人员。

28日，市外文学会、上海政法学院联合举办围绕“专门用途英语（ESP）教学”联合举办市外文学会第十四次专题研讨会。会议由上海政法学院外国语学院常务副院长周常明主持。上海政法学院副校长关保英、学会会长卢思源分别致辞。上海理工大学邓志勇和上海政法学院欧阳美和分别作题为“ESP 教学现状和未来”、“法律英语教学现状”的报告。学会副会长史志康对两位学者的报告作点评。

学术年会马克思主义研究学科专场暨上海市马克思主义研究年度论坛在市委党校召开，论坛主题为“马克思主义与文化新自觉”。市社联党组书记、专职副主席沈国明为论坛致开幕词，市委党校常务副校长王国平为论坛致欢迎词，市委宣传部副部长李琪出席会议并讲话。论坛邀请上海社会科学院党委书记潘世伟教授、华东师范大学党委书记童世骏教授、复旦大学吴晓明教授和上海交通大学陈锡喜教授作主旨讲演。

上海市社会科学界第十届学术年会在上海财经大学召开经济·管理学科专场。中国社会科学院学部委员吕政研究员作题为“中国宏观经济的转型与创新”的主旨报告。市社联党组副书记桑玉成、上海财经大学党委书记丛树海出席会议并讲话。

上海市世界语协会举行“世界语诞生 125 周年的启示”专题研讨会。

29日，北京市社科联党组书记、常务副主席史秋秋一行到访，与上海市社联党组书记、专职副主席沈国明等就学术社团管理、社科类基金运行发展等工作进行交流和探讨。

市民防协会召开“上海市突发事件应急预案管理办法”研究课题专家评审会，上海应急管理方面的专家 5 人参加会议。

30日，上海市钱币学会、上海造币厂钱币研究会联合召开“人民货币源远流长——革命根据地货币与人民币研究”学术研讨会。会议由钱币学会副理事长周祥主持。钱币学会副理事长叶世昌，常务理事傅为群，理事王允庭、方茂森、王炜分别作发言。钱币学会副理事长兼秘书长于英辉作会议总结。

上海市金融学会召开“金融市场热点问题”学术讨论会。讨论会由副会长、上海财经大学商学院副院长戴国强主持。上海黄金交易所综合部总经理顾文硕、人民银行上海总部调查统计研究部副处长吴培新、同业拆借处副处长曾梓梁、调查统计研究部副主任顾铭德分别就黄金市场、欧债危机及其对中国经济的影响、货币市场及同业拆借市场近期走势、股票市场投资及下半年展望作交流发言。

市法学会、市司法局联合举行“刑事法律援助工作”专题研讨会。研讨会由市法学会副秘书长汤啸天主持。市法学会秘书长施基雄致辞。会议围绕刑事诉讼法修正案的实施，研讨刑事案件法律援助的实施问题。市法律援助中心副主任张铭介绍《关于办理刑事法律援助案件的实施办法（征求意见稿）》的起草背景、主要内容及需要进一步研讨的问题。来自市高级法院、市检察院、市公安局、市司法局、市法律援助中心、基层法律援助中心、上海社科院法学所、市律师协会、华东政法大学的专家学者孙玉、韩孔林、尹江伟、孙剑明、张何心、董进、钱世平、吴波、胡鹏、徐世亮作研讨发言。市法学会诉讼法学研究会会长、市高级法院原副院长张海棠作会议总结发言。

市法学会和华东政法大学在市委政法委四楼会议室隆重召开“庆贺陈鹏生教授荣获‘全国杰出资深法学家’称号座谈会”。原市政协副主席王兴，市法学会会长吴光裕，市委政法委副书记、秘书长王教生，华东政法大学校长何勤华，市法学会副会长李继斌、专职副会长陈金鑫，华东政法大学副校长刘晓红等出席会议。陈鹏生教授及其学生、华东政法大学有关师生和来自上海交通大学凯原法学院、上海财经大学法学院、上海政法学院、上海师范大学法政学院、上海社科院法学所等院校及部分实务部门、新闻媒体的代表共 50 余人参加。

市法学会在宝山区人民法院举办 2012 年“上海法学讲坛”第二讲，邀请中国民事诉讼法研究会会长、清华大学法学院张卫平教授作题为“新民诉法中的新制度”专题讲座。来自全市法院系统的近 400 名法官参与本期讲坛。

由市法学会和市司法局共同主办，市检察院研究室、市公安局法制办、市律师协会、上海社科院法学所和市法学会诉讼法研究会协办的“实施新刑诉法研讨会之四：刑事法律援助工作专题会议”，在青松城大酒店举行。市法学会秘书长施基雄、诉讼法研究会会长张海棠、市法律援助中心副主任张铭等出席会议。来自上海各法学院校、科研机构、司法实务部门、法律服务机构、市及区县法律援助中心的代表共 40 余人参加。

上海市金融学会金融市场专业研究部召开的“金融市场热点问题”学术讨论会，就黄金市场、欧债危机及其对中国经济的影响、货币市场及同业拆借市场走势、股票市场投资及展望等展开讨论。

30 日—11 月 1 日，上海金融与法律研究院举行“年会 2012：谋局改革新篇”研讨会，诺贝尔经济学奖得主、“欧元之父”罗伯特·蒙代尔，国务院参事夏斌，中国银行首席经济学家曹远征等知名学者作主旨演讲。

31 日，上海市企业发展促进研究会、宁波银行上海分行联合召开银企合作研讨会，会议由研究会常务副会长陈兆忠主持，50 多位企业领导出席。会议内容有二：一是宁波银行上海分行介绍金融新产品和为中小企业提供优质服务的若干举措，然后进行银企交流活动。二是由市中小企业办公室副主任宋晓辉作“关于市政府扶持中小企业发展有关政策解读”专题报告。

市经济法研究会、市行政法制研究所联合举行“营业税改征增值税”专题研讨会。会议由研究会秘书长赵卫忠主持。市财税局税征处处长印征平、上海财经大学胡怡建教授分别就“营改增有关政策问题和实施中需要注意的问题”作主旨发言。研究会会长乔宪志教授作会议总结发言。

31 日—11 月 1 日，市档案局馆局馆长、市档案学会理事长朱纪华，市档案局馆副局馆长、市档案学会常务副理事长朱金铃率学会会员代表 23 人参加 2012 年全国档案工作者年会。在年会征文活动中，上海市档案学会推荐征文 100 余篇，其中 96 篇获入选论文，23 篇获优秀论文，并获论文优秀组织单位在大会上受到表彰。

31日—11月1日，由上海金融与法律研究院和刘鸿儒金融教育基金会主办，《中国外汇》杂志社和《当代金融家》杂志社协办的“年会2012：谋局改革新篇——镜鉴与前瞻”在上海举行。诺贝尔经济学奖得主罗伯特·蒙代尔、国务院参事夏斌、韩国财政部前副部长郑德龟、国家外汇管理局前副局长现任刘鸿儒金融教育基金会理事长魏本华、中国银行首席经济学家曹远征等在内的海内外300余位专家齐聚一堂，就各项议题交流意见和进行讨论。

10月，市社联主管主办的《探索与争鸣》杂志名列全国哲学社会科学规划办公室发布的国家社科基金学术期刊资助第二批入选名单。上海共有5家刊物入选。

11月

11月初，市社联召集各业务部门及刊业单位举行“学习宣传党的十八大精神”系列活动专题策划会，现已确定近期举办相关学术项目40多场，并拟于12月20日举办200人左右规模的研讨会，将上海社科界贯彻落实十八大精神首轮活动推向高潮。其中，市社联学会处召集市哲学学会、市中共党史学会等学会负责人，布置开展“学习宣传党的十八大精神”学术活动，已落实20多场学会专题研讨会；科研处按专题组织本市经济、文化、马克思主义研究等主要专家召开近十次研讨会；科普处将组织社科理论工作者，面向区县、社区基层干部群众宣讲十八大精神；《探索与争鸣》及《学术月刊》以组织特稿、举办“圆桌会议”的形式研讨、宣传十八大精神。

1日，市法学会第31次“青年法学沙龙”在华东理工大学举行。沙龙以“食药品安全的法律保障”为主题，由市法学会主办，市法学会刑法学研究会、杨浦区人民检察院、华东理工大学法学院协办。来自上海各法学院校、科研机构、政府法制部门、司法实务部门及食药监局、食安办等单位的青年专家学者共30余人参加。

市工运研究会、市法治研究会共同举办“劳动关系的评估与优化”研讨会。会议由市工运研究会副会长、市总工会研究室主任桂晓燕主持。上海社科院社会调查中心李有权博士作题为“走向包容与和谐的上海劳动关系”的主旨发言。市法制研究会副会长兼秘书长包志勤、解放日报党委副书记周智强及有关专家学者王贤森、李瑜青、石云、杨鹏飞、徐庆镇、杨子春、张刚作研讨发言。市工运研究会会长、市总工会副主席周志军作会议总结发言。

“读写关系与教学策略指导——第八届上海市中青年语文教师论坛”在上海市实验学校举行。论坛由上海市教委、上海市教师学研究会主办，旨在审视学生读写现状，反思当下语文课堂教学的实际困境，探讨阅读教学与写作教学的契合点及有效途径。市教师学研究会名誉会长于漪老师作会议总结发言。

2日，上海文物博物馆学会与上海博物馆联合举办2012年中国上海国际博物馆高峰论坛。大英博物馆、大都会博物馆、卢浮宫博物馆、俄罗斯艾米塔什国际博物馆、东京国立博物馆、奈良国立博物馆以及故宫博物院、中国国家博物馆等多家国际知名博物馆的馆长，围绕“博物馆的文化力量”为中心做专题演讲。

上海未来亚洲研究会举行第四届会员大会暨“大国方略:后钓鱼岛时期的中日关系与东亚格局学术研讨会”。大会审议并通过学会工作报告、财务报告及新章程，选举产生新一届理事会。在随后召开的第四届理事会第一次会议上，选举产生新一届学会领导成员。陈东晓担任会长，刘文国、张建新、郭海良任副会长，刘斌任秘书长。在研讨会上，与会专家学者，围绕当前的中日关系和东亚格局展开讨论。

上海食文化研究会举办中国美食文化传承学术年会。与会专家围绕《舌尖上的中国》给中国美食文化研究带来的启示展开研讨，并为争取在中国举办“世界食博会”献计献策。

市语文学会、华东师大对外汉语学院联合举办第二届“国家形象修辞学”学术研讨会。市语文学会副会长胡范铸主持会议。与会者围绕汉语国际教育的目标理念、话语符号历史理论与国家认同、网络媒体对权力和修辞的影响、涉外报道中有争议地名的指称问题、政治领袖与国家形象等话题展开深入的研讨。

市科学社会主义学会、上海立信会计学院联合举行“科学发展观与经济发展方式转型”学术研讨会。上海立信会计学院党委书记董金平研究员、上海科社学会会长夏军研究员致辞。同济大学诸大建、上海立信会计学院贾德奎、上海城乡建设交通党校周新普、中共上海市委党校鞠立新等教授先后作题为“中国发展 3.0 与第二次转型”、“科学发展观与我国经济运行风险防范”、“制约转变经济发展方式的主要原因”、“经济改革的新突破与发展方式转型的新进程”的主题发言。会议由上海科社学会副会长兼秘书长吴解生主持。

市金融学会举行第三届“青年金融论坛”，论坛由学会秘书长李安定主持。15 位青年金融从业人员在会上进行交流发言，上海外贸学院金融管理学院副院长凌婕等 5 位专家作论文点评。学会还编辑出版约 80 万字的《第三届青年金融论坛》论文集。

市社联举办《上海思想界》重点课题策划会。来自复旦大学、华东师大、上海社科院、上海市委党校等院校的 10 余位专家及学会代表在会上讨论重点课题方向并明确落实相关研究任务。市社联党组副书记桑玉成出席会议。

市金融学会举办第三届青年金融论坛，收到征文 81 篇。经初审，编入论坛交流材料 63 篇，其中有 6 篇编入“金融市场热点问题”学术讨论会，15 篇论文参加论坛交流。经专家学者和与会作者共同投票，最终评选出 10 篇优秀论文。

3 日，市社会学学会举行 2012 年学术年会。年会开幕式由上海市社联副主席彭希哲主持。上海师大副校长柯勤飞、华东师大党委副书记罗国振致辞。副会长张文宏做学会年度工作报告。大会向年会优秀论文获得者颁奖。在年会发言阶段，上海行政学院城市发展研究所马西恒、上海师大社会学系彭善民、上海大学社会学系张海东分别就“社会组织建设的制度变迁”、“中国社会工作职业化进程中的合法性”、“社会风险与社会质量”的学术发言。年会以各大学以及上海社科院为单位，召开了 6 个分论坛。约 200 名理事、会员及上海师大的师生参与研讨，收到约 58 万字的学术年会论文。

市演讲与口语传播研究会举办“领导者的公众形象与语言艺术”研讨会。会议由研究会学术委员会秘书长姚俊吾主持。上海海事大学鲍日新、华东师范大学王群、上海教育电视台张伯安和同济大学郭永康分别作题为“魅力领导者的口才与沟通艺术”、“领导者的口才与沟通艺术”、“演讲与沟通魅力”和“领导者演讲中如何理清思路”的报告。

由市社联主办、《学术月刊》杂志社承办的“首届滨河海学术期刊创新论坛暨《学术月刊》创刊55周年纪念大会”在沪举行。市社联党组副书记桑玉成出席并致辞。与会代表以“未来十年中国学术期刊之走向”为主题，围绕学术期刊发展需要厘清的关系、学术期刊的传统与未来发展、学术期刊改革的目标与途径、中国学术期刊面向世界等议题进行交流。会上，由《学术月刊》发起、44家期刊社响应的学术期刊共同体——“滨河海学术期刊联谊会”宣布成立，联谊会成员将享有对其他成员批评监督的权利。

市新四军历史研究会在社联召开“华中抗日根据地党的建设”学术研讨会。会议由刘苏闵将军主持。6位同志围绕华中抗日根据地的党群关系、廉政建设、执政能力建设的实践与启示等方面进行发言，王蔚教授、吴其良教授作点评。

5日，市会计学会水务工作委员会举行“夯实财务基础管理工作，全面提升财务管理质量”论坛，上海立信会计学院王建元副教授作主旨报告。

7日，上海国际战略问题研究会、《解放日报》国际部联合举办“网络空间国际政治与网络治理研讨会”，上海国际战略问题研究会副会长、上海国际问题研究院副院长杨剑主持会议。与会专家就全球网络空间治理的战略展望、信息安全战略、中国新媒体外交、我国国防政策的对外宣传、网络空间数据权的竞争、网络意识形态安全研究等方面进行研讨。

市会计学会房地产工作委员会召开“中国会计文化建设”专题研讨会。市房地产交易中心、闵行区住房保障和房屋管理局等5家单位的代表分别就会计文化建设的必要性、会计文化与内部控制的关系等议题作交流发言。

市卫生经济学会举办青年论坛。论坛由学会副会长金春林主持。市医保协会秘书长倪思明等4人分别作题为“关于大病医疗保险的构想”、“公立医院评价体系研究”、“本市家庭医生制度及构建”、“药品零差率对医院经济运行影响分析”的交流发言。与会的青年学者们对当前医疗卫生体制改革中上海卫生经济政策等一系列问题进行讨论。

由市法学会、市信访办人民建议征集处主办，上海政法学院应用社会科学研究院、市委党校法治政府研究中心承办，黄浦区人民检察院协办的“法治政府建设与征集人民建议”专题研讨暨课题研究开题会在市委党校召开。上海法学、政治学、社会学方面的专家学者和市信访办的有关同志共30余人参会。

8日，市终身教育研究会、上海开放大学联合举办第三届“终身学习论坛”。与会专家学者分别作关于开放大学建设、终身教育研究与实践的报告，力图从理论和实践两个层面推进上海学习型城市建设，促进终身教育理论与实践的共同发展。

市终身教育研究会、上海开放大学联合举办“上海终身教育体系构建交流研讨会”。

张社、宋亦芳、夏丽华、宋其辉分别作题为“终身教育网络学习资源建设与有效利用方式的探索”、“社区教育教学点建设的问题与对策研究”、“基于 Deep Web 的个性化教育资源平台研究”的“学习型城市建设中的社区老年教育价值研究”的报告。

市辞书学会、上海辞书出版社联合举办“上海市辞书学会成立 30 周年暨巢峰、杨祖希、徐庆凯辞书思想研讨会”学术研讨会。会议由市辞书学会副会长唐克敏主持，中国辞书学会副会长苏宝荣致贺词。市辞书学会副会长朱明钰介绍了市辞书学会成立 30 年来的历程及取得的成就。巢峰、徐庆凯、秦振庭、杨凯、周明鉴、李志江、马静、郝铭鉴分别发言。市辞书学会会长彭卫国作总结发言。

市保险学会、复旦大学等单位联合举行“2012 长江三角洲保险精算研讨会暨《复旦——韬睿惠悦精算科学丛书》首发式”。来自江浙沪高校的专家学者和保险从业人员就企业医疗福利与员工健康管理整体解决方案、保险业系统性风险的精算分析、精算学与信息技术在寿险公司的作用等问题进行交流研讨。

市社联组织社科界部分专家学者收看党的十八大开幕式的实况传播，并举行上海市社会科学界学习党的十八大报告座谈会。市委宣传部副部长李琪主持会议并讲话。奚洁人、熊月之、刘世军、刘宗洪、张幼文、杨建文、周建明、权衡、干春晖、陈锡喜、孙力、李国娟、董玉来、徐蓉等 20 余位专家学者代表出席会议并发言。

市民防协会举办“民防工程建设监理从业人员继续教育培训班(首训九期)”，96 人参加培训。

9 日，市审计学会举行学术报告会，北京国家会计学院党委书记兼副院长、中国审计学会副会长秦荣生应邀作题为“云计算的发展及其对会计、审计的挑战”的报告。

市日本学会、市国际关系学会、《解放日报》联合举办“钓鱼岛风波与中日关系走向”研讨会。市日本学会会长吴寄南主持会议。与会专家围绕日本对钓鱼岛“国有化”的目的、背景以及日本国内政治生态环境的变化、中国的应对措施、今后中日关系的定位、美国因素的影响等诸多方面展开研讨。

上海市台湾研究会青年论坛政治组举行学习十八大报告对台政策精神会议。台研会会长俞新天出席并讲话。会议深入学习、领会党的十八大报告对台政策精神，围绕两岸关系和平发展主题进行脑力激荡、促进理论创新、开展政策建言。并以学习十八大精神为契机，将学习心得转化为行动热情，达到学以致用、建章立制、集思广益的良好效果。

上海市工人运动研究会召开 2012 年年会暨“当前上海职工群体特点”研讨会，市总工会党组副书记、副主席肖堃涛出席会议并讲话，市总工会副主席、市工运研究会会长周志军做工作报告。

部分省市社科联办公室工作交流会在杭州举行。来自浙江、山东、江苏、江西、福建、天津、重庆、上海等省市社科联相关人员参加会议。与会者就信息上报、财务管理、预算编制、国资管理、物业管理、网站建设等工作进行研讨交流。

10 日，上海欧洲学会假座上海社科院，举办以“欧洲向何处去”为主题的第四届上海欧洲研究青年论坛。论坛得到上海各高校、科研机构青年学者的积极参与，近70位青年教师、科研人员和博硕士生参与交流和讨论，8位学者作主题发言，10余人参与讨论交流。市社联学会处梁玉国、学会名誉会长伍贻康教授及学会秘书处成员出席活动。上海欧洲学会青年论坛协调人杨海峰与复旦大学张骥博士分别主持论坛的交流和讨论。

上海欧洲学会在上海社科院召开“欧债危机何时了”专题研讨会。学会副会长、上海社科院世界经济研究所副所长徐明棋教授、上海外国语大学欧盟研究中心执行副主任戴启秀研究员、同济大学欧盟/德国研究所副所长郑春荣教授和上海对外贸易学院国际经济和贸易系主任张永安教授分别作“关于欧债危机的五个模糊认识”、“欧债危机对欧洲一体化的影响”、“从欧债危机看德国欧洲政策的变化”及“欧债危机影响下的中欧经贸关系”的主题发言。来自上海各高校和研究机构的60余位专家学者参加了研讨会。学会名誉会长伍贻康教授和副会长李乐曾教授主持会议。

11日，市世界语协会成立30周年纪念会在上海外国语大学举行。协会副会长兼秘书长周天豪主持会议，会长汪敏豪作协会30周年工作回顾报告。韩国世协副会长许星、江苏世协副会长张常生、常州世协副秘书长陈烨在会上致辞祝贺。

12日，上海市第八次哲学社会科学学术团体工作会议在科学会堂国际会议中心举行。市委宣传部副部长李琪出席会议并讲话，市社联主席秦绍德致辞，市社联党组书记、专职副主席沈国明作工作报告，市社联党组副书记桑玉成主持会议。会议表彰2009—2011年度上海市优秀社会科学学会、上海市优秀民办社科研究机构、上海市优秀社会科学学会工作者及获得“学会特色活动奖”和“学会品牌活动奖”的单位。会议在总结过往3年工作经验的基础上，对今后3年的学术团体工作进行部署。各学术团体代表300多人出席。获奖单位代表还进行交流发言。

市会计学会举行第十次会员代表大会，进行换届选举。会上，夏大慰宣读了市社联党组书记、专职副主席沈国明的贺信。市政府副秘书长、市财政局局长蒋卓庆到会并讲话。大会审议并通过了学会第九届理事会工作报告、财务报告及新章程，选举产生新一届学会理事会。在随后召开的十届理事会一次会议上，选举产生新一届常务理事会及学会领导班子。夏大慰任会长，袁白薇、胡兰芳、孙铮、李若山、邵瑞庆、谷峰任副会长，顾宏祥任秘书长。

13日，上海市社会科学界第十届学术年会大会在上海展览中心隆重举行。市委宣传部副部长李琪宣读市委常委、宣传部部长杨振武为年会发来的书面致辞。市社联主席秦绍德致开幕词。市社联党组书记、专职副主席沈国明主持开幕式。市社联党组副书记桑玉成主持大会演讲。年会的主题是“改革与创新：中国的发展与中国的未来”。围绕这一主题，年会设立7个学科专场、11个主题专场。年会共收到应征论文876篇，评出优秀论文92篇，出版优秀论文集6卷，百余位专家作主题发言。参与年会的专家学者和青年学生逾2 000人。开幕式上颁发本届年会优秀论文奖和优秀组织奖。冯俊、芮明杰、干春晖、王德峰、詹丹、乔依德、朱德米、罗峰、程金华、肖瑛等学者先后作大会演讲。市社联副主席吕贵、陈昕、周振华、谈敏、彭希哲，学术年会学术委员会和组织委员会部分成员，部分高校和科研院所、党校、部队院校、党政研究部门相关负责人，部分学会负责人，新闻媒体、学术期刊相关负责人和哲学社会科学工作者代表共 400 余人出席大会。

市民防协会召开部分会员单位工作座谈会，听取对协会工作的意见和建议，11 人参加。

14 日，上海市基本建设优化研究会与上海立信会计学院工商管理学院暨投资建设研究中心、科研处联合邀请中国科学院孙钧院士在上海立信会计学院图书馆报告厅作了题为“我国城市发展与交通建设中的若干问题”的报告。报告会前，校长唐海燕为孙钧院士颁发上海立信会计学院客座教授的聘书。报告会由上海市基本建设优化研究会常务副会长兼秘书长、上海立信会计学院工商管理学院院长黄汉江教授主持。孙钧院士是全国著名隧道工程建设专家，同济大学一级终身荣誉教授，上海立信会计学院工商管理学院暨投资建设研究中心一级终身荣誉教授，上海市基本建设优化研究会荣誉会长，国家一号工程港珠澳大通道工程技术顾问。整场报告历时两个小时，报告厅座无虚席，吸引全校 300 余名师生前往聆听。报告中，时年 86 岁的孙钧院士深入浅出地为师生介绍城市地铁、城市隧道、城市地下空间等丰富内容，赢得师生的阵阵掌声。会后，孙院士还和工商管理学院的学生亲切交流，并为青年马克思主义研究会题词勉励。

市妇女学学会、市婚姻家庭研究会、市社会学学会、上海大学妇女研究中心等单位联合举办的“性别文化与妇女发展”理论研讨会在上海大学国际会议中心召开。市妇联主席张丽丽、市教育工会主席夏玲英、上海大学工会主席薛志良、市妇联秘书长余伟星以及各高校、社科院的专家学者和妇女干部 70 余人参加研讨会。上海大学工会主席薛志良作致辞。市妇女学学会副秘书长胡生申作点评，市妇联主席、市妇女学学会会长张丽丽、市教育工会主席夏玲英分别讲话，市社会学学会秘书长张钟汝主持研讨会。

15 日，市妇女学学会、上海女性人才研究中心联合举办“创意・创新・创业——上海女性人才发展研讨会”在上海第二工业大学会议室举行，全国女性人才研究会理事长、中科院院士叶叔华、市妇联副主席朱鸣、第二工业大学党委副书记上海胡晟以及来自各高校、市社科院的专家学者以及妇女干部 60 人出席会议。市妇联副主席朱鸣、第二工业大学党委副书记胡晟分别对研讨会召开致辞。会上，上海社会科学院研究员王如忠、同济大学副教授张迺英、上海外国语大学教授于朝晖、杰尼亚贸易（上海）有限公司市场营销部经理许译雯、上海对外贸易学院副教授蒋莱、上海东方宣传教育中心视频部编审朱慰慈分别作“文化创意产业与城市创新与转型”、“文化创意产业视角下女性创意人才的开发研究”、“国际创业的兴起与国际型人才素质研究”、“时尚奢侈品发展与社会责任”、“领导力模式创新驱动女性发展”、“从编辑创意女性人才丛书的谈女性人才发展研究”的专题报告。最后，全国女性人才研究会理事长、中科院院士叶叔华讲话，全国女性人才研究会常务副理事长、上海女性人才研究中心主任、研究员徐佩莉主持研讨会。

市农村经济学会、市经济学会、市土地学会联合举办“城镇化进程中维护农民权益”研讨会。市社联主席秦绍德出席会议并致辞。会上，市农村经济学会副理事长兼秘书长顾吾浩，市经济学会理事、市委党校经济学部教授黄文忠，市土地学会副会长、学术部主任袁华宝等作研讨发言。会议由市农村经济学会理事长王东荣主持，来自三家学会的部分理事、市有关部门及大专院校的专家，市郊区县农委、政研室负责人等70余人出席研讨会。

市钱币学会召开2012年年会暨专家学术报告会。副理事长兼秘书长于英辉作学会2012年度工作报告，市银行博物馆馆长徐宝明作“上海市银行博物馆的馆藏”学术报告。会议由副理事长郑沈芳主持，近200位钱币学会会员出席会议。

市民防协会举办“城市地下空间利用的安全防范与技术进步”研讨会。协会副会长、市民防办副主任孙晓波致辞。宋晓亮、王振国、徐瑞华、赫磊、束昱等5位专家分别围绕上海城市地下空间建设、地下空间与城市防灾、轨道安全等主题作报告。会议由协会秘书长陈亮主持，来自上海高校和科研院所的相关专家学者50多人与会。

市档案学会在同济大学楼召开“2012年事业档案工作学术”研讨会。

市法学会召开2012年度会员联络员会议，来自市、区县政法机关、法学院校的近30位会员联络员参加会议。

16日，市妇联、市妇女学学会和市婚姻家庭研究会联合主办的“参与社会协同 推进社会化转型”——2012年上海妇女工作理论研讨会成功举办。市妇联主席张丽丽、市人大常委会法制工作委员会副主任施凯、华东师范大学党委副书记罗国振、市社会科学界联合会科研处处长徐中振、华东理工大学社会工作系系主任范斌、华东政法大学社会发展学院讲师童潇，以及市妇联老干部、妇女理论和婚姻家庭研究领域的专家学者、妇女干部及热心妇女事业和妇女工作发展的社会人士等近120人出席会议。会议由市妇联副主席朱鸣主持。研讨会共收到来自市妇联机关、“两会”会员、各妇女研究中心、基层妇联、大口系统妇委会等的研究成果24份。

市台湾研究会举办“中共十八大对台报告解读”座谈会。会议由学会秘书长倪永杰主持，台研会领导班子、常务理事以及相关高校科研院所的专家学者20多人与会。代表围绕十八大报告对台部分的新提法、新亮点进行学习与研讨。

市高等教育学会、上海电机学院联合举办第八届所长论坛。与会专家学者围绕教师的评价政策、评价体系、评价内容和评价指标等问题进行探讨。

市辞书学会、上海外语教育出版社联合举行“双语词典编纂系统与语料库建设”学术研讨会。与会专家学者围绕双语词典编纂系统平台开发和语料库建设的相关问题进行研讨。

上海科学社会主义学会、上海师范大学比较政党研究中心联合举行“全球化视野下的社会主义中国的民族特色”学术研讨会暨第三届学会青年学者论坛。上海师大党委书记陆建非致辞。有关专家学者焦玉玲、罗会德、张雪梅、马轻轻、朱华、上官酒瑞、包双叶、吴慧华作交流发言。教授田芝健、李国娟、张明军、汪青松分别作会议总结。会议由学会副会长兼秘书长吴解生主持，约40余名专家学者参加会议。

市日本学会举办“中日教师教育”研讨会。学会常务副会长兼秘书长陈永明作“中日教师教育比较”研究报告，与会专家学者从多角度对中日教师教育展开研讨，学会会长吴寄南对专家的观点进行总结，并介绍当前中日关系的走向。会议由吴寄南会长主持，来自相关高校科研院所的专家学者近 20 人与会。

历史学会在上海市社联举行了“历史虚无主义还是历史唯物主义”学术讨论会。会议就“应当如何追求历史的真实”、“如何还原历史人物真实性”、“历史研究的丰富性和主导价值”等问题展开讨论。来自各高校、社科院等专家学者共 30 余人出席。学会副会长李伟国主持会议。

中山学社举行 2012 年年会暨“临时约法与近代社会”学术研讨会。郭绪印、华强、廖大伟等专家学者围绕“孙中山与《中华民国临时约法》”、“《临时约法》与人权保护”、“《临时约法》颁布百年的历史随想”等专题进行发言。会议由副社长项斯文主持。60 余人出席会议。

由上海市高等教育学会主办的第八届高教研究所所长沙龙在上海电机学院举行，会议由上海市教科院高教所所长晏开利主持，研讨的主题为“高等学校优秀教师评价”。作为市社联学术活动月的主题活动之一，沙龙汇聚上海市各高校和科研院所的高教研究人员、人事管理人员，共同探讨高校优秀教师的培养、发展及评价等问题，为提升高校教师质量及高校内涵发展献计献策。

在市社联第六届(2012)学会学术活动月中，市房产经济学会、市律师协会在市律师协会报告厅主办“非居住物业管理法律问题研讨会。主题:以党的十八大精神为指导，以科学发展观指导和推进非居住物业管理立法，探索上海非居住物业管理在法制轨道上运行之路，让城市生活更美好”。5 位法律专家作交流。

上海工艺美术学会、上海工艺美术行业协会、上海工艺美术博物馆联合举办“中国工艺美术大师刘忠荣艺术学术”研讨会，上海工艺美术行业协会会长沈国臣致辞。刘忠荣、萧海春、张尉、钱振峰等围绕刘忠荣大师从艺历程、玉雕艺术设计理念和艺术风格、创作感悟、玉雕与中国文化内涵等多个方面对刘忠荣大师的艺术成就展开研讨。会议由上海工艺美术学会秘书长周南主持，有关专家学者 30 多人与会。

17—18 日，上海国际商务法律研究会、上海社科院、德国阿登纳基金会上海办事处、市工商局联合举行“第三届中德完善公司立法”研讨会。开幕式上，全国人大常委会法工委副主任李飞、中国法学会比较法研究会会长刘兆兴、德国驻沪副总领事幕博思、上海社科院副院长王振、市工商局副局长陈学军、德国阿登纳基金会上海办事处主任何彼得致辞。有关专家学者 30 余人作主旨演讲和研讨发言，80 余人与会参加研讨。研讨成果将于会后报送全国人大常委会法制工作委员会。

17 日，市经济学会召开第十六届会员大会。会议审议通过了第十五届理工作报告、财务报告和新的学会章程，选举产生了第十六届理事会成员。在随后举行的十六届一次理事会会议上，选举产生理事会领导班子:周振华任会长，万曾炜、干春晖、王国平、冯国荣、石良平、孙海鸣、朱金海、张广生、张永岳、李锐、沈开艳、肖林、陈昕、陈宪、周伟、胡继灵、郝德良（兼秘书长）、袁志刚、顾钰民任副会长。市社联党组书记、专职副主席沈国明出席会议并讲话。

市写作学会举行第七届会员大会暨第五届上海市写作教学峰会。大会审议通过了学会第六届理事会工作报告、财务报告及新章程，并选举产生新一届理事会。在随后召开的第七届理事会第一次会议上，选举产生新一届学会领导班子：陈思和任会长，周宏任常务副会长，黄玉峰等五人任副会长，郑斯雄任秘书长。市写作学会党的工作小组由郑斯雄任党工组组长，陈思和、李跃平任党工组成员。会议由常务副会长、秘书长郑斯雄主持。在写作教学峰会上，与会专家学者围绕写作课程重建的实践、作文评价标准与写作课程的关系以及现场作文教学等主题，介绍研究成果，分享实践经验。

市人民政协理论研究会举行十八大精神专题学习暨研究会总结座谈会。会议由市政协秘书长、研究会会长陈海刚主持。市委宣传部副部长、研究会副会长李琪，市社联党组副书记、研究会副会长桑玉成，上海社科院政治与公共管理研究所所长刘杰作主题发言。在学习讨论阶段，余源培、徐本力、浦兴祖、潘庆云、谢遐龄、李锐、曹沛霖、周锦尉、过传忠、倪正茂、洪林珍、袁峰、严家栋、黄福寿、吴中耀、吴瑞君等学者就学习贯彻十八大精神，深入开展人民政协理论研究，进一步加强政协理论研究会建设谈了学习体会和意见建议。

18 日，市马克思主义研究会、市委党校联合召开“马克思主义与党的十八大精神”研讨会。研究会会长、市人大外事委、侨民宗委副主任委员吕贵，市社联党组书记、专职副主席沈国明致辞。张雄、袁秉达、丁晓强、黄力之、仲立新、周锦尉、陈方刘、孙力、赵建平、张远新等学者作学术交流发言。研究会副会长周锦尉、《解放日报》党委副书记周智强分别作学术点评。研究会秘书长王建国作会议小结。开幕式由市委党校副校长郭庆松主持。

上海现代企业经营管理研究会举行“睿智促发展”专题论坛。上海交通大学原党委书记王宗光出席论坛并讲话。副会长金国志、李铮理分别作“论职业经理人”、“国有、民营、合资三种企业经营管理探讨”的交流发言，会长徐志毅作会议总结。论坛由研究会副秘书长陈志诚主持，120 余人出席论坛。

19 日，市法学会召开工作务虚会，总结 2011 年工作，研究部署 2012 年工作。市法学会会长吴光裕、李继斌副会长、陈金鑫专职副会长、施基雄秘书长、市法学会各部门负责人等参加会议。

市房产经济学会主办的“情系民居书法邀请展”在上海图书馆西展厅举行。市房管局局长刘海生，中国作家协会副主席叶辛，市房管局副局长、市学会会长庞元，地产集团董事长皋玉凤，建设部房地产业司原司长张元端、上海市社联原副主席林炳秋及有关方面领导参加开幕式。近 500 人参观书法展示，展出作品 125 幅。

市高等教育学会、市教育科学研究院联合举行第四届青年学者论坛，主题为“如何成为一名优秀的青年教师”。与会青年学者围绕高校青年教师培养与成长的政策环境、价值导向、管理机制、文化氛围以及教师专业发展的内在规律和成长路径等问题进行深入研讨。学会会长张伟江作总结发言。

由市房产经济学会主办的“情系民居”书法邀请展在上海图书馆举行。

市保险学会举行 2012 年度学术年会暨学术报告会。市保监局副局长李峰，市保险学会会长张俊才出席会议并讲话。秘书长潘涨潮作 2012 年度工作报告，并提出了 2013 年的工作任务。2012 年保险学术理论征文 3 位获奖者进行交流发言。200 多名会员及会员公司代表出席会议。

上海市高教学会和上海市教育科学研究院共同举办“如何成为一名优秀的青年教师——上海市高等教育雪狐第四届青年学者论坛”，该论坛同时被列入“2012 年上海市社联学术活动月”和“上海市教育科学研究院首届学术活动月”专题研讨活动；会议由王中奎主持、教科院党委副书记陆勤致辞，上海市高教学会会长张伟江总结发言。共有 90 余人与会。其中来自复旦、上海交大、同济、海事大学等高校的 10 余位青年教师作专题发言。

20 日，市企业发展促进研究会召开 2012 年年会暨“企业创新体系建设”研讨会。副会长、上海财经大学教授王玉作“关于加强企业创新体系建设研究”主旨报告。会议由会长方名山主持。上海重型机器厂有限公司企管办主任郑瑞章作“聚焦国家发展战略，实施大型铸锻件的创新研发”、天灵开关厂有限公司副总经理严秋瑾作“天灵在创新中不断发展成长”、美加净日化有限公司党委书记袁利生作“企业在转型创新发展中对青年人才的培养和思考”、新跃物流企业管理有限公司总经理吴军作“IMS 迅捷架构技术在中小企业管理创新中的应用”的交流发言，发言后分别由专家学者作点评。然后由上海财大博导、本会副会长王玉作“加强企业创新体系建设的研究”主旨报告。

由市金融服务办公室和市法学会共同主办，宝山区发展和改革委员会（金融办）、市法学会金融法研究会承办，以“金融改革与创新的法律保障”为主题的 2012 年上海金融法治论坛在沪举行。市人大常委会副主任杨定华，市政府副秘书长蒋卓庆，中国法学会会员部主任梁毅，市委政法委副书记王教生，市法学会会长吴光裕、副会长李继斌，市人大常委会法工委副主任吴勤民，市政府法制办副主任顾长浩，市检察院副检察长余啸波，市司法局副局长刘忠定，市金融办副主任马弘，宝山区区委常委、副区长夏雨等领导出席论坛。来自市法学院校、司法实务部门、法律服务机构、金融机构的专家学者共 300 余人参加。

21 日，“金秋放歌·庆祝党的十八大”首届上海学界合唱交流演出在上海师范大学举行。演出由上海市社联、复旦大学、上海师范大学联合主办。上海市社联主席秦绍德、上海师范大学党委副书记黄刚应邀出席并致辞。上海市社联党组副书记桑玉成等领导出席活动。《唱支山歌给党听》、《走进新时代》、《十送红军》……一首首精神饱满、歌声嘹亮的歌曲，抒发上海学界对党的真挚情感、对未来发展的美好憧憬，传递上海学界对祖国的热爱和庆祝党的十八大胜利召开的喜悦心情，也展示上海学界奋发有为、开拓进取的精神风貌。整台演出激情洋溢、振奋人心，将政治性、思想性与艺术性有机统一，上海社会科学界合唱团、复旦大学教工合唱团、复旦大学学生合唱团、上海师范大学女教工合唱团、上海师范大学学生合唱团极富感染力的演唱赢得在场 900 多名师生的阵阵掌声。

22 日，市社联特邀台湾地区前“法务部长”、向阳公益基金会董事长、海峡两岸法学交流协会理事长廖正豪，就台湾打击有组织的黑社会犯罪活动及相关法制实务工作经验作专题演讲。来自市法学会、市警察学会、市公安系统的有关工作者与社联机关、刊业中心干部职工一起听讲并与廖正豪先生进行互动。社联党组书记、专职副主席沈国明主持会议。

市卫生经济学会举行第七届京津沪渝卫生经济管理论坛。市卫生局党委副书记邬惊雷到会并致辞。卫生部规划财务司规划价格处处长庄宁作“十二五期间的卫生改革与发展”报告。来自北京、天津、重庆和上海市卫生经济学会的代表在会上作交流发言并和与会者进行讨论研讨。论坛由副会长金春林主持，120 余人出席论坛。

上海金融法制研究会“小额贷款公司法制保障研究”课题专家评审会假上海市人大机关 514 会议室召开。市人大法制委主任委员张凌以及市人大财经委、市政府法制办、市金融服务办相关领导出席会议。会议听取课题组的情况报告，并就课题成果开展评论和审议。共 20 余人出席。

23 日，《探索与争鸣》编辑部召开 2013 年改扩版专家座谈会。来自复旦大学、华东师范大学、上海交通大学、上海社会科学院、华东政法大学等高校与科研院所，以及《解放日报》、《社会科学报》、《文汇报》的 20 余位知名专家学者及媒体代表出席座谈会。社联党组书记、专职副主席沈国明出席会议并致辞。专家学者围绕《探索与争鸣》今后的发展提出建议，并交流各学科有价值的选题。

市固定资产研究会举办《青草沙，伟大的民生工程——绿色用水、节约用水、安全用水》的科普讲座，特邀国务院政府特殊津贴专家、城市水资源开发利用国家工程中心有限公司总经理顾玉亮主讲。他从“上海饮用水水源迁徙历程”；“长江口青草沙水源地工程”；“青草沙水源地工程的创新”及“上海饮用水水源后续发展”方面作阐释。市公用事业学校近 150 名师生及研究会部分研究人员出席听讲。

由市政府法制办、市法学会、上海政法学院共同主办的第 32 次青年法学沙龙，在市法学会机关举行。来自理论和实务部门的 30 余位青年学者到会。

24 日，学界合唱交流演出第二场在复旦大学光华楼举行。市社联党组书记、专职副主席沈国明应邀出席并为参加演出的五支合唱团颁发纪念奖牌。

26—30 日，2012 年全国社科联协作会议在天津召开，来自全国 31 个省、自治区、直辖市社科联及部分基层社科联负责人、有关专家学者共 147 人参加会议。各省区市社科联与会代表围绕“学习宣传贯彻党的十八大精神，推动哲学社会科学繁荣发展”的主题，结合自身工作实际进行工作交流和研讨，并举办“繁荣文化，服务社会”学术论坛。上海市社联党组书记、专职副主席沈国明受邀主持论坛并讲话，科研组织处处长徐中振作大会交流发言，介绍“社联学术茶座”和 2012 年学术活动的情况。

27 日，为在全市范围内迅速掀起十八大宣讲热潮，市社联科普处组织东方讲坛 54 名特聘讲师参加了由市委宣传部组织的“学习宣传贯彻党的十八大精神培训班”，全面深入学习领会党的十八大报告精神。会上，市委宣传部副部长李琪作辅导报告。

由市社联、市政府法制办、市法学会主办的以“交通管理法律实施的难点与突破”为主题的 2012 年法律实务专场在青松城大酒店举行。市社联《探索与争鸣》杂志主编秦维宪，市政府法制办高级法律专务江子浩，市法学会党组副书记、副会长李继斌、秘书长施基雄等领导出席会议。来自市法学院校、政府法制办系统、公安系统、法院系统、检察院系统、交通执法总队、的专家学者以及律师代表共 120 余人参加法律实务专场。

上海欧洲学会举行领导层会议，就 2012 年年会及换届改选工作进行讨论。会议决定，年内召开第五次会员大会暨 2012 年学术年会。会议对新一届理事会候选人进行酝酿提名，并对本届为期 4 年的工作进行总结。会议由会长戴炳然主持，名誉会长伍贻康、副会长曹德明、冯绍雷、李乐曾、汪小澍、徐明棋、叶江、曹子衡及副秘书长余建华与会。学会秘书处成员列席会议。

29 日，由市社联主办的第十一届上海市社会科学普及活动周在市群众艺术馆拉开帷幕。市社联主席秦绍德致开幕词，党组书记、专职副主席沈国明主持开幕式，党组副书记桑玉成宣读获奖名单。开幕式上，市社联向 29 家学会颁发 2010—2011 年度“上海市社会科学普及活动周学会科普活动组织奖”。本届社科普及活动周以“高举伟大旗帜，全面建成小康社会”为主题，是市社联学习宣传贯彻党的十八大精神系列活动的重头戏之一。活动周期间，市社联将组织东方讲坛宣讲队进企业、进农村、进社区、进机关、进校园，紧密结合实际和干部群众所思所想，用群众喜闻乐见的形式和语言，举办千场宣讲活动。市社联所属学会也准备了一系列宣传普及活动，帮助广大市民准确全面领会十八大精神。

上海市集体经济研究会在科普活动周中安排在上海万宏工业投资(集团)有限公司培训部举行“集体企业所得税法规及操作规程咨询”会议，集体企业财务负责人等近 60 人参加。

市民防协会会同市民防特救中心在瑞金二路街道茂名社区举办“民众防护常识宣传咨询活动”，为社区居民宣讲民众防护知识，50 多人参加。

30 日，市伦理学会在上海社会科学院召开“学习十八大精神，发挥伦理学会作用”专题研讨会。与会者紧密结合当前社会现实，从不同层面和视角对十八大精神以及社会主义核心价值观展开了深入讨论。与会专家认为，不仅要对十八大报告中有关道德问题的内容进行深入研读，还要致力于传播核心价值观以及治理社会风气。会长陆晓禾主持会议。

第五届“上海市优秀中青年法学家”表彰会在锦江小礼堂举行。市委常委、市委政法委书记丁薛祥、中国法学会副会长胡忠、市法学会会长吴光裕、市高级人民法院院长应勇，市司法局局长吴军营，市委政法委副书记、秘书长王教生，市社联党组书记、专职副主席沈国明，市人大法制委员会主任委员张凌等出席表彰会。来自当选者所在单位、市政法各部门、法学院校等代表共250余人参加会议。

市法学会与市第一中级人民法院、中国证券监督管理委员会上海监管局、市律师协会共同召开“证券市场法制完善与风险防范”研讨会。市法学会专职副会长陈金鑫，市金融服务办公室副主任马弘，市一中院副院长周赟华、宋学东，上海证监局副局长朱健，市律师协会会长盛雷鸣、副会长管建军，市二中院副院长高长久等出席会议。市法学专家、学者、律师、法官等共100余人与会。

12月

12月，市社联、市法制办、市法学会联合举办“2012年法律实务专场”，主题为“交通管理法律实施的难点与突破”。来自市政府法制办、市高级人民法院、市人民检察院、市公安局、市交通港口管理局、市司法局等实务部门的法律工作者围绕交通管理法律体系建设中的“科学立法、严格执法、公正司法、全民守法”等问题进行交流。上海社科院法学所副所长殷啸虎研究员、上海交通大学凯原法学院院长季卫东教授作点评。

1日，市社联召开“十八大精神与社会建设”理论研讨会。会议由上海大学社会发展研究中心、市社区发展研究会与市社会学会联合承办。市人大常委会法工委副主任施凯，上海大学党委副书记、副校长李友梅教授，华东理工大学曹锦清教授，上海大学仇立平教授等20余位党政部门领导、专家学者参与讨论。市社联党组书记、专职副主席沈国明出席会议并讲话。会议围绕十八大报告对新形势下社会建设的新要求，对社会体制改革、加强基本公共服务体系建设、农村改革与社会建设等问题进行讨论。

市企业发展促进研究会举办《宏观经济形势与科学发展》论坛，由上海大学凌国平教授作《宏观经济形势与科学发展》报告，上海社科院陶友之研究员作《企业创新三要素》报告，100余人出席。

2日，市社联以“十八大精神与生态文明建设”为专题，召开学习贯彻十八大精神系列研讨会。研讨会由复旦大学城市环境管理研究中心和国土资源研究中心承办。戴星翼、陈家宽、包存宽、任远、李京生、诸大建、陆贻通、钱光人等来自复旦大学、同济大学、上海交通大学、上海大学等高校的十多位教授、博导与会。世界自然基金会、市地质调查研究院等研究单位的领导也与会作交流发言。与会者围绕国土开发、资源节约、环境保护和生态文明制度建设等主题展开研讨。

市社联召开“十八大精神与文化建设”专题研讨会，会议由上海社会科学院文学研究所、中国马克思主义研究所承办。陈圣来、蒯大申、方松华、杨国强、黄力之、陈锡喜、黄昌勇等来自上海社科院、华东师范大学、上海市委党校、上海交通大学、同济大学、上海师范大学等高校的近20位专家学者与会。来自《光明日报》、《文汇报》、《社会科学报》等报刊的理论部门负责人与会参与交流。与会者围绕核心价值体系建设、文化强国战略、文化自觉和中国特色社会主义文化道路等主题展开研讨。市社联党组副书记桑玉成出席会议并讲话。

市逻辑学会在华东师范大学举行第十届会员大会。华东师大党委书记童世骏到会祝贺。大会审议并通过第九届理事会工作报告、财务报告及新章程,并选举产生了新一届学会理事会。在随后召开的第十届理事会会议选举产生新一届学会领导班子,冯棉为会长,周山、张晓光、黄伟力、宁莉娜、邵强进为副会长,邵强进兼任秘书长。市社联党组书记、专职副主席沈国明出席会议并讲话。

市政治学会召开"政治发展道路与政治体制改革"研讨会。秘书长曾峻就十八大报告作文本解读性的主旨发言。商红日、周敏凯、吴志华、孙力、苏长河、张明军、王蔚等学者作研讨发言。市社联党组副书记、学会会长桑玉成作会议小结。会议由副会长程竹汝主持。

3 日,市国际关系学会举办了主题为"以党的十八大精神为指南,促进国际关系学科创新发展"的 2012 年度学术年会。学会副会长潘光、苏长和、夏立平、沈丁立、范军等分别作"北京国际形势讨论会内容"、"中国外交的价值关怀与外交自信"、"和平发展道路视角下的国际关系学科发展"、"海洋强国与韬光养晦"、"和平发展的全球视野与人类意识"等报告。学会会长杨洁勉最后作总结。专家学者及学会会员近 200 人与会。

民革上海市委、市台湾研究会等联合举行纪念"九二共识"20 周年学术研讨会。民革上海市委副主任委员李栋梁、国民党大陆事务部主任高辉、华东师范大学副校长范军、市台办副主任李雷鸣等先后致辞。原国台办常务副主任唐树备、全国政协委员乐美真、中国统一联盟主席纪欣、中美文化经济协会理事长邱进益、两岸统合学会理事长张亚中、上海东亚研究所所长章念驰等分别作主题发言。与会专家学者围绕"九二共识"的形成、内涵及其意义以及推进两岸关系和平发展的新路径等方面展开研讨。来自海峡两岸和国内各地相关专家学者 100 多人与会。会议由市台湾研究会会长俞新天主持。

上海市金融学会区域金融发展与合作专业研究部和同济大学、上海市期货同业公会等单位联合召开"金融创新、风险防范与区域金融发展"学术讨论会,就金融风险防范指引、股市暴涨暴跌与投资者行为、国际商品指数 ETF 的交易和监管等展开讨论。

4 日,上海市集体经济研究会在科普活动周中请上海市社团管理局童华进行"集体企业的社会组织或分支机构的设立咨询"。上海铁路综合服务总公司、浦东新区集资委资产管理处等单位、部门 10 人参加活动。

5 日,市社联党组副书记桑玉成为社联退休党员及干部作十八大精神辅导报告,并与大家进行互动讨论,受到与会退休干部的欢迎。

市中共党史学会召开"十八大与党的建设理论创新"学术研讨会。唐培吉、齐卫平、唐莲英等 6 位学者围绕"十八大关于服务型政党建设的提出"、"党的建设理论创新点"、"党内民主和建设廉洁政治"等内容进行专题发言。解放日报党委副书记周智强、市党建文化研究中心副主任张克文先后点评。

5—6 日,上海市金融学会和浦东新区航运服务办公室、上海国际航运中心发展促进会、上海组合港管理委员会办公室联合举办第四届航运金融服务会议，就当前经济金融形势与我们的任务、航运金融政策环境、国际航运金融市场及国际贸易趋势、航运金融服务产品创新与发展等议题展开探讨。此次活动入选第十一届上海市社会科学普及活动周学会特色科普活动。

6—7 日，市民防协会在浙江安吉召开联络员工作会议，通报协会工作情况和工作打算，听取大家的意见和建议。60 余人参加会议。

7 日，广东省东莞市社科联城市客运管理模式课题组一行 11 人由市社联人员陪同，前往闵行区建交委专题调研。闵行区建交委和闵行客运服务有限公司有关领导向课题组详细介绍该区城市客运管理改革的运用模式和具体做法。

市法学会与上海社会科学院法学研究所在青松城大酒店共同举办“宪法意识与法治国家建设——纪念现行宪法 30 周年座谈会暨《上海法治蓝皮书》发布会”。市法学会会长吴光裕出席会议并讲话。会议由市法学会党组副书记、副会长李继斌主持。来自市人大、政府法制系统、检察院、法院等单位的法律实务工作者，以及复旦大学、同济大学、华东政法大学、华东理工大学、上海社科院法学所等高校、研究机构的学者共 250 余人参加会议。

市法学会和溧阳上海商会联合举办 2012 年第 2 期“会员沙龙”活动。市法学会会员部副主任周啸、市法学会劳动法研究会副会长、市第一中级人民法院法官郭文龙、溧阳上海商会会长史国忠等出席活动。来自市政府机关、科研院校、实务部门等 20 余家单位的 60 多位会员参加活动。

7—8 日，市社联召开“十八大精神与政治建设”理论研讨会。研讨会由复旦大学陈树渠比较政治发展研究中心承办。与会专家详细解读十八大报告中关于政治建设的有关部分，并围绕未来十年中国政治建设与政治体制改革的新战略展开讨论。来自复旦大学、南京大学、华东师范大学、华东政法大学、同济大学、上海师范大学、上海社会科学院、中共上海市委党校、南京政治学院上海分院的 20 余位专家学者参与讨论。市社联党组副书记桑玉成出席会议并讲话。

8 日，市社联召开“十八大精神与中国共产党发展”理论研讨会。研讨会由市党的建设研究会、市“党的建设理论与实践”创新研究复旦大学基地与市社区发展研究会承办。与会专家围绕十八大后中国共产党发展的新格局与新战略进行讨论。市委组织部副部长冯小敏、上海社科院党委书记潘世伟、市人大常委会法工委副主任施凯、市领导科学学会会长奚洁人、《解放日报》社党委副书记周智强等 20 余位党政部门领导、专家学者参与讨论。市社联党组书记、专职副主席沈国明出席会议并讲话。

市比较文学研究会举行第十届沪上高校比较文学博士生学术论坛。来自复旦大学、华东师范大学、上海师范大学、上海外国语大学、上海大学、上海交通大学、同济大学的博士生 50 余人参加论坛。

9 日，市外文学会举行第十一届会员代表大会暨 2012 学术年会。市社联党组书记、专职副主席沈国明出席会议并讲话。大会审议并通过学会第十届理事会工作报告、财务报告及新章程，选举产生了新一届学会理事会。在随后召开的十一届理事会一次会议上，与会理事选举产生新一届领导班子。叶兴国任会长，史志康任常务副会长，张春柏、顾大僖、魏育青、韩忠华任副会长，汪敏豪任秘书长。学会聘请卢思源为名誉会长，聘请杨惠中、彭云鹗、黄次栋为学会顾问。中共上海市外文学会党的工作小组由史志康任党工组组长，叶兴国任副组长，汪敏豪任党工组成员。会议由第十届理事会常务副会长史志康主持。

在学术年会上，史志康作了题为"《论语》的翻译与技巧"的学术报告。

11 日，为进一步学习贯彻党的十八大精神，市社联举办上海市宣讲团"党的十八大精神"报告会，邀请市宣讲团成员、上海财经大学教授张雄作报告。张教授结合自己的学习研究体会，分别从党的十八大鲜明主题、十八大突出的主线、深刻认识科学发展观的历史地位、全面建成小康社会、全面深化改革开放、中国特色社会主义事业总体布局等 6 个方面解读十八大精神。社联党组副书记桑玉成主持会议，社联机关、刊业中心干部职工和社联所属部分学会工作者近百余人听取报告。

13 日，市社联举行干部职工会议。党组副书记桑玉成主持会议并传达市委领导在市委宣传部调研时的讲话。党组书记、专职副主席沈国明就进一步学习贯彻落实十八大精神，发展繁荣上海社会科学作动员，并部署社联年终主要工作。沈国明指出，社联的全体干部职工要认真学习十八大的各项文件，思考领会十八大提出的一系列重要观点、重要论断，准确把握十八大提出的一系列新思想、新观点新部署和新要求；要学好、学通、学懂十八大精神，努力把学习成果转化为机关工作的新成效，为开创上海社会科学发展的新局面作出应有的贡献。当前，各部门要抓紧完成年末业务工作，认真谋划新一年重点工作。他希望社联的年轻同志要严格要求自己，不断提高工作能力、建立职业规划。市社联党组成员、秘书长生键红也在会上讲了话。

14—15 日，市社联召开"十八大精神与中国特色社会主义道路、理论体系与制度"专题研讨会。研讨会是上海市社联学习贯彻党的十八大精神系列研讨活动之一，由市马克思主义研究会、上海交通大学马克思主义研究院、复旦大学马克思主义研究院、市委党校马克思主义研究院联合承办。潘世伟、赵修义、吴晓明、石磊、陈锡喜、王建国等来自上海社科院、复旦大学、华东师范大学、上海交通大学、市委党校、南京政治学院上海校区等高校的 20 多位专家学者与会发言。市社联党组副书记桑玉成与会并致辞。

14 日，市新学科学会在上海博物馆举办学术年会。副会长胡江作 2012 年学会工作报告。在学术交流与自由发言阶段，学会 5 位专家围绕十八大报告精神解读、十八大报告的亮点、新学科在新时期的任务等方面进行主题发言。会长陈燮君作总结讲话。会议由副会长陈克伦主持，来自相关领域的专家学者和学会会员30余人参会。

市伦理学会、市宗教学会和上海社会科学院经济伦理研究中心联合举行“宗教信仰与经济伦理”学术论坛暨“主编作者面对面”交流会。会议邀请美国普林斯顿大学神学院访问学者、香港大学香港经济学和企业战略研究所高级研究员兼《亚洲经济伦理杂志》(Asian Journal of Business Ethics)合作主编林洁珍(Joanna Lam Kit Chun)教授作题为“宗教信仰与经济伦理”的学术报告。《道德与文明》主编杨义芹、《探索与争鸣》主编秦维宪、《华东师范大学学报》哲学社会科学版主编傅长珍和林洁珍就论文投稿和发表的经验和问题同与会者展开交流。市伦理学会会长陆晓禾研究员主持会议。上海社会科学院、复旦大学、同济大学、华东师范大学、上海师范大学、上海财经大学、交通大学、上海大学等高校的伦理学、宗教学专家教授和研究生40余人出席会议。

市领导科学学会、市委党校联合举行“全面建成小康社会与提高党的领导力——学习领会贯彻十八大精神”研讨会。市社联党组书记、专职副主席沈国明，学会会长、中国浦东干部学院首任常务副院长奚洁人致辞。在专题研讨阶段，毛军权、陈熙春、缪开金、陈尤文、贺善侃、申林、陆沪根、张宁钟、殷勤燮、袁峰、于洪生、杨国庆、吴涛等学者作学术交流发言。学会副会长施南昌作会议小结。会议由市委党校副校长郭庆松主持。

上海易居房地产研究院召开主题为“十八大后宏观经济与房地产发展趋势”的易居论坛。与会专家围绕“全国及上海宏观经济发展趋势”、“2013年中国房地产市场将走向何方”、“城市发展与商业地产市场容量”等问题展开研讨。

市房产经济学会第八届三次常务理事会议举行。审议通过学会会员代表大会暨第八届理事会第三次会议工作报告，增补金守祥同志任学会常务理事副会长。

市法学会在上海国际机场宾馆召开研究会工作会议。会议由东方航空集团公司、市法学会航空法研究会承办。市法学会会长吴光裕、东航集团总会计师徐昭、市法学会党组副书记、副会长李继斌、专职副会长陈金鑫出席会议。市法学会下属31个研究会的会长、秘书长共60余人参加会议。

15日，市语文学会举行2012年学术年会。年会由华东师范大学国际汉语教师研修基地、华东师范大学对外汉语学院、华东师范大学中文系协办。华东师范大学副校长范军、华东师大汉语教师研修基地执行副主任张建民先后致欢迎词。副会长兼秘书长胡范铸作2011年理事会工作报告。会上介绍成立青年语言学者委员会的筹备情况。会长游汝杰主持开幕式。大会报告上半场由副会长、上海师大对外汉语学院院长齐沪扬和上海财经大学语言研究所所长黄锦章主持。游汝杰、钱乃荣、段学俭分别作学术报告。大会报告下半场由复旦《当代修辞学》主编刘大为、上海外国语大学教授金立鑫主持。戴耀晶、吴勇毅、陈昌来、胡范铸分别作学术报告。分组讨论阶段，与会学者分别围绕语法与汉语史、语用与社会语言学和母语与外语语言教学等主题进行研讨交流。

市太平洋区域经济发展研究会举办学术年会暨2012太平洋论坛。会议的主题是“国际形势与能源革命：回顾与前瞻”，由学会秘书长庄建中主持。来自相关领域的专家学者50余人与会。上海国际问题研究中心理事会副主席潘光、美国兰德公司荣誉总裁詹姆士·汤姆森、第一财经研究院副院长徐以升、美国罕布什尔学院教授迈克尔·克莱尔分别作题为“对当前国际形势的几点看法”、“世界能源政治形势”、“定义真正的能源革命:石油的金融化及中国角色”、“页岩气与页岩油:潜力与阻碍”的主旨发言。

15—16 日,市社联召开社科研究信息交流座谈会。市委宣传部理论处、上海社科院科研处、市委党校科研处、上海大学科研处等科研机构负责人以及复旦大学、上海大学等高校的部分青年学者参会。会议就建设市社科研究信息的综合性整合平台提出诸多意见建议。市社联科研处处长徐中振主持会议。

17 日,市家庭教育研究会举行 2012 年学术年会暨“家庭教育与社会管理创新”研讨会。市政协副主席、学会会长王荣华出席会议并讲话,副会长桑标主持会议并作 2012 年度工作报告。会议通过关于调整部分副会长的报告。来自科学育儿基地的陈彩玉、华东师范大学特殊教育学院的江琴娣、春晖社工师事务所的陆青沁分别作题为“新时期家庭代际关系探析——以普陀区宜川社区为例”、“中度智障儿童家庭功能及与其适应行为关系的研究”和“单亲家庭中的社会工作介入模式探索”的学术报告。市妇联副主席朱鸣作会议总结。

由市法学会、华东政法大学诉讼法学研究中心主办,上海社科院法学所、闸北区人民检察院承办的“实施新刑诉法研讨会”之五“刑事诉讼执行程序”专题研讨会在华东政法大学召开。来自市公安、检察、法院、司法行政系统和法学研究、法学教育、律师界的 30 多位专家学者参加会议。

18 日,市卫生经济学会举行第七届会员大会,进行换届选举。市社团局副局长徐乃平、市社联学会处处长王克梅到会并讲话。大会审议并通过学会第六届理事会工作报告、财务报告及新章程,并选举产生新一届学会理事会。随后召开的七届理事会一次会议选举产生新一届常务理事会及学会领导班子。肖泽萍任会长,王林初、王锦福、田文华、何梦乔、金春林、郑树忠、郑益川、张钢、程晓明、梁鸿任副会长,金春林兼任秘书长。新一届党工组由金春林任组长,王林初、程晓明、冯正任成员。市卫生局副局长、新任会长肖泽萍作总结发言。

市民防协会组织专家对“罗店大型居住社区经济适用房一期(B1 地块)基坑围护设计方案”和“罗店大型居住社区经济适用房一期项目 B1 地块基坑土方开挖及降水专项施工方案”进行技术评审,并向有关单位发送《技术评审意见》。

19 日,由市法学会、市法学会诉讼法研究会、上海司法研究所共同主办、黄浦区人民法院协办的“行政诉讼程序疑难问题研讨会”在黄浦区人民法院召开。市法学会党组副书记、副会长李继斌,市高级人民法院副院长陈立斌、市法学会诉讼法研究会会长张海棠,黄浦区人民法院院长许伟基,虹口区人民法院院长张斌等领导出席会议,市律协、部分法院、行政机关、高校的专家学者和法官代表等共 30 余人参加会议。

市法学会“青年法学沙龙”组织开展集体联谊活动。陈金鑫专职副会长、汤啸天副秘书长出席。第五届“上海市优秀中青年法学家”获奖代表和部分青年学术骨干共30余人参加。

市档案学会召开第七次会员代表大会，会议审议通过《第六届理事会工作报告》、财务报告和修改后的《上海市档案学会章程》，选举产生57位新一届理事。随后举行的七届一次理事会会议选举产生第七届理事会领导班子，朱纪华当选为理事长，朱金铃当选为常务副理事长，周蔚中、项扬、盖国平、乔明华、潘玉民、夏志毅当选为副理事长，王晓华当选为秘书长。国家档案局副局长、中央档案馆副馆长、中国档案学会理事长李和平到会祝贺，中国档案学会副理事长兼秘书长付华，上海市社联党组副书记桑玉成出席会议并讲话。

20 日，市物流学会召开第八届会员代表大会。会议审议并通过了第七届理事会工作报告和财务报告及修改后的学会章程，选举产生了第八届理事会。第八届理事会由周纪东任会长，韩志雄(专职)、朱道立、黄有方、胡寿根、程裕东、黄远新、葛伟民、秦青林、孙有望、储雪俭、季建华、应吉康、杨俊杰任副会长，陈震任秘书长。市社联学会处处长王克梅参加会议并讲话。

上海市社会科学界联合会在锦江小礼堂组织召开“上海市社科界学习贯彻党的十八大精神理论研讨会”。市社联主席秦绍德作会议总结发言。会议由市社联党组书记、专职副主席沈国明主持。市社联党组副书记、专职副主席桑玉成出席会议。会议是市社联“学习贯彻党的十八大精神”系列研讨活动的交流大会。陈锡喜、权衡、程竹汝、吴晓明、黄晓春、戴星翼、郑长忠等学者先后在会议上作交流发言。市社会科学界专家学者代表、高校科研机构代表、党校代表、学会代表150余人出席会议。

欧洲对外行动署高级顾问莱特勒博士(Dr.Michael Reiterer)到访上海欧洲学会，就中欧关系等问题与学会会长戴炳然、副会长徐明棋、曹子衡及秘书处成员座谈交流。

21 日，上海国际战略问题研究会举行2012年年会。副会长兼秘书长杨剑作2012年研究会工作报告。会长杨洁勉作题为“当前国际形势及热点问题”的专题报告。来自相关领域的专家学者及研究会会员100多人与会。会议由研究会副会长郭树勇主持。

上海现代企业经营管理研究会召开会长扩大会议暨《职业经理人睿智》编委会会议。上海交通大学原党委书记、上海卓越管理中心名誉理事长王宗光主持会议并致词。编委会成员就《职业经理人睿智》一书的内容、形式等方面展开讨论。会长徐志毅作会议总结。

22 日，市社联召开六届委员会四次全体会议。来自市高校、党校、社会科学院、党政部门研究机构和军事院校等近200名代表出席会议。市委宣传部副部长李琪主持会议。市社联主席秦绍德致辞。市社联党组书记、专职副主席沈国明作2012年社联工作报告。经会议选举，增补桑玉成、刘世军为市社联第六届委员会副主席。

市历史学会成立六十周年纪念大会暨会员大会在市社联召开。市委副书记、市历史学会理事殷一璀向大会发来贺电。市中共党史学会会长张云代表兄弟学会致贺词。大会开幕式由学会副会长兼秘书长章清主持。会长熊月之介绍了上海市历史学会创办 60 年来取得的成就并作了最近三年工作的情况报告。来自复旦大学的姜义华、葛剑雄、韩昇，上海大学的陶飞亚、华东师范大学的许纪霖等学者和市特级教师凤光宇分别就中华文明的根柢、史学资源信息化、史学的跨学科研究、中国基督教史和民国史研究的新动向、中学历史教师培育发展等问题做了学术报告。来自上海各高校、科研单位及中学的 80 多名历史研究和教学工作者参加了此次大会。

由市历史学会主办，市地方史志学会、上海中山学社、上海社会科学院历史所、上海福寿园承办的"纪念唐振常先生诞辰九十周年暨《唐振常文集》出版"座谈会在市社联召开。市社联党组书记、专职副主席沈国明出席会议并讲话。来自复旦大学、华东师范大学、上海交通大学、上海师范大学、上海市档案馆、上海史方志办、上海人民出版社、上海书店出版社、上海远东出版社、上海古籍出版社等单位的专家学者共 60 余人参加会议。

23 日，上海欧洲学会在华东师大举行第五次会员大会暨 2012 年学术年会。华东师大副校长范军教授及学会会长戴炳然教授分别致词。会员大会审议通过第四届理事会工作报告，修改并通过了学会章程，选举产生了第五届理事会成员。随后举行的第五届理事会第一次会议选举产生学会新一届领导班子：徐明棋任会长，曹德明、曹子衡、陈志敏、丁纯、冯绍雷、汪小澍、杨逢珉、叶江、郑春荣任副会长；聘任伍贻康、戴炳然为名誉会长；曹子衡兼任秘书长，张祖谦、戴启秀、杨海峰为副秘书长。会员大会后举行的以"展望欧洲及中欧关系"为主题的学术研讨会由副会长冯绍雷和叶江分别主持。徐明棋、丁纯、戴启秀、余南平和潘光分别作主旨演讲。近 70 名会员参加当天的会议。市社联学会处王克梅处长及梁玉国出席会议。王克梅代表社联领导，对大会成功召开和新当选领导表示祝贺，为作出杰出贡献的老领导表示崇高敬意，希望学会能够在新的起点再创佳绩，在新的领导班子带领下开拓创新，成为一个内有凝聚力、吸引力，外有影响力的学会。

24 日，市会计学会召开"2012 长三角研究生学术论坛"，主题为"企业创新与会计实践"。上海海事大学经济管理学院副院长田建芳主持会议，市会计学会副会长兼学术委员会主席邵瑞庆、上海海事大学副校长金永兴先后致词。来自浙江、安徽、江苏、上海 10 余所高校的专家学者和研究生代表共 40 余人就财务管理与内部控制、公司治理与工商管理、会计信息与审计风险等议题进行了交流研讨。

24—29 日，市民防协会与全国人防监理培训部举办第 95 期"人防工程监理资质培训班"，市人防工程监理人员 141 人参加培训。

25 日，市第九届邓小平理论研究和宣传优秀成果、第十一届哲学社会科学优秀成果颁奖典礼在上海影城举行。市委常委、宣传部长杨振武出席典礼，向获奖者表示热烈祝贺，对广大哲学社会科学工作者付出的辛勤劳动和取得的丰硕成果表示诚挚敬意。本届社科评奖共收到申报成果 2 779 项，评出邓小平理论研究和宣传优秀成果奖 57 项，其中一等奖3项,二等奖25项,三等奖29项。哲学社会科学优秀成果奖331项,其中一等奖37项,二等奖96项,三等奖140项,内部探讨优秀成果奖41项,网络理论宣传优秀成果奖14项。王水照、洪远朋、陈其人三位学者获得本届学术贡献奖,并为上海东方青年学社组织评选出的2011年度8位社科新人颁奖。

26日,市金融学会召开2012年学术年会,邀请中国人民银行纪委书记、党委委员王华庆作"金融创新、金融危机和可持续发展"的学术报告。

由市法学会、上海社会科学院法学研究所主办,市法学会诉讼法研究会承办,华东政法大学诉讼法学研究中心、上海政法学院法律学院协办的"证据制度专题"研讨会在上海社科院分部举行。市法官协会副会长、市法学会诉讼法研究会会长张海棠,市法学会党组副书记、副会长李继斌,上海社会科学院副院长、法学所所长、博导叶青教授等出席会议。

27日,市金融学会国际金融中心建设专业研究部召开"十八大后新一轮改革开放与上海国际金融中心建设"学术讨论会,围绕利率市场化的深度改革、资本项目的进一步开放、离岸与在岸金融市场建设及其对上海国际金融中心建设带来的机遇和影响展开讨论。

28日,市法学会与闵行区人民法院共同举行第五期法官讲坛活动。市法学会专职副会长陈金鑫,闵行区人民法院院长王秋良、副院长王宇展,上海交通大学凯原法学院副院长杨力教授,华东师范大学法律系主任黄欣教授等出席。

上海科学社会主义学会举行第八届会员代表大会暨"党的十八大和中国特色社会主义"学术年会。会长夏军主持会议,副会长兼秘书长吴解生作第七届理事会工作报告,副会长朱坚强作第八届理事会成员候选人说明。与会会员代表选举产生了由49名理事组成的新一届理事会。在第八届理事会第一次会议上,与会理事选举产生了由32名常务理事组成的新一届常务理事会和学会负责人,夏军任会长,吴解生、孙力、袁秉达、杨志英、朱坚强、周智强、郭庆松、张明军、郭定平、王子奇任副会长,吴解生兼任秘书长。在随后举行的学术年会上,孙力、袁秉达、陈锡喜分别就党的十八大与中国特色社会主义制度、理论、道路作了主题报告。

市行政管理学会举行2012年学术年会暨"深化行政体制改革"座谈会。市委宣传部副部长、副会长李琪出席会议并讲话。副会长钱明涛主持会议。与会理事和有关专家学者听取和讨论了学会2012年工作总结和2013年工作设想。胡伟、竺乾威、吴志华、商红日、王健刚、黄云龙、徐家树、王鼎元、曹沛霖、程宝书等专家学者作学术交流发言。

29日,南通市社科联党组书记、副主席徐爱民等一行到访上海市社联,与市社联党组书记、专职副主席沈国明及有关处室负责人进行了交流探讨。

30 日，市毛泽东思想研究会举行 2012 年学术年会。市社联党组副书记、专职副主席桑玉成作学习十八大精神辅导报告。会议部署了 2013 年纪念毛泽东诞辰 120 周年活动计划。会长李进主持会议，常务副会长杨元华作会议小结。

31 日，中国法学会公布《"纪念中国法学会恢复重建 30 周年"征文获奖名单》。市法学会共获得 18 个奖项，市法学会被授予最佳组织奖。

京津渝社科联2012年主要工作

JING JIN YU SHE KE LIAN 2012 NIAN ZHU YAO GONG ZUO

北京市社科联 2012 年工作总结

2012 年，市社科联坚持以科学发展观为指导，以迎接十八大、学习宣传贯彻十八大精神为主线，深入贯彻党的十七届六中全会精神和市十一次党代会精神，认真践行“学者为本、学术为根、学会为基、繁荣社科、服务首都”的工作宗旨，转变工作方式，实施精品战略，深入开展“走转改”活动，成绩突出，社科联事业进一步发展壮大。

一、 实施精品战略取得重要进展

围绕实施精品战略，积极开拓，锐意创新，在研究宣传、决策咨询、学术活动、社科普及、学会管理、人才培养、基础建设等方面精心策划、精心组织实施、精心宣传推广，成效显著，亮点纷呈。

(一) 以迎接学习宣传十八大为主线，着力增强重大理论研究与宣传影响力

围绕中心工作，追踪理论前沿，着眼首都哲学社会科学事业长远发展，以重大项目带动基础研究，启动并实施北京文化大系研究工程，着手编纂《北京文化大词典》、深化论证《北京文化全书》框架和《北京文化地图》。以重大课题引领理论创新，开展“十六大以来国际国内形势新变化新特征新趋势”、“深入贯彻科学发展观”、“打造学术高地、建设学术之都”等重大课题 7 项，出版重点理论著作 3 部。以重大选题推动理论宣传，举办“首都理论界学习党的十八大精神座谈会”、“首都理论界学习胡锦涛总书记重要讲话精神座谈会”等理论研讨会、座谈会 15 场，组织撰写重点理论文章 18 篇在《人民日报》、《求是》等中央报刊发表，组织翻译出版《中国共产党建设 90 年》英文版并在伦敦书展上举行首发式，人民网、新华网、凤凰网等网站广泛报道。以品牌刊物强化阵地建设，继续出版《中国特色社会主义研究》杂志英文刊，中文刊在《新华文摘》、《中国社会科学文摘》、《人大报刊复印资料》等的转摘率稳步提升，在《人大报刊复印资料》全文转载量占发表文章总量的 20%以上；出版《当代北京史话丛书》14 部，开展北京口述史的整理撰写；加大《北京社会科学年鉴》学科综述栏目分量，提高编辑质量和学术含量；编发《北京社科联》、《理论信息》、《社科视点》等 61 期，筹备出版宣传系统一级内刊《首都社科界》；建成网上社科普及园、网上社科图书馆，开设学习十八大精神等 4 个网上专栏。

《马克思主义中国化研究——历史进程和基本经验》(上、下)、《纪念中国共产党成立 90 周年文库》分获市十二届社科优秀成果特等奖和二等奖；北京市中国特色社会主义理论体系研究中心署名文章《认清西方新自由主义的实质》在《人民日报》发表后，李长春、刘云山同志分别做出批示，《北京日报》、《解放日报》等近 20 家报纸转载，人民网、凤凰网、中

国新闻网、搜狐网等40余家网站转载;《推动反腐倡廉形势继续好转——学习胡锦涛同志在十七届中央纪委七次全会上的重要讲话》在《人民日报》发表后,引起海内外媒体的广泛关注和评论,百度搜索达万条以上;《中国特色社会主义研究》杂志入选国家社科基金第二批重点资助学术期刊(100种)。

(二)以破解难题服务基层为宗旨,深化首都社科专家"走转改"活动

深入推进首都社科专家进基层活动,设立42项"首都社科专家进基层"课题,切实为区县发展破解难题,提供服务。"进西城"活动,组织40余位课题负责人与西城相关委办局进行对接;"进通州"活动,组织专家学者深入通州进行调研,并在调研基础上联合通州区委区政府举办"打造现代化国际新城　提升文化软实力——首都社科专家进通州建言献策"活动;"进丰台"活动,联合丰台区委宣传部召开"丰台区文化品牌提升与文化产业突破对策研究"课题招标评审会,组织课题组专家深入丰台区进行调研;"进密云"活动,组织社科专家赴密云县,围绕"密云生态服务价值评估分析"等主题进行研讨。加强社科工作与区县需求对接,组织召开社科工作座谈会,邀请各区县委宣传部长和主管理论的副部长就基层社科需求和社科专家进基层进行交流研讨;加强对区县发展提供智力支持的针对性,研究确定"首都社科专家进基层"十大重点调研课题,并落实到具体部室。开展"社科理论专家进基层推进理论创新"调研,形成"植根实践、创新理论、服务基层、促进发展"的工作机制和模式。

此外,还组织了"首都社科专家宁夏行"活动,联合宁夏社科联举办首届社科学术年会、专题报告会、工作交流座谈等活动,并向宁夏基层单位赠送了1 700余册社科读物,活动在宁夏引起强烈反响,宁夏日报、宁夏电视台、宁夏新闻网等媒体对活动进行了广泛报道,并对首都社科专家团成员进行了专题采访,人民网、新华网等中央媒体也纷纷予以转载。还组织专家学者赴外省市开展国情调研和学术交流,搭建了首都社科专家了解国情、对接实践、立足前沿、创新理论、服务发展的平台。

(三)以服务科学决策为导向,着力推动决策咨询研究转化应用

整合优质资源,健全工作机制,聚焦首都发展,建设首都智库公共研究平台,以"主席征题"为依托,以课题项目为纽带,通过公开招标,优中选优,组织由中国社会科学院、中央党校、国务院发展研究中心等单位专家学者领衔的课题组,注重研究质量,强化全程管理与服务,共完成郭金龙、杜德印、鲁炜等市领导和相关委办局委托课题21项;结合学习贯彻十八大精神,策划41项决策咨询选题。4项调研报告获市优秀调查研究成果奖,80余篇阶段性成果公开发表,3项成果正式出版。强化专家队伍建设,吸引首都决策咨询高端人才,初步建成决策咨询专家数据库,涵盖20多个学科1 200余位教授级专家。强化决策咨询成果转化应用,协助市政府督查室完成向各相关委办局、各区县发放2011年决策咨询成果报告700余册,召开实际部门和专家学者参加的决策咨询座谈会25次,在海淀区成立首个决策咨询调研基地。《社科视点》质量不断提高,与《北京信息》、《北京调研》等沟通和会商机制进一步健全完善,建立第一时间向领导报送最新研究成果的绿色通道;在《北京日报》、《前线》等报刊开设专栏,强化调研成果的社会传播;尝试利用网络、微博等新兴媒体宣传优秀决策咨询成果,智库影响力不断扩大。

决策咨询研究成果得到刘淇、郭金龙等市领导批示 18 次，被市委市政府、市相关部门采纳建议 30 余条。其中，“特大型城市产业发展与人口规模调控研究”得到市领导多次批示，郭金龙要求市政府领导及相关部门主要负责人参阅，鲁炜要求积极主动多做这样服务大局的课题。杜德印对“中国特色社会主义法律体系形成后的首都法治建设”等两项课题成果批示，“两项课题研究成果质量都比较高，对于市人大常委会的相关工作有较强的指导、参考作用。”

（四）以促进社科繁荣发展为立足点，着力提升学术活动品质

以打造和巩固十大品牌学术论坛为主，坚持“前期有研究、研讨有深度、成果有转化”的学术活动原则，发布北京市社科联学术指南，编写《首都哲学社会科学学科发展报告》，持续提升学术活动品质；举办“第十二届学术前沿论坛”、“第十届北京两界联席会议高峰论坛”、“第七届马克思主义中国化论坛”、“第六届北京中青年社科理论人才百人工程学者论坛”、“第五届城市国际化论坛”等学术论坛 52 场，累计近 6 000 人次专家学者参与研讨，《人民日报》、《光明日报》、《北京日报》等媒体给予报道，出版《2012 学术前沿论丛——科学发展：深化改革与改善民生》等著作 5 部；召开“构建中国理论话语体系”系列座谈会和“北京建设学术之都的政策研究”课题论证会，探索社科学术交流国际化路径。

修订北京两界联席会议工作规则，召开两界联席工作会议和专家顾问会议，举办以“文化创新、科技创新双轮驱动战略”为主题的高峰论坛，组织两界学会秘书长考察调研，开展两界学会联合学术活动。服务“文化创新、科技创新双轮驱动战略”，联合市科协在中关村知识产权促进局、北京中医药管理局、北京工商大学等单位设立“知识产权与北京科技创新、文化创新双轮驱动研究基地”、“北京中医药文化与中医药医学发展研究基地”、“北京食品安全研究基地”等 6 个北京市社会科学与自然科学协同创新研究基地。落实华北五省区市党委宣传部共同签署的《华北五省区市文化发展战略合作框架协议》，将京津冀三地社科联和科协联合主办并已连续举办 3 届的京津冀区域协作论坛扩展为由华北五省区市社科联与科协联合主办的京津冀晋蒙区域协作论坛，并以“首都经济圈：内涵与路径”为主题承办了第一届论坛。

（五）以社科成果服务市民人文素质提升为目的，着力加大社科普及惠民力度

按照“坚持主导性、把握规律性、体现社会性、注重普及性”的工作要求，北京周末社区大讲堂和系列科普讲座两大首都市民学习品牌，坚持以宣传“北京精神”为主线，全年累计举办讲座 3 000 余场，直接受众 30 万余人次；与中国中共党史学会联合策划创办“党史讲堂”，打造党史教育重要平台；以专家咨询、知识问答、科普展览等形式，走进昌平区沙河镇、海淀区北极寺干休所、陶然亭公园等地，将原“四进”拓展为“进社区、进村镇、进工地、进学校、进机关、进军营、进公园”的社科普及“七进”系列活动，直接受众超 3 万人次，赠送各类社科图书 2 万余册、学习生活用品 4 000 余套；配合北京国际图书节举办科普园，组织开展科普展览、名家大讲堂及赠送科普读物等活动；《中国文化亮点通俗读本》初评入选第四届全国优秀通俗理论读物，获市十二届社科优秀成果二等奖，编辑制作《人文之光——2011 北京社科普及活动集萃》（画册、光盘）；在中国人民抗日战争纪念馆、北京建筑工程学院等单位建立第二批科普试验基地 5 个；起草《关于〈北京市社会科学普及条例〉

的立法建议说明》并报送市人大常委会法制办，推进社科普及工作立法。

以"学习宣传十八大精神，提高市民人文素质"为主题，举办2012北京社科普及周，围绕学习宣传党的十八大精神，举办大型科普展览，设计制作发放10万余份科普宣传折页，连续举办7场进基层巡展活动，组织专题报告会，举办百场科普讲座；社科普及专题片《长河》在央视三次滚动播放，获第26届中国电视金鹰奖最佳纪录片提名奖，与新疆社科联合作翻译四种少数民族语言文本，组织翻译出版《长河》英文版并参加2012伦敦国际书展、开普敦国际书展，赠送外国政要和文化名人；创新设计制作并发放"市十一次党代会精神"、"北京精神"、"端午节文化"、"中秋节文化"等主题的北京社会科学普及系列折页30余万份。

（六）以有效发挥服务社会作用为重点，着力提高社科类社会组织"五种能力"

着眼激发活力、发挥作用，通过走访、集中座谈、发放基础信息采集表等形式，完成对所属100余家社会组织的调研。以年检工作为核心，分批组织年检填报工作培训班，指导各社会组织完成常规年检工作；完成北京华夏人口与社会发展研究所、董辅经济科学发展基金会等11家社会组织换届工作，坚持约请社会组织新法人面谈机制；做好部分社会组织的变更初审，积极研究解决直属学会账号、地址变更等历史遗留问题。以购买岗位为抓手，制定实施方案和管理办法，利用社会建设资金100多万元为基础条件较好、业务运行规范的社科类社会组织购买管理岗位42个。以业务培训为手段，举办业务主管学会、社科类基金会规范化建设研讨培训班。以项目资助为引导，资助45家社科类社会组织申报的60个活动项目，总金额达138万元；组织所属社会组织参与政府购买社会组织服务项目，28家社会组织共申报课题38项，获得市委社会工委资助250余万元。

以党建工作为龙头，社科类社会组织党建工作实现新突破。经广泛调研，在形成《民非、基金会流动党员情况分析报告》、《市社科联社会组织党建调研报告》的基础上，制定了《民非、基金会党建试点工作方案》，完成所属31家民办社科研究机构和12家基金会的党建试点工作，建党支部7家，成立党建工作小组18家，设立党建联络员18家，实现所属学会、民办社科研究机构、基金会党建工作全覆盖，形成以党建促发展、以发展促党建的良性互动格局。

（七）以扶持人才成长和社科成果涌现为目标，着力加强社科理论人才队伍建设

着眼国家文化中心建设，优化学术生态，营造学术氛围。聚合学术人才资源，成立北京市中国特色社会主义理论体系研究中心学术委员会，增设学术顾问；完善社科联常委会四个专业委员会工作机制，组织学者赴基层开展国情市情调研；参与组建"首都社科专家微博群"，通过舆情分析座谈会引导专家关注社情民意和社会热点难点问题。社科理论著作出版资助工作，严格评审标准，严把质量关，全年收到常规性申报书稿172部，52部著作获得资助；重点资助项目加强策划拓宽选题，推出《马克思主义研究丛书》、《北京历史文化名片丛书》等项目，其中《马克思主义大众化的历史经验》被评为中宣部"社会主义核心价值体系出版工程"项目；继续推进《北京社科名家文库》、《梁启超全集》(20卷)、《启功全集》(20卷)等的出版；启动北京中青年社科名家文库，首批作者包括陈来等10位优秀中青年名家。北京市社科联青年社科人才资助项目2011年立项33个，其中15个获批为

2012 年北京市哲学社会科学规划项目;2012 年度北京市社科联青年社科人才资助项目共收到 41 家单位申报的课题 366 项,其中 60 项获资助;配合市委宣传部开展 2012 年北京中青年社科理论人才"百人工程"学者的申报与遴选工作,并与市委宣传部、市社科规划办联合主办以"全面小康:发展与公平"为主题的第六届北京中青年社科理论人才百人工程学者论坛。

完成市第十二届哲学社会科学优秀成果奖评奖工作,共有 210 项优秀成果获奖,其中《中国儒学史》、《马克思主义中国化研究——历史进程和基本经验》、《中国司法制度的基础理论研究》等 3 项成果获特等奖,《当代中国社会分层:测量与分析》、《当代中国城市系列·北京卷》等 45 项成果获一等奖,《价值论的视野》等 162 项成果获二等奖,获奖成果体现了近两年首都哲学社会科学研究的中国水准、首都特色,具有鲜明的理论创新和实践品格。评奖条例细则严谨、工作流程规范、专家权威公正,确保评奖工作圆满完成,获得市政府常务会议、市委常委会肯定。

(八) 以社科事业持续发展为着眼点,着力夯实社科联事业发展基础

加强基础性建设,组织召开社科联五届六次常委会,明确全年工作重点;召开社科联五届六次全委(扩大)会,推出 10 项举措,强化所属社会组织服务社会能力;召开社科联主席团(扩大)学习宣传贯彻党的十八大精神座谈会,研究探讨以十八大精神指导推动新时期社科联工作开展;加强制度建设,制定《北京市社科联常委会工作条例》;举办首都社科专家新春团拜会,加强与常委委员的沟通联系。机关继续大兴调查研究之风,党组带头深入学会、高校、社区和农村开展调研,并要求处以上干部结合工作中的问题开展调研,形成了十几项质量较高的调研报告。

信息中心明确工作定位,以建设"五个数据库"、打造"五个平台"为抓手,不断提升社科联信息化水平。通过二期信息化建设,初步形成了以社科联网站为中心,集成项目申报、学会管理、自动化办公、网上科普、网站群、数据库等多个应用系统的网络信息体系。网站内容建设取得很大进展,网站栏目内容更加丰富充实,信息发布更加规范严格,策划制作了"学习宣传贯彻党的十八大精神"等专题,通过网上科普园和网站群建设,为社科普及、社会组织工作开拓了新的服务平台和发展空间。此外,还努力做好网络网站与信息安全防范工作,为市党代会和十八大的顺利召开营造了良好安全的网络环境。

社科发展服务中心明确"树立现代服务意识、建设专业工作团队、为首都社科发展提供高品质服务保障"的工作目标,先后制定实施社科活动中心安全管理细则、大型会议活动安全管理办法等,进一步明确安全责任、加强安全管理、严格安全检查;同时,配合业务部室在社科活动中心先后成功举办了北京周末社区大讲堂暨系列科普讲座启动式、首都论坛等十余场大型学术活动,为努力将北京社科活动中心打造成为具有地标性的首都人文社科活动的品牌场所奠定了基础。

(九) 以打造和谐高效机关为努力方向,着力推进机关全面建设

选举产生社科联第一届机关党委、纪委,完成支部换届,推动党务公开工作,深化基层组织建设年活动,社科联机关党的组织建设进入新阶段;组织开展以"践行社科联宗旨、服务首都发展"为主题的"七个一"系列主题党日活动;开展支部书记培训、结合挂职工作,组

织与沙河镇政府共同开展课题研究,深化"三进两促"活动的开展;完善反腐倡廉工作制度,加强反腐倡廉教育;组织社科联机关参加抗击"7·21"特大自然灾害的先进个人事迹报告会,组织社科联全体党员的献爱心捐款和救助"7·21"特大自然灾害受灾群众的捐款活动。机关党委被评为第十一届北京市思想政治工作优秀单位。

深化机关文化建设,组织开展"践行当责自律文化"活力营、中国传统文化沙龙、信息化知识培训;完成社科联76项机关工作和业务工作制度的制定,编印《北京市社科联规章制度汇编》,做好机关固定资产核查清理、档案收集整理等工作;落实维稳要求,确保了各项工作安全;承办2012年华北五省区市社科联协作会,完成社科发展服务中心工作人员招聘;财务工作"强两基、促两化",预决算水平不断提高,绩效意识不断加强;选举产生新一届工会委员会,举办首届机关趣味运动会等活动,参与市百姓宣讲"双十佳"比赛和宣传系统第一届职工运动会等。

二、 存在的主要问题

2012年社科联工作在取得显著成绩的同时,也存在一些困难和不足,社科联基层组织建设难度大,工作的覆盖面延伸和联系服务作用受到很大限制;在涉及社科类社会组织立法、社科普及立法等关系社科联事业长远发展的重大问题方面进展缓慢;对哲学社会科学研究动态的把握、对专家学者联情联谊有待加强;干部教育培训方式比较单一,激励机制、约束机制不够完备,需要在今后的工作中不断改进提升。

三、 成功经验与重要启示

2012年市社科联各项工作取得较好成绩的几点启示是:

一是必须坚持繁荣社科、服务首都的工作宗旨。各项工作的开展必须紧紧围绕国家和市委工作的大局,从服务国家和首都发展的高度,明确自身的责任和使命,把握工作规律,繁荣社科,服务首都。

二是必须坚持思想引领,推动工作创新。践行"思辨、求道、笃行"的机关精神,积极探索工作创新的新思路、新方法和新举措,使工作内容再深化,工作领域再延伸,工作形式再丰富,使社科联工作的领域在深度和广度上得到进一步的拓展。

三是必须树立精品意识,力推有影响留得住的社科成果。以精品的标准策划、组织各种学术活动和社科研究,不断提升已有品牌的影响力;以精品的理念统领各项工作,做到细之又细,力推更多精品力作。

四是必须注重调查研究,推动工作作风转变。工作开展调研先行,用调研成果指导工作,转变粗放、固化的思维方式,注重工作实效、关注投入产出,注重完善制度、规范工作流程,不断提高工作的针对性和实效性,实现工作科学化、精细化。

五是必须注重长效机制建设,实现社科事业可持续发展。注重工作总结,注重经验积累,使之固化到制度中,不断健全整合首都社科优势资源、扶持社科专家成长、推动社科研究与政府决策需求对接、社科专家学者与基层工作对接等长效机制,为事业的可持续发展提供可靠保障。

天津市社科联 2012 年工作总结

2012 年,在市委宣传部的直接领导下,市社联坚持以邓小平理论、"三个代表"重要思想、科学发展观为指导,认真学习宣传贯彻党的十八大精神,紧紧围绕市第十次党代会提出的奋斗目标,全面落实市宣传思想文化工作会议精神,以创先争优活动和保持党的先进性、纯洁性教育取得的新成效为动力,全力推进市社联五届十九次常委会确定的八项重点工作,努力发挥桥梁纽带、组织协调、宣传普及、咨政服务的功能,为服务天津经济社会发展和推进文化大发展大繁荣做出了新的成绩。

一、统一思想,提高认识,认真学习宣传贯彻党的十八精神和市第十次党代会精神

认真学习宣传贯彻党的十八大精神。一是认真组织社联机关干部、专家学者等收听、收看十八大开幕式实况和新闻报道,通过组织座谈会等多种形式深入学习领会十八大精神,天津主要新闻媒体给予报道。二是召开党组扩大会议,原原本本地学习党的十八大报告,学习新《党章》以及其他重要文献精神,努力做到学深、学透,把握精神实质。三是组织中层以上干部认真学习习近平总书记在新任政治局常委与记者见面会上发表的重要讲话、十八届中央政治局第一次集体学习时的讲话和参观《复兴之路》大型展览时发表的重要讲话,进一步坚定道路自信、理论自信、制度自信。四是党组书记作为市委宣讲团成员到宝坻区、河西区宣传党的十八大精神,与基层干部群众互动交流。五是组织各学会研究会举办专题研讨活动,学习阐释和研讨贯彻党的十八大精神,如市环渤海经济研究会召开"学习贯彻党的十八大精神,推动区域经济发展研讨会",市法学会召开常务理事会,学习贯彻党的十八大精神,推动法学研究等。六是将学习宣传贯彻党的十八大精神贯穿于组织第八届学术年会总会场活动和举办第 44 次理论创新论坛之中。七是组织专家学者从 10 个方面对党的十八大报告精神进行专题解读,撰写理论阐释文章,在《天津日报》理论版刊登。八是承办市委宣传部和光明日报社主办的"高举中国特色社会主义伟大旗帜,深入学习宣传贯彻十八大精神"理论研讨会。在宣传部指导下设计选题,组织专家撰写的理论阐释文章被《光明日报》整版刊登,受到好评。九是承办主题为"学习宣传贯彻党的十八精神,推动哲学社会科学繁荣发展"的全国社科联协作会议,促进各省区市社科联兴起学习宣传贯彻党的十八大精神热潮。

深入学习宣传贯彻市第十次党代会精神。一是社联机关党员领导干部带头学习,并努力把学习成果转化为服务经济社会又好又快发展的实际能力和思路举措。二是召开五

届二十次常委会议，专题传达学习市第十次党代会精神，社联直属社团党委及时组织指导所属学会研究会党组织做好学习传达活动。三是《工作与学习》等机关内部刊物集中组织刊发一批学习心得交流体会文章。四是《理论与现代化》设专栏刊登学习贯彻市第十次党代会精神理论文章，"天津社科网"及时反映社科界学习贯彻情况。五是组织专家学者撰写一组理论文章在《天津日报》理论版发表。六是以举办第十届社科普及周活动为载体，向广大市民宣传阐释市第十次党代会精神。市委宣传部主办的《天津宣传》第17期"贯彻落实市第十次党代会精神"专刊，刊登了市社联学习贯彻市第十次党代会精神的情况。

二、围绕中心，服务大局，组织社科界专家学者咨政建言推进文化强市建设

一是充分发挥《社科界咨政要报》服务决策作用。紧紧围绕市委、市政府开展的"调结构、惠民生、上水平"活动，组织社科界专家学者就我市经济、政治、文化、社会和生态文明建设与党的建设各领域重点和难点问题深入调研，咨政建言，先后完成了"滨海新区金融服务体系创新的建议"、"加快建设'智慧天津'的建议"、"关于加强我市文化产业立法工作的建议"等一批高水平、有价值的对策建议，刊发11期，市领导同志先后21次作出重要批示，给予充分肯定。

二是接续举办滨海新区开发开放专题研讨会。与天津滨海综合开发研究院合作，举办了11次滨海新区开发开放专题研讨会，针对"滨海新区'十大改革'"、"滨海新区'智慧城市'建设实践与探索"、"科技金融体系研究"、"建设东疆自由贸易港区"等滨海新区发展中的重大现实问题开展研讨，提出了许多具有针对性、前瞻性和可操作性的对策建议，有的已转化为滨海新区的重要决策。

三是周密承办第26届两界联盟活动。围绕形势发展需要和天津文化建设实际，确定第26届两界联盟活动主题"推进天津文化强市战略研究"，设计选题13项，先后召开工作部署会、中期推动会和结项交流会，邀请市文化建设规划等部门负责人参加并提出要求，形成了一批高质量研究成果，受到市委宣传部的肯定。

四是积极参与京津冀晋蒙区域协作论坛活动。为落实华北五省区市宣传部长签订的《华北五省区市文化发展战略合作框架协议》，组织我市专家学者参加北京社科联承办的华北五省区市文化协作重点项目协作论坛活动，提交论文7篇并被收入论坛论文集。论文内容涉及首都经济圈与天津北方经济中心建设、京津冀晋蒙产业发展格局及其演化趋势、首都经济圈区域经济梯次发展研究、天津文化产业的发展演变与提升路径等。

五是精心承办全国社科联协作会议。在认真调研筹划，精心准备的基础上，由天津市社联承办的全国社科联协作会议圆满举行，来自全国31个省、自治区、直辖市社科联及部分基层社科联负责人、有关专家学者共147人参加会议，天津市政协副主席、中科院院士陈永川出席会议并讲话。会议主要进行了工作交流、论坛交流、参观考察等活动。会议期间精心组织，细致工作，圆满完成了各项预定任务，促进服务发展与文化建设交流与协

作,展示天津经济社会发展和文化建设重大成就,取得了丰硕成果,受到市委宣传部有关领导和与会代表的高度赞扬。

三、面向群众、发挥优势,在社科普及活动中用社会主义核心价值观引领社会思潮

一是认真总结十年举办科普周活动经验。为认真总结近十年来我市社科普及工作取得的成绩和经验,探讨今后的努力方向,组织专家开展了"推进社科普及创新发展,提升公民人文科学素质"科普理论研究,主要研究成果"奉献社会　服务群众　繁荣文化——天津市开展社会科学普及周活动经验思考"在《天津日报》理论·创新版刊发。组织科普工作者代表编撰了"奉献社会　服务群众　繁荣文化——纪念天津社科普及周十周年文集"和"纪念天津市社科普及周十周年画册",反映我市社科普及历程,弘扬社会主义核心价值体系和社科普及工作者的奉献精神。

二是精心组织第十届社会科学普及周活动。组织实施以"弘扬天津精神、促进科学发展"为主题的第十届社会科学普及周活动,来自全市社会科学界 21 个学会、研究会、协会的百余名专家学者,就践行天津精神、低碳生活、教育就业、科学理财、心理健康等 70 多个贴近群众生活的项目开展服务咨询,接受咨询市民达 5 000 余人次。开展网络咨询和电话咨询、百场社科普及公益讲座、"弘扬与践行天津精神"有奖竞答、建设学习型社会活动等 300 余项不同形式和内容的社科普及活动。市委常委、市委宣传部部长成其圣亲临活动现场,慰问参加咨询活动的科普专家。10 月 26 日《天津日报》在一版以"社科知识让我们心明眼亮——市第十届社会科学普及周巡礼"为题,介绍了科普周活动情况。

三是深入开展"渤海名家大讲堂"等特色活动。组织开展"渤海名家大讲堂专场科普讲座暨科普图书赠书"等特色活动,向区县基层赠送《渤海名家大讲堂》(第一辑)、《天津军事史话》、《心理自助指南》、《和谐社会系列读本》等十余种 500 余册社科普及图书,邀请专家和先进人物分别做"低碳城市建设与百姓生活"、"文化·道德·人生"等系列科普讲座。实施"社科讲坛"进社区、进校园、进企业、进农村、进群体"五进"工程,组织社科界专家深入基层,面向普通群众开展普及讲座并赠送图书。

四是宣传解读天津精神。在市委宣传部和市文明办的具体指导下,市社联组织多位社科界著名专家结合天津发展实际,对"天津精神"进行深入研讨和阐释,《天津日报》、《今晚报》、北方网等新闻媒体多次刊登课题组专家学者阐释文章。

五是组织编写贴近实际贴近生活的系列科普图书。市社联首次以申报市科普重点项目和市教育科学规划项目的方式组织社科界专家学者编写了"科学与文化系列科普图书",出版了法治社会、智慧城市、科技文化、环境美化、社会保障、心理疏导、科学理财、网络生活、食品安全等九个分册近 140 万字科普图书,受到群众欢迎。

六是积极向全国宣传推介我市科普专家、科普成果。在第 14 次全国社会科学普及工作经验交流会上,我市有 9 名同志获全国优秀社会科学普及专家称号,5 名同志和工作人员获全国优秀社会科学普及工作者称号,4 本科普图书获全国优秀社会科学普及作品,5 个单位被命名为全国优秀人文社会科学普及基地。

七是参加并推动天津市《科学技术普及条例》的修订工作。在市人大教科文卫委员会的组织协调下,积极参加专项课题调研,带队赴外地学习先进经验,共同撰写考察报告和条例修改建议,推动《条例》修订列为市人大 2013 年审议项目。

四、搭建平台、完善机制,聚焦学术研究前沿组织开展学术研讨和理论创新活动

一是举办以"科学发展·惠及民生"为主题的社会科学界第八届学术年会。在广泛征集选题的基础上,开展全市性征文活动,评选年会优秀论文,编辑出版《2012 年天津学术文库》。营造开放、民主、和谐、竞争的学术氛围,组织 2 个总会场活动和 25 个分会场,推动 3 个分会场发挥示范作用,提高学术年会质量和水平。继续办好青年学者成长论坛,聚焦学术前沿,展示学术精品、服务经济社会、推出理论新人。

二是结合现实重大课题办好理论创新论坛。继续秉持"创新理论、推出新人、服务现实"的宗旨,坚持"选题前沿、贴近实际、应用性强"的原则,先后举办了"构建社会主义核心价值体系,大力发展公共文化事业的理论与实践"、"滨海新区创新发展的理论与实践"、"科学发展观开辟马克思主义中国化新境界"等论坛活动,品牌影响力显著提升。

三是破解难题推进第十三届社科优秀成果评奖工作。在市委宣传部直接指导下,积极开展各项筹备工作,全力解决评奖程序中遇到的每个问题。制定计划,成立专家评奖委员会,召开评奖工作培训会,完成社科成果网上申报系统软件安装调试,完善社科成果申报程序,推动社科评奖前期工作顺利开展。2012 年底履行国家和天津市批复手续后,及时召开评委会,启动评奖主体工作。

四是加强社科理论人才队伍建设。在市委宣传部的领导下,召开第三批"五个一批"社科人才推荐会,组织专家进行评审,细化评审方案,严格评审程序,保证了此项工作的顺利进行。

五是开展服务文化事业的基础性研究。按照《天津通志·社会科学志》的编纂计划和篇目设计方案,继续组织有关专家学者开展《天津通志·社会科学志》编纂工作。组织"近代中国看天津"特色文化研究,编纂图书《建筑·名人·城市》并正式出版,为我市历史文化研究提供了珍贵资料。举办"科技创新推动文化产业发展"专题论坛,组织专家学者进行深入研讨,形成一批高水平研究成果。天津电视台进行了专门报道,论坛综述在《天津日报》整版刊登。

五、加强管理、做好服务,推动社科类社会团体更好发挥服务经济社会发展作用

一是加强对社科类社会团体的管理。按照"纵向管得住、横向能覆盖"的基本思路,进一步强化规范管理,对 10 个民办社科机构和 39 个学会进行了"一站式"年检,推动学会工作进一步上水平。更新学会档案和完善学会党组织档案,认真开展学会"小金库"专项治理,完成数据归口统一上报工作。制定实施《天津市关于直属学会换届工作暂行规定》,编

辑完成《天津市社联社团工作文件汇编》，为推动学会管理制度化、规范化提供重要依据。

二是发挥社科类社会团体党组织作用。在积极推进社会科学社团中实现党组织全覆盖工作基础上，加强对社会科学社团党组织建设和重点活动的指导，组织开展直属社团党务工作者培训工作，促进社会科学社团健康发展。社联直属社团党委被天津市社会组织党工委评为党建工作先进单位，先后2次在天津市社会组织党工委组织的培训中作典型发言，经验做法得到推广，受到市委组织部、市民政局、市社团局、市社会组织党工委的充分肯定。

三是组织开展活动发挥服务作用。坚持"请进来"与"走下去"相结合的方式，邀请学会参加科普周、学术年会、创新论坛、专题报告会等各类活动，走访、联系学会50余个，接待学者和学会工作者120余人，增强了社联与学会间的互动交流。依据《天津市社联关于资助学会重点学术活动的办法》，制定资助方案，确定重点学术活动参考选题，全年资助学会重点学术活动16项，资助金额近8万元。

六、坚持导向、扩大影响，加强理论阵地建设和管理

一是宣传报道工作取得新成效。2012年元月2日，中央电视台新闻联播播报了采访市社联学习胡锦涛总书记新年贺词和对党组书记李家祥的采访报道。市委宣传部主办的《贯彻落实全会精神、加快文化强市建设简报》（第24期）以"围绕中心　服务大局——市社联等单位采取措施积极推动文化强市建设"为题，介绍了市社联充分发挥社科界资源优势、人才优势、理论优势，积极为文化强市建设提供智力支持的做法。市社联组织社科界学习宣传党的十八精神和开展活动的情况，天津电视台、《今晚报》、天津电台、北方网等宣传媒体都及时给予了报道。《社联工作专报》上报9期，及时向上级领导和有关部门反映社联开展重要活动、专项学习、工作做法等。

二是书刊出版进一步提升水平。《理论与现代化》全年共发表文章125篇。根据中国知网统计，刊物用户总计4 878个，分布19个国家和地区，个人读者分布12个国家和地区，综合因子排名明显提升，被评为《"复印报刊资料"主要转载来源期刊》。《天津社会科学年鉴》提升编辑速度与水平，出版发行了2011年和2012年版，2011年版《年鉴》获天津市第四届年鉴编纂出版一等奖。

三是加强内部资料性刊物和网站建设。《天津社联通讯》全年编辑出版12期，刊发文章300余篇约30万字，图片260余幅。完成《天津社会科学网》改版工作，增加人员和资金投入，加强网站建设，提升设备水平，更换网站页面，充实网站内容，理顺网站管理机制，提升管理规范化水平。《社联工作简报》和《工作与学习》紧密结合社联工作实际，努力发挥服务作用，办刊质量得到进一步提升。

四是所属单位取得喜人成绩。近代天津博物馆破解难题安全顺利完成落地重建任务，出版了《德翠琳与汉纳根》等图书，为繁荣天津特色文化提供了新条件。进修学院获"全国优秀人文社会科学普及基地"。鑫联社会科学咨询服务中心在承担重大项目、编辑出版图书、组织大型学术论坛和服务机关方面取得明显成效。

七、开展活动，注重落实，不断提高常委会和机关自身建设与管理水平

一是扎实开展保持党的纯洁性教育和基层组织建设年活动。成立以党组书记为组长的教育活动领导小组，制定详细的实施方案，组织召开教育动员大会，创办《保持党的纯洁性教育专刊》。在深入理论学习的基础上，对照保持党的纯洁性教育五个方面重点任务，党组成员和各处(室)主要负责人带头进行党性分析，自查自纠，广泛征求群众意见建议，注重解决实际问题，制定行之有效的整改措施，教育活动取得实实在在的成效。围绕"强组织、增活力、创先争优迎十八大"主题，深入开展基层组织建设年活动，进一步增强党组织的凝聚力、战斗力和号召力。社联机关党总支 2012 年被宣传系统评为"先进基层党组织"。

二是不断加强党组领导班子建设。市社联党组领导班子今年作了较大调整，在党组成员新、任务重、工作量大的情况下，党组切实履行把方向、抓大事、带队伍的职责，高度重视班子的自身建设，认真落实市委宣传部领导对社联工作提出的各项要求，专门召开党组会议，就班子成员加强学习、提高素质、转变作风等提出具体要求。认真开好班子民主生活会，分析问题、沟通思想、清晰思路、明确方向，受到宣传部领导肯定。党组班子讲政治、讲党性、讲大局、讲奉献，团结共事、协调配合，认真执行民主集中制原则，健全集体领导与个人分工负责相结合的制度，落实和完善党组议事和决策制度，驾驭全局、推动社联工作科学发展的能力进一步增强。

三是重视加强队伍建设特别是中青年干部队伍建设。召开两次市社联常委会，加强社联领导机构建设，研究发展思路，并组织常委会成员参观新建成的市文化中心。继续安排高校优秀专业干部到社联挂职交流。探索新的学习方式，加大中青年干部培养力度，开展纪念建党 91 周年中青年党员座谈会，多给青年干部交任务、压担子、建舞台，引导青年干部自觉遵守党的政治、组织、宣传和廉洁自律等纪律，增强责任心、事业心，以严谨的工作作风、勤奋的敬业精神、一流的工作业绩推动社联工作上水平。进一步完善选人用人制度，按照相关规定和职位需要，选拔任用了 1 名处级干部，2 名科级干部，促进后备力量尽快成长。

四是认真做好安全稳定工作。认真落实市委、市政府关于维护社会稳定的各项决策部署，按照成其圣部长在中期工作推动会上提出的"尽心竭力、万无一失"的工作要求，调整、充实社联主要领导与各处室负责人签订责任书内容；严格落实大型活动工作方案与应急预案"双方案"制度；认真执行领导干部 24 小时带班和干部值班巡查、登记、突发事件报告等制度；开展"确保坚持正确政治方向和舆论导向"专题研讨，细化工作机制，切实把握刊物编辑、书籍出版、网站信息和学术会议(报告)的政治导向；对机关办公楼、办公设备、重点部位等进行经常性分析排查，制定全方位安全预案，确保在 2012 年重大活动多的情况下没有出现任何安全事故。

过去的一年，在市委宣传部的直接领导下，在社会科学界各有关单位、学会研究会及广大社科工作者的大力支持下，在多个部门单位的通力协作和积极帮助下，通过社联全体党员干部和职工的共同努力，社联工作取得一定的成绩，但我们也清醒地认识到，与新形势、新要求相比，与广大社科工作者和社联干部群众的期望相比，还存在一定差距。主要

体现在：一是党的十八大对发展哲学社会科学事业提出了新的任务，社联工作的任务更为繁重、责任更为重大，如何尽快适应新形势的要求，积极创新思路，求真务实，切实提升工作科学化水平，还需付出艰苦的努力。二是新形势、新任务对机关干部队伍和领导班子的知识结构、综合素质、服务能力等提出了新的挑战，如何通过加强学习，更新观念，提升能力水平和做好工作的本领，还需做出不懈努力。三是中央和市委关于加强作风建设的一系列部署，为社科理论界指明了新的努力方向，如何切实转变作风，落实好“走、转、改”各项要求，提升服务发展的水平与效果，还需采取更为有效措施。这些都需要在新的一年里认真研究并不断改进和提高。

重庆市社科联 2012 年主要工作总结

今年以来，在市委、市政府的正确领导下，在市委宣传部的具体指导下，市社科联坚持以邓小平理论和“三个代表”重要思想为指导，深入贯彻落实科学发展观，各项工作取得明显成效，现将有关情况总结如下。

一、 社科规划工作持续进步

（一）国家社科基金规划项目数在西部地区继续领先。一是立项数和资助经费都有较大幅度增长。2012 年，我市共有 141 项国家社科基金年度项目获准立项，位列西部地区第二位。其中，重点项目 7 项（位列西部地区首位）、一般项目 44 项、青年项目 25 项、西部项目 65 项，资助经费 2 185 万元，同比分别增长了 8.46%和 18.94%。同时，还获得重大招标项目 4 项，资助经费 320 万元；获得重大招标转为重点项目 2 项，资助经费 50 万元；获得后期资助项目 6 项，资助经费 90 万元；获得学术期刊资助 2 项，资助经费 80 万元；成果文库 3 项。（总经费 2 725 万元，立项 158 项）。二是项目管理切实加强。一方面，继续推进项目开题制度的全面落实，确保项目研究工作开好头、起好步，为提高研究质量奠定基础；另一方面，切实加大培训工作力度。今年以来，先后召开了国家社科基金项目立项工作会议、国家社科基金项目专题研讨会和重庆市社会科学规划项目管理工作培训会，对于全市各社科单位和项目负责人，搞好项目申报、管理和研究工作，发挥了重要作用。

（二）市级社科规划项目工作稳步推进。一是选题质量不断提高。今年，在选题指南的征集过程中，除了重点征求市委、市政府领导，市级有关部门负责人，市社科联副主席、常委，以及有关社科单位的建议外，首次在市社科学术委员会委员中征集选题建议，进一步扩大了选题范围、确保了选题质量。二是评价机制更加科学。在项目评审工作中，按照回避原则的要求，首次实施同一专家不得连续三次担任立项项目评委，首次实施初评和复评结果，分别按照 60%和 40%的权重综合计分，确保了评审结果的客观公正。三是做好项目结项工作。今年以来，组织有关专家，对 2005 年以来立项的应结项目进行了结项鉴定，截至 2012 年 12 月底，共办理 176 项结项手续。

（三）加强市级人文社会科学重点研究基地的建设。一是按照“填补空白、兼顾布点、问题导向”原则，和市教委一起开展了第三批市级人文社会科学重点研究基地的申报评选工作，评出了 13 个市级人文社会科学重点研究基地。二是通过走访和问卷方式对有关基地建设情况进行调研，了解基地建设情况，积极探索加强基地建设的方法和途径。三是积极探索对基地建设的扶持方法和途径,在市社科规划项目的选题中,重点征集符合基地研究特色和方向的选题,并在立项上给予一定的倾斜。

二、社科评奖工作进展顺利

根据《重庆市社会科学优秀成果奖励办法》的规定,并经市政府同意,按照组织申报、资格审查、汇总公示、遴选专家、成果初评、成果外评、成果会评、成果终评和成果颁奖等"九步法"的要求,2012 年 2 月,会同市人力社保局,联合下发了《关于评选重庆市第八次社会科学优秀成果奖的通知》,积极组织各相关单位或个人申报。截至 2012 年 6 月 30 日,共收到市内和市外 77 家有关单位及个人的申报成果 570 项,经审查,有 530 项申报成果符合申报要求,并在重庆市政府公众信息网和华龙网等网站进行公示。目前,按程序已完成评审的初评和市外复评工作。

三、社科普及工作有力有效

(一) 社科普及工作机制基本形成。一是制度建设不断加强。根据《重庆市科学技术普及条例》的规定,出台了《"三峡大讲坛·人文社科知识讲座"管理办法(试行)》、《重庆市社会科学普及工作奖励办法(试行)》和《重庆社会科学普及网信息工作管理办法(试行)》,并采取有力措施推动其贯彻落实,促进了社科普及工作的规范化、制度化。二是资源整合力度不断加大。首次建立了重庆市社会科学普及工作委员会,广泛参与全市社科普及工作规划拟定、重大活动策划、普及项目评审、科普先进单位考评等工作,对于进一步整合全市社科普及力量,推动全市社会科学普及工作再上新台阶,发挥了重要作用。

(二) 社科普及平台建设日益完善。一是社科普及规划项目工作扎实推进。《社会科学知识 10 000 问——马列科社篇》等 8 个 2011 年度社科普及规划项目获准立项,并完成开题工作。2012 年度社科普及规划项目申报、评审、开题等各项工作按期完成,《重庆市基本医疗保险政策趣味读本》等 10 个社科普及规划项目获准立项。二是普及基地建设初具规模。根据市社科联《关于建设社会科学普及基地的意见》和《重庆市社会科学知识普及基地管理办法》的规定,在单位申报、资格审查和实地考察的基础上,命名巴南区社会科学界联合会等 16 个单位为重庆市首批社会科学普及基地,并对重庆弘道国学研究院等 4 个发展潜力大、基础条件好的社科普及基地,给予一定的建设经费资助。三是社科普及网站建设开局良好。今年初,经过精心筹备,重庆社会科学普及网顺利开通,网站开通以来,信息量和浏览量逐步提升,对于社科知识的宣传普及发挥了重要作用。

(三) 社科普及活动丰富多彩。一是科技活动周效果良好。2012 年 5 月,市社科联组织了基层社科联、高校、科普基地、学会协会等 40 个社科单位,共计 50 块展板,参加了我市第十二届科技活动周开幕式,得到了有关方面的充分肯定。由于组织工作突出,市社科联被重庆市人民政府评为 2012 年重庆市科技活动周组织工作先进单位。二是"三峡大讲坛·人文社科知识讲座"广泛开展。一年来,全市各社科单位,利用"三峡大讲坛·人文社科知识讲座"等平台,开展社科知识讲座 287 场。三是区域性中心城市科普活动持续深入。涪陵、万州、长寿、永川、石柱、荣昌、梁平等区县社科联,积极组织社科单位专家学者、科普工作者和科普志愿者，开展“社会科学‘五进’主题活动”，通过专题报告会、讲座、演讲、广场咨询、知识竞赛、办展板等群众喜闻乐见的形式宣传社科知识，受到人民群众的普遍欢迎。三是各社科单位社科普及活动亮点纷呈。全市各社科单位结合实际情况开展各类社科普及和咨询活动 939 场次，向公众赠送科普图书、宣传册、光盘等 35 万余份，产生了广泛的社会影响。

四、 民办社科研究机构健康发展

(一) 组织机构不断健全。今年，市社科联设立了“重庆市民办社科研究机构管理办公室”，健全了组织机构，从体制机制上加强对我市民办社科研究机构的管理。

(二) 量化考核得以落实。根据《重庆市民办社会科学研究机构量化考核办法》，加强了对全市民办社科研究机构的督促检查，对那些达不到有关要求的民办社科研究机构，提出整改意见，并限期整改。截至 2012 年底，上一年度未达标的 15 家民办社科研究机构，已有 11 家进行了不同程度的整改，其中，有 9 家达标。

(三) 机构发展稳步推进。今年，在规范申报、认真审核、现场考查的基础上，新批准成立了重庆长江工商管理研究院等 3 家民办社科研究机构。目前，我市民办社科研究机构的总数为 23 家。

(四) 调研工作有序开展。针对我市民办社科研究机构普遍生存能力低下的现实情况，我们通过座谈、走访、问卷等方式开展调研，并开展了以“民办社科研究机构的生存能力”为主题的专题研讨，提出了一些如何提升我市民办社科研究机构整体生存能力的对策建议，形成了《重庆市民办社科研究机构生存能力的调研报告》，对于推动我市民办社科研究机构的健康发展发挥了积极作用。

五、 学术活动全面开展

(一) 圆满完成了第二届学术年各项工作。今年 3 月，组织召开了重庆市社科界第二届学术年活动总结表彰大会，对在学术年论文评选中的 74 项获奖成果和在“社会科学的责任与使命”主题征文中的 34 项获奖成果，以及 34 个学术年活动组织工作先进单位予以表彰，至此，第二届学术年活动圆满结束。

(二) 成功举办了两场大型学术活动。9 月中旬，我们与重庆城市营销研究会，共同承办了“大城市 · 微营销”学术研讨活动，与会专家就如何通过微博营销这一全新手段，开展城市营销和企业、单位、个人的自我营销进行了深入研讨。10 月下旬，同重庆综合经济发展研究院一道，联合举办了“发展转型：机遇 · 挑战 · 路径”主题论坛，市领导童小平，以及国家发改委、国家经济信息中心，市发改委、经信委，大渡口区等地的专家、领导出席了会议，并围绕发展转型进行了深入研讨。

(三) 指导开展了系列学术活动。一年来，指导市行政管理学会、市品牌学会、三峡移民与经济发展研究会、基层社科联等单位，围绕政府职能转变、城市品牌打造、三峡库区发展以及贯彻落实党的十八大精神、市第四次党代会精神等，开展了 100 余场学术活动，推出了一批高质量成果，初步形成了学术活动繁荣发展的良好局面。

(四) 适时召开了各类专家座谈会。今年3月,组织召开了市社科界学雷锋专家座谈会,为学雷锋活动的开展提供了理论与舆论支持。6月,组织召开了城乡统筹发展研究专题学术研讨会。为推动我市城乡统筹发展,加快社科研究成果转化,发挥了积极作用。11月,同市委宣传部召开了全市社科理论界学习贯彻党的十八大精神座谈会,邀请了市委常校、重庆社科院、市社科联、重庆大学等单位20余名专家,对党的十八大精神进行了深度解读。

六、社团管理切实加强

(一) 年检工作顺利完成。今年来,在广泛调研、深入分析、全面总结的基础上,对《重庆市社科联直属社团管理办法》等进行了修改完善,使其更加适应社科社团发展的新形势新任务新要求,为推动直属社团规范化建设和制度化管理打下了良好基础,并根据社团管理办法的有关要求,完成了47个社团的年检工作和7个新申报社团的审查、指导工作。

(二) 以会代训效果良好。一年来,通过召开工作会的形式,对直属社团如何围绕党委政府中心工作,依法开展活动提出了明确要求。通过召开培训会的形式,对市级社科社团和基层社科联秘书长,就如何学习贯彻党的十八大精神、打造社团品牌、加强社团管理、推进社团发展等相关问题进行了培训,收到了良好效果。

(三) 片区活动全面开展。一年来,根据各社科社团的性质和研究方向等特点,将所属150个社科社团,划分为七个片区,以片区为单位开展各类活动,既加强了社团之间的横向联系与情感交流,又实现了社团之间的优势互补与资源共享,受到了各社科社团的普遍欢迎和广泛好评。

七、基层社科联建设稳步推进

(一) 业务指导切实加强。一年来,先后对大足、九龙坡、江津、渝北、綦江、璧山等区(县)社科联的筹备及成立等工作,给予了具体指导。

(二) 工作调研深入开展。一年来,先后赴南川、大足等6个区县社科联开展工作调研,就社科联成立后的工作思路、重点、方法等相关问题,与区县社科联的同志进行了探讨,收到了较好效果。

(三) 片区会议成功召开。今年9至10月,分别在大足、涪陵、梁平等地,召开了区县社科联片区工作会,全市22个区县社科联负责人参加了会议,16个未成立社科联的区县宣传部的有关负责同志应邀出席了会议,与会同志就社科联工作的开展情况、存在问题以及机构筹建等相关问题进行了交流、讨论,提出了推动区县社科联建设的建议意见和对策措施。

八、学术研究成果丰硕

今年以来,我们根据有关要求,机关各部门、下属事业单位,围绕党委政府中心工作,依托文化强市建设载体,着眼我市社科事业繁荣发展,积极开展基础理论和应用对策研究。先后形成了《构建"立体式大社科"体系研究》、《发挥重庆社会科学作用,加强思想文化建设》、《统筹城乡文化发展做实县乡(镇)文化惠民工程》、《深入贯彻落实科学发展观问题研究》、《民间组织发展情况》、《中国传统文化中的廉政思想研究》、《中国传统文化民本思想研究》、《中国传统文化法治思想研究》、《国家社科基金项目工作》、《社团组织在社会管理中的作用》、《民办社科研究机构生存现状》、《新社会组织党建工作》、《社会科学成果转化》、《如何培育新时代的城市精神》等调研报告。

九、 成果转化富有成效

今年来,我市社科研究成果,通过《重庆社科成果要报》的形式,共上报 9 期给市领导参阅,分别得到张德江、黄奇帆、陈存根、张轩、刘学普、马正其、徐海荣、童小平、谭栖伟、凌月明、何挺、吴刚等市领导的批示,批示率为 100%。其中,何伟教授提出的《关于"创新小城镇发展模式"的建议》、重庆市青少年犯罪研究会提出的《预防新生代农民工犯罪的建议》,得到了时任中共中央政治局委员、国务院副总理、重庆市委书记张德江等领导的肯定性批示,不少成果被有关部门采纳、应用和转化。

十、 办刊质量不断提高

今年以来,各类刊物的编撰工作有序开展,质量再上台阶。《社科界》已成为展示我市社科活动、社科管理、社科成果等的重要窗口和平台,全年共计出刊 12 期;《重庆市社科规划》已逐步成为各社科单位了解我市国家社科基金、市社科规划项目及工作交流的重要平台,全年共计出刊 6 期;《重庆市社会科学项目成果提要汇编》一书,于 2012 年 12 月中旬出版发行,并作为 2013 年重庆市"两会"资料,供人大代表和政协委员参阅;《重庆社会科学年鉴》(2011 年卷)继续优化编撰体例、规范写作要求,将于 2013 年年初正式出版发行。

十一、 党建工作提质提档

(一) 学习教育常抓不懈。通过开展建设学习型党组织、"永远跟党走"专题组织生活会、"人民好公仆"主题教育实践活动,切实加强对机关干部的理想信念教育、根本宗旨教育、廉洁从政教育,使党员干部历练了党性,坚定了信仰。

(二) 换届工作顺利完成。今年 5 月,进行了机关党委委员的改选,选举产生了新一届机关党委,为切实抓好党建工作提供了良好的组织保证。

(三) 组织建设初见成效。一年来,按照中央和市委的要求,大力推进市级社科类新社会组织的党组织建设工作,截至今年 12 月底,各社科类协会、学会、研究会和民办社科研究机构等新社会组织,共建基层党组织 47 个,应建已建率达 97%。

十二、 机关建设稳步推进

(一) 组织人事工作卓有成效。根据"四清四定"的有关要求,对机关处室职能职责作了调整,调整后的处室职能职责更加科学合理。通过民主推荐选拔正、副处级非领导干部 2 名,副处级领导干部 2 名,正科级干部 1 名。轮岗交流机关干部 3 名。先后组织名机关干部外出培训学习20余人次，占整个机关总人数的90%左右，提高了机关干部的素质能力。

（二）离退休干部工作稳步推进。一年来，实现了重大节假日的走访慰问活动全覆盖，组织了离退休干部外出考察学习活动6次，看望了离退休干部6人次，添置了离退休干部活动室各类办公设备，落实了离退休相关工作经费。

（三）机要文秘工作稳中求进。严格执行收文、发文、办理、保密、印章管理等相关规定，确保相关文件安全、平稳、有效运行，公文办理质量不断提高。根据中央和市委的要求，认真抓好党委（组）系统文件改版工作，目前，这项工作顺利完成。

（四）后勤服务工作不断深化。一年来，先后接待了宁夏、山东、青海、天津、海南等外地客人，成功举办了市社科联三届二次全委会、京津沪渝社科联工作协作会议。车辆管理工作不断加强，油耗、维修等车辆运行费用有所降低，水、电等节能降耗工作成效明显。

附　　录

FU LU

索　引

《学术月刊》2012 年分类总目录

〔括号内数字,前为期数,后为页数〕

·特别推荐·

2011 年度中国十大学术热点 ……………………… 《学术月刊》编辑部《光明日报》理论部
中国人民大学书报资料中心
〔韩庆祥　党圣元　李友梅　林闽钢　刘　瑞　陈兴良
丰子义　刘复兴　宋建武　熊月之评点〕(1·5)

·学界视点·

反思与重构:中国近代学科转型背景下的"人文学" …………………… 张宝明(2·5)
"文化安全"的悖论与"软实力"的正途………………………………… 张福贵(2·13)
民本思想的发展逻辑及其现代转型………………… 诸凤娟〔李翔海评点〕(2·19)
道德制约权力:现实与可能 ……………………………… 陈国权　毛益民(2·26)
中美两国"政府创新"之比较
——基于中国与美国"政府创新奖"的分析……………………… 俞可平(3·5)
从国家"软实力"到国际"软权力"
——中国推进软力量建设的方向和路径……………………… 郭洁敏(3·16)
民族主义·民族国家·社会主义……………………………………… 叶险明(3·22)
"和谐":亚洲神学的核心范畴 …………………………… [奥地利]陈文团(3·31)
东方自由主义传统的发掘
——兼评西方话语体系中的"东方专制主义"…………………… 徐　勇(4·5)
制度与文化并重:新时期利益格局调整的路径 ………………… 周　怡　张　江(4·19)
移动·传播·第二现代
——手机传播的形而上学解释………………………… 胡春阳　姚玉河(4·28)
"信仰"在中国:过去·现在·未来(专题讨论)
20 世纪中国的"信仰"选择及其影响 ………………………………… 李向平(5·5)
信仰而不皈依:"一人多信"现象解析 ……………………………… 傅有德(5·9)
在世俗之上:"信仰中国"的认知与实践价值 ……………………… 任剑涛(5·12)
中国发展的政治基础
——以人民民主为中心的考察………………………… 林尚立　赵宇峰(5·17)

国家文化治理:发展文化产业的新维度…………………………………………… 胡惠林(5·28)
论中国学术的自我主张 ………………………………………………………… 吴晓明(7·5)
中国社会管理新格局下遭遇的问题
——一种基于中观机制分析的视角 ………………………………………… 李友梅(7·13)
屏幕美学:从过去到未来………………………………………………………… 黄鸣奋(7·21)
政治发展中的政治生态问题 …………………………………………………… 桑玉成(8·5)
中国城市化理论新模式的建构 ………………………………………………… 张鸿雁(8·14)
当代中国社会建设中的协同治理
——一个分析框架 ……………………………………………… 郁建兴 任泽涛(8·23)
海德格尔"大道道说观"的生态文化意蕴 ……………………………………… 赵奎英(8·32)
社会建设:西方理论与中国经验………………………………………………… 周晓虹(9·5)
文明间交往中价值沟通障碍的消除 …………………………………………… 李鹏程(9·15)
走出"身体美学"的误区 ………………………………………………………… 周春宇(9·23)
构建当代中国个体观的原创性路径 …………………………………………… 吴 炫(10·5)
网络化时代的社会结构变迁 …………………………………………………… 刘少杰(10·14)
晚期资本主义文化的意识形态命相 …………………………………………… 包立峰(10·24)
转型时代文化空间的建构(专题讨论)
传统文化:传承中的批判………………………………………………………… 詹福瑞(11·5)
中西异质文化嫁接中的新文化生成 ………………………………………… 许建平(11·8)
当代文化空间的转型 ………………………………………………………… 鲁品越(11·11)
回归自然:文化危机化解的路径……………………………………………… 高宣扬(11·13)
网络文化价值与网民的核心价值观
——以中国网民社会经验为中心 …………………………………………… 唐魁玉(11·17)
"资本":一个在当今被误读和滥用的概念……………………………………… 戴圣鹏(11·25)
当代中国城乡关系的三重建构机制 …………………………………………… 王忠武(12·5)
走向微观正义
——一种城市哲学与城市批评史的视角 …………………………………… 陈 忠(12·14)
有学术的思想与有思想的学术
——王元化的朴学治学精神 ………………………………………………… 吴琦幸(12·22)

·对话与交锋·

"情本体"的外推与内推 ……………………………………………… 李泽厚 刘绪源(1·14)
"空间、空间生产"五问
——对张之沧教授几个观点的质疑 ………………………………………… 王金福(1·22)
再论空间的生产、建构和创造
——回应王金福教授的"质疑" ……………………………………………… 张之沧(1·29)
现实关怀及其问题
——对话中国文学理论未来之走向 ………………………………… 赵宪章 曾 军(6·5)

西方的中国形象:源点还是盲点
——对周宁"跨文化形象学"相关问题的质疑……………………… 周云龙(6·13)
又一种"反西方中心的西方中心主义"
——由答周云龙质疑引出的反思……………………………………… 周　宁(6·20)

·哲学关注·

改变世界的哲学何以可能(上)
——从马克思到后马克思主义……………………………………… 王南浞(1·36)
马克思哲学之思想史前提的广义理解…………………………………… 何中华(1·50)
出入"有""无"之境:马克思哲学研究的实相与命理 ……………………… 袁祖社(2·32)
改变世界的哲学何以可能(下)
——一个基于行动者与旁观者双重视角的构想 …………………… 王南湜(2·40)
德国浪漫派的"哲学观"…………………………………………………… 先　刚(2·55)
论中国人的信仰…………………………………………………………… 李德顺(3·38)
实践理性:基于广义视域的考察 ………………………………………… 杨国荣(3·45)
马克思的异化劳动理论究竟是不是循环论证…………………………… 韩立新(3·58)
哲学的未来·人类的未来………………………………………………… 张志伟(4·33)
孟子与"疑经"时代………………………………………………………… 沈顺福(4·40)
西方自然观念的嬗变与近代政治哲学问题……………………………… 宋友文(4·48)
杜威的演化论式的知识论图景
——一种理性的重构和辩护 ……………………………………… 徐英瑾(4·55)
被遮蔽的马克思…………………………………………………………… 俞吾金(5·33)
内在论:儒家心学的一种新诠释
——兼论"中国有无哲学"………………………………………… 陈嘉明(5·47)
回到海德格尔……………………………………………………………… 张一兵(5·54)
超越自在:论阿伦特的自由观 …………………………………………… 陶东风(5·62)
论中庸
——一种知识论的考察 ……………………………………………… 崔宜明(6·27)
"价值"的层次与"相对普世价值"的生成……………………………… 鲁品越(6·38)
公共领域与权力的合法性基础
——西方马克思主义基础理论研究……………………………… 孙承叔(6·45)
超越正义何以可能
——阿格妮丝·赫勒对马克思正义理论的误读…………………… 颜　岩(6·53)
苏联马克思主义哲学模式:形成、特征和缺陷…………………………… 杨　耕(7·30)
从"理一分殊"看当代新儒学的发展……………………………………… 景海峰(7·40)
正义伦理学的兴起与古今伦理转型
——以休谟、斯密的正义论为视角 ……………………………… 高力克(7·47)

往返于直观与意义之间
——梅洛-庞蒂的语言现象学研究 …………………… 唐清涛〔汪堂家评点〕(7·54)
超越主体哲学的困境
——关于马克思主义哲学研究新路径的思索 …………………… 王晓升(8·39)
从哲学革命到资本批判
——重释马克思哲学革命的历史、逻辑与实质…………………… 郗　戈(8·48)
物的构成及其空间表征 …………………… 杨庆峰(8·55)
《老子》中"自然"诸义及其在魏晋玄学之分殊 …………………… 贡华南(8·62)
21世纪中国哲学新开展的三重维度 …………………… 李翔海(9·29)
出土简帛文献与古代思想世界新视野(上) …………………… 王中江(9·39)
何为本质,如何直观?
——关于现象学观念论的再思考 …………………… 倪梁康(9·49)
"自治主义马克思主义"的全景图绘 …………………… 陈培永(9·56)
"分析哲学"是什么以及能做什么 …………………… 江　怡(10·31)
出土简帛文献与古代思想世界新视野(下) …………………… 王中江(10·37)
逻辑:生活视界的理性支点…………………… 宁莉娜(10·46)
新独断论:一种新的知识辩护…………………… 王华平(10·53)
论历史唯物主义的当代形态 …………………… 任　平(11·32)
从"西学东渐"到"中学西进"
——当代中国哲学学者的历史使命 …………………… 黄玉顺(11·41)
"正义"的思想谱系及其当代构建
——从马克思到分析的马克思主义 …………………… 李佃来(11·48)
使治理正当和合理的原则和方法
——福柯视野中的自由主义和新自由主义 …………………… 莫伟民(11·59)
创新劳动价值论与劳动价值论创新 …………………… 王天思(12·30)
从"退缩的自然界"到"自由的自然界"
——马克思论人的自然界限 …………………… 吴瑞敏(12·38)
当代中国政治哲学研究的文化语境 …………………… 臧峰宇(12·46)
当代西方政治自由主义的兴起与内在理路 …………………… 刘雪梅(12·52)

·经济学前沿·

政治与经济:中国改革的可能走向…………………… 赵　磊(1·62)
战略抉择:中国经济发展方式的现状与转型…………………… 李　翀(1·70)
后刘易斯时代的经济发展 …………………… 杨永华(1·79)
文化产业对于经济总产出的增值机理
——基于V→I→P分析框架的中国观察 …………………… 汪霏霏(1·86)
经济增长质量:理论阐释、基本命题与伦理原则 …………………… 任保平(2·63)

分配理论的比较分析:一种新综合 …………………………… 张凤林(2·71)
制度变迁过程的历史沉淀成本效应分析…………………………… 汤吉军(2·81)
当前中国经济失衡的特点与宏观政策的效应…………………………… 刘 伟(3·69)
有形公共产品高成本治理的长远战略与短期对策…………………………… 何翔舟(3·75)
低碳视角下的可再生能源政策
——激励机制与模式选择…………………………… 俞萍萍 杨冬宁(3·83)
经济学方法论的个体主义、集体主义及其超越 …………………………… 杨虎涛(3·90)
汇率传递效应与厂商决策行为
——基于人民币升值背景下出口产品定价的理论分析…………………………… 何大安(4·65)
新古典经济人三重特征的局限与重构…………………………… 贺京同 郝身永(4·73)
计划经济的技术和市场经济的价值…………………………… 钟祥财(4·81)
生态价值:基于马克思劳动价值论的一个引申分析 …………………………… 李 萍 王 伟(4·90)
城乡二元结构的中国视角:形成、拓展、路径 …………………………… 白永秀(5·67)
中国动态比较优势增进的机理与途径
——基于企业家资源拓展的视角…………………………… 张小蒂 贾钰哲(5·77)
要素优势与集聚经济圈的产业集聚
——一个双重分工的分析框架 …………………………… 胡晨光 程惠芳(5·86)
长三角区域的多中心化趋势和一体化的新路径…………………………… 洪银兴 吴 俊(5·94)
世界变局下的中国改革与政府职能转变…………………………… 田国强(6·60)
中国城乡经济关系的演变逻辑:从双重管制到双重放权 …………………………… 高 帆(6·71)
平等或不平等的效率分析…………………………… 李建德(6·80)
财政分权、环境管制与污染治理 …………………………… 李云雁(6·90)
中国经济长期增长趋势与短期波动…………………………… 袁志刚 余宇新(7·62)
中国现代服务业"体制病"诊断与四元治理假说…………………………… 胡晓鹏(7·73)
企业异质、产业集聚与区域发展差异
——新新经济地理学的理论解释与拓展…………………………… 何雄浪 杨继瑞(7·82)
创新网络中知识转移"度"及其维度…………………………… 胡登峰 李丹丹(7·90)
新兴产业的兴起与全球经济新周期的到来
——兼论世界面临的全球战略任务…………………………… 张颢瀚 樊士德(8·69)
公共选择,还是经济选择?
——基于多数规则下两种利益再分配的思考…………………………… 何晓星(8·78)
软预算约束下的宏观经济政策传导机制及政策效应…………………………… 谢作诗 李善杰(8·86)
中国农产品市场开放与贸易政策
——技术性贸易壁垒的视角…………………………… 伏玉林 杜 凯(8·93)
新自由主义积累体制的矛盾与2008年经济—金融危机 …………………………… 孟 捷(9·65)
"庞局经济"的运行机理及其经济社会影响…………………………… 钟茂初(9·78)
经济危机"比例失调论"的现代阐释
——基于广义系统论视角…………………………… 朱 奎(9·87)

剑桥资本争论之谜
——实物还是货币、技术关系还是社会关系…………………………… 柳　欣(10・62)
主流话语是如何炼成的
——剖析西方学者对亚当・斯密思想的选择性解读 ……………… 林金忠(10・72)
论统计功能 ………………………………………………………………… 李金昌(10・82)
厂商市场势力动态创新的双维路径 ……………………………………… 朱　勤(10・91)
政治经济学中的几个理论问题辨析 ……………………………………… 卫兴华(11・67)
利他—利己一致性经济人假说的理论基础与最新拓展 ………………… 陈惠雄(11・78)
政府和企业交换中的一致与分歧 ………………………………… 金太军　袁建军(11・88)
生产性服务业:构建中国制造业国家价值链的关键……………… 贾根良　刘书瀚(12・60)
现代政治经济学"重大难题"的理论脉络与新解 …………………… 马　艳　严金强(12・68)
遮蔽与澄明:语言经济学的几个基本问题………………………………… 张卫国(12・77)
国际直接投资收入分配效应的社会福利标准
——理论基础、函数测量及其缺陷………………………………………… 沈桂龙(12・83)

・文学艺术论评・

文学经典、审美与文化权力博弈………………………………………………… 南　帆(1・92)
审美(美)的实有和虚无 ………………………………………………………… 杨春时(1・102)
颜延之《陶征士诔并序》在陶渊明接受史上的地位 ……………………… 莫砺锋(1・109)
"法国理论"在中国 ……………………………………………………………… 陆　扬(2・88)
现象学美学的接受与中国新时期美学基本理论的建构 ………………… 毛宣国(2・95)
新时期语图关系流变研究
——以小说与电影为中心 …………………………………………………… 徐　巍(2・106)
"进步"与"终结":向死而生的艺术及其在今天的命运………………………… 高建平(3・96)
在"解构"与"重构"之间
——美学命运之思 …………………………………………………………… 陈伯海(3・107)
苏醒的符号学:理论及其运用(专题讨论)
符号作为人的存在方式 ……………………………………………………… 赵毅衡(4・96)
寻找灵魂:建立一种主体符号学……………………………………………… 唐小林(4・100)
元语言冲突与晦涩诗学 ……………………………………………………… 乔　琦(4・103)
江南僧诗的意趣情感及其文化因缘 ………………………………………… 查清华(4・108)
审美形式的公共性与现代性的身份认同 …………………………………… 谷鹏飞(4・115)
从中国文化资源重新定义文学 ……………………………………………… 张　法(5・101)
作为日常语言的"理论"与作为学术语言的"理论"
——新世纪中国文论研究中一种值得辨析的混淆 ………………… 刘　阳(5・109)
失败者的抵抗
——从《北京苦住庵记》说起 ……………………………………………… 郜元宝(5・117)

理论的品格…………………………………………………………………………… 颜翔林（6·97）
唐人论唐诗
——中唐诗论家之身份地位及其理论学说…………………………………… 谭显宗（6·104）
人性·史诗·传奇
——近二十年来中国家族小说的艺术阐发模式……………………………… 吕君芳（6·112）
元小说、现实主义与现代主义小说传统 …………………………………………… 洪 罡（6·120）
百年来我国对西方美学与文论的接受……………………………………………… 王元骧（7·97）
“四声”的发现及其在诗文中的运用
——魏晋南北朝一场伟大的形式运动………………………………………… 杜书瀛（7·107）
以拒绝“都市”的姿态走向都市
——沈从文的“都市”语义及其“京派”身份再省………………………………… 叶中强（7·115）
中国美学史著写作：评估与讨论 …………………………………………………… 王振复（8·101）
“境界”与“趣味”：王国维、梁启超人生美学旨趣比较…………………………… 金 雅（8·112）
艺术创新：界定·类型·路径 …………………………………… 奚爱民 潘明德（8·120）
比较诗学视域下的儒家诗学研究
——兼谈经学信仰与儒者风范及其他…………………………………………… 杨乃乔（9·92）
论中古文体的扩张、互动及非常态化 ……………………………………………… 胡大雷（9·102）
明清时期民众运动与小说关系之互动
——兼论晚清以降“新小说”运动的传统动力………………………………… 姜荣刚（9·110）
理论品质的提升与理论体系的建立
——文学地理学的几个基本问题……………………………………………… 曾大兴（10·99）
图像的谱系与视觉文化研究………………………………………………………… 肖伟胜（10·109）
徐渭的戏曲评点与明代文学思想的新变…………………………………………… 吴冠文（10·117）
“剪不断理还乱”的艺术边界………………………………………………………… 周 宪（11·99）
校园里的诗性
——以北京大学为中心………………………………………………………… 陈平原（11·108）
从“文体革新”到“思想革命”
——周作人的小品文观念及其思想史意义…………………………………… 朱晓江（11·119）
《毛诗序》的阐释特征及汉唐《诗经》学阐释体系的形成………………………… 刘 茜（12·90）
20世纪40年代重庆左翼文艺界的论争 …………………………………………… 吴中杰（12·99）
反叛与发现：形式主义批评对中国文论建设的影响 ……………………………… 戴冠青（12·109）

·史学经纬·

中国史学史研究的再出发（专题讨论）
中国史学史学科体系的思考……………………………………………………… 乔治忠（1·118）
深化中国史学史研究的构想……………………………………………………… 罗炳良（1·123）
中国史学史研究视角的转换……………………………………………………… 钱茂伟（1·127）

中国史学史研究的国际视野 …………………………………………… 朱政惠(1·131)
贫富无定势:宋代科举制度下的社会流动……………………………………… 何忠礼(1·136)
周礼王城:天下一家的空间图式……………………………………………… 张腾辉(2·115)
秦浙江郡考 …………………………………………………………………… 章宏伟(2·126)
居乡状态中的南宋理学士人
——以朱熹为辐射中心的群体探讨 ……………………………………… 孔妮妮(2·133)
冲突与博弈:清末政治变局的另一视角………… 周积明 胡 曦〔周锡瑞评点〕(2·140)
"公众史学"的理论基础与学科框架 ………………………………………… 陈 新(3·117)
宋元之际上海的兴起 ………………………………………………………… 周运中(3·124)
《民报》阵营分野与辛亥革命前后政治舆论的媒介镜像 …………………… 王天根(3·131)
中国宋代乡村社会保障模式的三层结构 …………………………………… 张 文(4·122)
清代闽西客家的乡族自治传统
——《培田吴氏族谱》研究 ……………………………………………… 郑振满(4·129)
历史书写与记忆塑造(上)
——古腾堡在近代中国 ………………………………………………… 张仲民(4·140)
近代中国政治自由主义的发展轨迹与演进形态
——以近代自由主义的三份标志性文本为中心 ………… 俞祖华 赵慧峰(5·126)
历史书写与记忆塑造(下)
——古腾堡在近代中国 ………………………………………………… 张仲民(5·135)
知识、权力与学科的合分
——以浙大史地学系为中心(1936—1949) …………………………… 何方昱(5·145)
礼学文献的重现与两汉礼学的演变 ………………………………………… 丁 进(6·126)
"宋、辽、金三史的正统体系"在明代未被颠覆
——兼与刘浦江商榷 …………………………………………………… 赵永春(6·137)
嘉靖革新视野下的张居正 …………………………………………………… 田 澍(6·147)
记忆·历史·空间(专题讨论)
"记忆"研究的可能性 …………………………………………………… 王晓葵(7·126)
重建"遗忘之场" ………………………………………………………… 胡 恒(7·130)
纪念空间与社会记忆 …………………………………………………… 陈蕴茜(7·134)
中晚唐制举对策与政局变化
——以藩镇问题为中心 ………………………………………………… 金滢坤(7·138)
辛亥革命与近代中国市场经济的发展 ……………………………………… 朱荫贵(7·148)
马可波罗及《游记》在中国早期的传播 ……………………………………… 邬国义(8·128)
明清中国麻风病"污名"的社会建构
——东西方现代性语境中的"麻风院模式"再思 ………………………… 周东华(8·148)
南宋海外贸易中的外销瓷、钱币、金属制品及其他问题
——基于"南海Ⅰ号"沉船出水遗物的初步考察 ………………………… 李庆新(9·121)

近代中国的两个观念及其通贯百年的历史因果…………………………… 杨国强(9·132)
“主义”概念在中国的流行及其泛化……………………………………… 陈力卫(9·144)
“天下观”的逻辑起点与历史生成………………………………………… 李宪堂(10·126)
从直隶江南到安徽建省……………………………………………………… 陆发春(10·138)
民国江南城镇的现代化变革与生活状态………………………… 冯贤亮　林　涓(10·146)
耳目喉舌:旧知识与新交往
——基于戊戌变法前后报刊的考察……………………………… 黄　旦(11·127)
社会文化生活的断裂与承续
——近代以来的知识群体与昆曲……………………………………… 朱　琳(11·146)
传统中国乡村地权变动的一般理论………………………………………… 曹树基(12·117)
从有限王权到无限王权:中国诞生的政治学进程 ……………………… 谌中和(12·126)
从“外国冬至”到“圣诞节”:耶稣诞辰在近代中国的节日化
——以《申报》为基础的考察………………………………………… 邵志择(12·139)

·学术回眸·

历史·政治·空间:2011 年的马克思主义哲学研究 ……………………… 张立波(1·144)
返本开新与波澜不惊:2011 年的中国哲学研究………………………… 罗安宪(1·148)
国际视野与本土耕耘:2011 年的国内西方哲学研究…………………… 韩东晖(1·152)
中国经济热点问题研究:2011 ……………………………………………… 肖严华(2·148)
平静与沉潜:2011 年文艺学基本理论问题研究 ………………………… 张永清(3·144)
现实关怀与理论焦虑:2011 年现当代文学研究 ……………… 葛红兵　赵　牧(3·148)
全球化语境中的三重向度:2011 年的美学研究 ………………………… 余开亮(3·152)
主题与视野:2011 年中国近代史研究 …………………………………… 皇甫秋实(4·149)

·中青年专家访谈录·

解放的能量
——南帆教授访谈……………………………………………… 南　帆　滕翠钦(1·155)
兼容并蓄的治学之道
——张凤林教授访谈…………………………………………… 张凤林　谷宏伟(2·155)
在中西之间寻求学问之道
——高建平教授访谈…………………………………………… 高建平　黄仲山(3·155)
新史料与新史学
——郑振满教授访谈…………………………………… 郑振满　郑　莉　梁　勇(4·155)
把不可说变可说　把可说的说清楚
——陈嘉明教授访谈…………………………………………… 陈嘉明　楼　巍(5·155)
以现代经济学助推中国制度转型
——田国强教授访谈…………………………………………… 田国强　陈旭东(6·155)

现实关怀、理论自觉与时代变迁
——李友梅教授访谈…………………………………… 李友梅 汪 丹(7·156)
政治价值观与优良政治生活的构建
——桑玉成教授访谈…………………………………… 桑玉成 陈家喜(8·155)
历史学与语言学的交叉和越界
——陈力卫教授访谈…………………………………… 陈力卫 曹南屏(9·155)
货币与资本主义:挑战西方主流经济学
——柳欣教授访谈……………………………………… 柳 欣 王 璐(10·155)
从文学到视觉文化
——周宪教授访谈……………………………………… 周 宪 殷曼椁(11·155)
历史学的研究方向与范式
——曹树基教授访谈…………………………………… 曹树基 刘诗古(12·149)

·信息综览·

提示:骗子又在冒用《学术月刊》征稿骗钱 …………………《学术月刊》编辑部(3·57)
《学术月刊》所发文章被转摘量实现"六连冠"……………………………… 华亭君(4·封三)
骗子又在冒用《学术月刊》征稿骗钱…………………………《学术月刊》编辑部(4·64)
《学术月刊》进入《中文核心期刊要目总览》(2011年版)"三鼎甲" …… 华亭君(5·封三)
贺 信 ………………………………… 中国人民大学人文社会科学学术成果评价研究中心
中国人民大学书报资料中心(6·封三)
敬告作者……………………………………………………《学术月刊》编辑部(7·封底)
敬告作者……………………………………………………《学术月刊》编辑部(8·封底)
敬告作者……………………………………………………《学术月刊》编辑部(9·封底)
敬告作者 …………………………………………………《学术月刊》编辑部(10·封底)
敬告作者 …………………………………………………《学术月刊》编辑部(11·封底)
敬告作者 …………………………………………………《学术月刊》编辑部(12·封底)
《学术月刊》2012年分类总目录 ……………………………………………………(12·155)

《学术月刊》收发电子稿信箱

xsyk021@163.com	[日常工作及业务往来]	xsykgdm@163.com	[古代文学、美学]
xsykzhz@163.com	[哲学、宗教学]	xsykxdw@163.com	[现当代文学、文艺理论]
xsykllj@163.com	[理论经济与学说史]	xsyklsh@163.com	[历史学、历史地理]
xsykchj@163.com	[应用经济与管理学]	xsykqjk@163.com	[其他学科、交叉学科]

注:作者可选择对口信箱一稿一投。

《探索与争鸣》2012年总目录

2012年《探索与争鸣》

总目录

第　一　期

中国急需发展低度民主 …………………………………………… 王占阳(3)
社会风气与文化自觉 ……………………………………………………… (13)
　　“社会风气”应当如何理解 ………………………………………… 俞吾金
　　风气转变与转变风气
　　　　基于历史维度的考察 …………………………………………… 王家范
　　惯例与社会风气 ……………………………………………………… 赵修义
　　社会风气的扶正祛邪之道 …………………………………………… 邓伟志
　　社会风气的改善需要示范性群体引领 ……………………………… 何云峰
　　担负起培养好公民的责任和使命 …………………………………… 桑玉成
　　转变社会风气关键在“讲理” ………………………………………… 蒋德海
　　德育教化:社会风气转好的重要途径 ………………………………… 张允熠
信访制度是否适应时代潮流 ……………………………………………… 任剑涛(27)
上访体制的根源与出路 …………………………………………………… 张千帆(33)
公务员德行考察中的认识误区 …………………………………………… 李春成(37)
理想人格的认识论特征和塑造途径 ……………………………………… 贺善侃(40)
论公共精神 ………………………………………………………………… 褚松燕(44)
边缘人群的社会治理
　　——河南“性奴案”引发的思考 …………………………… 黄盈盈　潘绥铭(48)
女性人文关怀与社会管理创新 …………………………………………… 夏国美(53)
由“大国”走向“强国”
　　——加入WTO与中国的发展道路 ……………………………………… 张幼文(58)
中国住房模式选择向何处去 ……………………………………………… 陈　杰(61)
“人道的竞争”如何可能 …………………………………………………… 卢　风(65)
中国传统史学批评的政治标准 …………………………………………… 周一平(70)
史实证明儒家文化难以制约专制权力 …………………………………… 黄敏兰(74)

地方政府“先行先试”的法理前提 …………………………………………………… 刘　敏(78)

第　二　期

回归三农:破解“奥巴马—金正日难题” ………………………………………… 温铁军(3)
论传统及其变异
——基于跨文化对话的视角 ……………………………………………………… 乐黛云(9)
“中国体验”研究
——在社会变迁中走进现实 ………………………………………………………………… (13)
中国体验:社会变迁的观景之窗 ……………………………………………… 周晓虹
部分公民权:中国体验的忧伤维度 …………………………………………… 方　文
中国体验的两重性 ……………………………………………………………… 冯　婷
转型时代“中国体验”视域下的社会心态 ……………………………………… 沈　晖
中国体验是一种历史印记 ……………………………………………………… 连　连
中国美学:主义的喧嚣与缺位
——百年中国美学批判 ………………………………………………………… 王建疆(22)
仁本宪政主义
——《孟子·离娄上》仁政篇义疏 ……………………………………………… 姚中秋(27)
农民工保障是建立社会公正的基石
——兼驳“改革代价论” ………………………………………………………… 刘　奕(34)
中国城市化的三个人群界标 …………………………………………………… 沈关宝(38)
积极应对农业气候危机 ……………………………………… 李秀香　章　萌(43)
地方自行发债试点的双重功能与完善路径 …………………………………… 高　帆(47)
地方政府债务困境的实质 ……………………………………………………… 伏玉林(51)
2012 年俄罗斯总统大选背景、特点及前景 ………………………… 庞大鹏　陆南泉(55)
俄罗斯文化政策的转轨与启示 ………………………………………………… 刘　英(61)
教育失败、教育焦虑与教育治理 ……………………………………………… 王洪才(65)
后增长时代:生态城市建设与非遗保护 ……………………………………… 高小康(71)
批判的法律现代性与法律现代性批判 ………………………………………… 马　英(76)
高度关注学生政治研究 ………………………………………………………… 顾　莺(78)

第　三　期

论包容 ………………………………………………………………………………… 邓伟志(3)
包容:深化改革开放的价值基础 …………………………………………………………… (11)
玩味“包容” …………………………………………………………………………… 王家范
从“一致而百虑”诠释包容 …………………………………………………………… 顾红亮
作为社会文化的“包容”如何可能 ………………………………………………… 高兆明
包容乃为政之要 ……………………………………………………………………… 余源培

包容的基础是尊重和维护公民的权利 …………………………… 夏禹龙
“独立候选人”现象辨析 ………………………………………… 浦兴祖(20)
警惕“底层冤化”
——也谈信访制度赵旭东 ………………………………………… 赵　伦(26)
文化研究在何种意义上是及物的
——兼评张光芒的“人心文化”命题 …………………………… 孙士聪(30)
微博时代法治的新面相 ………………………………… 梁　坤　郭星华(34)
文化·微博·魔力 ……………………………………………… 郭巍青(39)
新媒体与网络空间的文化表达 ………………………………… 范玉刚(43)
突发事件区域应急联动机制研究 ……………………………… 汪伟全(47)
国际环境治理中的共同但有区别责任原则 …………… 刘志仁　朱艳丽(50)
欧元的三大致命弱点 …………………………………………… 周　宇(52)
欧洲债务危机将如何演变 ……………………………………… 苏均和(57)
中国现代学术语汇的困局
——以艺术学为例 ……………………………………………… 张　法(61)
欧洲中左翼政党面临的挑战 …………………………………… 林德山(66)
苏东“异端”社会主义者的反官僚化思想 ……………………… 项佐涛(71)
吐蕃占领西域期间的社会控制 ………………………………… 朱悦梅(75)

第　四　期

警惕“左”葬送改革
——纪念邓小平南方谈话发表20周年……………………………………（3）
冲破极左阻力,推进政治体制改革……………………………… 王贵秀
只有突破斯大林模式,才能建设中国特色社会主义……………… 叶书宗
邓小平为什么提出“主要防‘左’” ……………………………… 邓伟志
警惕“左”,必先识别“左”………………………………………… 郭　强
深刻反思“文革”,才能真正深化改革…………………………… 蔡　霞
回到计划经济是一条死路 ……………………………………… 程念祺
新左派的选择性记忆与青年的历史意识 ……………………… 郝宇青
用改革化解发展和稳定的“硬障碍” …………………………… 黄宗良
20年来“左”的暗潮述评 ……………………………………… 高　放(21)
所有制领域仍需思想大解放 …………………………………… 王占阳(27)
“脑外科手术”是如何实施的
——追问“苏联理论模式在中国” ……………………………… 夏中义(33)
精神建构的彷徨与出路
——兼与王建疆先生商榷 ……………………………………… 王洪岳(36)
关于近几年中国外交的反思 …………………………………… 刘建飞(40)

风险社会与中国 …… 肖 瑛(46)
风险沟通:风险治理的关键环节
——日本核危机一周年祭 …… 乐童星(52)
完善我国刑事案件证人拒证权制度
——以新《刑事诉讼法》为视角 …… 王永杰(56)
我国区域经济发展质量新研究
——以居民收入占比为标准的考察 …… 梁东黎(59)
2012年最优货币政策选择 …… 殷醒民(64)
现代大学制度、大学章程与大学治理 …… 袁本涛(69)
消费时代的文化生态失衡与审美维护 …… 傅守祥(73)
寻找失落的精神家园
——大学语文教育滑坡的原因及解决途径 …… 宋园园(77)

第 五 期

我们该如何推进大众文化价值观研究 …… (3)
畸变的世俗化与当代中国大众文化 …… 陶东风
中国文化的问题在精英文化取向的下滑
——兼论精英文化与大众文化的互动 …… 肖 鹰
大众文化:“塞壬的歌声” …… 陆 扬
我们该如何推进当代中国大众文化价值观研究 …… 胡智锋
发生学的意识形态阐释:大众文化研究的新范式 …… 张 柠
网络时代,精英何为 …… 邵燕君
奢侈品·性·自由
——当前中国大众财富价值观的另类观察 …… 周志强
人:大众文化形象与价值的根基 …… 孙士聪
关于马克思主义“三化”的若干思考 …… 余源培(18)
重建公民社会:中国现代化的路径之一 …… 萧功秦(23)
未竟的工程
——国民建设的历史经验与当代使命 …… 郭忠华(29)
人对动物难道没有道德义务吗
——以归真堂活熊取胆事件为中心的讨论 …… 杨通进(34)
仁慈还是义务
——中国式“血荒”的伦理辨析 …… 肖 巍(40)
必须取消带有社会歧视含义的“农民工”称谓
——再驳“改革代价论” …… 熊光清(44)
中国未来发展的四个关键性人口问题 …… 彭希哲(48)
中国人口问题的承上与启下
——“六普”数据的人口学意义透视 …… 原 新(51)

差额选举:中国式民主的应然之路…………………………………………… 虞崇胜(56)
谷歌之过抑或版权法之过
——数字时代下的版权反思 ………………………………………………… 李　响(60)
关注收入分配中的纵向失衡问题 …………………………………………… 赵人伟(64)
中国经济:无近忧,有远虑
——中国经济现今挑战与未来前景 ………………………………………… 徐明棋(68)
论作为整体伦理之危机(上) ………………………………………………… 晏　辉(72)
大学生的民族认同意识及其培育 ……………………………………… 徐　蓉　周家雅(78)

第　六　期

论中国现代化的特色之路 ……………………………………………… 夏禹龙　戴雪梅(3)
在文化创新中建立强国文化战略 …………………………………………… 王岳川(10)
区域经济差异困局
——中国未来发展的主要掣肘 …………………………………………………… (17)
中国区域经济差异的基本走向 …………………………………………… 郭　强
中国区域经济差异的空间新变化 ………………………………………… 张学良
破解中国区域经济差异难题
——基于二元经济结构的剖析 …………………………………………… 高　帆
区域经济协调发展的根本路径与长效机制 ……………………………… 刘志彪
政府干预:区域经济差异缩减的重要维度
——区域要素转移的国际比较 …………………………………………… 周　宇
循环经济推进效果的区域协调发展 ……………………………………… 孔令丞
孙皓晖"历史观"批判
——《祭秦论》批驳系列之序言 ……………………………………………… 王家范(29)
后现代视域下的社会风险防范
——兼与肖瑛和张乐、童星教授商榷………………………………… 陈新光　鲍宗豪(35)
弊端与良方
——论政治体制改革的迫切性 ……………………………………………… 沈宝祥(38)
家庭发展视角下的中国婚姻法之实然与应然 ……………………… 陈友华　祝西冰(42)
我们缺的是什么德
——当前中国道德危机审视 ………………………………………………… 陈立旭(47)
把治理引入公共文化服务 …………………………………………………… 吴理财(51)
"肖传国事件"的生命伦理学思考 …………………………………… 李久辉　樊民胜(55)
论作为整体伦理之危机(下) ………………………………………………… 晏　辉(58)
教育不平等:社会不能承受之殇…………………………………………… 金生鈜(63)
"双普选"对香港政治发展的影响与应对 ………………………………… 王英津(69)
香港与内地融合过程中的冲突及其原因 …………………………………… 陈丽君(74)

香港政治传播中的认同构建 …………………………………………………………… 张萌萌(78)

第 七 期

"巴拿马革命"丑史揭秘 …………………………………………………………………… 金重远(3)
中国放开现行计生政策的可行性
——基于江苏省不同政策群体生育理想、生育意愿的调查…… 李建新 李 娜(6)
社会转型进程中的焦虑:问题与对策……………………………………………………………(11)
焦虑:当下中国一个严重的社会政治问题…………………………………………… 郝宇青
焦虑之下的幸福指数 …………………………………………………………………… 邢占军
灵魂栖息何处
——中国式社会焦虑之文化根源 ………………………………………………… 倪稼民
缺乏共识的思想界
——焦虑·异见·对策 …………………………………………………………… 黄军甫
官员焦虑现象解读 ……………………………………………………………………… 韩晓燕
20 世纪八九十年代美国人的焦虑及其化解 ……………………………………………… 林 广
马克思主义语境下的公民社会及其现实意义 ………………………… 张明军 雷 俊(22)
中国美学:主义的缺位与重建
——与王洪岳教授商榷 ……………………………………………………………… 王建疆(25)
中国文化研究两种维度反思
——兼评孙士聪的文化研究"及物性"命题 …………………… 方国武 刘玉梅(31)
青年历史教育苍白不容忽视 …………………………………………… 闵绪国 龙 珏(34)
中国农村土地产权:结构考察与绩效度量…………………………… 叶剑平 田晨光(38)
创意农业研究:观点辨析、理论反思、学术立场……………………… 龚春明 朱启臻(43)
区域差距内生机制与区域协调发展总体思路 ………………………… 安虎森 何 文(47)
政府在区域协调发展中的基本指向 ……………………………………………… 豆建民(51)
网络传播下的文化三重转向 ………………………………………………………… 欧阳友权(55)
新媒体对中国"权势"文化的颠覆与重构 ……………………………… 姜 飞 黄 廓(60)
植根于传统文化与时代精神互动
——城市文化建设之道 ………………………………………………… 蔡 宁 范明英(65)
执着·严谨·历久弥坚
——读高放教授《苏联兴亡通鉴》有感 …………………………………………… 周尚文(69)
苏联的自我葬送之哀
——读《苏联兴亡通鉴》 …………………………………………………………… 叶书宗(73)
重视社会组织发展的微观制度环境
——以上海城市社区为例 …………………………………………………………… 张东苏(78)

第 八 期

世界主义与人文社会科学的国际化 ……………………………………………………… 王 宁(3)

理性判断我国收入差距的变化趋势 …………………………………… 李 实(8)
建立和谐医患关系的法律思考 ……………………………………………… (12)
公权在医患纠纷中应有利于医患之间的信任 ……………………… 蒋德海
建立程序公正的医患纠纷解决机制 ………………………………… 蒋晓伟
诚信机制与医事行为公益性 ………………………………………… 李瑜青
医学伦理缺失与人文重塑
——以"医闹"现象为视角 ……………………………………… 马金芳
应对医患纠纷的法律措施须从解决信息不对称入手 ……………… 黄 锫
完善医疗责任保险机制与重建和谐医患关系 ……………………… 瞿 琨
"原则不是研究的出发点"
——关于遵义会议后张闻天职务问题争论的思考 ……………… 李庆英(25)
《英勇的西征》作者究竟是谁 ………………………………………… 周一平(29)
低度民主的实质应是低度竞争
——兼与王占阳先生商榷 ………………………………………… 叶长茂(34)
劳务派遣的题中应有之义
——论劳务派遣超常发展的"堵"与"疏" ……………………… 董保华(38)
新农合制度转变农民就医理性 ………………………………… 李 斌 李 阳(44)
现代性多元反思对中国发展的启示 …………………………… 何平立 沈瑞英(48)
中国股市是否加大居民财富分配差距
——兼论股市制度设计 ………………………………………… 蔡明超 陈 宪(52)
开发区二元管理模式的实践反思
——以西安国家民用航天产业基地为例 …………………… 杨小亭 李晓鹏(57)
何以为道,何以为术
——当下本土文学批评话语范式思想与方法问题思辨 ………… 姚晓雷(60)
伦理的歧境
——新世纪文学城市化批判的精神归趋 ………………………… 黄 轶(66)
思想贫血之后的艺术干枯
——对当代小说写作现状的一种批判 …………………………… 刘复生(69)
从说理走向叙事:思政话语的转换及其意义………………………… 潘晴雯(73)
近代中国残疾人事业发展的三个阶段 ……………………………… 陆德阳(76)

第 九 期

当前压力维稳的困境与出路
——再论中国社会的刚性稳定 …………………………………… 于建嵘(3)
公共决策中的利益冲突及其治理陈国权 …………………………… 周鲁耀(7)
当代中国语境下的公正与平等 ……………………………………… (11)

平等观念该不该缺席

——当代中国关于平等观念的回顾 …………………………………… 赵修义

平等问题深藏着的历史观 …………………………………………… 黄力之

何种“正义”？是否“平等”？ ……………………………………… 高瑞泉

论作为现代价值的平等 ……………………………………………… 高兆明

正视平等：当今社会的紧迫问题……………………………………… 陈少明

社会主义也需要法权平等 …………………………………………… 叶书宗

不讲权利平等　何来社会公正

——读恩格斯《反杜林论》心得 …………………………………… 朱贻庭

不要专制的“帝国文明”

——驳孙皓晖的大秦帝国原生文明论 ………………………………… 叶文宪(26)

也论“青年历史教育苍白”

——兼与闵绪国、龙珏先生商榷……………………………………… 王志明(31)

中学历史教育的苍白与困境 ………………………………………… 阮巧玲(34)

公法社团：中国三农改革的“顶层设计”路径

——基于韩国农协的考察 …………………………………… 杨　团　孙炳耀(38)

费孝通小城镇研究之“辩证”

——兼谈当下中心镇建设要注意的几个问题 ………………………… 王小章(44)

论服务型政府建设是一个政治过程 ………………………………… 郭道久(49)

中国对外经济关系发展的新主题与总战略 ………………………… 张幼文(52)

填海造地相关概念的法律解析 ……………………………………… 倪振峰(57)

我们应如何建构审美文化史 ………………………………………… 陈　炎(60)

中国审美文化史的叙述方法 ………………………………………… 姚文放(63)

联邦主义：大国繁荣的政治抉择……………………………………… 谢　岳(67)

胡适为什么忏悔

——从胡适经济思想转变看中国现代理论现象 ……………………… 钟祥财(72)

东欧民主化转型的影响 ……………………………………………… 郜浴日(76)

第　十　期

结构失衡：中苏同盟破裂的深层原因沈志华……………………………… 李丹慧(3)

社会群体性事件频发的深度追问 ……………………………………………… (12)

快速城市化进程中的社会风险 ……………………………………… 鲍宗豪

优化共生关系　化解社会问题 ……………………………………… 胡守钧

用系统科学原理剖析群体行为涌现机理 …………………………… 沈惠璋

基层政治体系残缺：群体性事件频发背后的社会机制……………… 吴鹏森

“环境敏感期”：政府决策不能偏离“公共性”伦理精神…………… 范　静

从制度层面化解群体性事件产生的经济基础之因 ………………… 任荣明

社会群体性事件的网络化 …………………………………………………… 赵继娣
文学研究如何深入历史语境
——对当下文艺理论困局的反思 ………………………………………… 童庆炳(24)
“封建论”:是对概念的误植还是马克思主义中国化的产物
——兼评冯天瑜先生的《“封建”考论》………………………………… 周建明(28)
也谈《孟子》与宪政
——与姚中秋先生商榷 ………………………………………………… 付小刚(33)
以政党转型促进中国民主政治发展 ………………………………………… 周淑真(37)
“以党内民主带动人民民主”还是“以党内民主带动国家民主” …… 杨光斌 李 冬(41)
发挥党代表作用的途径研究 ………………………………………………… 吴其良(45)
服务学习之核心要素、行动模式与角色结构………………………………… 彭华民(49)
中国环境库兹涅茨曲线的平移机会 …………………………… 郑思齐 孙 聪(53)
房地产宏观调控下的区域创新
——以上海市房地产业如何持续健康发展为例 ……………… 华 伟 沈宁燕(57)
文化学研究:何以成立? 何以为用? …………………………………… 林 坚(60)
依违于“审美”与“文化”之间
——当前文学理论研究路径讨论之一 ………………………… 李春青 史 钰(66)
城乡教育一体化的压缩发展难题 …………………………………………… 秦玉友(71)
应当重视传统文化教育资源的另一半
——论古代图像在传统文化教育中的意义 …………………………… 王怀平(76)
富有个性的创新之作
——评沈渭滨教授《孙中山与辛亥革命》(增订本) ………………………… 张 剑(79)

第 十 一 期

从思想世界降到现实世界
——马克思对黑格尔及青年黑格尔主义者的唯心主义历史观的批判 … 俞吾金(3)
中国教育:应在质疑声中勇于担当
——兼对文化产业人才培养问题的思考 ……………………………… 王一川(7)
紧密关注中国农村发展中的新问题 ……………………………………………… (10)
当前农村研究中的真问题 …………………………………………………… 曹锦清
农村社区建设:乡村结构变迁中的新治理…………………………………… 文 军
发达地区农村社会管理中的四大挑战 ……………………………………… 熊万胜
新自力更生主义:农村对城市扩张的回应…………………………………… 张文明
财产起源与村落边界
——征地拆迁补偿分配和村改居中“集体资产”的分割 ……………… 刘玉照
农技推广不可“以钱养事” …………………………………………………… 贺雪峰
政府要加强乡土传统特色的保护 …………………………………………… 陆益龙

乡村发展中学者与官员思路的分歧 …………………………………………… 刘　岳
重新审视《共产党宣言》的当代意义 ………………………………………… 陈学明(23)
马克思、恩格斯没有否认普世价值……………………………………………… 黄力之(29)
十月革命后俄共背离自由民主的历史教训 ………………………………… 郑异凡(34)
中国城市化之抉择:初级发展还是科学发展………………………………… 杨　敏(39)
公民的当代境遇与公民教育的路向选择 …………………………………… 冯建军(44)
中国刑事司法中的被害人抗争 ……………………………………………… 栗　峥(50)
舆论与司法独立关系之辨析 ………………………………………………… 虞卫东(55)
农村土地、城镇化与社会主义宪政过程:经济史与政治社会学视角邓宏图 … 雷　鸣(58)
公共服务均等化"财力之维"的逻辑挑战
——兼论公共服务均等化的"三维"联动机制改革 …………… 胡志平　李慧中(63)
一篇诞生不久即被抛弃的重要马克思主义文献
——从个案解剖看苏联文化发展的经验教训 ………………………… 马龙闪(67)
社会主义运动史上的有益探索
——再谈赫鲁晓夫时期的改革 ……………………………………… 郭春生(72)
上海律师公会与中国近代法制 ……………………………………………… 王立民(76)
民国大学的文脉与学统 ……………………………………………………… 沈卫威(81)
孔氏南宗的文化内涵及其传承机制 ………………………………………… 吴锡标(86)
"儿童运输":纳粹促成的一场骨肉大分离运动……………………………… 王本立(91)
回溯与重拾:"礼"的历史主义新解读………………………………………… 杨　蓉(95)

第十二期

三个自信谱写社会主义现代化崭新篇章 …………………………………… 孙　力(4)
在全面建成小康社会中倡导平等价值观 …………………………………… 陈卫平(7)
精英自律、政治转型与民主质量
——将"德性"带到比较政治研究的中心 …………………………… 储建国(11)
发展起来之后的城市文化矛盾 ……………………………………………………… (17)
文化因素是世界城市评价的重要指标 ………………………………… 金元浦
精英移民与地域族群成为城市文化发展和冲突的双刃剑 ……………… 于建嵘
马克思文化生产理论视域下的城市文化基本矛盾 ……………………… 曾　军
文化冲突:发展起来之后的中国城市文化最典型特征…………………… 李　杨
适时顺应中国城市文化发展中的主次矛盾变化 ………………………… 徐清泉
让劳动者分享剩余价值:"剩余价值流转"中的城市文化转型………… 刘方喜
全球化城市中的"地方"如何可能 ……………………………………… 孙晓忠
大数据时代的城市文化发展展望 ………………………………………… 田根胜
"大都市"已不适用于界定和表述中国大城市
——以上海为例 ……………………………………………………… 刘士林

从美学境界上遏止中国城市景观的平庸、缺失、雷同………………………… 张　法
“被精神病”现象的若干刑法问题辨析………………………………………… 彭志刚(34)
再论中国股市是否加大居民财富分配
——与蔡明超和陈宪两位先生商榷……………………………………… 李　训(39)
黑色作为一种文学理想
——就文学如何表现创伤性记忆与刘复生商榷…………………………… 朱　军(43)
论党的领导与多元社会治理结构……………………………………………… 齐卫平(48)
从县域实践看中国社会现代化轨迹
——基于对太仓的考察……………………………………………………… 王春光(52)
户籍:一种对中国城市化制度性的扭曲 ……………………………………… 陆益龙(60)
转型期中国城市社会管理之痛
——以社会原子化为分析视角……………………………………………… 田毅鹏(65)
立“官德”还是立“公仆之德”……………………………………………………… 蒋德海(70)
政治信任“悖论”的有效展开与现实意义………………………… 上官酒瑞　程竹汝(74)
中国人口红利发展模式的代价与化解……………………………… 朱礼华　李建民(79)
金融危机和能源危机的双重化解……………………………………………… 孙　梅(83)
论中国当下的道德自由层次………………………………………… 何云峰　胡　建(86)
从中国古代忠臣的下场看忠君困境…………………………………………… 黄敏兰(91)
蜀汉失荆州再认识……………………………………………………………… 朱子彦(95)
“首届滨河海学术期刊创新论坛暨《学术月刊》创刊55周年
纪念大会”综述 ……………………………………………………………… 杜运泉(101)
“中国特色社会主义公正观”论坛综述………………………………………… 赵修义(103)
高校去行政化为何这么难……………………………………………………… 王　东(106)
我们需要什么样的职业教育
——对传统职业教育理念的反思…………………………………………… 陈春法(108)
论我国城镇化的中镇模式……………………………………………………… 王芝眉(110)

上海市社联所属学会一览表

序号	学会名称	成立日期	会长	秘书长	地址	邮政编码	电话
1	哲学学会	1950.3	吴晓明	李家珉	淮海中路 622 弄 7 号(乙)	200020	35121060
2	经济学会	1950.8	周振华	郝德良	淮海中路 622 弄 7 号(乙)	200020	53069258
3	历史学会	1952.1	熊月之	章　清	淮海中路 622 弄 7 号(乙)	200020	53067079
4	法学会	1952.	陈　旭	毛坚平	昭化路 490 号	200050	62525800
5	语文学会	1956.9	游汝杰	胡范铸	复旦大学中文系	200433	65254873
6	外文学会	1957.2	叶光国	汪敏豪	淮海中路 622 弄 7 号(乙)	200020	58731045
7	教育学会	1957.	张民生	许象国	淮海中路 622 弄 7 号(乙)	200020	53063517×3206
8	国际关系学会	1957.3	杨洁勉	金应忠	淮海中路 622 弄 7 号(乙)	200020	53063517×3206
9	会计学会	1979.7	夏大慰	顾宏祥	中山西路 2230 号 1312 室	200235	64388936
10	科学社会主义学会	1979.7	夏　军	吴解生	淮海中路 622 弄 7 号(乙)	200020	53063517
11	财政学会	1979.8	宋依佳	孙建龙	肇嘉浜路 800 号 2107 室	200030	54679568×21076
12	马克思主义研究会	1979.9	王国平	王建国	虹漕南路 200 号	200233	22880000×80313
13	社会学学会	1979.9	李友梅	张钟汝	上大路 99 号	200444	66134142
14	逻辑学会	1979.11	冯　棉	邵强进	复旦大学哲学学院	200433	55665070
15	世界经济学会	1979.11	张幼文	徐明棋	淮海中路 622 弄 7 号(乙)	200020	53069064
16	高等教育学会	1979.11	张伟江	谢仁业	陕西北路 500 号 3 号楼	200041	62565350

（续表）

序号	学会名称	成立日期	会　长	秘书长	地　址	邮政编码	电　话
17	伦理学会	1980.1	陆晓禾	周中之	上海师范大学法商学院	200234	64835515
18	金融学会	1980.6	张　新	李安定	陆家嘴东路181号	200120	20897082
19	统计学会	1980.7	潘建新	金慧莲	四川中路220号806室	200002	63237470
20	物流学会	1980.9	周纪东	陈　震	北京东路255号502室	200002	63231140
21	农村经济学会	1980.9	王东荣	顾吾浩	仙霞西路779号1号楼附2F	200335	64368202
22	人口学会	1980.12	孙常敏	胡　琪	陕西南路122号7楼	200040	54031532
23	美学学会	1981.1	朱立元	张宝贵	复旦大学中文系	200433	65653292
24	城市经济学会	1981.3	江绵康	袁　钢	宣化路300号北塔1503室	200050	62176370
25	房产经济学会	1981.5	庞　元	李国华	江西中路170号(福州大楼)3楼	200002	63210193
26	家庭教育研究会	1981.6	王荣华	陈建军	天平路245号311室	200030	64330001×6316
27	政治学会	1981.10	桑玉成	曾　峻	市委党校教务处	200233	22880518
28	新四军历史研究会	1981.10	王春瑞	颜　宁	中山南二路777弄1号1503室	200032	54248683
29	档案学会	1981.11	朱纪华	王春楣	仙霞路326号	200335	62193016
30	中共党史学会	1981.12	张　云	唐莲英	淮海中路622弄7号(乙)	200020	53062936
31	农村金融学会	1981.12	刘桂平	庄　湧	徐家汇路599号1702室	200023	53961520
32	邮电经济研究会	1981.12	张林德	杨锡高	南崇明路甲1号807室	200085	63629248
33	宗教学会	1982.3	晏可佳	葛　壮	淮海中路622弄7号宗教所	200020	53060606
34	婚姻家庭研究会	1982.5	翁文磊	李苏华	天平路245号	200030	64330001
35	辞书学会	1982.7	彭卫国	徐祖友	陕西北路457号	200040	62472088×383
36	管理教育学会	2007.9	朱建国	苏宗伟	斜土路2601号嘉汇广场T1-20C	200030	64260977

（续表）

序号	学会名称	成立日期	会长	秘书长	地址	邮政编码	电话
37	商业经济学会	1982.9	方名山	周麟昌	新闻路 945 号 311 室	200041	62727200
38	世界语协会	1982.11	汪敏豪	周天豪	淮海中路 622 弄 7 号(乙)	200020	58731045
39	成本研究会	1982.11	沈立群	傅永尧	中山南路 315 号 406 室	200010	64420995
40	犯罪学学会	1983.2	何勤华	肖庆平	万航渡路 1575 号	200042	67790236
41	人类学学会	1983.5	金　力	卢大儒	邯郸路 220 号复旦大学遗传部	200433	65643714
42	卫生经济学会	1983.6	夏　毅	金春林	北京西路 1400 弄 21 号	200040	62471420
43	人才研究会	1983.7	毛大立	张子良	高安路 25 号	200031	64710552
44	钱币学会	1983.10	张　新	于英辉	陆家浜路 285 号 1407 室	200011	63137681
45	统一战线理论研究会	1983.12	沙海林	张　颖	天等路 469 号	200237	65253568
46	华侨历史学会	1983.12	张　癸	华洁蓉	延安西路 129 号华侨大厦 1011 室	200040	62497520
47	写作学会	1984.7	陈思和	郑斯雄	中山北路 3663 号华东师范大学理科大楼 A 座 219 室	200062	62232427
48	渔业经济学会	1984.7	黄硕琳	陈文银	军工路 318 号综合楼 201 室	200090	65699520
49	建设交通系统思想政治工作研究会	1984.8	许德明	杭财宝	斜土路 1175 号 1005 室	200032	63219326
50	劳动和社会保障学会	1984.9	张剑萍	陈卫国	安远路 45 号 1 号楼 4 楼	200041	62666172
51	农垦经济学会	1984.9	王　伟	童锐志	华山路 263 弄 7 号	200040	62474500×2033
52	保险学会	1984.9	高志缨	赵　雷	中山南路 1228 号 8 楼	200011	63155989
53	社会心理学学会	1984.5	金国华	陈　校	外青松公路 7989 号	201701	39225416
54	思想政治工作研究会	1984.12	徐　麟	尼　冰	高安路 17 号 401 室	200031	24022222×2330

（续表）

序号	学会名称	成立日期	会　长	秘书长	地　　址	邮政编码	电　　话
55	粮食经济研究会	1984.12	安　培	张志萍	张扬路88号滨江大厦1203室	200122	58889299
56	监狱学会	1984.12	桂晓民	于旭光	长阳路111号4802室	200082	65127042
57	经济法研究会	1985.1	乔宪志	赵卫忠	人民大道200号704室	200003	23119767
58	比较文学研究会	1985.3	谢天振	宋炳辉	大连西路550号上外文学研究院	200083	65311900×2625
59	科技系统思想政治工作和人才管理研究会	1985.4	陈克宏	吴德葵	大沽路100号2112室	200003	23119517
60	价格学会	1985.5	沈念东	程大选	四平路710号广益大厦8楼	200086	63212182
61	审计学会	1985.5	田春华	潘菊良	陆家浜路1388号9楼	200011	63128013
62	编辑学会	1985.6	贺圣遂	郝明鉴	打浦路433号荣科大厦17楼	200023	60878390
63	秘书学会	1985.7	李　锐	赵建平	虹漕南路200号市委党校	200233	22880714
64	行为科学学会	1985.8	徐　飞	田新民	法华镇路535号1号楼112室	200052	52301083
65	群众文化学会	1985.8	王小明	潇烨璎	古宜路125号	200233	54244156
66	经济体制改革研究会	1985.10	浦再明	胡雄飞	肇家浜路301号1912室	200032	54236187
67	日本学会	1985.10	吴寄南	陈永明	上海师范大学教育学院	200234	64322852
68	集体经济研究会	1985.11	严镇博	姚康镛	周家嘴路786弄67号	200082	33010185
69	国际贸易学会	1985.12	孙海鸣	沈大勇	古北路620号	200336	52067210
70	固定资产投资建设研究会	1985.12	孙熙宁	柴荣华	人民路875号1605室	200010	63730598
71	老年学学会	1985.12	左学金	孙鹏镖	巨鹿路892号2楼	200040	62480427
72	服务经济研究会	1985.12	方名山	段福根	福州路107号320室	200002	63215206

（续表）

序号	学会名称	成立日期	会 长	秘书长	地 址	邮政编码	电 话
73	教师学研究会	1986.4	李骏修	朱耀庭	陕西北路 500 号 4 号楼 109 室	200041	62538351
74	研究生教育学会	1986.4	印 杰	束金龙	茶陵北路 21 号 1 号楼 226 室	200032	64184922
75	基建优化研究会	1986.5	陈康民	黄汉江	军工路 516 号 476 信箱	200093	65684314
76	投资学会	1986.6	赵 欢	余 峰	陆家嘴环路 900 号	200120	68491837
77	行政管理学会	1986.6	姜 平	薛晓峰	高安路 19 号	200031	64379707
78	语言文字工作者协会	1986.7	薛喜民	张日培	陕西北路 500 号	200041	62555270
79	妇女学学会	1986.8	张丽丽	余伟星	天平路 245 号	200030	64330001
80	生态经济学会	1986.10	王荣华	周冯琦	淮海中路 622 弄 7 号 526 室	200020	53066233
81	数量经济学会	1986.10	左学金	朱平芳	淮海中路 622 弄 7 号	200020	53060606×2509
82	工商行政管理学会	1986.11	陈学军	徐 上	肇嘉浜路 301 号 2601 室	200032	54236953
83	青年运动史研究会	1986.12	褚 敏	黄洪基	西江湾路 574 号	200083	65405700×3037
84	交通会计学会	1986.12	苏 敏	董仲棣	黄浦路 110 号 609 室	200080	63074627
85	古典文学学会	1987.2	黄 霖	奚彤云	瑞金二路 272 号	200020	64371213
86	俄罗斯东欧中亚学会	1987.3	范 军	杨 烨	同济大学政治与国际关系学院	200092	62238737
87	医学伦理学会	1987.3	黄 红	王 彤	世博村路 300 号 4 号楼 901 室	200125	23117967
88	世界史学会	1987.3	潘 光	余建华	淮海中路 622 弄 7 号欧亚所	200020	53060606
89	远距离高等教育学会	1987.3	应卫勇	钱自强	梅陇路 130 号八教 205 室	200237	62452306
90	工人运动研究会	1987.5	周志军	崔校军	中山东一路 14 号	200002	63211939
91	宏观经济学会	1987.7	蒋应时	周兴昌	威海路 128 号 702 室	200002	52300772
92	蔬菜经济研究会	1987.5	衣开端	俞菊生	华池路 58 弄 5 号 1203 室	200061	52808150
93	总会计师工作研究会	1987.9	王 岚	应忠芳	陆家浜路 1054 号 14 楼	200011	63788111

（续表）

序号	学会名称	成立日期	会　长	秘书长	地　　址	邮政编码	电　　话
94	中山学社	1987.10	高小玫	项斯文	陕西北路128号	200041	62678028×1013
95	外经贸会计学会	1987.11	王晓华	徐立峰	汉中路158号11楼1124室	200070	63540082
96	工艺美术学会	1988.6	张心一	周　南	汾阳路79号	200031	64746003
97	国际战略问题研究会	1988.9	杨洁勉	杨　剑	田林路195弄15号上海国际问题研究院	200233	54614900×8319
98	土地学会	1988.9	史家明	吕华青	海伦路306弄8号	200086	65877739
99	毛泽东思想研究会	1988.12	李　进	单冠初	桂林路100号	200234	64328931
100	民俗文化学会	1988.12	仲富兰	陈　江	华东师大传播学院	200062	65273580
101	股份制与证券研究会	1988.12	左学金	韩华林	南京东路61号新黄浦金融大厦1101室	200002	53821458
102	社会科学普及研究会	1989.1	武克全	宋　杰	淮海中路622弄7号(乙)	200020	53063517-3206
103	海峡两岸学术文化交流促进会	1989.2		王世伟	淮海中路1555号上海图书馆内	200031	64455555×8355 64455501
104	企业发展促进研究会	1989.4	方名山	唐宗洲	淮海中路622弄7号(乙)	200020	53063517×3307
105	新学科学会	1989.12	陈燮君	胡　江	人民大道201号上海博物馆	200003	63580546
106	形势政策教育研究会	1989.12	谢中全	殷勤燮	淮海中路622弄7号(乙)	200020	53063517×3307
107	民防协会	1990.3	刘南山	陈　亮	复兴中路593号民防大厦2101室	200020	24028833
108	宋庆龄研究会	1991.5	许德馨	匡成鸣	姚虹路680号三楼	200032	62750029
109	预算与会计研究会	1991.6	钟景秋	孙倚文	东湖路56弄52号	200031	54048253
110	城市金融学会	1991.6	沈立强	成善栋	浦东大道9号	200120	58885888×2419
111	台湾研究会	1991.12	俞新天	倪永杰	永福路251号	200031	64372884
112	市场学会	1991.12	贺　涛	应介一	福州路355号707室	200001	63283339
113	刑事侦察学学会	1992.2	郭建新	袁友根	中山北一路803号	200083	22028061
114	供销合作经济研究会	1992.4	王建翔	王伟星	大木桥路247弄2号2楼	200032	64813952

（续表）

序号	学会名称	成立日期	会长	秘书长	地址	邮政编码	电话
115	欧洲学会	1992.5	徐明棋	曹子衡	威海路 233 号 803 室	200041	63276919
116	商业会计学会	1992.8	吕 勇	朱健敏	新闻路 945 号 309B 室	200041	62712152
117	地方史志学会	1992.	朱敏彦	黄晓明	斜土路 2567 号 A2 楼 5 楼	200030	54891110
118	监察学会	1992.11	顾国林	邱耀明	虹漕南路 158 弄杨家桥 100 号 5 号楼	200031	64741095
119	财务学会	1992.12	朱平芳	韩 清	中山北一路 369 号	200083	65361954
120	终身教育研究会	1992.12	张德明	杨 平	大连路 1541 号 1301 室	200086	25653963
121	庭院经济与文化研究会	1993.1	张 燕	黄长江	大木桥路 600 弄江南一村 26 号 102 室	200032	64036495
122	国际商务法律研究会	1993.8	顾肖荣	成 涛	陆家浜路 1141 号 707 室	200011	63453103
123	地名学研究会	1993.9	满志敏	周春玉	南丹东路 25 号 311 室	200030	63193188
124	中西哲学与文化比较研究会	1993.11	杨国荣	顾红亮	华东师大哲学系	200062	62232796
125	太平洋区域经济发展研究会	1993.12	郑成良	庄建中	上海交通大学国际与公共事务学院	200030	62821607
126	文物博物馆学会	1993.12	陈燮君	陈克伦	武胜路 188 号 240 室	200003	63723500×260
127	现代企业经营管理研究会	1994.2	徐志毅	金国志	江宁路 838 号富容大厦 6 楼 C 座	200041	62273194
128	炎黄文化研究会	1994.4	周慕尧	姚树新	漕溪北路 28 号 17 楼 C 座	200030	54240782
129	退休职工管理研究会	1994.5	万石清	周惠明	北京西路 1068 号 9 楼	200041	62534615
130	中国特色社会主义理论体系研究会	1994.6	徐 麟	季桂保	高安路 17 号	200020	24022222
131	演讲与口语传播研究会	1994.12	王 群	林伟民	华师大传播学院	200062	54343992
132	当代人物研究会	1995.1		郑胜国	海潮路 3 号 612 室	200011	63162559

（续表）

序号	学会名称	成立日期	会 长	秘书长	地 址	邮政编码	电 话
133	民营经济研究会	1995.2	季晓东	王志华	延安东路55号1808室	200002	63374377
134	金融法制研究会	1995.3	沈国明	许慧诚	罗阳路388号	201100	64760967
135	海外华人经济研究会	1995.9	林同华	罗元德	莘庄康城67号202室	201100	64397152
136	食文化研究会	1996.2	杨卫武	张文虎	福州路107号320室	200002	63219676
137	社区发展研究会	1996.11	施 凯	叶月萍	淮海中路622弄7号(乙)	200020	53063517
138	生产力学会	1997.3	周瑞金	真 虹	浦东华开路50号213室	200135	58215399
139	未来亚洲研究会	1998.1	陈东晓	刘 斌	胶州路699号25层	200040	52281797
140	劳动教养学会	1998.12	刘建华	蒋丰荣	吴淞路333号	200080	64740762
141	美国学会	2000.1	黄仁伟	潘 锐	大连西路550号上外538信箱	200083	53063517×414
142	年鉴学会	2002.6	莫建备	王继杰	斜土路2567号A2楼5楼	200030	54891056
143	法治研究会	2002.8	金国华	包志勤	吴兴路225号	200030	64749051
144	国资企业思想政治工作研究会	2004.3	吕永杰	王耕地	凯旋北路1305号5007室	200063	62317496
145	领导科学学会	2004.3	奚洁人	罗 欣	虹漕南路200号	200233	22880411
146	信息学会	2004.4	黄 晖	李 农	浦建路145号强生大厦1003室	200127	58309596
147	信访学会	2006.5	张示明	周国邦	人民大道200号综合楼	200003	23119239
148	延安精神研究会	2007.1	叶 骏	黄晞建	军工路334号	200090	61900275
149	人民政协理论研究会	2007.11	贝晓曦	齐全胜	北京西路860号	200041	23188348
150	城市规划学会	2008.11	毛佳梁	曾林龙	铜仁路331号704室	200040	63369020
151	东方青年学社	2008.12	李 琪	刘世军	康平路66号108室	200031	54655282
152	廉政研究会	2009.10	董君舒	刘纪舟	宛平路7号	200030	64314046

（续表）

序号	学会名称	成立日期	会　长	秘书长	地　　址	邮政编码	电　　话
153	知识青年历史文化研究会	2011.3	阮显忠	张　刚	宜昌路 575 号 2207 室	200060	62270011-8067
154	经济和信息化企业文化研究会	2011.4	周国雄	傅　敏	北京东路 356 号 801 室	200001	60801626
155	文史资料研究会	2011.11	朱敏彦	陈汝南	北京西路 860 号	200041	62531033
156	人大工作研究会	2012.4	姚明宝	林荫茂	人民大道 200 号	200003	62117377
157	公共事务管理研究会	2012.6	竺乾威	顾丽梅	邯郸路 220 号美国研究中心	200433	65642561
158	思维科学研究会	2012.9	冯嘉礼	王晓峰	临港新城上海海事大学信息工程大楼 219 室	201306	38282800
159	上海市税务学会	2012.9	许建斌	龚炳生	中山南路 1088 号	200011	63771212
160	上海市国际税收研究会	2012.10	周振家	龚炳生	中山南路 1088 号	200011	63771212
161	上海联合国研究会	2013.9	潘　光	张贵洪	吴兴路 45 号	200030	64172307
162	上海市 WTO 法研究会	2013.11	张乃根	梁　咏	华山路 1954 号浩然高科技大厦 1601—1603 室	200030	51630153
163	上海市信用研究会	2014.3	洪　玫	刘海龙	沪松公路 1399 弄 68 号 20 层 07 室	201615	24117707

上海市社联主管的民办社科机构一览表

序号	机构名称	批准登记日期	法人代表	负责人	联系人	地　址	邮政编码	电　话
1	上海环太国际战略研究中心	2000.7.15	郭隆隆	郭隆隆	金应忠	武定路1135弄1号楼2103室	200060	62768910
2	上海华夏社会发展研究院	2002.3.15	鲍宗豪	鲍宗豪	葛玉兰	浦建路1288弄10号102室	201204	50454702
3	上海东方研究院	2002.7.1	刘　吉	严家栋	卞学范	衡山路696弄2号301室	200030	64455941
4	上海金融与法律研究院	2002.10.29	柳志伟	傅蔚刚	聂日明	民生路1199弄证大五道口广场1号楼1902室	200134	68545701
5	上海世界观察研究院	2003.4.1	刘　波	刘　波	邹梅玲	柳营路305号15楼	200072	66288697
6	上海社会经济文化发展研究中心	2004.7.2	尹继佐	尹继佐	张腾腾	淮海中路622弄7号308室	200020	63851711
7	上海管理科学研究院	2004.7.9	章建文	章建文	张孝平	中山西路1610号725室	200235	64866244
8	上海易居房地产研究院	2005.9.1	张永岳	张永岳	郭亦木	广延路140号	200072	56388686
9	上海知识产权研究所	2006.4.3	游闽健	袁真富	高欣莹	陆家嘴路958号华能大厦31楼	200120	68865899
10	上海东亚研究所	1995.7.1	章念驰	张继波	沈铭远	汉中路158号701室	200070	63531746
11	上海国防战略研究所	2000.11.6	胡杰生	方　敏	王文正	江苏路488号	200050	62521101
12	上海实业综合研究院	2006.5.26	钱启东	钱启东	吴婷婷	淮海中路98号金钟广场21楼	200031	53828866×2266
13	上海国际金融研究中心	2005.2.1	李　俭	李　俭	裴　旸	新华路543号1号楼	200052	52540356
14	上海党建文化研究中心	2007.9.1	张克文	张克文	张泽民	梅陇路161号1号楼1010室	200237	64768312
15	上海东方法治文化研究中心	2009.5.20	周叶军	金国华	秦丹凤	华开路50号208室	200135	58218560
16	上海世纪后世博成果与发展研究中心	2010.12.18	漆启泰	漆启泰	漆启泰	华山路690号	200040	62487731

上海市第九届邓小平理论研究和宣传优秀成果获奖名单

一等奖(3 项)

著作类(1 项)

1. 现代政治经济学数理分析　　马　艳　上海财经大学

论文类(2 项)

1. 试论社会主义初级阶段的基本经济制度及其科学依据　　冯金华　上海财经大学
2. 论当代中国学术话语体系的自主建构　　吴晓明　复旦大学

二等奖(25 项)

著作类(6 项)

1. 环境利益论　　严法善等　复旦大学
2. 人的解放主题的中国化进程
——中国共产党对人权的社会主义塑造和开拓
孙　力　解放军南京政治学院上海分院
3. 纪念浦东开发开放 20 周年丛书　　左学金等　上海社会科学院
4. 新中国文化管理制度研究　　蒯大申等　上海社会科学院
5. 复兴与增长:共容性组织推动的经济制度变迁(1921—2011)
权衡等　上海社会科学院
6. 迈向"十二五":创新驱动　转型发展　　周振华等　上海市人民政府发展研究中心

论文类(19 项)

1. 中国共产党对马克思主义经济体制理论的继承与发展　　董瑞华　中共上海市委党校
2. 文化研究视阈中的中国社会核心价值观问题　　黄力之　中共上海市委党校

3. 20 世纪社会政治关键词“革命”的互文语义考论　祝克懿等　复旦大学
4. 论新时期的文化统一战线　余源培　复旦大学
5. 复合民主:人民民主在中国的实践形态　林尚立　复旦大学
6. 中国经济转型与世界经济再平衡　袁志刚等　复旦大学
7. 如何理性审视“中国经济发展模式”　高　帆　复旦大学
8. 人力资本要素的二次定价与企业剩余的分割　叶德磊　华东师范大学
9.《资本论》的自然科学类比
　——关于马克思科学精神　陆晓光　华东师范大学
10. 上海文化产业发展与文化体制改革协同推进研究　李本乾等　上海交通大学
11. 论社会主义核心价值体系的人民主体性　陈新汉　上海大学
12. 理解中国的信息革命
　——驱动社会转型的结构性力量　黄晓春　上海大学
13. 马克思的相对过剩人口理论与中国的“民工荒”问题
　——对我国经济增长方式的一种反思　陆晓禾　上海社会科学院
14. 包容性发展:世界共享繁荣之道　张幼文　上海社会科学院
15. 中共“一大”为什么选在上海法租界举行
　——一个城市社会史的考察　熊月之　上海社会科学院
16. 还马克思主义原初真面目:推进马克思主义中国化的
　一个先决条件　夏禹龙　上海社会科学院
17. 中共建党与近代上海社会　苏智良等　上海师范大学
18. 关于加强中国热点外交的若干对策思考　刘中民　上海外国语大学
19. 福利提高的三个门槛及政策意义　诸大建等　同济大学

三等奖(29 项)

著作类(7 项)

1. 中国共产党治国理政研究　李瑜青等　华东理工大学
2. 他者镜像与自我建构
　——中国基础教育的异域形象(1978—2008)　黄忠敬等　华东师范大学
3. 马克思主义理论教育的政治学分析　喻包庆　华东政法大学
4. 城市人口发展与风险控制问题研究　郭秀云　华东政法大学
5. 中国共产党反腐倡廉建设史　陈挥等　上海交通大学
6. 中国经济运行风险研究报告(2011)　唐海燕等　上海立信会计学院
7. 从弥散到秩序:“制度与生活”视野下的中国社会变迁(1921—2011)
　李友梅等　上海大学

论文类(21 项)

1.“生态文明”的哲学基础探析 卜祥记 上海财经大学
2. 中国共产党领导的多党合作和政治协商制度基本理论问题思考 程竹汝 中共上海市委党校
3. 音乐的国际关系学:国际关系研究的一个文化视角 陈玉聃 复旦大学
4. 复旦人民币汇率指数的开发和应用研究 陈学彬等 复旦大学
5. 由“进城”和“返乡”共同构成的城市化 任 远 复旦大学
6. 边际减排成本与中国环境税改革 陈诗一 复旦大学
7. 社会形态理论与中国发展道路 俞吾金 复旦大学
8. 理论自觉与当今中国哲学社会科学研究 邹诗鹏 复旦大学
9. 论民主视野中的我国选举法修改 浦兴祖 复旦大学
10. 上海市新生代农民工新媒体使用与评价的实证研究 周葆华等 复旦大学
11. 基于中国的国际政治经济学研究——问题领域、理论突破和学科弥合 宋国友 复旦大学
12. 中国俄苏研究的范式重构与智识革命——基于学术史回顾和比较研究的展望 杨 成 华东师范大学
13. 电子党务:党内民主的功能平台与利用——一个比较视角的分析 吴新叶 华东政法大学
14. 征地一定降低农民收入吗:上海 7 村调查 史清华等 上海交通大学
15. 一种新的货币危机识别方法及对中国的实证研究 覃筱等 上海交通大学
16. 论马克思主义中国化历史进程的起点——兼论判断马克思主义中国化肇始的标准 徐光寿 上海立信会计学院
17. 文化自觉才是文化创新正道 邓伟志 上海大学
18. 沪上外来流动穆斯林群体的精神生活——关于上海周边区县伊斯兰教临时礼拜点的考察与反思 葛 壮 上海社会科学院
19. 上海养老保险制度的结构改革与制度整合 肖严华 上海社会科学院
20. 中国和平发展道路的历史超越 黄仁伟 上海社会科学院
21. 中美“零核”概念评析 王蔚等 上海政法学院

音像类(1 项)

1. 开放年代:中国入世十年记(纪录片) 施喆等 上海广播电视台

上海市第十一届哲学社会科学优秀成果获奖名单

学术贡献奖(3 项)

1. 洪远朋　复旦大学

主要学术贡献:洪远朋教授长期从事《资本论》研究教学和普及,影响广泛;对社会主义市场经济条件下的利益问题作了系统完整的论述,提出了富有创建的观点,为推动社会主义经济理论研究作出了重要贡献。

代表作:《新时期利益关系研究》(丛书)

2. 陈其人　复旦大学

主要学术贡献:陈其人教授以其深厚的马克思主义理论素养,在殖民地理论和帝国主义理论研究方面,著述颇丰,多有建树,在南北经济关系的研究领域提出独到见解。耄耋之年仍潜心学术,笔耕不辍,堪为学界楷模。

代表作:《陈其人文集——经济学争鸣与拾遗卷》、《南北经济关系研究》

3. 王水照　复旦大学

主要学术贡献:王水照教授从事古典文学研究 50 余年,在苏轼研究、宋词研究、宋型文化研究、中国古代文章学研究等领域,提出了许多重要命题,取得了一系列独创性成果,产生了广泛的学术影响,是当代宋代文学研究的拓荒者和奠基者之一。

代表作:《宋代文学通论》、《王水照自选集》

特等奖(空缺)

一等奖(37 项)

著作类(18 项)

1. 中国共产党干部教育九十年	吴林根	中国浦东干部学院
2. 劳动合同立法的争鸣与思考	董保华	华东政法大学
3. 行政法分析学导论	关保英	上海政法学院

4. “非市场经济”待遇:历史与现实　张　斌　东华大学
5. 农民工高等教育需求、供给和认证制度研究　李明华　华东师范大学
6. 世博丛书　陈燮君等　上海博物馆
7. 国际组织与教育发展　张民选等　上海师范大学
8. 精神的牧放与规训:学术活动的制度化与学术人的生态　阎光才　华东师范大学
9. 上海:城市嬗变及展望　周振华等　上海市人民政府发展研究中心
10. 顾炎武全集　黄珅等　华东师范大学
11. 神谱笺释　吴雅凌　上海社会科学院
12. 中国旗袍文化史　刘　瑜　东华大学
13. 现代汉语描写语法　张斌等　上海师范大学
14. 戊戌变法史事考二集　茅海建　华东师范大学
15. 宅兹中国:重建有关“中国”的历史论述　葛兆光　复旦大学
16. 新文学整体观续编　陈思和　复旦大学
17. 重构文艺机制与文艺范式:上海,1949—1956　杜　英　华东师范大学
18. 成己与成物
——意义世界的生成　杨国荣　华东师范大学

论文类(18 项)

1. 中国法律史叙事中的“判例”　王志强　复旦大学
2. 新多极伙伴世界中的中欧关系　陈志敏　复旦大学
3. 中国地方政府与次区域合作:动力、行为及机制　苏长和　复旦大学
4. 破解中国的“Easterlin”悖论:收入差距、机会不均与居民幸福感
何立新等　复旦大学
5. 中国地区专业化促进经济增长的实证研究:1990—2007 年
蒋媛媛　上海社会科学院
6. 汉语儿童从图像到文字的早期阅读与读写发展过程:
来自早期阅读眼动及相关研究的初步证据　周兢等　华东师范大学
7. 中国产业结构变迁对经济增长和波动的影响　干春晖等　上海财经大学
8. 一组处于马克思理论文献核心位置的文稿
——纪念马克思“1857—1859 年文稿”产生 150 周年　梁中堂　上海社会科学院
9. 文化主体性及其困境
——费孝通文化观的社会学分析　李友梅　上海大学
10. 文化资本与社会地位获得
——基于上海市的实证研究　仇立平等　上海大学
11. 新媒体使用与主观阶层认同:理论阐释与实证检验　周葆华　复旦大学
12. 中国园林中的隐藏秩序:不规则的分形结构及生成规则　陆邵明　上海交通大学
13. 从地理视时还原历史真时　潘悟云　上海师范大学

14. 宗教与冷战后美国外交政策
——以美国宗教团体的“苏丹运动”为例　徐以骅　复旦大学
15. 张之洞与杨锐的关系
——兼谈孔祥吉发现的“百日维新密札”作者　茅海建　华东师范大学
16. 古典诗词研究的叙事视角　董乃斌　上海大学
17. 一个维特根斯坦主义者眼中的框架问题　徐英瑾　复旦大学
18. 地方政府与企业环境治理合作关系的形成
——以太湖流域水污染防治为例　朱德米　同济大学

音像类(1 项)

1. 1921 点亮中国(纪录片)　施喆等　上海广播电视台

二等奖(96 项)

著作类(42 项)

1. 中国共产党对外党际交流史鉴　杜艳华等　复旦大学
2. 制造“拉伦茨神话”:德国法学方法论史　顾祝轩　上海交通大学
3. 中国近代留洋法学博士考(1905—1950)　王　伟　复旦大学
4. 唐代刑部研究　陈灵海　华东政法大学
5. 律简身份法考论
——秦汉初期国家秩序中的身份　吕　利　上海师范大学
6. 论比例原则
——政府规制工具选择的司法评价　蒋红珍　上海交通大学
7. 中国、美国与欧洲:新三边关系中的合作与竞争　陈志敏等　复旦大学
8. 贸易摩擦与大国关系　樊勇明等　复旦大学
9. 韩国独立运动与中国关系编年史(1919—1949)　石源华等　复旦大学
10. 授权时代的控制:绩效评价系统内在设计机理研究　马　君　上海大学
11. 加速与间断
——农村集体行动转型研究　高恩新　华东师范大学
12. 城市危险化学品无缝隙化安全管理研究　赵来军　上海大学
13. 智库研究丛书　王荣华等　上海社会科学院
14. 改革、转型与增长:观察与解释　张　军　复旦大学
15. 小农经济、惯性治理与中国经济的长期变迁　赵红军　上海对外贸易学院
16. 中国现代服务经济理论与发展战略研究　陈宪等　上海交通大学
17. 文化差异与价值整合
——百年中国基础教育改革进程中的思想激荡　黄书光等　华东师范大学

18. 纯真并快乐着
    ——幽默与儿童成长 徐 韵 华东师范大学
19. 论争与建构
    ——西方教师教育变革关键词及启示 鞠玉翠 华东师范大学
20. 中国未来与高校创新:2011 刘念才等 上海交通大学
21. 货币政策微观基础
    ——中国居民消费投资行为动态模拟研究 陈学彬等 复旦大学
22. 从俄罗斯到中国:后马克思时代的社会主义文化问题 黄力之 中共上海市委党校
23. "谋地型乡村精英"的生成:巨变中的农地产权制度研究 臧得顺 上海社会科学院
24. 宗族的世系学研究 钱 杭 上海师范大学
25. 统计指数理论、方法与应用研究 徐国祥等 上海财经大学
26. 武术:身体的文化 戴国斌 上海体育学院
27. 卫礼贤之名
    ——对一个边际文化符码的考察 范 劲 华东师范大学
28. 电子媒介人的崛起
    ——社会的媒介化及人与媒介关系的嬗变 夏德元 上海电视大学
29. 上海滑稽史 刘 庆 上海戏剧学院
30. 纪录片研究 聂欣如 华东师范大学
31. 语言失落与文化生存
    ——北美印第安语衰亡研究 蔡永良 上海海事大学
32. 西方音系学理论与流派 马秋武等 同济大学
33. 禅定与苦修
    ——关于佛传原初梵本的发现和研究 刘 震 复旦大学
34. 唐宋变革时期的法律与社会 戴建国 上海师范大学
35. 苏报案研究 王 敏 上海社会科学院
36. 明清以来徽州村落社会史研究
    ——以新发现的民间珍稀文献为中心 王振忠 复旦大学
37. 上海城市社会生活史丛书 熊月之 上海社会科学院
38. 越南汉文小说集成 孙逊等 上海师范大学
39. 中国近代文学史 袁 进 复旦大学
40. 因明大疏校释、今译、研究 郑伟宏 复旦大学
41. 当代中国政治思潮 刘建军 复旦大学
42. 城市化的孩子:农民工子女的身份生产与政治社会化 熊易寒 复旦大学

论文类(53 项)

1. 东固革命根据地与中国革命道路理论的形成 唐莲英等 华东师范大学
2. 宪法权利规范的结构及其推理方式 徐继强 上海师范大学

3. 民法上生育权的表象与本质
——对我国司法实务案例的解构研究　朱晓喆等　华东政法大学
4. 科索沃冲突中的宗教因素解读　章　远　华东政法大学
5. 论“四势群体”和国际力量重组的时代特点　杨洁勉　上海国际问题研究院
6. 论“准联盟”战略　孙德刚　上海外国语大学
7. 管理中欧关系中的主权观分歧　潘忠岐　复旦大学
8. 企业间领导力：一种理解联盟企业行为与战略的新视角　郝斌等　华东理工大学
9. 协同沟通与企业绩效：承诺的中介作用与治理机制的调节作用
高维和等　上海财经大学
10. 架构创新、生态位优化与后发企业的跨越式赶超
——基于比亚迪、联发科、华为、振华重工创新实践的理论探索
朱瑞博等　中国浦东干部学院
11. 现阶段“新二元结构”问题缓解的制度与政策
——基于上海外来农民工的调研　顾海英等　上海交通大学
12. 高增长与低就业：政府干预与就业弹性的经验研究　陆铭等　复旦大学
13. 行业间不平等：日益重要的城镇收入差距成因
——基于回归方程的分解　陈钊等　复旦大学
14. 抗战时期日本对中国轮船航运业的入侵与垄断　朱荫贵　复旦大学
15. 技术模仿、转移与创新的贸易利益效应研究
——来自中国工业企业的证据　李　真　华东师范大学
16. 房价水平、差异化产品区位分布与城市体系　范剑勇等　复旦大学
17. “三维目标”论　钟启泉　华东师范大学
18. 中重度智障学生职业潜能测试与开发的理论与实践研究
董　奇　上海市教育科学研究院
19. 我国青少年道德情感现状调查研究　卢家楣等　上海师范大学
20. 大学生生命认知和生命价值取向的发展特点　李丹等　上海师范大学
21. 地方环境支出的实证研究　张征宇等　上海社会科学院
22. 中国城市政府户籍限制政策的一个解释模型：增长与民生的权衡
汪立鑫等　复旦大学
23. 上海工业能源消费碳排放的估算、特征及决定因素研究　邵帅等　上海财经大学
24. 财政分权、政府治理与非经济性公共物品供给　傅　勇　中国人民银行上海总部
25. 马克思的公平观与社会主义市场经济　陈学明　复旦大学
26. 文明城市：一种中国特色的可持续城市化新模式　鲍宗豪　华东理工大学
27. 公共政策视角下的中国人口老龄化　彭希哲等　复旦大学
28. 复调社会及其生产
——以 civil society 的三种汉译法为基础　肖　瑛　上海大学
29. 婚姻匹配的变迁：社会开放性的视角　李　煜　上海社会科学院

30. 中国社会网络与社会资本研究 30 年　张文宏　上海大学
31. 清代上海县以下区划的空间结构试探
——基于上海道契档案的数据处理与分析　周振鹤等　复旦大学
32.《王国维遗书》重刊弁言　傅　杰　复旦大学
33. 体育社会学研究视域的构筑　陆小聪等　上海大学
34. 高罗佩小说主题物的汉文化渊源　施　晔　上海师范大学
35. 媒介就是知识:中国现代报刊思想的源起　黄　旦　复旦大学
36. 媒介使用、社会凝聚力和国家认同
——理论关系的经验检视　陆　晔　复旦大学
37. “樂”之本义与祖灵(葫芦)崇拜　刘正国　上海师范大学
38. 近三十年中国戏曲剧本创作的基本分析　朱恒夫　上海大学
39. 汉语谈话中否定反问句的事理立场功能及类型　刘娅琼等　上海海事大学
40. 略论中国语文学与语言学的传承及发展　徐时仪　上海师范大学
41.《切韵》寒韵字的演变特征与现代吴语　郑　伟　上海师范大学
42. 五四思想界:中心与边缘
——《新青年》及新文化运动的阅读个案　章　清　复旦大学
43. 传教士中医观的变迁　陶飞亚　上海大学
44. 回顾与反思:渴望重生的启蒙　许明等　上海社会科学院
45. 试析李泽厚实践美学的“两个本体”论　朱立元　复旦大学
46. 论西晋诗学　曹旭等　上海师范大学
47. 两种中国文化传统:区分、辩证与融通　王铁仙　华东师范大学
48. 财富幻象:金融危机的精神现象学解读　张　雄　上海财经大学
49. 批判哲学的形而上学动机　张汝伦　复旦大学
50. 论能力之知:为赖尔一辩　郁振华　华东师范大学
51. 主体的真相
——福柯与主体哲学　莫伟民　复旦大学
52. 从“司法动员”到“街头抗议”
——农民工集体行动失败的政治因素及其后果　谢　岳　同济大学
53. 整体型社会政策
——对发展型社会政策的理性认识　唐兴霖等　上海交通大学

音像类(1 项)

1. 光影空间·电影大师特辑　聂伟等　上海大学

三等奖(141 项)

著作类(62 项)

1. 建国以来党内民主与人民民主关系的历史考察　梅丽红　中共上海市委党校

2. 法律程序的意义(增订版)　季卫东　上海交通大学
3. 变迁社会中的群体诉讼　王福华　上海交通大学
4. 征收补偿与财产权保护研究　王铁雄　上海海事大学
5. 中国刑事政策的建构理性　闫　立　上海政法学院
6. 生命科技犯罪及现代刑事责任理论与制度研究　刘长秋　上海社会科学院
7. 中国投资者海外投资法律保障与风险防范　梁　咏　复旦大学
8. 新世纪日本对外战略研究　吴寄南　上海国际问题研究院
9. 激进国际政治经济学　张建新　复旦大学
10. 自主的悖论:主权财富基金的国际政治经济分析　严　荣　上海市房地产科学研究院
11. 中东反恐怖主义研究　朱威烈等　上海外国语大学
12. 第四代港口及其经营管理模式研究　真虹等　上海海事大学
13. 知识工作生产率研究
——基于知识工作的结构特征分析　杨　丹　华东政法大学
14. 管理层收购后的中国上市公司治理问题　李　曜　上海财经大学
15. 极端条件下中国金融安全研究　牛晓健　复旦大学
16. 液态生物质燃料发展的社会经济影响分析　吴方卫等　上海财经大学
17. 征地利益论　李慧中等　复旦大学
18. 中国经济增长的可持续性研究　高汝熹等　上海交通大学
19. 节能减排、结构调整与工业发展方式转变研究　陈诗一　复旦大学
20. 与贸易有关知识产权协定下强化中国知识产权保护的经济分析　沈国兵　复旦大学
21. 教育场域中的知识权力与精英学子　周　勇　华东师范大学
22. 历史教育学新论
——国际视野中的我国历史教育改革　李稚勇　上海师范大学
23. 特殊儿童早期干预　张福娟等　华东师范大学
24. 现代语文课程话语考论
——以"性质之争"和"文白之争"为例　于　龙　上海师范大学
25. 学生评价:夯实双基与培养能力　王斌华　华东师范大学
26. 归因理论及其应用(修订版)　刘永芳　华东师范大学
27. 上海城市经济与管理发展报告
——上海试行"金融特区"政策可行性研究　赵晓雷等　上海财经大学
28. 价值链视角下创意产业功能演化研究　张艳辉　华东理工大学
29. 人民币均衡汇率问题研究
——中国经济增长的汇率条件:理论、方法、技术、指标　姜波克等　复旦大学
30. 实证上海史
——考古学视野下的古代上海　陈　杰　上海博物馆
31. 后革命时代的文化主题
——列宁文化思想研究　韦定广　解放军南京政治学院上海分院

32. 超感性世界的神话学及其末路
——马克思存在论革命的当代阐释 吴晓明 复旦大学
33. 苏共执政模式研究 周尚文等 华东师范大学
34. 中国人口、消费与碳排放研究 朱 勤 复旦大学
35. 社会风险预警研究 陈秋玲 上海大学
36. 次生社会化:偏差青少年边缘化的社会互动过程研究 费梅苹 华东理工大学
37. 中国家谱通论 王鹤鸣 上海图书馆
38. 图书馆资源公平利用 范并思 华东师范大学
39. 档案学理论范式研究 丁华东 上海大学
40. 体育赛事事前评估 张林等 上海体育学院
41. 经典的嬗变
——《简·爱》在中国的接受史研究 徐 菊 上海第二工业大学
42. 爱伦·坡研究 朱振武 上海大学
43. 网络传播革命:权力与规制 蔡文之 上海社会科学院
44. 音乐审美与民族心理 林 华 上海音乐学院
45. 品鉴与经营
——明末清初徽商艺术赞助研究 张长虹 上海大学
46. 现代汉语语气成分用法词典 齐沪扬等 上海师范大学
47. 新金文编 董莲池 华东师范大学
48. 汉魏六朝隋唐五代字形表 臧克和等 华东师范大学
49. 圣像的修辞
——耶稣基督形象在明清民间社会的变迁 褚潇白 华东师范大学
50. 中古异相:写本时代的学术、信仰与社会 余 欣 复旦大学
51. 晚明汉文西学经典:编译、诠释、流传与影响 邹振环 复旦大学
52. 比较视野下的中国天文学史 邓可卉 东华大学
53. 中国文学批评范畴十五讲 汪涌豪 复旦大学
54. 古典学术讲要 张文江 上海社会科学院
55. 传教士汉文小说研究 宋莉华 上海师范大学
56. 玉台新咏汇校 吴冠文等 复旦大学
57. 五四知识分子的淑世意识 陈占彪 上海社会科学院
58. 自我评价论 陈新汉 上海大学
59. 平等观念史论略 高瑞泉 华东师范大学
60. 经济生活世界的意义追问
——经济正义与和谐社会的构建 毛勒堂 上海师范大学
61. 腐败、政绩与政企关系
——虚假繁荣是如何被制造和破灭的 李 辉 复旦大学
62. 解读美国涉台决策:国会的视角 信 强 复旦大学

论文类(77项)

1. 政党类型与党内民主分析　刘红凛　中共上海市委党校
2. 非道德性:现代法律职业伦理的困境　李学尧　上海交通大学
3. 法的国际化与本土化:以中国近代移植外国法实践为中心的思考　何勤华　华东政法大学
4. “行政行为违法性继承”的表现及其范围——从个案判决与成文法规范关系角度的探讨　朱　芒　上海交通大学
5. 版权法保护技术措施的正当性　王　迁　华东政法大学
6. 刑法解释的另一种路径:以“合类型性”为中心　杜　宇　复旦大学
7. 公报案例对下级法院同类案件判决的客观影响——以规划行政许可侵犯相邻权争议案件为考察对象　陈越峰　华东政法大学
8. 债权受偿顺位省思——基于破产法的考量　韩长印等　上海交通大学
9. 地缘理论演变与中国和平发展道路　黄仁伟　上海社会科学院
10. 欧盟民主赤字的争论:国家主义与多元主义的二元分析　高奇琦　华东政法大学
11. 国际关系中的网络政治及其治理困境　蔡翠红　复旦大学
12. 外交传统与后苏联时期俄罗斯对外政策的逻辑(英文)　杨　成　华东师范大学
13. 美国海洋管理制度研究——兼析奥巴马政府的海洋政策　夏立平等　同济大学
14. 中国海外公民安全:基于对外交部“出国特别提醒”(2008—2010)的量化解读　汪段泳　上海外国语大学
15. 变革型领导对团队业绩的影响:团队冲突管理的中介效应　张新安　上海交通大学
16. 融资约束、债务能力与公司业绩　李科等　上海财经大学
17. 要素配置扭曲与农业全要素生产率　朱喜等　上海交通大学
18. 经济全球化是否会导致社会保险水平的下降:基于中国省际差异的分析　封进等　复旦大学
19. 大城市社会空间演变态势剖析与治理反思——基于上海的调查与思考　杨上广等　华东理工大学
20. 突发事件的网络传播、心理影响及应急管理　戴伟辉等　复旦大学
21. 中国城镇化的科学理性支撑关键——科技部“十一五”科技支撑项目《城镇化与村镇建设动态监测关键技术》综述　吴志强等　同济大学
22. 竞争何时能有效约束政府?　楼国强　上海财经大学
23. 城乡收入差距、民工失业与中国犯罪率的上升　章元等　复旦大学
24. “残缺产权”之转让:石仓“退契”研究(1728—1949)　曹树基等　上海交通大学
25. 我们的教育评价能促进学生发展吗?(上/下)　夏正江　上海师范大学
26. “生命·实践”教育学的实践基石　李政涛　华东师范大学

27. 洪堡 2010,何去何从 俞 可 上海师范大学
28. 直觉对内隐学习优势效应的特异性贡献 郭秀艳等 华东师范大学
29. 兼顾文化共通性与特殊性的人格研究:CPAI 及其跨文化应用
范为桥等 上海师范大学
30. 网络效应、转移成本和竞争性价格歧视 蒋传海 上海财经大学
31. 适度的养老金保障水平:基于弹性的养老金替代率的确定
郝勇等 上海工程技术大学
32. 从农村职业教育看人力资本对农村家庭的贡献
——基于苏北农村家庭微观数据的实证分析 周亚虹等 上海财经大学
33. 财政收入集权增加了基层政府公共服务支出吗?
——以河南省减免农业税为例 左翔等 上海对外贸易学院
34. 联网组织的盈利模式及其设计规则 胡晓鹏 上海社会科学院
35. 马克思的时代观:研究时代发展变革规律的科学方法
——兼论时代构成基础、时代中心问题、时代发展道路 林世昌 中共上海市委党校
36. “全球—本土化”:马克思主义中国化与时代性
——“全球化”语境下的马克思主义理论学科建设 章仁彪 同济大学
37. 祖先与神明之间
——清代绩溪司马墓“盗砍案”的历史民族志 张佩国 上海大学
38. 计划生育政策的储蓄与增长效应:理论与中国的经验分析 汪 伟 上海财经大学
39. 结构性行为干预的社会学探索
——一项针对娱乐服务业女性风险性行为的研究 夏国美等 上海社会科学院
40. 惩罚和社会价值取向对公共物品两难中人际信任与合作行为的影响
王沛等 上海师范大学
41. 阶级或阶层意识中的心理因素:公平感和态度倾向 翁定军 上海大学
42. 冷战转型期的美日关系
——对东芝事件的历史考察 崔 丕 华东师范大学
43. 中国古代文书副本之考察
——兼论先秦社会汉字使用场的扩大 吕 静 复旦大学
44. 体育赛事综合影响框架体系研究 黄海燕等 上海体育学院
45. 村落体育文化的适应与变迁 郭修金等 上海体育学院
46. 文化符号的辨识与《圣经》互文解读 周 平 上海大学
47. 大学生的媒介使用、社会接触和国家印象:以刻板印象为研究视角
廖圣清等 复旦大学
48. 数字出版即全媒体出版论
——对“数字出版”概念生成语境的一种分析 张大伟 复旦大学
49. 作为媒介的外滩:上海现代性的发生与成长 孙 玮 复旦大学

50. “近我经验”与“近我反思”
——音乐人类学的城市田野工作的方法和意义 洛 秦 上海音乐学院
51. 中日古典戏剧形态比较
——以昆曲与能乐为主要对象 翁敏华 上海师范大学
52. 中国电影研究学术发展史纲 陈犀禾 上海大学
53. 中国手语的音系学研究 张吉生等 华东师范大学
54. 试说战国文字中写法特殊的亢和从亢诸字 陈 剑 复旦大学
55. 从错配到脱落:附缀“于”的零形化后果与形容词、动词的及物化
张谊生 上海师范大学
56. 玛多藏语的声调 王双成 上海师范大学
57. 陕西三原金铜弥勒菩萨立像与犍陀罗弥勒菩萨立像的比较研究
刘 慧 上海海事大学
58. 灵异故事与明末清初天主教的民间化 肖清河 上海大学
59. “禅让”与“起元”:魏晋南北朝的王朝更替与国史书写 徐 冲 复旦大学
60. 徽州旅沪同乡会与社会变迁(1923—1953) 唐力行 上海师范大学
61. 近代苏南义庄的家族教育 陈勇等 上海大学
62. 元济宁路景教世家考论
——以按檀不花家族碑刻材料为中心 张佳佳 复旦大学
63. 1391—2006年龙感湖—太白湖流域的人口时间序列及其湖泊沉积响应
邹 怡 复旦大学
64. 地方性审美经验中的认同危机
——以广西那坡县黑衣壮民歌在南宁国际民歌艺术节上的呈现为例
王 杰 上海交通大学
65. 上海世博的中国元素与中国国家形象的建构 曾 军 上海大学
66. 中国诗学批评中的“直致”论 彭国忠 华东师范大学
67. 小说家出于稗官说新考 陈广宏 复旦大学
68. 唐女诗人甄辨 陈尚君 复旦大学
69. 晚清小说与白话地位的提升 陈大康 华东师范大学
70. 再论唯物史观与启蒙 邹诗鹏 复旦大学
71. 构建以人为本的财富观 余源培 复旦大学
72. 技能性知识与体知合一的认识论 成素梅 上海社会科学院
73. 诠释方法论意识的觉醒
——从新教神学到浪漫主义诠释学 潘德荣 华东师范大学
74. 从“自然伦理”的解体到伦理共同体的重建
——对黑格尔《伦理体系》的解读 邓安庆 复旦大学
75. 从超越性革命到调适性发展:主流意识形态的演变 陈明明 复旦大学
76. 明代监军制度述论 李 渡 同济大学

77. 民主政治发展的中国道路:党内民主模式的选择　胡　伟　上海交通大学

音像类(2 项)

1. 院士风采片　王伯军等　中共上海市委组织部、上海市突出贡献专家协会
2. 海上回音叙事　洛秦等　上海音乐学院

网络理论宣传优秀成果奖(15 项)

1. 繁荣发展哲学社会科学的使命是提升国家文化软实力　任　远　复旦大学
2. 日本泡沫经济崩溃 20 年,中国不会踏进同一条河流　孙立坚　复旦大学
3. 一场选举:两条路线与两种前途　严安林　上海国际问题研究院
4. "山寨"文化背后的解构　王　远　华东师范大学
5. 上海世博会的全球文明贡献及其影响　林　拓　华东师范大学
6. 长三角区域一体化进程中的地方立法协调　陈　俊　华东政法大学
7. 马克思资本理论与国际金融危机　鲍　金　上海交通大学
8. 高校基层党组织模式和活动载体的创新　施小明　上海理工大学
9. 推进中国都市化发展的战略选择　陶希东　上海社会科学院
10. 挑战是《侵权责任法》带来的吗?　刘长秋　上海社会科学院
11. 肉价、物价和民生　沈开艳　上海社会科学院
12. 国际货币政策格局及其对中国经济的影响　闫彦明　上海社会科学院
13. 金融危机后跨国公司全球战略新动向　于　蕾　上海社会科学院
14. 东北亚安全机制构想模式与目标　刘　鸣　上海社会科学院
15. 浦东综合配套改革要有突破性新思维　陈建勋　上海社会科学院

内部探讨优秀成果奖(41 项)略

图书在版编目(CIP)数据

上海社联年鉴.2013/上海市社会科学界联合会编.
—上海:上海人民出版社,2014
ISBN 978 - 7 - 208 - 12229 - 1

Ⅰ.①上… Ⅱ.①上… Ⅲ.①社会科学-科学研究组
织机构-上海市-2013-年鉴 Ⅳ.①G322.235.1 - 54

中国版本图书馆 CIP 数据核字(2014)第 076071 号

责任编辑 曹怡波
封面设计 王小阳

上海社联年鉴 2013
上海市社会科学界联合会 编
世纪出版集团
上海人民出版社出版
(200001 上海福建中路 193 号 www.ewen.co)
世纪出版集团发行中心发行 浙江新华数码印务有限公司印刷
开本 787×1092 1/16 印张 23.5 插页 17 字数 515,000
2014 年 10 月第 1 版 2014 年 10 月第 1 次印刷
ISBN 978 - 7 - 208 - 12229 - 1/C・459
定价 128.00 元